AF602437

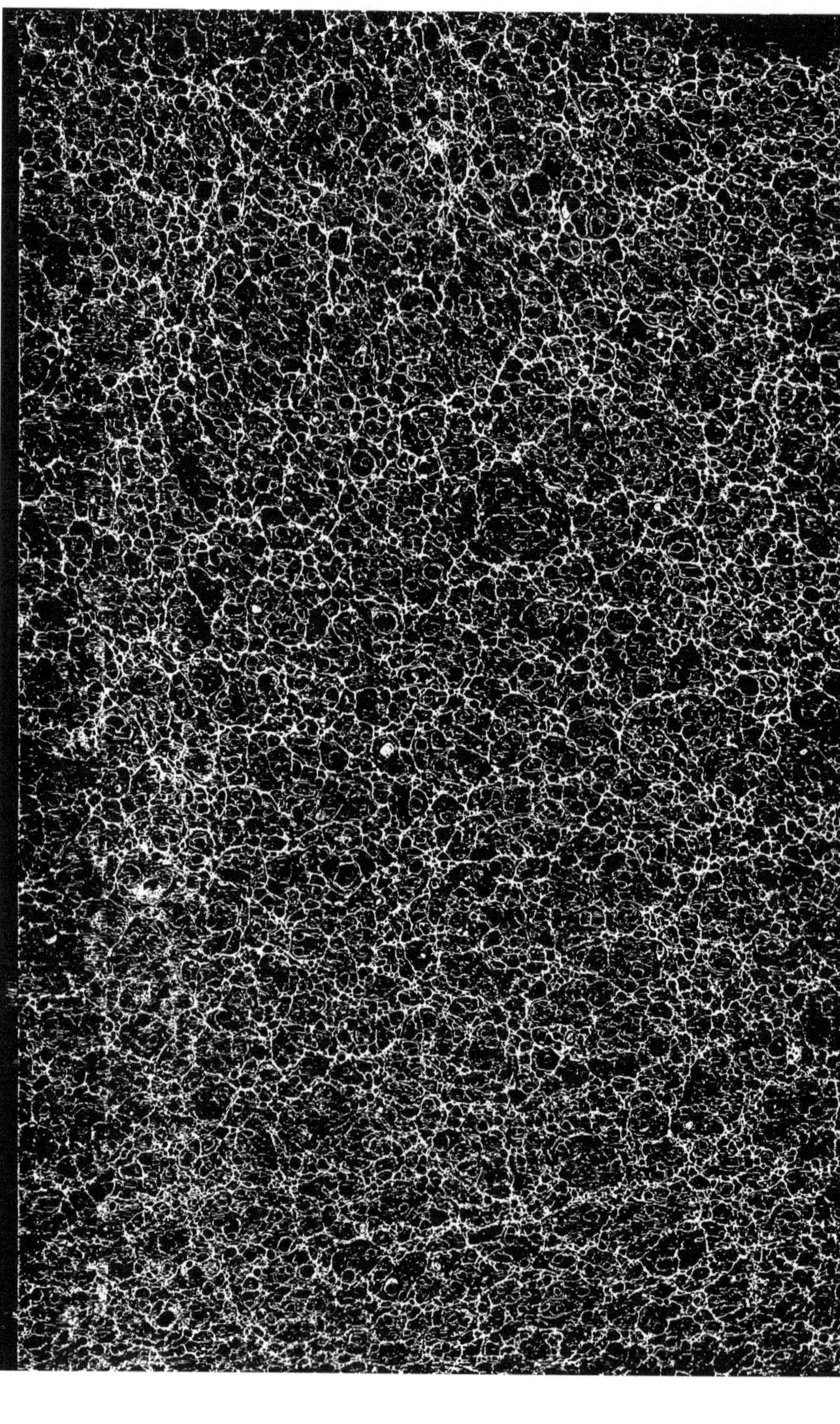

AVENTURES

D'UN

GENTILHOMME BRETON

AUX ILES PHILIPPINES.

Paris. — Typographie de Firmin Didot frères, rue Jacob, 56.

P. de la Gironière.

AVENTURES

D'UN

GENTILHOMME BRETON

AUX ILES PHILIPPINES

Avec un aperçu sur la géologie et la nature du sol de ces îles, sur ses habitants; sur le règne minéral, le règne végétal et le règne animal; sur l'agriculture, l'industrie et le commerce de cet archipel;

PAR P. DE LA GIRONIÈRE

Illustrations d'après documents et croquis originaux
PAR HENRI VALENTIN (des Vosges)

PARIS
AU COMPTOIR DES IMPRIMEURS-UNIS, LACROIX-COMON
QUAI MALAQUAIS, 15
ET CHEZ L'AUTEUR, 85, RUE DE LA VICTOIRE

1855

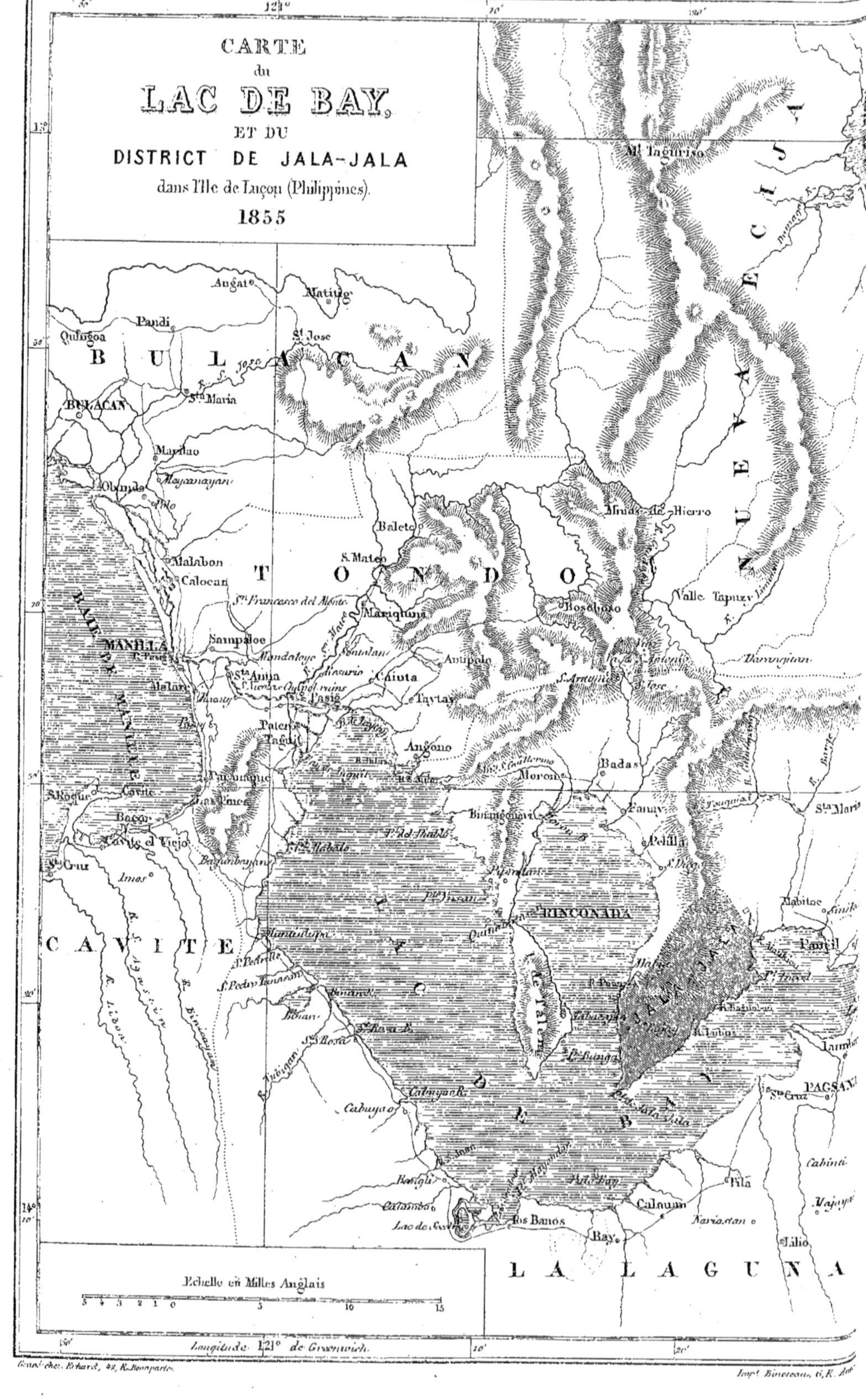
CARTE
du
LAC DE BAY,
ET DU
DISTRICT DE JALA-JALA
dans l'Ile de Luçon (Philippines).
1855
BULACAN
TONDO
CAVITE
NUEVA ECIJA
LA LAGUNA
MANILLA
Baie de Manille
Mt. Taguriso
Minas de Hierro
Valle Tapuzy
Angat
Matiug
Pandi
Quingoa
St. Jose
Sta. Maria
Marilao
Obando
Meycauayan
Polo
Malabon
Balete
S. Mateo
Calocan
Sn. Francisco del Monte
Mariquina
Bosoboso
Sampaloc
Antipolo
Sta. Ana
Pasig
Cainta
Taytay
Angono
Pateros
Taguig
Moron
Badas
Tanay
Pililla
Sta. Maria
Binangonan
Rinconada
Mabitac
Pangil
Cavite
Bacor
Cavite el Viejo
Sta. Cruz
Imus
Muntinlupa
Binang
Biñan
Sta. Rosa
Cabuyao
Bangli
Calamba
Los Baños
Bay
Calauan
Pila
Sta. Cruz
Pagsanjan
Lilio
Majayjay
Cabinti
Jala-Jala
Echelle en Milles Anglais
5 4 3 2 1 0 5 10 15
Longitude 121° de Greenwich
Gravé chez Erhard, 42, R. Bonaparte.
Impt. Bineteau, 6, R. ...

A MADAME

Anna Bourgerel, née de Malvilain.

Je te dédie mes souvenirs, chère nièce. Qui, plus que toi, a des droits à mon amitié et à ma reconnaissance! Tu entoures mes chers enfants de toute la sollicitude d'une mère, et remplaces dignement celle que le sort funeste leur a enlevée dès leur bas âge.

L'hommage de ce livre est sans doute un bien faible témoignage de ma gratitude; mais j'espère qu'il sera pour ces chers enfants un souvenir. Il leur rappellera toujours que pour eux tu as fait autant qu'eût pu faire la meilleure et la plus tendre des mères.

Ton oncle et ami,

P. DE LA GIRONIÈRE.

INTRODUCTION.

Au récit de quelques aventures qui m'étaient arrivées dans mes longs voyages, plusieurs de mes amis m'avaient souvent engagé à en publier la relation peut-être intéressante.

Rien ne vous sera plus facile, me disaient-ils, puisque vous avez toujours tenu un journal depuis votre départ de France.

Cependant j'hésitais à suivre leurs conseils et à céder à leurs instances, lorsqu'un jour je fus surpris de lire mon nom dans un des feuilletons du *Constitutionnel*.

M. Alexandre Dumas publiait, sous le titre de *Mille-et-un Fantômes*, un *roman* dans lequel un des principaux personnages, en voyageant aux îles Philippines, m'aurait connu lorsque j'habitais, à *Jala-Jala*, la colonie que j'y ai fondée.

Je dus croire que le spirituel romancier m'avait rangé

dans la catégorie de ses *Mille-et-un Fantômes;* et, pour prouver au public que j'existe bien réellement, je me suis décidé à prendre la plume, pensant que des faits de la plus exacte vérité qui pourraient être attestés par quelques centaines de personnes, présenteraient quelque intérêt, et seraient lus sans trop d'ennui par celui surtout qui désirera connaître les usages des peuplades sauvages parmi lesquelles j'ai séjourné.

NOTE DE L'ÉDITEUR.

Nous croyons devoir faire précéder ce volume d'un article inséré dans un journal américain, article signé par M. G.-R. Russel, qui a longtemps été témoin de la vie de M. de la Gironière aux îles Philippines.

LES ILES PHILIPPINES, PAR M. DE LA GIRONIÈRE.

A l'Éditeur de la traduction.

Votre journal de lundi dernier contient une notice sur un ouvrage intitulé *Vingt années aux Philippines*, traduit du français, et qui a été dernièrement publié par MM. Hasper et frères.

L'auteur, M. de la Gironière, m'a envoyé le volume français avec une lettre lorsque son livre a paru. La lettre me fit un vif plaisir, non-seulement parce qu'elle venait de lui, mais à cause d'une foule de souvenirs qui se sont représentés à mon esprit, souvenirs bien doux et bien agréables d'années passées.

Le livre de M. de la Gironière a été bien accueilli en Angleterre, et je crois qu'il a été en partie publié dans l'*Evening Post* de New-York. Bien des personnes qui l'ont lu m'ont demandé avec intérêt des renseignements sur les incidents racontés par M. de la Gironière. Je considère qu'il est de mon devoir et de toute justice de vous offrir mon témoignage et de dire quelques mots en faveur d'un vieil et estimable ami...

A l'époque dont parle M. de la Gironière, j'habitais les îles Philippines : il était déjà ancien colon à *Jala-Jala*. Quand j'arrivai à Manille, sa maison devint la mienne; pendant plusieurs années je me suis toujours empressé d'aller passer mes moments de loisir dans cette belle et sauvage habitation. Son hospitalité était bien plus grande qu'il ne le dit. Toutes les personnes qui sont allées à *Jala-Jala*, et elles étaient nombreuses, ont été accueillies avec une rare bonté, non-seulement par M. de la Gironière, mais aussi par sa femme, qui était la meilleure des femmes, et par son frère, autre lui-même. Je les ai connus, et je les ai beaucoup aimés. Comme personne n'a été mieux placé que moi pour juger leurs rapports de famille, on peut me consulter sur n'importe quel point qui pourrait nuire à la véracité de Don Pablo, ainsi qu'il était nommé.

En lisant ses aventures, bien des personnes pourraient avoir des doutes sur la véracité des incidents, ou supposer qu'il y a de l'exagération ou de la fiction; on pourrait croire qu'un homme qui parle avec tant de sans-gêne est pétri d'amour-propre, défaut qui transforme souvent des événements ordinaires en périls et dangers imaginaires. Si M. de la Gironière eût été pour moi un étranger, j'avoue que j'aurais eu des doutes : la lecture de son livre m'eût peut-être laissé une impression d'incrédulité; mais, connaissant son caractère et sa position et ce dont il est capable, je suis prêt à constater les événements. Je suis sûr qu'il donne une histoire fidèle de sa vie à Luçon; même personnellement je puis dire plusieurs choses qui me sont connues. Tout ce qu'il a raconté des mœurs des habitants est peint avec vérité et précision. Ces détails m'ont fait une impression bien vive, à cause du souvenir de mes jours passés au milieu des montagnes et des broussailles de *Jala-Jala*.

Don Pablo était un homme remarquable dans cette petite principauté. On dit que la monarchie pure serait la perfection d'un gouvernement, si l'on était sûr que les rois sont les plus intelligents et les plus sages; les sujets placés sous la domination de M. de la Gironière avaient raison d'être satisfaits de son pouvoir despotique, qu'il eut le bon sens d'exercer avec une bienveillance et une justice qui lui attiraient le respect et la confiance d'un peuple qui sait distinguer le mal du bien, et qui craignait plus les reproches que les punitions. Il exerçait un pouvoir qui lui était indispensable pour vivre parmi ces hommes à demi barbares ; il était très-courageux, toujours prêt à braver le danger. Son courage n'était pas bouillant, mais calme. Il ne perdait jamais ce calme ni son sang-froid, même en face de la mort... Il ne parle pas assez de ses mérites, mais il parle souvent de son courage, croyant que tout autre en ferait autant. Les environs de sa demeure étaient peuplés par les hommes les plus féroces, et il s'en inquiétait peu. Quand ils devaient l'attaquer, il allait à leur rencontre, et même dans leurs repaires. Pourtant sa maison ne fut jamais envahie pendant son séjour par les brigands. On le connaissait et l'estimait trop bien pour l'attaquer : mais à peine l'eut-il quittée, que son successeur fut attaqué et pillé. Malgré son grand courage, il était modeste ; il avait des manières distinguées et très-bienveillantes ; il était bon pour tous ceux qui l'entouraient, et les Indiens qui dépendaient de lui lui étaient très-attachés. Son départ fut un triste jour pour eux.

Dans sa manière de vivre il y avait un charme inouï. On ne peut comprendre comment il a pu quitter un pays où il était libre de ses actions, pour revenir au milieu de la société. Il avait vaincu ce désert et ses sauvages habitants. Quand il a jeté un dernier regard sur le bien-être et les riches cultures qu'il avait créées autour de lui à *Jala-Jala*, son cœur a dû faiblir. Mais hélas ! il était seul, rien ne lui restait de ce qui lui était cher ; tous ceux qui l'avaient soutenu au milieu de ses rudes travaux n'étaient plus. Son frère, qu'il aimait tant, succomba le premier ; ensuite sa femme et son enfant ! Il ne pouvait rester au milieu d'objets qui à chaque instant lui rappelaient tant de douleur. La description des événements extraordinaires de sa vie dans un pays si peu connu et en même temps si ravissant est exacte ; et, en attestant que ce sont des faits réels et non des fables, je ne fais que rendre hommage à un digne ami.

G.-R. RUSSEL.

Juin 1854.

Jamaïca-Plaine, près Boston (États-Unis).

Maison de la Planche.

CHAPITRE PREMIER.

Naissance de l'auteur. — Premier départ pour l'Inde. — Deuxième, troisième et quatrième voyage.

Mon père, né à Nantes d'une maison noble, était capitaine dans le régiment d'Auvergne. La révolution lui fit perdre son grade et sa fortune; il ne lui resta pour toute ressource que *la Planche,* petite propriété appartenant à ma mère, et située à deux lieues de Nantes, dans la commune de Vertoux.

Au commencement de l'empire il voulut reprendre du service; mais, à cette époque, son nom et ses sentiments étaient un obstacle, et il échoua dans toutes les tentatives qu'il fit pour obtenir le simple grade de lieutenant.

Sans ressources et presque sans moyens d'existence, il se retira à *la Planche* avec toute sa famille.

Il y vécut quelques années, dans les ennuis et les chagrins

que lui causaient le passage subit de l'opulence à la gêne et l'impossibilité de pourvoir à tous les besoins de sa nombreuse famille. Une maladie de courte durée termina sa triste existence, et ses restes mortels furent déposés dans le cimetière de Vertoux.

Ma mère, modèle de courage et de dévouement, resta veuve avec six enfants, deux filles et quatre garçons; elle continua à habiter la campagne, et nous donna elle-même les premiers éléments d'instruction.

La vie libre des champs, les exercices violents auxquels nous nous livrions, mes frères aînés et moi, contribuèrent à m'endurcir le corps, et à me rendre capable de résister à toute espèce de fatigues et de privations.

Cette vie de campagne, de liberté, et je puis dire de bonheur, pendant mes jeunes années, passa bien vite; et bientôt arriva l'époque où les besoins de mon éducation m'obligèrent à aller tous les jours étudier dans un collége de Nantes : c'étaient quatre lieues que j'avais à faire journellement.

Mais ces quatre lieues je les faisais gaiement, et le soir, quand je rentrais à la maison, j'y retrouvais les caresses de notre bonne mère et les petits soins de deux sœurs, que j'aimais tendrement.

On me destina à la médecine.

J'étudiai quelques années à l'Hôtel-Dieu de Nantes, et je fus reçu chirurgien de marine à un âge où un jeune homme est encore ordinairement renfermé entre les quatre murs d'un collége pour y terminer ses études.

Il serait difficile de se faire une idée de ma joie lorsque je me vis possesseur de mon diplôme de chirurgien.

Dès lors je me considérai comme un être important qui allait tenir sa place parmi des hommes raisonnables et laborieux; et ce qui peut-être me rendait encore plus joyeux, c'est que je pourrais alors pourvoir à mon existence et venir en aide à ma mère et à mes sœurs.

J'étais aussi travaillé par la maladie de la locomotion et

le désir de voir des contrées lointaines et un nouveau monde.

Vingt-quatre heures après ma nomination de chirurgien, j'allai offrir mes services à un armateur qui expédiait un navire aux Grandes-Indes. Nous tombâmes bientôt d'accord sur les conditions. Pour quarante francs par mois, je m'engageai à faire le voyage.

La Victorine, joli trois-mâts, était prête à mettre à la voile pour les îles Maurice et Bourbon.

J'eus bientôt fait mes préparatifs de voyage; mais il n'en fut pas de même de mes adieux.

Ce premier départ de la terre natale, cette première séparation d'une mère chérie, de frères et de sœurs que j'aimais avec toute la force de mon jeune cœur, me firent éprouver toutes les angoisses et l'agitation que ressent celui qui sort de l'atmosphère d'affection et de tendresse où se sont écoulées ses premières années.

Les dangers d'une longue navigation et toutes les privations que j'allais supporter ne me préoccupaient pas.

J'étais entièrement absorbé par la pensée de mes parents: une année s'écoulerait sans les voir, et peut-être sans avoir de leurs nouvelles! Une année, pour moi qui à peine entrais dans la vie, me paraissait un siècle. Que de malheurs et que d'accidents pouvaient arriver dans ma nombreuse famille pendant ce long laps de temps! La crainte de ne pas les retrouver tous à mon retour bouleversait mon être; et j'avoue qu'il me fallut plus que du courage pour comprimer ma douleur, dévorer mes larmes, et, le cœur tout gonflé d'angoisses, de craintes et d'espérances, m'arracher des bras de ma mère et de mes sœurs.

Le lendemain de mes tristes adieux, *la Victorine* m'emportait vers un autre hémisphère.

J'avais cependant un grand motif de consolation : mon jeune frère Prudent était embarqué avec moi. Il était déjà fait à la mer. Dès sa tendre enfance il avait navigué sur nos vaisseaux de guerre.

Appuyé sur les bords du navire, les yeux fixés sur cette terre qui renfermait toutes mes affections, je conservai la même attitude jusqu'au moment où, comme un gros nuage poussé par la bourrasque, elle disparut à l'horizon.

La mer était houleuse; de grosses lames ballottaient *la Victorine* comme un simple esquif.

Ce mouvement que j'éprouvais pour la première fois me produisit bien vite les symptômes avant-coureurs du mal de mer. Je commençais déjà à éprouver de véritables souffrances, lorsque le lieutenant du navire, homme d'un caractère facétieux, m'adressa la parole :

« Docteur, me dit-il, vous commencez à pâlir; dans quel-« ques minutes vous donnerez à manger aux poissons. Mais « que faites-vous donc de votre science et de votre pharma-« cie? C'est pourtant le moment d'en user. Vous autres, sa-« vants docteurs, vous ne comprenez rien au mal de mer. Ce « n'est pas comme nous, vieux marins, qui avons l'expé-« rience. Si je voulais, pourvu que vous eussiez un peu de « courage, sans aucun médicament, dans deux ou trois « heures, je pourrais vous guérir. »

Je ne me doutais pas du plaisir que prennent les vieux marins à faire de mauvaises plaisanteries à ceux qui, pour la première fois, mettent le pied sur un navire. Je lui répondis naïvement :

« Lieutenant, si vous avez un pareil moyen, si vous pos-« sédez un tel secret, donnez-le-moi bien vite : je vous pro-« mets que le courage ne me manquera pas pour le mettre « à exécution. »

« Il s'agit, dit-il, de bien peu de chose; seulement d'une « petite promenade aérienne. Prenez les enfléchures du « grand mât *sous le vent*, et montez jusqu'aux barres de per-« roquet; restez-y pendant deux ou trois heures, si vous n'a-« vez pas peur; et lorsque vous descendrez vous serez entiè-« rement aguerri, et complétement délivré du mal de mer. »

Je ne comprenais pas pourquoi il fallait monter plutôt *sous le vent;* mais le malicieux lieutenant savait bien, lui, que j'aurais eu beaucoup plus de difficultés que si j'étais monté au vent. Je le remerciai cependant d'avoir bien voulu me donner son secret, et je commençai mon ascension.

Je n'étais pas encore rendu à la grande hune, que deux matelots, beaucoup plus lestes que moi, me saisirent chacun par un bras, et m'amarrèrent dans les enfléchures. Je leur demandai si leur intention était de m'empêcher de me guérir du mal de mer.

« Non sûrement, me dirent-ils; mais toute personne qui « monte pour la première fois au mât doit payer son tribut; « et si vous nous promettez de nous donner un pourboire, « nous vous laisserons librement continuer votre prome- « nade. »

J'avais trop grande hâte de me guérir pour les refuser; et, après leur avoir donné ma parole que leur pourboire ne serait pas moindre d'une pièce de cinq francs, ils me laissèrent en liberté.

Malgré tout le danger que court celui qui se livre pour la première fois, par un gros temps, à un pareil exercice, j'arrivai aux barres de perroquet, et je m'y cramponnai le mieux qu'il me fut possible.

Si les premiers balancements de *la Victorine* avaient produit sur moi ce malaise précurseur du mal de mer, ceux, dix fois plus forts, que j'éprouvais en haut du mât m'eurent bientôt rendu tout à fait malade, et à tel point, que je ne conçois pas que j'eusse le courage de passer trois mortelles heures dans des angoisses et une agonie continuelles.

Mais j'étais de si bonne foi, j'avais tellement peur que par lâcheté l'expérience que je faisais ne manquât son effet, que ce ne fut qu'après trois heures que, le corps brisé, l'estomac complétement vide, et le cœur toujours sur les lèvres, je descendis.

Je n'en pouvais plus, et j'allai me coucher. La position horizontale, le mouvement du navire, qui n'était plus à comparer à celui que je venais d'éprouver, me remirent un peu; je m'endormis, et ne me réveillai que le lendemain, tourmenté par un dévorant appétit. Un copieux déjeuner me restaura complétement.

Depuis lors, dans tous mes voyages, jamais je n'ai ressenti le mal de mer. Dois-je ce bienfait à mes trois heures passées sur les barres de perroquet? Cela peut être; en tous cas, je ne voudrais conseiller à personne d'en faire l'expérience.

La première terre que nous découvrîmes fut, sur la côte d'Afrique, les îles Canaries. Nous vîmes au-dessus des nuages le pic de Ténériffe, et passâmes si près de l'île de Feu, que pendant quelque temps nous nous trouvâmes dans une atmosphère aussi parfumée qu'elle pourrait l'être au milieu d'un bois d'orangers en fleurs.

Tout l'équipage était en parfaite santé. Nous jouissions d'un temps et d'un climat superbes: chacun de nous s'était créé des occupations, et, malgré la monotonie qui règne toujours à bord d'un navire en pleine mer, les journées s'écoulaient rapidement.

Une seule chose me tourmentait, c'était mon frère. Son modeste grade de pilotin l'obligeait d'exécuter des travaux pénibles et souvent dangereux. J'aurais voulu les partager avec lui, si le capitaine me l'eût permis; mais à bord d'un navire la discipline exige que chacun garde son rang et sa position.

Mon frère, d'un caractère gai, courageux, et d'une capacité au-dessus de son âge, avait un si grand désir de devenir un bon marin, que rien ne lui coûtait pour atteindre ce but.

Nous arrivâmes au passage de l'équateur. La cérémonie du baptême, qui a été décrite trop souvent pour en ennuyer mes lecteurs, se célébra à bord de *la Victorine* avec toute la pompe possible. Le *bonhomme la Ligne*, en grand costume, nous fit sa visite. Chaque néophyte reçut le baptême, et prononça le serment exigé par les marins liés *par la foi conjugale*.

Nous passâmes, trop rapidement pour que je m'y arrête, *l'île de l'Ascension* et *le cap de Bonne-Espérance*, si connus.

La Victorine, après un voyage heureux, mouilla dans le Port-Louis.

Le lendemain, je descendis à terre : j'avais hâte de parcourir une ville située à trois mille lieues de ma patrie, et qui, selon l'idée que je m'étais formée, devait entièrement différer de nos cités d'Europe.

Je fus, je l'avoue, bien désappointé.

Le Port-Louis, capitale de l'île Maurice, me fit l'effet d'une de nos villes de France ; j'y retrouvai à peu près les mêmes costumes, les mêmes usages, les mêmes hommes, à cela près de quelques nègres esclaves qui singeaient les blancs, et de quelques métisses qui jouaient les grandes dames.

On y donnait des bals, on y jouait l'opéra, et l'on s'y battait en duel comme à Paris, et peut-être plus qu'à Paris.

Les hautes montagnes de *Piterbott, le Pouce*, et les fruits, étaient seuls différents ; on y mangeait cependant des pêches qui, pour le goût, ne différaient en rien de celles d'Europe.

Après six mois passés à Maurice et à Bourbon, *la Victorine* remit à la voile.

Trois mois après, elle rentrait dans le golfe de Gascogne, et bientôt nous découvrîmes la terre de France, où j'allais enfin retrouver les personnes dont je m'étais séparé si péniblement.

Là, si mon départ m'avait fait éprouver les sensations douloureuses que j'ai si faiblement décrites, mon arrivée m'en fit supporter sans doute une de moins longue durée, mais peut-être plus cruelle et plus poignante.

Nous approchions à vue d'œil de notre destination, et dans quelques heures nous allions être au port. Mais avec quelle lenteur marchait *la Victorine* ! Que les minutes me paraissaient longues ! J'étais agité par une impatience, par un mouvement fébrile indéfinissable, et surexcité sans doute par les mortelles inquiétudes où je me trouvais. Pendant mon séjour à Maurice, je n'avais reçu qu'une seule fois des nouvelles de ma famille. Depuis lors, six mois s'étaient écoulés : trouverai je tout le monde à mon arrivée, ou n'aurai-je point à déplorer d'affreux malheurs? Telles étaient mes pensées, tels étaient mes tourments, lorsque *la Victorine* laissa tomber l'ancre dans le port de Saint-Nazaire, à l'entrée de la Loire.

Là, dans une agitation toujours croissante, il me fallut attendre la visite de la douane et rester en proie à mes mortelles inquiétudes, perdre toute une nuit qui fut employée à remonter le fleuve jusqu'à Nantes, où enfin je débarquai.

J'aurais voulu courir, voler chez un parent dont la demeure était la plus rapprochée du lieu de mon débarquement; mais je tremblais comme la feuille, et mon agitation était si grande, que mes jambes, si agiles à cette époque, me refusaient le service; je marchais en chancelant, et la tête me tournait comme si j'avais été ivre. Sur ma route, je rencontrai un de mes oncles. Je me précipitai dans ses bras sans pouvoir prononcer un seul mot; puis, tout à coup je m'en éloignai de quelques pas et le regardai fixement pour examiner sa physionomie, car je n'osais pas l'interroger. Il me comprit, et en souriant il me dit :

« Tout le monde t'attend avec impatience. »

Jamais de plus douces paroles n'avaient résonné à mes oreilles, et il s'opéra en moi un changement subit. Mes jambes avaient recouvré leur force et leur agilité, ma tête ne tournait plus.

Un instant après, j'embrassais ma bonne mère et mes sœurs. Mes deux frères aînés étaient absents. Henri était à quelques lieues de Nantes, dans une petite ville de Bretagne; et Robert s'était établi à Porto-Rico, où il exerçait la médecine.

Je n'ai point voulu fatiguer mon lecteur par la narration de tout ce qui me fut particulier pendant un séjour de six mois aux îles Maurice et Bourbon, et donner des détails sur des pays trop connus et trop souvent décrits par tous nos voyageurs.

Maintenant j'indiquerai très-sommairement les deux autres voyages qui suivirent celui-ci, pour arriver brièvement aux Philippines.

Je restai un mois à terre, entouré de l'affection de ma mère et de mes sœurs; malgré leurs soins assidus, l'ennui ne tarda pas à s'emparer de moi.

Je fis un second voyage à Maurice, et ensuite un troisième aux Philippines.

Je passai trois mois dans le port de Cavite, temps tout à fait insuffisant pour m'initier aux coutumes et aux usages de ce pays, qui me paraissait si différent de tout ce que j'avais vu jusqu'alors, mais assez cependant pour apprécier l'admirable et belle végétation que j'avais déjà remarquée à Sumatra et à Java, et entendu raconter, par les naturels, mille anecdotes sur des races de sauvages qui habitent l'intérieur des montagnes.

Tous ces récits et cette belle et riche nature enflammaient mon imagination et me faisaient vivement désirer d'avoir mon entière liberté, pour parcourir un pays qui avait déjà pour moi tant d'attraits et de merveilles.

De retour en France, je ne rêvais plus qu'à faire un second voyage à Manille.

L'occasion ne tarda pas à se présenter. Un trois-mâts fut annoncé pour les Philippines; j'obtins facilement à m'y embarquer comme médecin.

Je me séparai alors de mon pauvre frère Prudent. Nous nous fîmes nos derniers adieux;—nous ne devions plus nous revoir.

Enfin, après avoir passé six fois le cap de Bonne-Espérance, j'entrepris ce quatrième voyage, qui devait m'éloigner pour vingt ans de ma patrie.

Le 9 octobre 1819, je m'embarquai sur *le Cultivateur*, vieux trois-mâts à moitié pourri, commandé par un vieux capitaine qui n'avait pas navigué depuis de longues années.

Ainsi, vieux capitaine et vieux navire, telles étaient les conditions dans lesquelles j'entrepris ce voyage; je dois ajouter que j'avais obtenu une augmentation de solde.

Nous relâchâmes à Bourbon; nous parcourûmes toute la

côte de Sumatra, une partie de Java, les îles du détroit de la Sonde, celles de Banca; et enfin, le 4 juillet 1820, plus de huit mois après notre départ de Nantes, nous arrivions dans la magnifique baie de Manille.

Baie de Manille.

Le Cultivateur alla mouiller près de la petite ville de Cavite.

J'obtins la permission de m'installer à terre, et je pris un petit logement à Cavite même, distante de Manille de cinq à six lieues.

La liberté que je venais d'obtenir de m'installer à Cavite ne m'affranchit pas de mes engagements envers mes armateurs; je conservai mon emploi à bord du *Cultivateur*, et continuai à donner mes soins à son équipage.

Dans les années 1819 et 1820, notre commerce avait fait de nombreuses expéditions aux Philippines; plusieurs navires français étaient dans le port de Cavite; parmi leurs officiers je fis quelques connaissances, et me liai d'amitié avec MM. de Malvilain, dont je parlerai plus loin, Drouand, qui commandait un brick de Marseille, et enfin avec le docteur Charles Benoît, médecin de *l'Alexandre*, grand trois-mâts de Bordeaux.

Benoît eut quelques difficultés avec son capitaine; il débarqua à Cavite et vint s'installer chez moi.

Nous faisions donc ménage ensemble, vrai ménage de garçon. Notre personnel se composait d'un vieil Indien, qui remplissait les fonctions de cuisinier, et d'un très-jeune, cumulant les fonctions de valet de chambre, de palefrenier, de laquais, etc.

Le temps s'écoulait pour nous rapidement, et dans toute l'insouciance du jeune âge qui jouit du présent sans penser à l'avenir, lorsqu'un incident imprévu vint nous séparer.

Un dimanche, je passais la soirée chez le gouverneur de Cavite; Benoît s'y présenta, les vêtements en désordre et les traits aussi altérés que s'il venait d'être frappé d'un grand malheur.

« Nous sommes volés, dit-il, pillés, dévalisés; nous ne possédons plus rien; notre valet de chambre a brisé nos malles, s'est emparé de notre argent, de nos vêtements, de tout ce que nous possédions, puis il a pris la fuite. »

La physionomie de Benoît m'avait fait croire à une bien plus grande catastrophe que le malheur qu'il venait de m'annoncer, ce qui me fit lui répondre presque en souriant :

« Est-ce pour si peu de chose que vous êtes ainsi bouleversé? Cela n'en vaut pas la peine; Santiago ne nous a point enlevé une fortune, car vous et moi nous ne possédions pas grand'chose; et si, comme vous le dites, nous avons tout perdu, nos navires, où nous sont assurés un gîte et la nourriture, sont toujours dans le port. Calmez-vous, et allons voir si Santiago a fait quelque oubli, ou s'il est possible d'aller à sa poursuite. »

Nous nous rendîmes à notre demeure, où bientôt j'eus la conviction que mon ami Benoît avait raison pour ce qui le concernait; Santiago s'était littéralement emparé de tout ce qui lui appartenait, mais il avait scrupuleusement respecté tout ce qui était à moi.

Cette déférence de Santiago pour moi était une énigme; quelques jours après, mon vieux cuisinier me l'expliqua ainsi :

« Votre compatriote, me dit-il, n'est pas un bon chrétien, « c'est un *judio* (*juif*). Jamais il ne prie pendant l'*Angelus;* « tout au contraire, lorsque la cloche annonce aux fidèles de « se recueillir, il prend son flageolet et se met à jouer, comme « s'il voulait tourner en dérision la prière. »

C'était la vérité, et sans aucun doute Santiago avait cru faire une œuvre méritoire en dépouillant un mécréant.

Après avoir fait mon inventaire, je fus touché de l'affliction de mon ami; je lui proposai de nous mettre à la poursuite de Santiago. Nous montâmes à cheval, et prîmes la direction qu'il avait dû suivre.

La nuit était très-obscure; nous avions de la peine à diriger nos chevaux; à peu de distance du bourg de *San-Roque*, nous nous jetâmes dans des sables mouvants, où nos montures enfonçaient jusqu'à mi-jambes; Benoît, qui n'était pas bon cavalier, fit une chute qui le démoralisa complétement. Il me pria de retourner sur nos pas. Le lendemain il partit pour la capitale, où il espérait que s'était réfugié son voleur; ce ne fut que plusieurs mois après que je le revis à Manille.

Benoît parti, Cavite et ses alentours me parurent un champ trop limité pour satisfaire mon penchant aux grandes excursions; le fusil sur l'épaule, je me mis à parcourir le pays dans tous les sens.

Prenant pour guide le premier Indien que je rencontrais, je faisais de longues courses dans les campagnes, moins occupé à chasser qu'à admirer cette magnifique nature.

Je savais déjà un peu d'espagnol, auquel je pus bientôt ajouter quelques mots *tagalocs*.

Était-ce comme une excitation poétique? était-ce un désir vague d'affronter des dangers? J'aimais surtout à fréquenter les lieux retirés que l'on disait infestés de bandits ; plus d'une fois j'en rencontrai sur ma route, mais la vue de mon fusil les tenait en respect, et je n'en avais pas peur.

Je puis dire qu'à cette époque (et ce n'était sans doute pas bravoure) j'avais si peu le sentiment du péril que j'étais toujours prêt à me mettre en avant lorsqu'il y avait un danger à courir.

Je voulais tout voir, tout expérimenter par moi-même : non-seulement la belle végétation qui se développe si majestueuse sur le sol des Philippines fixait mon attention, mais aussi les mœurs, les habitudes des naturels, si différentes de tout ce que j'avais vu jusqu'alors, excitaient à un haut degré ma curiosité.

J'allais de nuit à des fêtes indiennes dans un grand bourg près de *Cavite*, *San-Roque*, dont les habitants, tous marins ou ouvriers, sont connus pour les hommes les plus méchants et les plus pervers des *Philippines*.

Dans ces fêtes, plusieurs fois j'avais assisté à des rixes sanglantes, et vu tirer les poignards pour une futilité ; souvent même je m'étais interposé avec succès comme médiateur dans ces débats.

Une nuit, j'étais resté plus tard que de coutume à un bal ; je me rendais seul du bourg à la ville, en traversant la presqu'île qui les sépare, lieu désert et renommé pour les nombreux assassinats qui s'y commettent ; à peu de distance de moi j'entendis des voix confuses, entre lesquelles je distinguai quelques paroles en anglais, puis un bruit sourd, tel que les sanglots d'une personne qu'on étouffe.

Deux heures du matin, une nuit obscure étaient trop favorables à des malfaiteurs pour ne pas me faire présumer que c'était un crime qui s'accomplissait ; sans trop réfléchir, je m'avançai vers l'endroit d'où le bruit continuait à se faire entendre.

Je n'avais fait que quelques pas, lorsque j'aperçus un groupe d'Indiens qui me parurent entraîner une personne vers le bord de la mer; je compris de suite leur intention, et, quelques minutes plus tard, ils allaient sans doute précipiter une victime dans les flots.

Je m'avançai résolûment à son secours, et, élevant la voix le plus qu'il m'était possible, dans l'espoir d'être entendu par quelques passants attardés, je criai :

« Que faites-vous? Vous êtes au moins six contre un. « Lâchez cet homme que vous maltraitez, ou nous allons « voir! »

Soit surprise de s'entendre apostrophés dans un moment si inattendu, soit par crainte, ils s'arrêtèrent, et me répondirent :

« Laissez-nous, nous savons ce que nous faisons; c'est un « Anglais qui nous doit une piastre, et qui ne veut pas nous « payer.

« Un Anglais n'a jamais refusé de payer ses dettes, il y a « sans doute un malentendu; lâchez-le sans répliquer, et je « réponds pour lui. »

L'assurance avec laquelle je leur parlais leur fit croire que je n'étais pas seul; ils lâchèrent l'Anglais, qui d'un bond sauta jusqu'à moi, et, libre du bâillon qui l'empêchait un instant avant de crier, il se mit à jurer comme un désespéré. Les Indiens m'entourèrent, et tous à la fois cherchèrent à me donner des explications presque en forme de menaces, car ils voyaient bien alors que j'étais seul. Je ne voulus pas les écouter, et, m'adressant à l'Anglais dans une langue que sans doute il ne comprenait pas, mais familière aux Indiens, je lui dis :

« Vous avez tort, ces braves gens vous ont rendu un ser« vice, et vous ne voulez pas le reconnaître; ils vous récla« ment une piastre, je la paye pour vous. Que tout soit fini, « suivez-moi; et vous, mes amis, voilà votre salaire, retirez« vous. »

La piastre acceptée, toute explication devenait inutile. Les Indiens nous accompagnèrent jusqu'à l'extrémité de la ville;

là ils nous quittèrent, en me faisant de fortes protestations de dévouement et de reconnaissance, de leur avoir évité, comme ils le disaient, la nécessité de se venger d'un mauvais débiteur.

L'Anglais, matelot ou novice d'un navire qui était en rade, après m'avoir remercié, retourna à son bord, et je n'en entendis plus parler.

Peu de jours après cette petite anecdote, je fus obligé d'interrompre mes promenades et mes excursions favorites. Le *choléra*, ce terrible fléau, venait de se déclarer à Manille.

CHAPITRE II.

Choléra à Manille. — Massacre des Européens.

Ce fut au mois de septembre 1820 que le choléra fit irruption pour la première fois à Manille[1].

Jusqu'à cette époque, ce terrible fléau n'était point encore sorti du continent indien, lorsqu'un navire chargé d'étoffes de coton, parti de Madras, poussé par une tempête, arriva à Manille, lieu de sa destination.

Il avait éprouvé des avaries. Plusieurs ballots d'étoffe avaient été mouillés d'eau de mer. Le consignataire les fit remettre à des blanchisseurs qui habitaient un des faubourgs de Manille, *Sanpaloc*.

A peine les eurent-ils ouverts, que la terrible maladie se

[1] Le traitement généralement employé par les médecins de Manille pour le choléra, et le seul qui ait donné des résultats satisfaisants, consistait à administrer, au début de la maladie, une potion composée d'une forte dose de laudanum de Sydenham, mêlée à une liqueur alcoolique; à frictionner le corps avec une pommade dans laquelle entrait une forte dose d'extrait gommeux d'opium, à appliquer de forts synapismes aux extrémités et à l'épigastre, et à continuer les frictions avec une brosse ou une étoffe de laine jusqu'à ce que la chaleur fût rétablie.

déclara parmi eux; et, quelques jours après, elle sévissait dans toute la population du faubourg.

De là elle passa à Manille, et bientôt envahit toute l'île de Luçon.

Dès son début, cette épidémie moissonnait des milliers d'Indiens.

Les rues de Manille étaient sillonnées, la nuit et le jour, de chariots remplis de cadavres.

Les habitants, renfermés chez eux, employèrent divers moyens pour se préserver de la contagion.

Dans quelques maisons on brûlait des herbes aromatiques, on enfumait toutes les chambres;

Dans d'autres, on inondait les appartements de vinaigre.

Mais rien n'arrêtait la mortalité; la consternation était générale. Aussi plus d'affaires, plus de promenades, plus de distraction.

Chaque famille restait dans sa demeure; les femmes et les enfants, prosternés devant l'image du Christ, imploraient à haute voix sa miséricorde.

Quelques médecins espagnols s'étaient enfuis de la capitale; et ceux qui restèrent, avec deux Français, MM. Godefroy et Charles Benoît, ne suffisaient point aux nombreux malades qui réclamaient leur assistance.

Les Indiens, qui n'avaient jamais vu pareille mortalité, s'imaginèrent que les étrangers empoisonnaient les fontaines et les rivières, pour détruire la population et s'emparer du territoire.

Cette fatale opinion, qui eut des suites si affreuses, courut bientôt de bouche en bouche.

Le général qui gouvernait l'île en fut prévenu. C'était alors M. Folgueras, excellent homme, mais faible et pusillanime.

Soit qu'il ne vît aucun danger pour les étrangers, soit qu'il fût trop préoccupé lui-même des effets désastreux de l'épidémie, il ne prit aucune précaution pour la sécurité de ses hôtes.

Le 9 octobre 1820, anniversaire de mon départ de France, commença un épouvantable massacre à Manille et à Cavite.

M. Victor Godefroy le médecin, et son frère le naturaliste, arrivés depuis peu à Manille, logeaient avec quatre Français, tous officiers de la marine du commerce, dans le faubourg de *Santa-Cruz.*

Ce jour-là, le médecin sortit de très-bonne heure pour voir un malade.

Dans la rue, quelques Indiens commencèrent à lui crier qu'il était un empoisonneur.

Peu à peu le nombre augmenta, et bientôt il se vit entouré d'un groupe menaçant.

Des alguazils arrivèrent, s'emparèrent de lui, et, comme un coupable, le conduisirent à la maison communale.

Au moment où ils allaient lui passer la tête dans un *bloc*[1] pour le tenir prisonnier, Godefroy, qui n'avait jamais vu une pareille machine, se figura qu'elle était un instrument de supplice, et qu'on voulait s'en servir pour l'étrangler.

Dans l'espoir de conserver sa vie, il sauta par une croisée, et s'enfuit.

Les Indiens coururent après lui, l'atteignirent, et, après lui avoir asséné deux coups de sabre sur la tête en guise de correction, ils lui lièrent les mains et le conduisirent chez le corrégidor de *Tondoc*, M. Varela, créole de Manille, homme superstitieux et sans instruction, qui tremblait pour lui-même et croyait autant aux empoisonneurs que les Indiens.

Il fit venir Godefroy en sa présence, lui adressa quelques paroles et le fit fouiller par un de ses alguazils, qui trouva sur lui une fiole contenant quelques onces de laudanum.

Le corrégidor crut alors plus que jamais au poison, traita le pauvre Godefroy en conséquence, et l'envoya en prison.

[1] Le bloc, destiné à attacher les prisonniers, se compose de deux pièces de bois longues de huit à dix pieds, réunies au moyen d'une charnière, et dans lesquelles se trouvent des demi-ouvertures pour les bras, les jambes, le cou et le corps. Les deux pièces de bois se joignent et se ferment par un cadenas.

Pendant l'interrogatoire qu'avait subi le prétendu empoisonneur, quelques milliers d'Indiens s'étaient réunis sous les fenêtres du corrégidor, demandant qu'on leur livrât le prisonnier. Le corrégidor, pour les calmer, se présenta à son balcon, et à haute voix leur dit :

« *Hijos* (*enfants*), l'empoisonneur est en sûreté dans la prison, et il sera puni selon la gravité de son crime. Nous allons bien voir s'il est coupable : voici un flacon trouvé sur lui, contenant un liquide qui me paraît bien suspect ; mais il faut nous assurer si c'est bien du poison. Ainsi, que deux d'entre vous m'amènent un chien, et nous verrons quel effet produira sur lui cette liqueur. »

Les Indiens ne se firent pas prier, ils lui présentèrent un petit chien ; l'un lui ouvrit la gueule, tandis que l'autre lui versa dans le gosier le contenu du flacon. Quelques minutes suffirent pour que cette grande quantité de narcotique produisît son effet ; le chien fit quelques pas en chancelant, et tomba dans un affaissement qui annonçait sa mort.

Le corrégidor et les Indiens n'eurent alors plus de doute ; l'expérience qu'ils venaient de faire était une preuve évidente du crime d'empoisonnement.

Le premier fit instruire le procès de son prisonnier, tandis que la foule des Indiens se dirigea vers la maison où se trouvait Godefroy le naturaliste, avec ses amis.

Réunis sous les croisées, ils n'osèrent d'abord pas les attaquer ; ils se contentèrent de jeter des pierres dans les fenêtres, et de crier : *Mort aux empoisonneurs !*

Le gouverneur, instruit de ce qui se passait, envoya un sergent et dix soldats pour protéger la demeure des étrangers. Ceux-ci, effrayés par les menaces et les clameurs des Indiens, s'étaient réunis dans leur salon, avaient chargé quelques paires de pistolets, et s'apprêtaient à faire feu sur celui qui aurait osé franchir le seuil de la porte.

Le sergent et sa petite troupe montèrent l'escalier et se présentèrent à la porte. Godefroy et ses amis, croyant qu'ils venaient les attaquer, firent feu sur eux : aussitôt les soldats, sans attendre aucun ordre de leur chef, déchargèrent leurs armes sur les malheureux Français, qui tous tombèrent percés de balles.

Le sergent, effrayé de la méprise que sa troupe venait de commettre, se retira.

Les Indiens alors les remplacèrent, poignardèrent les blessés, pillèrent, brisèrent les meubles, et ne se retirèrent qu'après avoir accompli leur œuvre de meurtre et de dévastation.

L'un d'eux, le poignard tout sanglant dans la main, et au milieu de la foule qui encombrait la rue, élève la voix et dit:

« Mes frères, vous le voyez tous, le gouverneur envoie fu-
« siller les empoisonneurs qui veulent nous faire tous périr;
« n'attendons pas que les Castillans nous vengent, vengeons-
« nous nous-mêmes! »

Des cris de joie accueillirent les paroles du fanatique et superstitieux Indien. La foule se divisa par groupes, qui prirent diverses directions pour se rendre dans les quartiers où demeuraient les étrangers.

Le capitaine Dibard, celui qui commandait mon navire, son subrécargue Pasquier; Grosbon, fils du général du même nom, et un matelot, demeuraient dans le faubourg *San-Gabriel.*

Ils furent prévenus que les Indiens venaient pour les attaquer; ils fermèrent leurs portes. Mais quelle résistance pouvaient opposer de faibles portes à une troupe d'assassins déjà ivres de sang et du désir du pillage? Aussi leur maison fut-elle bientôt envahie. La mort leur paraissant inévitable, ils se décidèrent à fuir, chacun du côté où il espérait trouver une issue.

Le capitaine se dirigea vers la cuisine; mais à peine s'y était-il réfugié, que les agresseurs, le sabre et le poignard à la main, se précipitèrent sur lui et le percèrent de mille coups, lui arrachèrent les membres, et les jetèrent tout palpitants par les croisées.

Pendant que le meurtre du malheureux Dibard s'accomplissait, Pasquier, Grosbon et le matelot, plus heureux que leur capitaine, avaient traversé une petite cour, escaladé un mur, et avaient été reçus dans un jardin par madame *Escarella*, femme d'un courage héroïque.

Pour les sauver, elle les fit monter dans un donjon; mais à peine venait-elle d'en fermer la porte, que les assassins, couverts du sang de l'infortuné Dibard, se présentèrent devant elle et lui demandèrent la proie qui venait de leur échapper.

« Les Français, répondit madame Escarella, sont sous ma « sauvegarde, et je ne vous les livrerai pas. Si vous voulez « briser cette porte, vous commencerez par m'assassiner « moi-même. Vous êtes des lâches; retirez-vous, ou le gouver- « neur que j'ai envoyé prévenir ne tardera pas à vous faire « châtier comme vous le méritez. »

L'énergie et la résolution de cette courageuse femme imposèrent assez aux assassins pour les obliger à se retirer, et ils allèrent chercher dans un autre quartier des victimes moins bien défendues.

A peu de distance du lieu où venait de se commettre le meurtre du capitaine Dibard, habitait M. Lestoup, capitaine du navire de Bordeaux *l'Alexandre*. Il avait avec lui six personnes de son bord.

Tous étaient à table lorsque les Indiens envahirent leur maison à l'improviste, se précipitèrent sur eux et les égorgèrent, sans qu'un seul échappât.

Au même instant, trois Anglais, dans une maison contiguë, subissaient le même sort que les malheureux Français.

M. Darbel, gérant d'une habitation sur les bords du *Pasig*, pour se soustraire à la fureur de ses ouvriers, s'était jeté dans une pirogue qu'il dirigeait vers Manille, où il espérait se mettre sous la protection des Espagnols.

Poursuivi, près d'être atteint dans sa frêle embarcation, il sauta à terre; mais bientôt il se voit entouré par les Indiens, et, considérant sa perte comme inévitable, il se résignait à mourir. Adossé à un mur, il avait déjà reçu trois coups de sabre, lorsqu'un métis, témoin de la cruauté de ses compatriotes, s'élança hors de sa maison, écarta la foule, s'empara de Darbel déjà presque évanoui, l'entraîna, et l'emporta, pour ainsi dire, jusqu'à sa demeure.

Cet acte de courage et de dévouement sauva la vie à Darbel et fut cause de la mort du généreux métis. L'émotion qu'il avait ressentie et l'effort qu'il avait fait lui produisirent de violentes palpitations de cœur, qui se terminèrent par la rupture d'un anévrisme.

Il serait trop long de compter ici tous les massacres, tous les crimes commis dans les faubourgs de Manille et ses environs, sur des personnes isolées et surprises sans défense. Je terminerai ce déplorable tableau par le récit d'un dernier drame auquel un de nos compatriotes, qui habite Paris, échappa comme par miracle.

M. Gautherin, commandant un navire de Bordeaux, et un ancien capitaine de hussards, son passager, qui voyageait pour son plaisir, étaient dans un hôtel tenu par un Allemand nommé Antelmann.

La foule des Indiens armés et leurs clameurs les avertirent du danger qu'ils couraient; ils voulurent fuir, mais toute retraite étant impossible, ils se réfugièrent dans une chambre à coucher, et fermèrent la porte.

L'officier se mit à la croisée, s'en retira aussitôt, et dit à Gautherin :

« Nous sommes perdus, rien au monde ne peut nous sauver.
« Mon Dieu, que faire? »

« Cachez-vous sous le lit, dit Gautherin. »

« Me cacher sous le lit, à quoi cela m'avancerait-il? »

« A prolonger de quelques minutes votre existence, et « peut-être à gagner du temps jusqu'à ce qu'on vienne à notre « secours. Je voudrais bien avoir la même facilité que vous « pour me cacher; mais vous voyez mon embonpoint. »

Pendant ce court dialogue, les Indiens étaient arrivés à la

porte et y frappaient à grands coups. Il n'y avait plus un moment à perdre ; les deux amis s'embrassèrent, se firent leurs derniers adieux. L'officier se cacha sous le lit. Gautherin, resté seul, se blottit derrière un coffre, et se recouvrit la partie supérieure du corps avec une natte.

A peine était-il dans sa cachette que la porte fut enfoncée, et une foule d'Indiens se précipita dans la chambre.

Dès leur entrée, ils aperçurent le malheureux officier de hussards : ils le tirèrent par les pieds, divisèrent son corps par morceaux, déchirèrent ses membres et les jetèrent par les croisées à leurs amis, qui n'avaient pu, comme eux, souiller leurs mains du sang de notre compatriote.

Gautherin, de sa cachette, avait assisté malgré lui à cette horrible scène, et le sang de son ami avait inondé la natte qui le recouvrait.

Quelle émotion et quelle angoisse ne devait-il pas éprouver? et quel courage ne lui fallut-il pas pour conserver son immobilité? Le moindre mouvement, un souffle, pouvait le faire découvrir! Heureusement la Providence veillait sur lui, et son sang-froid devait lui sauver la vie.

Les Indiens, qui ne voyaient plus de victimes à sacrifier, tournèrent leur rage contre les meubles, et se mirent à les briser. Pendant cette œuvre de destruction, l'un d'eux tira la natte qui dérobait Gautherin à leur vue. Celui-ci, dès qu'il se vit découvert, se leva subitement.

Cette apparition inattendue d'un homme de la force et de la stature de Gautherin produisit sur les assassins un instant de surprise et d'hésitation. Gautherin en profita pour leur dire :

« Je suis chrétien comme vous, ne me tuez pas ! »

Mais à peine avait-il prononcé ces mots, que deux coups de sabre lui faisaient deux profondes blessures à la tête ; ces deux coups de sabre produisirent sur lui une réaction, un mouvement de rage contre les assaillants.

Soutenu par le désir de conserver son existence ou de périr en se défendant, il passa sa main sur ses yeux inondés du sang qui coulait de ses blessures, et se précipita au milieu de ses ennemis, les culbutant, les renversant à coups de poing et à coups de coude. Il parvint à retrouver l'escalier, renversa tout ce qui s'opposait à son passage. Ce ne fut pas néanmoins sans un rude coup de lance dans le côté; mais cette nouvelle blessure, plus dangereuse que les deux autres, ne l'arrêta pas.

Arrivé au rez-de-chaussée, toujours poursuivi par ses ennemis, il entra dans une salle de billard : après en avoir fait le tour, il se disposait à se précipiter par la porte qui donnait sur une rue, lorsqu'il vit un Indien armé d'un énorme sabre et qui l'attendait au passage, brandissant son arme, tout préparé à lui enlever la tête d'un seul coup.

Gautherin crut alors sa mort inévitable; cependant son courage ne l'abandonna point encore, et, au moment où il allait recevoir le dernier coup, il leva la main pour le parer. Ce mouvement en effet fit dévier la lame du sabre, qui vint lui frapper à plat sur la figure, mais avec tant de force, qu'étourdi par ce coup, il tomba évanoui dans la rue.

Ses assassins le crurent mort, et quelques soldats d'un poste voisin, attirés par la curiosité, le transportèrent à leur corps de garde. Ils le jetèrent sur un lit de camp.

L'intrépide Gautherin était revenu à lui, ses blessures le faisaient horriblement souffrir, celle du côté surtout; il était dévoré d'une soif ardente, il demanda un peu d'eau pour l'étancher.

Mais les soldats indiens, voyant en lui un homme prêt à mourir, ne faisaient pas attention à sa demande.

Cependant un curé indien, que le hasard avait amené au corps de garde, s'approcha et lui dit :

« Êtes-vous chrétien? »

« Oui, je suis chrétien comme vous, lui répondit Gau-
« therin. »

« Eh bien, puisque vous êtes chrétien, je vais vous confes-
« ser, et vous administrer les sacrements. »

« Hélas ! me confesser, cela m'est impossible ; je me meurs, « et vous voyez qu'à peine je puis dire une parole. »

« En ce cas, dit le bon curé, l'absolution sera suffisante « pour mourir dans la grâce de Dieu. »

Et le saint homme se mit en devoir de la lui donner.

Après cette funèbre cérémonie, accomplie sans cierges, sans appareil, et en présence seulement de quelques soldats, le bon curé pria le sous-officier indien qui commandait le poste de faire donner un peu d'eau au mourant et de faire bander ses plaies.

Ce premier pansement, l'eau que Gautherin venait de boire avec tant d'avidité, lui produisirent un peu de soulagement ; et les paroles de consolation que lui avait adressées le ministre de Dieu lui rendirent l'espérance et ranimèrent son courage.

Tous les événements que je viens de raconter s'étaient accomplis dans l'espace de huit heures. L'obscurité avait ramené le calme, les assassins s'étaient retirés dans leurs demeures.

La ville de guerre, qui pendant ces huit heures de massacre avait fermé ses portes et était restée étrangère à tous les crimes commis dans les faubourgs, les rouvrit dès que la nuit fut venue, pour donner passage à quelques personnes charitables qui voulaient secourir les malheureux étrangers échappés aux assassins.

Le colonel Manuel Oléa, accompagné de quelques soldats, parcourut tous les faubourgs, recueillit les blessés et ceux qui, par miracle, s'étaient soustraits au poignard des Indiens.

Il tira aussi Victor Godefroy de sa prison, et les conduisit tous à la citadelle, où non-seulement ils furent en sûreté, mais où ils trouvèrent aussi le commandant don Alexandro *Pareño* et toute sa famille, qui entourèrent nos malheureux compatriotes des soins et des attentions que méritait leur position.

Le lendemain, les fanatiques indiens reprirent leur poignard et parcoururent de nouveau les faubourgs, espérant y trouver encore quelques victimes.

Le général Folgueras, si faible et si pusillanime, craignait une révolte générale, et n'osa pas encore prendre les mesures de rigueur, seules capables d'arrêter les crimes de ces forcenés.

L'archevêque, revêtu de ses habits sacerdotaux, le saint sacrement à la main, accompagné de tout son clergé, parcourut la grande rue d'*el Rosario* à *Binondoc*, priant et exhortant les Indiens à rentrer dans l'ordre, et à se repentir des crimes qu'ils avaient commis la veille sur d'innocentes victimes.

Mais, loin de tenir compte des exhortations du saint prélat, ne trouvant plus d'étrangers européens à égorger, ils tournèrent leur rage contre de pacifiques Chinois, et commirent sur eux de nouveaux massacres.

Alors les principales autorités de Manille se réunirent chez le gouverneur, et lui firent comprendre la nécessité d'arrêter par la force le désordre et les crimes qui se commettaient.

Folgueras ne put plus reculer, et se mit en devoir de prendre des mesures qui lui étaient presque imposées par les hommes les plus honorables de Manille.

Des troupes furent envoyées dans les faubourgs, des canons furent braqués à toutes les embouchures de rues, et ordre fut donné de tirer sur tous les groupes formés de plus de trois personnes.

Les Indiens, effrayés de ces mesures sévères, rentrèrent chez eux; le bon ordre fut rétabli, et la justice espagnole punit du dernier supplice tous les coupables qu'elle put découvrir [1].

[1] Folgueras, qui, seul de sa nation, fut cause des malheurs que je viens de raconter, a péri de la peine du talion : il a été assassiné par un officier dans la révolte de Novalès.

Victor Godefroy, reconnaissant de tous les bienfaits qu'il avait reçus de la famille Pareño, a épousé une des filles de cet officier général. Il vit heureux en Bretagne.

Je fus aussi traqué dans Cavite, mais je parvins à m'échapper; je me jetai dans une pirogue, et je fus assez heureux pour me réfugier à bord du *Cultivateur*.

Il n'y avait pas dix minutes que j'étais sur le trois-mâts, lorsqu'on vint me chercher pour donner des soins au second d'un navire américain, qui venait d'être poignardé à son bord par des gardes de la douane.

Je terminais le pansement, quand des officiers de différents navires français me prévinrent que le capitaine Drouant, commandant un navire de Marseille, était resté à terre, et qu'il était peut-être encore temps de le sauver.

Il n'y avait pas un moment à perdre; la nuit approchait; il fallait profiter de la dernière demi-heure de jour; je partis dans un canot, et en arrivant à terre je donnai l'ordre à mes matelots de se tenir assez loin du rivage pour éviter une surprise de la part des Indiens, mais assez près cependant pour aborder promptement si le capitaine ou moi leur faisions un signal.

Je me mis aussitôt à la recherche de Drouant.

Arrivé à une petite place appelée *Puerta Baga*, j'aperçus un groupe de trois ou quatre cents Indiens; un pressentiment me disait que c'était de ce côté que je devais diriger mes recherches.

Je m'approchai de la foule, je reconnus en effet l'infortuné Drouant, pâle comme un mort. Un Indien furieux allait lui plonger son kris dans la poitrine; je me jette entre le poignard de l'Indien et le capitaine, et je les repousse assez violemment l'un et l'autre pour les séparer.

« Sauvez-vous! criai-je en français au capitaine : un canot « vous attend. »

La stupéfaction des Indiens avait été telle, qu'il put s'échapper sans qu'on songeât à le poursuivre.

Il fallait maintenant me tirer du mauvais pas où je m'étais engagé. Quatre cents Indiens m'entouraient : il fallait payer d'audace.

Je dis en tagaloc à celui qui avait voulu frapper le capitaine, qu'il était un lâche. L'Indien bondit jusqu'à moi ; il lève son arme : je lui applique sur la tête un coup d'une petite canne que je tenais à la main ; il demeure un instant étonné, et se retourne vers ses compagnons pour les exciter.

De tous côtés les poignards sont tirés ; la foule forme autour de moi un cercle qui va toujours en se rétrécissant.

Étrange fascination du blanc sur l'homme de couleur ! De ces quatre cents Indiens pas un n'ose m'attaquer le premier ; ils veulent me frapper tous ensemble.

Tout à coup, un soldat indien armé d'un fusil fend la foule ; il donne un coup de crosse à mon adversaire, lui arrache son poignard, et, prenant son fusil par la baïonnette, il le fait tourner au-dessus de sa tête, et exécute un moulinet qui agrandit le cercle d'abord, et disperse ensuite une partie de mes ennemis.

« Fuyez, Monsieur ! me dit mon libérateur ; maintenant que « je suis là, personne ne touchera un de vos cheveux. » En effet, la foule se sépare et me laisse le passage libre ; j'étais sauvé sans savoir par qui et pourquoi !... lorsque le soldat me cria de loin :

« Vous avez soigné ma femme qui était malade, et vous ne « m'avez pas demandé d'argent ; j'acquitte ma dette. »

Le capitaine Drouant devait être parti dans le canot ; il ne m'était plus possible de me rendre à bord du *Cultivateur*.

Je me dirigeai vers ma demeure, longeant les murailles et profitant de l'obscurité, lorsqu'au détour d'une rue je tombai au milieu d'une bande d'ouvriers de l'arsenal, tous armés de haches, et se disposant à aller attaquer les navires français qui étaient en rade.

Là encore je dus mon salut à une connaissance à qui j'avais rendu quelques services dans la pratique de mon art ; un métis m'avait poussé dans l'encoignure d'une maison, et m'avait dit, me couvrant de son corps :

« Ne bougez pas, docteur Pablo [1] ! »

Quand la foule fut écoulée, mon protecteur m'engagea à me cacher, et surtout à ne point me rendre à bord ; puis il reprit sa course pour rejoindre ses camarades.

Mais tout n'était pas fini ; à peine étais-je chez moi, que j'entendis frapper à ma porte.

« — Docteur Pablo, » dit une voix qui ne m'était pas inconnue.

J'ouvris, et j'aperçus, pâle comme un mort, un Chinois qui tenait, au rez-de-chaussée, un magasin de thés.

« — Qu'y a-t-il, Yang-Pô ? »

« — Sauvez-vous, docteur ! »

« — Et pourquoi me sauver ? »

« — Parce que les Indiens vous attaqueront cette nuit ; ils « l'ont résolu. »

« — Tu crains pour ta boutique, Yang-Pô ? »

« — Oh ! non ; ne plaisantez point. Si vous restez, c'est fait « de vous ; vous venez de frapper un Indien, et ses amis ne « parlent que de vengeance. »

Les appréhensions de Yang-Pô, je le vis bien, n'étaient que trop fondées ; mais que faire ?... Fermer ma porte et attendre était encore le plus sûr.

« — Merci, dis-je au Chinois, merci de vos bons avis ; mais « je reste. »

« — Rester ici, seigneur docteur ! y pensez-vous ? »

« — Maintenant, Yang-Pô, un service : allez dire à ces In« diens que j'ai là, à leur intention, deux pistolets et un fusil « double dont je sais faire usage. »

Le Chinois sortit en poussant un profond soupir de négociant tourmenté par l'idée que l'attaque contre le docteur pourrait bien se terminer par le pillage de sa marchandise. Je barricadai ma porte à l'aide de quelques gros meubles, je chargeai mes armes et j'éteignis ma lumière.

1 Pablo ou Paul, c'est mon prénom ; on ne m'appelait jamais autrement à Manille et à Cavite.

Il était huit heures du soir. Le moindre bruit me faisait croire que le moment était venu où la Providence seule pourrait me sauver : ma fatigue était si grande que, malgré l'émotion bien naturelle en pareille circonstance, j'avais souvent besoin de lutter contre l'envie de céder au sommeil.

Vers onze heures, quelqu'un heurta à ma porte. Je m'emparai de mes pistolets et prêtai l'oreille : à un second coup, je m'approchai sur la pointe du pied.

« — Qui est là, demandai-je. »

Une voix me répondit :

« Nous venons vous sauver. Ne perdez pas un instant : pas-
« sez par-dessus le petit toit; nous vous attendons de l'autre
« côté, dans la rue du *Campanario*. »

Puis deux ou trois personnes descendirent précipitamment; j'avais reconnu la voix d'un métis dont les bonnes intentions à mon égard n'étaient point douteuses.

Il était temps; car, au moment où je passais par une fenêtre qui éclairait l'escalier et conduisait sur le toit, les Indiens se faisaient déjà entendre de l'autre côté de la rue; quelques minutes plus tard ils étaient chez moi, brisant et pillant le peu que je possédais.

J'eus bien vite franchi le toit, et je me trouvai dans la rue du *Campanario*, où m'attendaient mes nouveaux sauveurs; ils me conduisirent chez eux.

Là, un profond sommeil me fit bientôt oublier les dangers que j'avais courus.

Le lendemain, mes amis avaient préparé une petite pirogue pour me conduire à bord du *Cultivateur*, où, suivant toute apparence, je devais être plus en sûreté qu'à terre.

J'étais sur le point de m'embarquer, lorsqu'un de mes hôtes me remit une lettre qu'il venait de recevoir, et qui m'était adressée. Elle était signée de tous les capitaines de navires en rade. Ils m'apprenaient que, se voyant à chaque instant exposés à une attaque de la part des Indiens, ils s'étaient tous décidés à appareiller et à prendre le large; mais que deux d'entre eux, Drouant et Perroux, avaient été contraints de laisser à terre une partie de leurs vivres, toute leur voilure et leur eau.

On me suppliait de venir à leur aide; un canot devait se tenir au large et se mettre à mes ordres.

Je communiquai cette lettre à mes amis, et leur déclarai que je ne retournerais pas à bord sans avoir essayé de satisfaire au désir de mes compatriotes : il s'agissait de sauver la vie à deux équipages, et il n'y avait pas d'hésitation possible.

Ils firent tous leurs efforts pour ébrauler ma résolution.

« Si vous vous montrez dans un seul quartier de la ville, « me dirent-ils, vous êtes perdu. Quand bien même les In- « diens ne vous tueraient pas, ils ne manqueront pas de « piller tous les objets qui leur seront confiés. »

Je restai inébranlable, et leur fis observer que c'était une affaire d'honneur et d'humanité.

« Allez donc seul, s'écria le métis qui avait le plus contri- « bué à mon évasion; mais aucun de nous ne vous suivra: « nous ne voulons pas qu'il soit dit que nous avons aidé à la « perte de notre hôte. »

Je remerciai mes amis, et après leur avoir serré la main je cheminai dans les rues de Cavite, mes deux pistolets à la ceinture, songeant au moyen de mener à bonne fin ma périlleuse mission.

Cependant je connaissais déjà assez le caractère des Indiens pour être convaincu que l'excès de mon audace les calmerait, au lieu de les irriter.

Je me rendis sur la plage voisine du port de débarquement où la veille j'avais échappé à un si grand péril. Elle était couverte d'Indiens en observation devant les navires en rade.

Quand je fus à quelques pas, tous les regards se portèrent vers moi; mais, ainsi que je l'avais prévu, la physionomie de ces hommes, que la nuit avait d'ailleurs calmés, annonçait plus d'étonnement que de colère.

« Voulez-vous gagner de l'argent? leur criai-je. Ceux qui

« viendront travailler avec moi auront chacun une piastre à « la fin de la journée. »

Un moment de silence suivit mes paroles; puis l'un d'eux me dit :

« Vous n'avez donc pas peur de nous? »

« Regarde si j'ai peur, lui répondis-je en lui montrant mes « pistolets : avec cela je joue une seule vie contre deux; tout « l'avantage est de mon côté. »

Ces mots produisirent un effet magique; mon interlocuteur me dit :

« Replacez vos pistolets à votre ceinture, vous êtes fort « par le cœur; vous méritez d'être en sûreté au milieu de « nous. Parlez, que faut-il faire? nous vous suivrons. »

Je vis le moment où ces hommes, qui voulaient me tuer la veille, allaient me porter en triomphe.

Je leur expliquai alors que j'avais l'intention d'opérer le déménagement de différents objets appartenant à mes compatriotes, et que ceux qui voudraient me donner un coup de main recevraient le salaire promis; puis, je chargeai celui qui m'avait interpellé de prendre avec lui deux cents hommes, à peu près le double de ce qui était nécessaire : pendant qu'il choisissait son monde, je fis signe au canot d'approcher de terre et remis un mot écrit au crayon, afin que toutes les chaloupes des navires français vinssent assez près pour recevoir, au moment opportun, tout ce que j'aurais fait transporter sur le rivage.

Un instant après je marchais à la tête de ma colonne, composée de deux cents Indiens; avec leur aide, les voiles, les salaisons, les biscuits et les vins furent bientôt à bord des chaloupes.

Ce qui m'embarrassait le plus, c'était le transport d'une énorme somme de piastres appartenant au capitaine Drouant.

Si les Indiens avaient soupçonné de telles richesses, l'appât des piastres les eût fait manquer à leur parole. Je pris donc le parti de remplir mes poches d'argent, et de faire une vingtaine de voyages de la maison à la chaloupe.

Là, caché par les matelots, je déposai l'argent pièce par pièce, pour ne faire aucun bruit.

En transportant les voiles du capitaine Perroux, une circonstance fâcheuse faillit m'être fatale : quelques jours avant l'époque du massacre, un matelot français qui travaillait à la voilure était mort du choléra. Ses camarades, effrayés, avaient enveloppé son cadavre dans une voile, et s'étaient sauvés à bord du navire.

Mes Indiens découvrirent ce cadavre, qui déjà entrait en putréfaction. Ils furent d'abord saisis d'effroi, puis de l'effroi passèrent à la fureur ; je craignis un instant qu'ils ne se ruassent sur moi. — « Vos amis, s'écriaient-ils, ont abandonné ce cadavre avec intention, pour qu'il empoisonne l'air « et redouble la fureur de l'épidémie. »

« Quoi! vous avez peur d'un pauvre diable mort du choléra? leur dis-je en affectant la plus grande tranquillité. « Qu'à cela ne tienne, je vais vous en débarrasser. »

Et, malgré l'horreur que j'éprouvais, j'enveloppai le corps dans une petite voile et le portai au bord de la mer. Là, je fis creuser une fosse et l'y déposai; après quoi je plaçai sur ce tertre improvisé deux morceaux de bois en croix, qui indiquèrent pendant quelques jours la dernière demeure du malheureux, qui n'eut sans doute d'autre prière que la mienne.

Toute la journée se passa en émotions diverses; vers le soir, cependant, j'avais fini ma tâche et les navires étaient pourvus.

Je m'empressai de payer les Indiens, et je leur fis, en outre, la largesse d'un baril d'eau-de-vie. Je ne craignais plus leur ivresse, j'étais le seul Français à terre; la nuit venue, je m'embarquai dans une lourde chaloupe qui traînait, à la remorque, une douzaine de tonneaux d'eau douce.

Depuis vingt-quatre heures je n'avais pris aucune nourriture, j'étais brisé de fatigue; je me jetai pour reposer sur un des bancs de la chaloupe.

Mais bientôt un froid mortel glaça mes membres, et

je tombai en défaillance. Cet état dura plus d'une heure.

Enfin la chaloupe aborda *le Cultivateur*, on me hissa à bord, et, à force de frictions d'eau-de-vie et de cordiaux, je revins à moi.

Quelque nourriture et du repos suffirent pour réparer mes forces, et le lendemain j'étais tranquille au milieu de mes compatriotes.

Je dressai le bilan de ma situation personnelle; les événements accomplis depuis deux jours l'avaient singulièrement simplifiée. J'avais tout perdu.

Une petite pacotille, économie de plusieurs voyages, confiée au capitaine pour être vendue à Manille, avait été entièrement pillée, ainsi que tout ce que je possédais à Cavite; il ne me restait que ce que j'avais sur le corps; quelques mauvaises nippes qui ne pouvaient me servir qu'à bord, et trente-deux piastres. Je n'étais guère plus riche que Bias.

J'eus le malheur de me rappeler qu'un capitaine anglais que j'avais soigné en rade me devait quelque chose, comme cent piastres. Dans la circonstance, c'était une fortune.

Le capitaine en question, par crainte des Indiens, était allé mouiller à *Maribélès*, à l'entrée de la baie, à dix lieues à peu près de Cavite.

Pour être payé, il fallait me rendre à son bord.

J'obtins du capitaine Perroux un canot, quatre matelots, et je partis. J'arrivai à la brune.

Le scrupuleux capitaine, qui se voyait presque en pleine mer et hors de toute poursuite, répondit qu'il ne savait pas ce que je voulais lui dire. J'insistai pour être payé; il se mit à rire, je le traitai de fripon. Il me menaça de me faire jeter à la mer. Bref, après une inutile discussion, et au moment où le capitaine avait fait venir sur le pont cinq ou six vigoureux matelots pour mettre sa menace à exécution, je me retirai vers mon canot.

La nuit était noire, un vent violent et contraire venait de s'élever; il me fut impossible de regagner le navire.

Je passai toute la nuit ballotté par les vagues, sans trop savoir où j'allais.

Le lendemain matin, je m'aperçus que j'avais fait du chemin bien inutilement. Cavite était loin derrière moi. Le vent s'étant un peu calmé, nous reprîmes les rames, et à deux heures après midi nous étions enfin de retour.

Cependant le calme était rétabli à Cavite et à Manille.

L'autorité espagnole avait pris des mesures pour que les scènes déplorables dont nous avions été les témoins ne se renouvelassent plus; le curé du faubourg de Cavite avait même pris la peine de lancer une excommunication en pleine chaire contre ceux qui auraient attenté à ma vie. J'attribuai le motif de cette sollicitude exceptionnelle à la profession que j'exerçais; j'étais en effet le seul Esculape de l'endroit, et, depuis mon départ, les malades se voyaient obligés d'avoir recours à la science très-conjecturale des sorciers indiens.

Jeunes indiennes de Marigondon.

Un matin, j'étais à peu près décidé à retourner à terre, lorsque *le Cultivateur* fut abordé par une jolie pirogue montée par un Indien que j'avais vu quelquefois dans mes excursions. Il venait me proposer de m'emmener à son habitation située à dix lieues de Cavite, auprès des montagnes de *Marigondon*.

La perspective de quelques bonnes parties de chasse m'eut bientôt décidé.

J'emportai avec moi mes trente-deux piastres, un fusil, enfin toute ma fortune, et je me livrai à cet ami improvisé que je connaissais à peine.

Sa petite maison, ombragée par de belles pamplemousses et des ylangs-ylangs, grands arbres dont la fleur répand au loin un parfum, était abritée dans un lieu ravissant. Deux jeunes filles, aimables enfants, contribuaient encore à embellir ce paradis terrestre.

Le bon Indien tint la parole donnée; je fus entouré par lui et sa famille de petits soins et d'attentions inconnus à l'hospitalité européenne.

La chasse était mon plus grand amusement, surtout celle du cerf, qui exige un violent exercice.

J'ignorais encore celle du buffle sauvage, dont j'aurai occasion de parler plus tard, et j'avais souvent demandé à mon hôte de m'y conduire; mais il s'y refusait toujours, alléguant qu'elle était trop dangereuse.

Les jours s'écoulaient comme des heures dans ces agréables occupations.

Depuis trois semaines je vivais au milieu de la famille indienne, sans aucune nouvelle de Manille, quand un exprès m'apporta une lettre du second du navire, qui en avait pris le commandement après l'assassinat du malheureux Dibard.

Il m'annonçait que *le Cultivateur* allait faire voile pour la France, et que je devais me hâter si je voulais quitter un pays qui nous avait été à tous si fatal. La lettre avait déjà quelques jours de date.

Malgré la peine que j'éprouvais à me séparer de mon Indien

et de sa famille, qui avait si bien su charmer les jours de l'hospitalité, je me résignai à partir. Je fis cadeau de mon fusil au maître de la maison. Je n'avais rien à donner aux jeunes filles, car leur offrir de l'argent eût été une insulte.

CHAPITRE III.

Départ du navire *le Cultivateur*. — Abandon. — Manille et ses faubourgs. — Binondoc. — Cérémonies religieuses. — Processions. — Douane chinoise.

Le lendemain j'arrivai à Manille, en songeant encore aux blanches colombes des pamplemousses de Marigondon. Ma première pensée fut de me rendre sur le port; mais, hélas! j'eus la douleur de voir *le Cultivateur* bien loin à l'horizon.

Poussé par une petite brise, il flottait vers la sortie de la baie.

Je proposai aussitôt à des gondoliers indiens de me conduire au navire. Ils me dirent que la chose était peut-être faisable, si la brise ne fraîchissait pas; mais ils exigeaient que je leur donnasse préalablement douze piastres; il ne m'en restait plus que vingt-cinq.

Je réfléchis un instant : Si je ne réussis pas à aborder le vaisseau, pensai-je, que vais-je devenir dans cette ville où je ne connais personne, réduit à treize piastres et sans vêtements? Quelle figure ferai-je avec une garde-robe composée d'une veste blanche, pantalon de même couleur, et d'une chemise rayée?

Une idée subite me traversa le cerveau : je songeai à rester à Manille, et à gagner ma vie par la pratique de mon art.

Jeune, sans expérience, j'avais la prétention de me croire le premier médecin et chirurgien des îles Philippines.

Qui n'a pas, comme moi, cédé à cette orgueilleuse confiance que donne la jeunesse?

Je tournai le dos au navire et me mis résolûment en route vers la ville de guerre.

Mais, avant de poursuivre ce récit, disons un mot de la capitale des Philippines.

Pêcheurs de Manille.

Manille et ses faubourgs ont une population d'environ cent cinquante mille âmes, dont les Espagnols et leurs créoles ne forment guère que la dixième partie; le reste se compose entièrement de Tagalocs, de métis et de Chinois.

Elle est divisée en ville de guerre et ville marchande ou faubourgs.

La première, entourée de hautes murailles, est bordée d'un côté par les flots, et de l'autre par une vaste plaine, espèce de Champ-de-Mars destiné à l'exercice des troupes. C'est là que chaque soir les nonchalantes créoles, paresseusement couchées dans leurs équipages, viennent étaler leurs brillantes toilettes et respirer la brise de la mer. Les fringants cavaliers, les amazones intrépides, les calèches à l'européenne, se croisent en tous sens dans ces Champs-Élysées de l'archipel indien.

L'autre partie de la ville de guerre est séparée de la ville marchande par la rivière de Pasig, qui est sillonnée toute la journée par des milliers de pirogues chargées d'approvisionnements et de charmantes gondoles qui transportent les promeneurs dans les divers quartiers des faubourgs, ou les conduisent en rade pour visiter les navires.

La ville de guerre communique à la ville marchande par le pont de *Binondoc.* Habitée principalement par les Espagnols qui occupent des emplois publics, elle a un aspect monotone et triste; toutes les rues, parfaitement alignées, sont bordées de vastes trottoirs en granit.

En général, la chaussée macadamisée est entretenue avec le plus grand soin. La mollesse des habitants est telle, qu'ils ne supporteraient pas le bruit des voitures sur des dalles.

Les maisons, vastes et spacieuses, véritables hôtels, sont bâties dans des conditions particulières pour pouvoir résister aux tremblements de terre et aux ouragans, si fréquents dans cette partie du monde. Elles sont toutes d'un seul étage, avec un rez-de-chaussée.

Le premier, habitation ordinaire de la famille, est entouré d'une spacieuse galerie, s'ouvrant ou se fermant à l'aide de grands panneaux à coulisse, dont les vitraux sont en nacre très-mince. La nacre permet à la lumière d'arriver dans les appartements sans y laisser pénétrer la chaleur du soleil.

C'est dans la ville de guerre que sont tous les couvents de moines et de religieux de divers ordres, l'archevêché, les administrations, la douane européenne et les hôpitaux, le palais du gouverneur et la citadelle, qui domine les deux villes.

On entre à Manille par trois portes principales : *puerta Santa-Lucia*, *puerta Réal*, et *puerta Parian*. A minuit les ponts-levis sont levés et les portes impitoyablement fermées; l'habitant attardé est contraint de chercher un gîte dans le faubourg.

Les processions sont célébrées avec pompe à Manille. Elles ont généralement lieu aux flambeaux, à l'heure où les derniers rayons du jour font place à l'obscurité.

Cependant il en est quelques-unes qui ont lieu en plein jour, particulièrement celle du *Corpus*, dont je vais donner un aperçu.

Le jour de la *Fête-Dieu*, à dix heures du matin, les cloches de toutes les églises sont mises en branle à toute volée, pour annoncer aux fidèles que les portes de la cathédrale vont s'ouvrir, et que le saint cortége va se mettre en marche.

Les Indiens, accourus de dix lieues à la ronde, vêtus de leurs plus beaux habits de fête, encombrent les rues de la ville. Celles de ces rues que doit traverser la procession sont couvertes de tentes, et pavoisées des plus beaux et des plus éclatants damas de la Chine. Le sol est jonché de fleurs et d'herbes aromatiques. De distance en distance sont échelonnés d'immenses reposoirs où des draperies magnifiques se mêlent à l'or et à l'argent, à des ornements de verdure naturelle, et aux plus belles fleurs écloses sous les tropiques.

Toute l'armée en grande tenue, avec guidons et drapeaux déployés, forme une double haie sur toute l'étendue des rues où doit passer le cortége.

Les ordres religieux [1] et les nombreuses personnes qui veulent assister à la cérémonie, le cierge en main, marchent sur deux lignes. Au milieu la musique de tous les régiments, le chapitre avec les musiques, les croix et les bannières des communes environnantes. Vient ensuite l'archevêque, revêtu

[1] Les dominicains, l'ordre de Saint-François, les augustins-chaussés, les augustins déchaussés, et l'ordre de Saint-Jean-de-Dieu.

de ses splendides habits pontificaux, portant sous un dais somptueux le saint sacrement; et derrière lui le gouverneur, les fonctionnaires publics et tous les corps constitués.

Ce long cortége, salué des balcons par une pluie de fleurs, chante des hymnes à la gloire du Rédempteur, tandis que la musique exécute des symphonies religieuses et que l'artillerie tonne sur les remparts.

Toutes les fois que l'archevêque arrive à la tête d'un bataillon, les drapeaux sont jetés sur le sol, et le vénérable prélat les foule aux pieds, pour montrer aux humains que la grandeur et la force s'inclinent devant le Tout-Puissant qu'il représente.

Enfin cette immense file de prêtres, de religieux et d'assistants, après une longue et sainte promenade, rentre à pas lents dans la cathédrale. Dès que son extrémité a dépassé un bataillon, il se reforme à l'arrière en ordre de bataille, et toute l'armée réunie termine la cérémonie par un long défilé.

La Fête-Dieu, célébrée avec tant de pompe et de magnificence, n'est cependant pas la procession qui attire le plus l'attention des fidèles. Celles qui ont lieu la nuit, pendant la semaine sainte, ont un cachet tout particulier aux Philippines. Elles se célèbrent alors que Manille et ses faubourgs sont plongés dans le plus profond silence[1], lorsque tous les fidèles prient et attendent la résurrection du Sauveur. Ces cérémonies ont un aspect de tristesse et de grandeur tout à fait en harmonie avec ces jours de deuil.

Après que l'*Angelus* a sonné[2], le clergé, les ordres religieux

[1] Les mercredi, jeudi et vendredi saints, les voitures et les chevaux ne peuvent pas circuler dans la ville et les faubourgs. Pendant ces trois jours, tout le monde va à pied.

[2] L'*Angelus* sonne à toutes les églises à six heures du soir. Au premier coup de cloche, les personnes occupées dans leurs demeures suspendent leurs travaux. Les passants, les promeneurs à pied, à cheval ou en équipage, s'arrêtent pour prier pendant les cinq ou six minutes que sonnent les cloches.

et une longue suite d'assistants, chacun un flambeau à la main, accompagnent, sur deux lignes, diverses effigies qui représentent les tortures qu'a supportées pour nous le divin Rédempteur. Ces effigies, de grandeur naturelle, sont richement vêtues et placées sur des chars, ou portées sur des brancards recouverts de draperies. Celle qui est en tête est la Mort, représentée par un squelette. Viennent ensuite Pie V, saint Pierre, Notre-Seigneur priant dans le jardin des Olives, Jésus-Christ attaché par les Juifs, la flagellation, la couronne d'épines, enfin Jésus portant sa croix, entouré de ses bourreaux. Après le Christ, suivent sainte Véronique, *la Salomé*, la Madeleine, saint Jean, et la Vierge en grand deuil.

Les saintes sont très-richement vêtues, et couvertes de pierreries, de perles et de diamants[1].

L'ordre qui règne dans les fêtes religieuses, surtout dans celles qui ont lieu la nuit, produit un effet irrésistible : cette belle musique sacrée, les voix harmonieuses qui élèvent des hymnes au Seigneur, ces innombrables lumières artificielles, donnent à ces cérémonies un aspect imposant qui élève l'âme vers notre Créateur.

Ces solennités ne se passent pas tout à fait de la même manière dans les provinces. Le manque de ressources oblige souvent les ministres de l'Église à employer des moyens qu'ils savent d'un grand effet sur leurs ouailles. Ainsi, j'ai vu fréquemment des saints représentés au naturel par des Indiens dans leurs habits de fête, et le coq de saint Pierre par un magnifique champion qui, plus tard, luttait dans les arènes.

Dans le bourg de *Pangil*, à la procession de la semaine sainte, le saint sépulcre est exposé et traîné sur un char. Deux Indiens le précèdent, l'un vêtu en saint Michel, l'autre

1 Chaque sainte possède un trousseau et un écrin de grande valeur. Chacune a un certain nombre de dames d'honneur, choisies parmi les meilleures familles de Manille. Ces dames sont chargées du trousseau et de la toilette de la sainte les jours de fête.

en diable, et se livrent un combat qui dure pendant toute la cérémonie. Le saint est, bien entendu, toujours vainqueur.

Certaines croyances modifient aussi, dans les campagnes, les fêtes religieuses. Par exemple, il est une procession qui se célèbre tous les ans dans le bourg de *Paquil*, à laquelle tous les malades et infirmes assistent en dansant, croyant qu'ils seront ainsi infailliblement guéris de leurs souffrances. De vingt lieues à la ronde, tous les estropiés et malades qui ont encore un peu de force se rendent ou se font porter à *Paquil* pour assister à la fête. Pendant tout le temps que dure la procession, ces malheureux dansent avec tous les assistants, en chantant : *Toromba la Virgen, la Virgen toromba!* C'est un curieux spectacle que de voir tous ces pauvres diables faire des efforts surhumains et des contorsions inimaginables, pour arriver jusqu'à la rentrée de la Vierge dans l'église. Alors ces infortunés à bout de force et haletants se jettent à terre, et restent étendus sans mouvement pendant des heures entières. Ceux qui avaient des maladies graves expirent de fatigue, tandis que d'autres recouvrent la santé ou aggravent leurs maux.

Cette procession a pour origine la légende que voici : Un Arménien, surpris au milieu du lac par une tempête, était au moment de faire naufrage. Pendant la tourmente, il fit le vœu, s'il parvenait à aborder une plage, de faire célébrer au bourg le plus voisin une procession à la sainte Vierge, qu'il suivrait en dansant. Il accomplit son vœu, et, tout en exécutant sa danse au-devant de la Madone, il prononçait le mot *toromba*, dont personne n'a jamais pu donner la signification.

Le faubourg ou ville marchande, nommée *Binondoc*, offre un aspect plus gai et plus vivant que la ville de guerre. Il existe moins de régularité dans les rues, les édifices n'ont point la majesté un peu roide qui distingue particulièrement les monuments de Manille proprement dite; mais c'est dans Binondoc qu'est le mouvement, c'est là qu'est la vie.

Pont de Binondoc à Manille.

Page 52.

Une multitude de canaux chargés de pirogues, de gondoles et d'embarcations de tout genre, sillonnent ce faubourg, qui est la résidence des riches négociants espagnols, anglais, indiens, chinois et métis.

C'est surtout sur la rive du Pasig que sont situées les plus fraîches et les plus coquettes habitations.

Dans ces maisons si simples à l'extérieur, resplendit tout ce qu'a inventé le luxe des Indes et de l'Europe. Les vases précieux de la Chine, les énormes potiches du Japon, l'or, l'argent, la soie surprennent et éblouissent les yeux quand on pénètre dans ces fraîches habitations.

Chaque maison possède sur la rivière un débarcadère, et un petit palais en bambou qui sert de salle de bains, et où les habitants viennent plusieurs fois le jour se délasser de la fatigue causée par la chaleur du climat.

La fabrique de cigares, qui occupe continuellement de quinze à vingt mille ouvriers et employés, est également située dans Binondoc, ainsi que la douane chinoise [1], et tous les grands établissements industriels de Manille.

Pendant la journée, les belles Espagnoles, revêtues de riches et transparentes étoffes de l'Inde et de la Chine, courent de magasin en magasin et mettent à l'épreuve la patience du vendeur chinois, qui déplie, sans se plaindre et sans manifester la moindre mauvaise humeur, des milliers de coupons devant la pratique, laquelle le plus souvent ne regarde toutes ces magnificences que pour se distraire, et n'achète pas un demi-mètre d'étoffe.

Les bals et les fêtes offerts à leurs invités par les métis de

[1] Douane chinoise. A une époque de l'année, dans la mousson du N. O., arrive une flotte de jonques chargées de toutes espèces de denrées de la Chine. Chaque jonque est affrétée par plusieurs négociants chinois, qui tous accompagnent leurs marchandises. Le gouvernement espagnol, pour leur faciliter la vente qu'ils font eux-mêmes pendant les cinq à six mois qu'ils séjournent à Manille, leur a fait construire un vaste édifice, espèce de bazar divisé par petites boutiques, qui sont mises à leur disposition moyennant une légère rétribution.

Binondoc sont célèbres dans toutes les Philippines. Les contredanses d'Europe succèdent aux danses indiennes; et pendant que femmes et jeunes gens exécutent le fandango espagnol, le boléro, la cachucha, ou le pas lascif des bayadères, l'entreprenant métis, l'insouciant Espagnol et le positif Chinois, retirés dans le salon des jeux, tentent la fortune des cartes, des dés, ou du *tay-po*[1].

La fureur du jeu est poussée à un tel point, que des commerçants perdent ou gagnent dans une seule nuit des sommes de 50,000 piastres (250,000 fr.)

Combat de coqs.

[1] Le tay-po est une espèce de dé renfermé dans une boîte en cuivre. Le croupier secoue cette boîte et la place sur un tapis divisé en quatre cases de différentes couleurs, où les joueurs font leur enjeu. Aussitôt que le jeu est fait, le croupier enlève une partie de la boîte, qui laisse le dé à découvert. Sur ce dé sont tracées les mêmes lignes que sur le tapis : la couleur du dé correspondant à celle du tapis est celle qui gagne.

Les métis, les Indiens et les Chinois ont aussi un grand amour pour les combats de coqs; ces combats ont lieu dans de vastes arènes. J'ai vu placer 40,000 francs sur un coq qui en avait coûté 4,000; au bout de quelques minutes, ce coûteux champion tombait frappé à mort par son adversaire.

Enfin, si Binondoc est par excellence la ville des plaisirs, du luxe et de l'activité, c'est aussi la ville des intrigues amoureuses et des galantes aventures.

Le soir venu, Espagnols, Anglais et Français vont sur les promenades jouer de la prunelle avec les belles et faciles métis, dont les vêtements diaphanes révèlent des formes splendides.

Métis espagnoles tagales.

Ce qui distingue la métis chinoise tagale, ou espagnole tagale, c'est une physionomie piquante et singulièrement expressive. Sa chevelure, relevée à la chinoise, est soutenue par de longues broches en or, et surtout d'une richesse merveilleuse. Elle porte sur la tête, tout ouvert comme un voile, un mouchoir en fil d'ananas, plus fin que notre plus belle batiste; son col est orné d'un rosaire en corail, à gros grains, terminé par une large médaille en or. Une petite chemisette, transparente, de la même étoffe que le mouchoir, et qui ne descend que jusqu'à la ceinture, recouvre, sans la cacher, sa poitrine, que n'a jamais emprisonnée le corset. Au-dessous, et à deux ou trois doigts du bord de la chemisette, est attaché un jupon bariolé de couleurs éclatantes imitant le madras; par-dessus ce jupon, une large ceinture en soie brillante enveloppe et serre le corps de manière à en laisser voir les formes, depuis la ceinture jusqu'au genou. Son pied blanc et délicat, toujours nu, est chaussé d'une petite pantoufle brodée, qui ne recouvre absolument que l'extrémité des doigts.

Rien de charmant, de coquet et de provocateur comme ce costume, qui excite, au plus haut point, l'admiration des étrangers.

Aussi les métis tagales et chinoises savent si bien l'effet que produit sur les Européens cette toilette déshabillée, que pour rien au monde elles ne consentiraient à la modifier.

Deux mots en passant sur le costume des hommes. L'Indien et le métis portent pour coiffure un vaste chapeau de paille noir ou blanc, ou une espèce de chapeau chinois, nommé *salacote;* sur l'épaule, le mouchoir d'ananas brodé; au col, un rosaire en corail. Leur chemise est en fil d'ananas, ou en soie végétale; un pantalon de couleur en soie, brodé au bas, et une ceinture rouge en crêpe de chine, complètent cet habillement. Leurs pieds, sans bas, sont chaussés de souliers à l'européenne.

La ville de guerre, si triste pendant le jour, prend vers le soir un aspect plus animé : c'est l'heure où, de toutes les maisons, sortent les magnifiques équipages, invariablement conduits *à la d'Aumont.*

Les habitants, proprement dits, vont se mêler aux promeneurs de Binondoc.

Costumes tagals.

Ensuite viennent les visites, les bals, ou les réunions plus intimes : dans ces réunions, on cause, on fume le cigare de Manille, et surtout on mâche le *bétel*[1]; on boit des verres d'eau sucrée à la glace, et l'on mange des sucreries de toute espèce.

Vers minuit on se retire, à moins qu'on ne veuille pren-

[1] Le bétel est une composition de feuilles d'une plante aromatique et d'un peu de chaux lavée dans plusieurs eaux. Les Indiens, les Chinois, les métis et un grand nombre de créoles mâchent continuellement cette composition, qui fait abondamment saliver, et donne aux lèvres et à l'intérieur de la bouche une teinte d'incarnat.

dre part au souper de famille, qui, toujours servi avec luxe, se prolonge ordinairement jusqu'à deux heures du matin.

Telle est la vie que mènent les classes opulentes sous ces latitudes favorisées du ciel.

Maintenant, que le lecteur me permette de revenir à mes aventures.

CHAPITRE IV.

Séjour à Manille. — Le capitaine don Juan Porras. — La marquise de las Salinas.

Pendant que je causais sur le rivage avec les Indiens, j'avais remarqué, à quelques pas de moi, un jeune Européen; je le rencontrai précisément sur ma route en me dirigeant vers Manille, et je pris le parti de l'accoster.

Ce jeune homme était un médecin qui se préparait à partir pour l'Europe. Je lui fis part du projet que je venais de former, et je lui demandai quelques détails sur la ville où je voulais me fixer désormais.

Il s'empressa de me satisfaire, et m'encouragea dans ma résolution d'exercer la médecine aux Philippines.

Lui-même avait conçu la même pensée que moi, mais des affaires de famille l'obligeaient à retourner dans son pays.

Je ne lui cachai rien de ma situation, et je lui fis observer qu'il me serait difficile de faire des visites avec le costume plus que modeste dont j'étais revêtu.

« Qu'à cela ne tienne, me répondit-il; j'ai tout ce qu'il « vous faut : un habit tout neuf et six magnifiques lancettes;

« je vous vendrai ces objets au prix coûtant de France : c'est « un marché d'or. »

L'affaire fut bientôt conclue. Il me conduisit à son hôtel, et j'en sortis affublé d'un habit assez propre, mais beaucoup trop grand et beaucoup trop large.

Malgré cela, il y avait si longtemps que je ne m'étais vu si bien mis, que je ne me lassais pas d'admirer ma nouvelle acquisition.

J'avais caché dans mon chapeau ma pauvre petite veste blanche, et je marchais plus fier qu'Artaban sur la chaussée de Manille. Je possédais un habit et six lancettes! mais il ne me restait pour toute fortune qu'une piastre : cette pensée tempérant un peu la joie que me faisait éprouver la vue de mon brillant costume, je songeais où j'irais passer la nuit, et comment je trouverais à subsister le lendemain et les jours suivants, si les malades se faisaient attendre...

En réfléchissant ainsi, j'errais lentement de Binondoc à la ville de guerre, et de la ville de guerre à Binondoc, — lorsque tout à coup une idée triomphante illumina mon cerveau : j'avais entendu parler, à Cavite, d'un capitaine espagnol nommé don Juan Porras, qu'une imprudence avait presque rendu aveugle.

Je résolus d'aller le trouver et de lui offrir mes services ; il ne s'agissait plus que de savoir où il demeurait. Je m'adressai à cent personnes, mais chacun répondait qu'il ne le connaissait pas et passait son chemin.

Un Indien qui tenait une petite boutique, et à qui je m'adressai, me tira de peine.

« Si le seigneur don Juan est capitaine, me dit-il, votre « excellence trouvera son adresse à la première caserne « venue. »

Je remerciai l'Indien, et m'empressai de suivre son conseil.

A la caserne d'infanterie où je me présentai, l'officier de garde me donna un soldat pour me conduire à la demeure du capitaine : il était temps; la nuit était déjà close.

Don Juan Porras était un Andalous, bon homme, et d'un caractère extrêmement gai. Je le trouvai la tête enveloppée de madras, et occupé à assujettir deux énormes cataplasmes qui lui couvraient entièrement les yeux.

« — *Señor capitan*, lui dis-je, je suis médecin et savant « oculiste; je viens ici pour vous soigner, et j'ai la ferme con- « fiance de vous guérir.

« — *Basta* (C'est assez), me répondit-il. Tous les médecins « de Manille sont des ânes. »

Cette réponse plus que sceptique ne me découragea pas, et je résolus d'en tirer parti.

« C'est aussi mon opinion, repris-je aussitôt; et c'est parce « que je suis très-fortement convaincu de l'ignorance des « docteurs indigènes, que j'ai pris la résolution de venir pra- « tiquer aux Philippines. »

« — De quelle nation êtes-vous, monsieur? » me demanda le capitaine.

« — Je suis Français. »

« — Un médecin français! s'écria don Juan. Oh! c'est bien « différent; je vous demande pardon d'avoir parlé avec tant « d'irrévérence des hommes de votre art. Un médecin fran- « çais! Je me fie complétement à vous : prenez mes yeux, « monsieur le docteur, et faites-en ce que vous voudrez. »

La conversation prenant une bonne tournure, je m'empressai d'aborder la question principale.

« — Vos yeux sont bien malades, seigneur capitaine, lui « dis-je; il faudrait, pour arriver à une prompte guérison, « que je ne vous quittasse pas d'une minute. »

« — Voudriez-vous consentir à demeurer quelque temps « chez moi, monsieur le docteur? »

La question était résolue.

« — J'y consens, répondis-je, mais à une condition : c'est « que je vous payerai mon logement et ma pension. »

« — Qu'à cela ne tienne! vous êtes libre, me dit le bon « homme : c'est une affaire conclue. J'ai une jolie chambre et

« un bon lit tout préparé, il ne vous reste plus qu'à en-
« voyer chercher vos bagages. Je vais appeler mon domes-
« tique.»

Ce terrible mot de bagages résonna comme un glas à mon oreille; je jetai un regard mélancolique sur la coiffe de mon chapeau, cette malle improvisée qui contenait toutes mes hardes... je veux dire ma petite veste blanche, et je craignais que don Juan ne me prît pour quelque matelot déserteur, cherchant à le duper.

Cependant il n'y avait pas à reculer; je m'armai de tout mon courage, et je lui racontai brièvement la triste situation où je me trouvais, en ajoutant que je ne pourrais payer ma pension qu'à la fin du mois, si j'étais assez heureux pour découvrir quelques malades.

Don Juan Porras m'avait tranquillement écouté. Quand mon récit fut terminé, il partit d'un grand éclat de rire qui me fit frémir des pieds à la tête.

« — Eh bien! s'écria-t-il, j'aime mieux cela; vous êtes pau-
« vre, donc vous aurez plus de temps à donner à ma maladie,
« et plus d'intérêt à me guérir. Comment trouvez-vous le
« syllogisme?

« — Excellent, seigneur capitaine; et vous verrez avant peu,
« j'espère, que je ne suis pas homme à compromettre un logi-
« cien aussi distingué que vous. Dès demain matin j'examine
« vos yeux, et je ne les abandonne plus que je ne les aie guéris
« radicalement. »

Nous causâmes encore longtemps sur ce ton joyeux, après quoi je me retirai dans ma chambre et m'endormis au milieu des songes les plus riants.

Le lendemain, j'endossai de bonne heure mon habit doctoral et j'entrai chez mon hôte.

Je me mis à examiner ses yeux; ils étaient dans un état déplorable. Le droit était non-seulement perdu, mais il menaçait la vie du malade. Un *cancer* s'y était déclaré, et le volume énorme qu'il avait acquis pouvait faire douter de la réussite d'une opération. L'œil gauche contenait plusieurs dépôts, mais on pouvait espérer de le guérir.

Je parlai franchement à don Juan de mes craintes et de mes espérances, et j'insistai sur la nécessité d'enlever complétement l'œil droit.

Le capitaine, étonné d'abord, se décida courageusement à subir cette opération, que je lui fis le jour suivant et qui eut un plein succès. Peu de temps après, les symptômes d'inflammation se dissipèrent, et je pus garantir à mon hôte une guérison complète.

Je donnai donc tous mes soins à l'œil gauche. Je désirais d'autant plus vivement rendre la vue à don Juan, que j'étais convaincu du bon effet que produirait à Manille sa guérison. C'était pour moi la réputation et la fortune.

Du reste, j'avais déjà acquis en quelques jours une petite clientèle, et je fus en position de payer ma pension à la fin du mois.

Au bout de six semaines de traitement, don Juan était parfaitement guéri, et pouvait se servir de son œil gauche presque aussi bien qu'avant sa maladie.

Cependant le capitaine continuait à se claquemurer, à mon grand regret; sa réapparition dans le monde, qu'il avait abandonné depuis plus d'un an, eût produit une immense sensation, et eût fait de moi le premier docteur des Philippines.

Un jour, j'abordai cette question délicate.

« — Seigneur capitaine, lui dis-je, à quoi pensez-vous de « rester toujours entre quatre murs? et pourquoi ne reprenez-« vous pas vos anciennes habitudes? Il faut visiter vos amis, « vos connaissances... »

« Docteur, interrompit don Juan, comment voulez-vous « que je me montre sur les promenades avec un œil de moins? « Quand je passerais dans les rues, les femmes diraient en me « voyant : Voilà don Juan le Borgne. Non, non, avant de quit-« ter la chambre j'attendrai que vous me fassiez venir un œil « d'émail de Paris. »

« — Y pensez-vous ? l'œil ne sera pas arrivé avant dix-huit mois. »

«Va donc pour dix-huit mois de réclusion,» répondit don Juan.

J'insistai pendant plus d'une heure, mais le capitaine fut intraitable; il poussait si loin la coquetterie, que, bien que je lui eusse recouvert l'orbite de taffetas noir, il faisait fermer ses volets aussitôt que quelqu'un venait lui faire visite; en sorte que, le voyant toujours plongé dans la même obscurité, personne ne voulait croire à sa guérison.

J'étais vivement contrarié, comme on le pense bien, de l'entêtement de don Juan; je n'avais pas le temps de faire pendant dix-huit mois le pied de grue à la porte de la fortune; aussi je résolus de fabriquer moi-même cet œil, sans lequel le coquet capitaine ne voulait pas se faire voir.

Je pris des morceaux de verre, un chalumeau, et me mis à l'œuvre.

Après bien des essais infructueux, je parvins enfin à obtenir une forme parfaite du globe de l'œil; ce n'était pas tout : il fallait lui donner les couleurs et l'apparence de l'œil gauche. Je fis venir chez moi un pauvre peintre en voitures, qui imita à peu près l'œil qui restait à don Juan. Il était nécessaire de préserver cette peinture du contact des larmes, qui l'auraient bientôt détruite. Pour y réussir, je fis exécuter par un orfévre un globe en argent plus petit que le globe de verre, et je l'appliquai avec un peu de cire à cacheter dans l'intérieur du premier. Je polis soigneusement les bords sur une pierre, et après huit jours de travail j'obtins un résultat satisfaisant.

L'œil que je venais de fabriquer n'était, toute modestie à part, vraiment pas trop mal. Je m'empressai de le placer dans son orbite. Il gênait bien un peu le seigneur don Juan; mais je lui persuadai si bien qu'avec le temps il s'y habituerait, qu'il consentit à le garder.

Il se logea sur le nez une paire de lunettes, se contempla dans la glace et se trouva si bon air, qu'il se décida à commencer ses visites dès le lendemain.

Ainsi que je l'avais prévu, la réapparition dans le monde du capitaine Juan Porras fit grand bruit, et bientôt, par contre-coup, il ne fut plus question dans Manille que du señor don Pablo, grand médecin français et surtout oculiste très-distingué.

De tous côtés les malades m'arrivèrent.

Malgré ma jeunesse et mon peu d'expérience, mon premier succès m'avait inspiré une confiance telle, que je fis coup sur coup plusieurs opérations de cataractes qui, par bonheur, réussirent complétement.

Je ne suffisais plus à ma clientèle, et je passai, en quelques jours, de la plus profonde détresse à une véritable opulence. J'avais voiture, et quatre chevaux dans mon écurie. Je ne pus cependant, malgré ce changement de fortune, me résigner à quitter la maison de don Juan, par reconnaissance pour l'hospitalité qu'il m'avait si libéralement offerte.

Dans mes heures de loisir il me tenait compagnie, et m'amusait par le récit de ses histoires de guerre et de bonnes fortunes. Il y avait déjà près de six mois que j'habitais avec lui, lorsqu'une circonstance qui fait époque dans ma vie vint changer mon existence, et m'obligea de me séparer du joyeux capitaine.

Un Américain de mes amis m'avait souvent fait remarquer sur les promenades une jeune femme en deuil qui passait pour l'une des plus jolies señoras de la ville.

Chaque fois que nous la rencontrions, l'Américain ne manquait jamais de me vanter la beauté de *la marquesa de las Salinas*. Elle avait de dix-huit à dix-neuf ans, des traits doux et réguliers, de beaux cheveux noirs, et de grands yeux à l'espagnole; elle était veuve d'un colonel aux gardes, qui l'avait épousée presque enfant.

La vue de cette jeune femme avait produit sur moi une impression profonde, et je me mis à courir les salons de Binondoc pour tâcher de la rencontrer ailleurs qu'à la promenade.

Démarches vaines! La jeune veuve ne voyait personne; je désespérais presque de pouvoir jamais trouver une occasion de lui parler, lorsqu'un matin un Indien vint me chercher pour aller visiter son maître.

Je montai en voiture et partis, sans m'informer du nom du malade; la voiture s'arrêta dans l'une des plus belles maisons du faubourg de Santa-Cruz.

Après avoir examiné le malade et causé quelques instants avec lui, je m'étais assis devant un guéridon pour griffonner une ordonnance.

Dans ce moment j'entendis derrière moi le frôlement d'une robe; je tournai la tête, la plume me tomba des mains... J'avais devant les yeux cette même femme que j'avais vainement poursuivie pendant si longtemps, et qui surgissait tout à coup comme dans un rêve!

Ma surprise fut si grande, que je balbutiai quelques mots inintelligibles, en la saluant avec une gaucherie qui excita son sourire.

Elle m'adressa la parole simplement pour s'informer de l'état de santé de son neveu, puis elle se retira presque aussitôt.

Quant à moi, au lieu de continuer le cours ordinaire de mes visites, je rentrai au logis; je fis à don Juan force interrogations sur madame de las Salinas; celui-ci satisfit complétement ma curiosité.

Il avait connu toute la famille de la jeune femme, qui jouissait dans la colonie de la plus grande considération.

Le lendemain et les jours suivants, je retournai chez la charmante veuve, qui voulut bien m'accueillir avec faveur. J'abrége tous ces détails, qui me sont trop exclusivement personnels... Six mois après ma première entrevue avec madame de las Salinas, j'avais demandé et obtenu sa main.

J'avais donc trouvé à plus de cinq mille lieues de mon pays le bonheur et la richesse. Il avait été convenu entre ma femme et moi que nous irions en France aussitôt que sa fortune, dont la plus grande partie se trouvait au Mexique, serait réalisée.

En attendant, ma maison était le rendez-vous des étrangers et surtout des Français, qui étaient déjà assez nombreux à Manille.

A cette époque le gouvernement espagnol m'avait nommé chirurgien-major du premier régiment léger et des miliciens du bataillon de la Panpanga.

Tout m'avait réussi en si peu de temps, que je ne doutais pas que la fortune ne m'offrît toujours ses plus riantes faveurs. Déjà j'avais tout préparé pour mon retour en France, car nous attendions d'un moment à l'autre l'arrivée des gallions qui faisaient le service d'Acapulco à Manille, et qui devaient rapporter la fortune de ma femme. Cette fortune se montait au chiffre honnête de sept cent mille francs.

Un soir, à l'heure où nous prenions le thé, on vint nous annoncer que les navires d'Acapulco avaient été signalés par le télégraphe, et que le lendemain ils seraient en rade; nos piastres devaient être à bord : je laisse à penser si nous fûmes au comble de nos vœux.

Mais quel réveil nous attendaït! les navires ne rapportaient pas une seule piastre; voici ce qui était arrivé : Cinq à six millions avaient été expédiés par terre de Mexico à San Blas, lieu d'embarquement, et le gouvernement mexicain avait fait escorter le convoi par un régiment de ligne commandé par le colonel Yturbidé.

Dans le trajet, celui-ci s'était emparé du convoi, et était passé avec son régiment aux indépendants.

On sait qu'Yturbidé dans la suite fut proclamé empereur du Mexique, puis chassé et enfin fusillé, après une expédition qui offre plus d'une analogie avec celle de Murat.

Le jour même de l'arrivée des navires, nous avions donc la certitude que notre fortune était entièrement perdue, sans espoir d'en retrouver jamais une faible partie.

Ma femme et moi nous supportâmes ce coup avec assez de

philosophie. Ce que nous regrettions le plus, ce n'était pas la perte des piastres, mais la nécessité à laquelle nous étions contraints d'abandonner, ou tout au moins d'ajourner, notre voyage en France.

Je continuai à tenir le même train de maison que par le passé.

Ma clientèle et les différentes places que j'occupais me permettaient de mener l'existence à grandes guides des colonies espagnoles, et il est probable que j'aurais fait ma fortune en peu d'années si j'avais continué l'état de médecin ; mais le désir d'une liberté sans limites me fit abandonner tous ces avantages pour une vie toute de hasards et d'émotions.

Toutefois n'anticipons point, et que le lecteur ait la patience de lire encore quelques pages sur Manille, et divers événements où j'ai figuré comme acteur ou témoin avant de quitter la vie du sybarite citadin.

Église de Pandacan. — Environs de Manille.

CHAPITRE V.

Le capitaine Novalès. — Insurrection militaire. — Novalès, empereur des Philippines. — Sa mort. — Tierra-Alta. — Bandits.

J'étais, comme je l'ai dit, chirurgien-major du bataillon de ligne le 1er léger, et j'avais des relations intimes avec tout l'état-major, particulièrement avec le capitaine Novalès, créole d'origine, et d'un caractère brave et aventureux.

Il fut soupçonné de vouloir soulever, en faveur de l'indépendance, le régiment auquel il appartenait. On fit à ce sujet une enquête qui ne donna aucune preuve : cependant le gouverneur, conservant toujours ses soupçons ordonna qu'il fût envoyé dans une province du sud sous la surveillance de l'alcade.

Le matin du jour fixé pour son départ, Novalès vint me voir, et, après s'être plaint amèrement de l'injustice du gouverneur à son égard, il ajouta qu'on se repentirait de n'avoir pas confiance en son honneur, et qu'il ne tarderait pas à revenir.

J'essayai de le calmer; nous échangeâmes une poignée de main, et le soir il partait sur un petit bâtiment chargé de le conduire à sa destination.

Au milieu de la nuit qui suivit le départ de Novalès, je fus réveillé en sursaut par des détonations d'armes à feu. Je me revêtis aussitôt de mon uniforme, et m'empressai de me diriger vers la caserne de mon régiment.

Les rues étaient désertes; seulement, de cinquante pas en cinquante pas, étaient échelonnées des sentinelles.

Je compris qu'un événement extraordinaire se passait sur quelque point de la ville. Quand j'arrivai à la caserne, je ne fus pas peu surpris de trouver les grilles ouvertes, le poste vide, pas un soldat dans l'intérieur.

Je montai à l'infirmerie que j'avais fait établir pour le service spécial des cholériques, et là un sergent m'apprit que le mauvais temps avait forcé l'embarcation qui conduisait Novalès en exil de rentrer dans le port; que vers une heure du matin, Novalès, accompagné du lieutenant Ruiz, était venu à la caserne, et qu'après s'être assuré du concours de tous les sous-officiers créoles, il avait fait mettre le régiment sous les armes, s'était emparé des portes de Manille, et enfin s'était proclamé empereur des Philippines.

Ces nouvelles extraordinaires me jetèrent dans une certaine perplexité.

Mon régiment était en pleine insurrection : si j'allais le rejoindre et qu'il succombât, j'étais considéré comme traître, et comme tel fusillé; si, au contraire, je me battais contre lui et qu'il triomphât, je connaissais assez Novalès pour être convaincu d'avance qu'il ne me ferait pas quartier.

Cependant je n'avais pas à hésiter, le devoir me liait à l'Espagne, qui m'avait si bien traité; c'était elle que je devais défendre.

Je sortis de la caserne et me dirigeais au hasard.

Bientôt je me trouvai en face du quartier d'artillerie ; un officier se tenait en observation derrière la grille ; je m'approchai de lui, et lui demandai s'il tenait pour l'Espagne.

Sur sa réponse affirmative, je le priai de me faire ouvrir, en lui déclarant que je voulais me rallier à son corps, auquel je pouvais peut-être rendre quelques services comme chirurgien.

J'entrai et allai prendre les ordres du commandant, qui me mit bien vite au courant des événements.

Pendant la nuit, Ruiz s'était rendu, au nom de Novalès, chez le général Folgueras qui commandait en l'absence du gouverneur Martinès, retenu à sa campagne, peu distante de Manille. Il avait surpris la garde et s'était emparé des clefs de la ville, après avoir poignardé Folgueras ; de là, il était allé aux prisons, avait donné la liberté aux détenus, et avait mis à leur place les principaux fonctionnaires de la colonie.

Le 1er léger était sur la place du Gouvernement, prêt à livrer bataille ; deux fois il avait essayé de surprendre l'artillerie et la citadelle, mais il avait été repoussé.

On attendait des secours du dehors et les ordres du général Martinès pour attaquer les révoltés.

Bientôt nous entendîmes quelques décharges d'artillerie : c'était le général Martinès qui, à la tête du régiment de la Reine, faisait enfoncer la porte Sainte-Lucie et pénétrait dans la ville de guerre.

Le corps d'artillerie se joignit au général gouverneur, et nous marchâmes vers la place du Gouvernement.

Les insurgés avaient placé deux canons à l'issue de chaque rue.

A peine approchions-nous du palais, que nous essuyâmes une terrible décharge de mousqueterie. L'aumônier particulier du général fut la première victime.

Nous étions alors engagés dans une rue qui longe les fortifications, et par laquelle il était impossible d'attaquer l'ennemi avec avantage.

Le général Martinès changea la direction de l'attaque, et nous revînmes à la charge par la rue Sainte-Isabelle.

Les troupes, formées sur deux lignes, suivaient les deux côtés de la rue et laissaient le milieu libre; d'un autre côté, le régiment de Panpangas avait traversé la rivière et arrivait par une des rues opposées : les insurgés étaient pris entre deux feux.

Cependant ils se défendaient avec acharnement, et leurs tirailleurs nous causaient beaucoup de mal. Novalès était partout, animant ses soldats de la voix, du geste et de l'exemple, pendant que le lieutenant Ruiz s'occupait de pointer un des canons qui balayait le milieu de la rue où nous avancions.

Enfin, après trois heures de combat, le sauve-qui-peut commença. On fit main-basse sur tout ce qu'on rencontra, et Novalès fut amené prisonnier au gouverneur.

Quant à Ruiz, quoique atteint au bras d'une balle, il fut assez heureux pour franchir les fortifications et pour parvenir à s'évader; ce ne fut que trois jours après qu'il fut pris.

A peine le combat fut-il terminé, qu'on forma sur-le-champ un conseil de guerre. Novalès fut le premier jugé.

A minuit, il était proscrit; à deux heures du matin, proclamé empereur; et à cinq heures du soir, fusillé par derrière.

Ces revirements de fortune sont assez fréquents dans les colonies espagnoles.

Le conseil de guerre jugea sans désemparer, jusqu'au lendemain à midi, tous les prisonniers arrêtés les armes à la main.

La dixième partie du régiment fut envoyée aux galères, et tous les sous-officiers furent condamnés à mort.

J'avais reçu l'ordre de me rendre à quatre heures sur la place du Gouvernement, où devait avoir lieu l'exécution, à laquelle assistaient deux compagnies de chaque bataillon de la garnison et tout l'état-major.

Vers cinq heures, les portes de l'hôtel de ville s'ouvrirent, et au milieu d'une haie de soldats on fit défiler dix-sept sous-officiers, assistés chacun de deux moines et des frères de la Miséricorde.

Un silence solennel régnait sur la place; on n'entendait, par intervalle, que le roulement funèbre des tambours, et les prières des agonisants psalmodiées par les moines.

Le cortége, qui défilait à pas lents, s'arrêta devant la façade du palais; les dix-sept sous-officiers reçurent l'ordre de s'agenouiller, le visage tourné contre le mur.

A un roulement prolongé de tambours les moines se séparèrent des victimes, et à un second roulement une décharge retentit : les dix-sept jeunes gens tombèrent la face contre terre.

L'un d'eux cependant n'avait pas été atteint; il s'était laissé tomber, en conservant une complète immobilité. Un instant après, les frères allaient jeter leurs voiles noirs sur les victimes; elles n'auraient plus alors appartenu qu'à la justice divine.

J'avais vu ce qui venait de se passer.

J'étais placé à quelques pas de celui qui jouait si bien son rôle de mort, et mon cœur battait à fendre ma poitrine... J'aurais voulu pousser les frères vers ce malheureux, qui devait éprouver les plus terribles angoisses; mais, au moment où le voile noir était prêt à recouvrir le pauvre malheureux jeune homme épargné par miracle, un officier prévint le commandant qu'un coupable avait échappé au châtiment : les frères furent arrêtés dans leur pieux ministère, et deux soldats reçurent l'ordre de tirer sur l'infortuné sous-officier à bout portant.

J'étais indigné.

Je m'avançai vers le délateur, et lui reprochai sa cruauté; il voulut me répondre, je le traitai de lâche et lui tournai le dos[1].

Un ordre précis de mon colonel m'avait obligé à sortir de chez moi pour assister à la terrible exécution que je viens de

1 Je m'abstiens d'écrire le nom de cet officier, à cause de sa famille.

raconter, et cependant des inquiétudes bien vives auraient dû m'y retenir, ainsi qu'on va le voir.

La veille, lorsque le combat avait été terminé, les insurgés mis en déroute, les tourments que devait éprouver ma chère Anna étaient revenus à mon esprit.

Il était une heure de l'après-midi, et je l'avais laissée sans nouvelles de moi depuis trois heures de la nuit : ne pouvait-elle pas me croire mort, ou au milieu des révoltés?

Ah! si mon devoir avait pu me faire oublier un instant celle que j'aimais plus que ma vie, le danger étant passé, son image revint à ma pensée.

Bonne Anna! je la vis pâle, agitée, émue, se demandant si chaque coup de feu qui partait ne la rendait pas veuve; et, l'âme toute chagrine, je courus chez moi pour la rassurer.

Arrivé à ma demeure, je montai précipitamment l'escalier; le cœur me battait avec violence; je m'arrêtai un instant devant la porte de sa chambre; puis, ayant repris un peu de courage, j'entrai.

Anna était agenouillée, elle priait; en entendant mon pas, elle leva la tête et vint se jeter dans mes bras, sans proférer une seule parole.

J'attribuai d'abord ce silence à l'émotion; mais, hélas! en examinant ce charmant visage je vis que l'œil était hagard, la figure contractée; je tressaillis... J'avais reconnu tous les symptômes d'une congestion cérébrale.

Je craignis que ma femme n'eût perdu la raison, et cette crainte me causa de vives alarmes.

Heureux encore dans ma profonde douleur de pouvoir par moi-même lui procurer quelques soulagements, je la fis mettre au lit, et lui administrai tous les secours que réclamait son état.

Elle était assez calme, les quelques mots qu'elle prononçait étaient incohérents; son idée fixe, c'était qu'on voulait l'empoisonner et m'assassiner. Toute sa confiance était en moi. Pendant trois jours, les remèdes que je prescrivis et que j'administrai furent inutiles; la malade n'éprouvait aucun soulagement.

Je résolus alors de consulter les médecins de Manille, bien que je n'eusse pas confiance en leur mérite. Ils me conseillèrent quelques médicaments insignifiants, et m'avouèrent que tout espoir était perdu, ajoutant à leur dire, en forme de consolation philosophique, que la mort était préférable à la perte de la raison.

Je n'étais pas de l'avis de ces messieurs : j'eusse préféré la folie à la mort, car j'avais toujours l'espérance de voir la folie se calmer, puis disparaître.

Que de fous n'a-t-on pas guéris et ne guérit-on pas tous les jours? tandis que la mort c'est le dernier mot de l'humanité; et, comme l'a bien dit un jeune poëte :

> La pierre de la tombe,
> Entre le monde et Dieu c'est un rideau qui tombe!

Je résolus de lutter contre la mort et de défendre Anna, en essayant tous les calculs si problématiques de la science.

Je regardai mes confrères comme plus ignorants encore que je ne les avais jugés; et, fort de mon amour, de mon attachement, de ma volonté, je commençai le combat avec le destin, qui se montrait à moi sous des couleurs aussi sombres.

Je m'enfermai dans la chambre de la malade, et ne la quittai plus. J'avais beaucoup de mal pour lui faire prendre les médicaments que je croyais lui être nécessaires; il me fallait tout l'empire que j'avais conservé sur elle pour lui persuader que les boissons que je lui présentais n'étaient pas empoisonnées.

Sans dormir, elle était cependant dans une somnolence qui dénotait un grand ébranlement du cerveau.

Cet état affreux dura pendant neuf jours; neuf jours pendant lesquels je ne savais si je gardais une morte ou une vivante, et je priais Dieu à tous les instants du jour de faire un miracle.

Un matin, je vis la malade fermer les yeux... j'eus une peur effrayante, et que je ne saurais décrire... Le sommeil qui venait de s'emparer d'elle aurait-il un réveil? Je me penchai vers elle, j'écoutai sa respiration, elle était égale et s'exhalait sans bruit; je tâtai le pouls, les pulsations étaient plus calmes et plus régulières; un peu de mieux s'annonçait. J'attendis dans une terrible anxiété.

Au bout d'une demi-heure le calme et le sommeil continuaient, et je ne doutai pas qu'une crise salutaire ne ramenât ma pauvre malade à la vie et à la raison.

Je m'assis à son chevet, j'y restai dix-huit heures, observant ses moindres mouvements. Enfin, après une attente remplie de trouble et de poignante incertitude, la malade se réveilla et sembla sortir d'un songe.

« Tu veilles depuis longtemps, me dit-elle en me tendant « la main : j'ai donc été bien malade? Que de soins tu as pris « de moi! Heureusement que tu vas pouvoir te reposer, je « sens que je suis guérie...

Je crois avoir ressenti dans ma vie les émotions les plus fortes, soit de bonheur, soit de chagrin, que l'homme puisse éprouver; mais jamais ma joie n'a été plus vive, plus profonde qu'en entendant ces paroles d'Anna.

On se rendra facilement compte de la situation de mon esprit en pensant aux tourments qui m'avaient agité depuis dix jours, et l'on comprendra la fièvre morale que je devais éprouver.

Depuis quelque temps j'avais assisté à des spectacles si étranges, qu'il eût été plus naturel que ce fût moi qui perdît la raison.

J'avais été acteur dans un combat acharné; autour de moi j'avais vu tomber des blessés et entendu râler des mourants; après une exécution terrible, rentré chez ma femme, les plus grands chagrins étaient venus m'accabler; j'étais resté auprès d'une personne adorée, ignorant s'il me faudrait la perdre pour toujours ou la garder insensée; puis, tout à coup, comme par miracle, cette chère compagne de ma vie revenait à la santé et se jetait dans mes bras...

Je mêlai mes pleurs aux siens; mes yeux, secs et brûlants par les veilles et les angoisses, retrouvèrent des larmes, mais ce furent des larmes de joie et de bonheur.

Nous reprîmes tous deux plus de calme; dans une douce causerie nous nous racontâmes tout ce que nous avions souffert. O sympathie des cœurs aimants! Nos peines avaient été les mêmes, nous avions ressenti les mêmes alarmes, elle pour moi, moi pour elle!

Remise comme par enchantement après ce sommeil réparateur, Anna se leva, fit sa toilette comme à l'ordinaire; et les personnes qui la virent ne voulurent pas croire qu'elle avait passé dix jours entre la mort et la folie, ces deux abîmes, dont l'amour et la foi avaient su l'un et l'autre nous préserver.

J'étais heureux; ma profonde tristesse fut promptement remplacée par une joie expansive qui se peignait sur mon visage. Hélas! cette joie fut passagère comme toutes les joies : l'homme est ici-bas la proie du malheur!

Au bout d'un mois, ma femme retomba dans le même état maladif; les mêmes symptômes se produisirent avec les mêmes effets pendant le même laps de temps; je restai encore neuf jours au chevet de son lit, et le dixième jour un sommeil bienfaisant la rendit à la raison.

Mais cette fois j'avais pour moi l'expérience, cette maîtresse impitoyable qui vous donne des leçons qu'on ne devrait jamais oublier; et je ne me réjouis pas comme je l'avais fait un mois plus tôt.

Je craignis que ce changement subit ne fût une guérison factice, et que tous les mois la pauvre malade n'eût une rechute jusqu'à ce que son cerveau, complétement affaibli, se dérangeât enfin pour toujours.

Cette fatale idée me brisait le cœur, et me causait une tristesse que je ne pouvais dissimuler devant celle qui me l'inspirait.

J'avais épuisé toutes les ressources de la médecine, et toutes ces ressources avaient été inutiles.

Je pensai que peut-être, en éloignant la malade des lieux où s'étaient passés les événements cause de son affection, sa guérison deviendrait plus facile; que peut-être les bains, les promenades à la campagne par la belle saison, contribueraient à la guérir; dès lors j'invitai une de ses parentes à nous accompagner, et nous partîmes pour *Tierra-Alta*, lieu enchanteur, véritable oasis où tout était réuni pour faire aimer la vie en la rendant agréable.

Les premiers jours de notre installation à cette belle campagne furent pour nous remplis de joie, d'espérance, de félicité. Anna se remettait chaque jour davantage, sa santé était devenue florissante.

Nous nous promenions dans de magnifiques jardins, à l'ombre des orangers et des mangliers, qui formaient des massifs tellement épais, que pendant les plus fortes chaleurs on était à l'abri et au frais sous leurs ombrages.

Une jolie rivière, à l'eau limpide et bleue, passait au milieu de notre verger. J'y avais fait établir des bains à l'indienne.

Quand nous voulions jouir de promenades ravissantes, une jolie calèche attelée de quatre bons chevaux nous conduisait sur des routes bordées de flexibles bambous, et semées de toutes les fleurs variées des tropiques.

Ainsi qu'on en peut juger par ce court récit, rien ne manquait à *Tierra-Alta* de tout ce qu'on peut souhaiter à la campagne: c'était un Éden pour une convalescente. Mais on a bien eu raison de dire qu'il n'y a pas de bonheur parfait sur la terre! J'étais avec une femme que j'adorais, et qui m'aimait avec toute la sincérité d'un cœur jeune et pur. Nous vivions dans un paradis, loin du monde, du bruit, des tracas d'une ville, et surtout loin des jaloux et des envieux. L'air que nous respirions était parfumé, l'eau qui baignait nos pieds était pure, et reflétait un ciel chaud et parfois tout brillant d'étoiles scintillantes... La santé d'Anna semblait se remettre, j'étais heureux de son bonheur.

Qui donc pouvait nous troubler dans notre charmante retraite?... Une troupe de bandits!

Ces bandits s'étaient établis dans les parages enchantés de *Tierra-Alta*, et désolaient le pays et tous les environs par les vols et les meurtres qu'ils commettaient. Un régiment était à leur poursuite, mais cela les inquiétait fort peu; ils étaient nombreux, adroits, audacieux, et, quelle que fût la vigilance du gouvernement, la bande continuait ses brigandages et ses assassinats.

Dans la maison que j'occupais alors et que je quittai plus tard, le commandant de cavalerie Aguilar, qui m'avait remplacé, fut surpris, et périt percé de vingt coups de poignards.

Plusieurs années après cette époque, le gouvernement fut obligé de capituler avec ces bandits; et un jour on vit entrer dans Manille une vingtaine d'hommes, tous armés de carabines et de poignards.

Leur chef les conduisait; ils marchaient la tête haute, d'un air fier et assuré, et se rendirent chez le gouverneur; celui-ci les harangua, leur fit déposer leurs armes, et les envoya chez l'archevêque pour qu'il les exhortât.

L'archevêque, dans un discours profondément religieux, les invita à se repentir de leurs crimes, à devenir d'honnêtes citoyens, et à retourner dans leurs villages.

Ces hommes, qui s'étaient souillés du sang de leurs semblables, et qui avaient cherché dans le crime, ou, pour dire mieux, dans tous les crimes, l'or qu'ils convoitaient, écoutèrent religieusement le ministre de Dieu, changèrent complétement de conduite, et devinrent par suite de bons et paisibles cultivateurs.

Mais revenons à mon séjour à *Tierra-Alta*, à l'époque où les bandits n'étaient pas encore *convertis*, et auraient pu troubler ma douce quiétude et ma sécurité.

Néanmoins, soit insouciance, soit confiance dans un Indien chez lequel j'avais passé quelque temps après les ravages occasionnés par le choléra, et dont l'influence dans le pays m'était connue, je ne craignais nullement les bandits.

Cet Indien vivait à quelques lieues de *Tierra-Alta*, dans les montagnes de *Marigondon;* il était venu me voir plusieurs fois, et m'avait dit à différentes reprises : « Ne craignez rien « des bandits, señor docteur Pablo; ils savent que nous « sommes amis, et cela seul suffira pour les empêcher de s'at- « taquer à vous, car ils auraient trop peur de me déplaire et « de se faire de moi un ennemi. »

Ces paroles m'avaient tout à fait rassuré, et j'eus bientôt l'occasion de voir que l'Indien m'avait pris sous sa protection.

Si quelques-uns des lecteurs, pour lesquels j'écris mes souvenirs, étaient pris, comme je fus, du désir de visiter les cascades de *Tierra-Alta*, qu'ils aillent à l'endroit appelé *Ylang-Ylang;* c'était près de ce lieu que logeaient les parents de mon Indien protecteur.

A cet endroit la rivière, très-resserrée dans son lit, se précipite, d'un seul jet d'une hauteur de trente à quarante pieds, dans un énorme bassin d'où les eaux s'écoulent paisiblement pour aller à quelques pas de là former trois nouvelles chutes moins élevées, mais embrassant toute la largeur de la rivière, et formant trois nappes d'eau claire et transparente comme du cristal.

C'est un spectacle admirable, comme tous ceux offerts aux yeux des hommes par la main puissante du Créateur; et j'ai eu bien souvent à remarquer combien les travaux de la nature sont supérieurs à ceux que les hommes se fatiguent à élever et à inventer!

Un matin, nous nous étions rendus aux cascades et nous allions mettre pied à terre à *Ylang-Ylang*, quand tout à coup notre calèche fut entourée de brigands fuyant devant les soldats de la ligne.

Le chef (ou du moins supposâmes-nous d'abord que c'était lui) dit à ses compagnons, sans s'occuper de nous et sans nous adresser la parole :

« Il faut tuer les chevaux! »

Je compris qu'il craignait que ses ennemis ne se servissent des chevaux pour les poursuivre. Avec le sang-froid qui heureusement ne m'abandonne jamais dans les circonstances difficiles ou périlleuses, je lui dis : « N'aie aucune crainte, mes « chevaux ne serviront pas à tes ennemis pour te poursuivre; « fie-toi à ma parole. »

Le chef porta la main à son salacot, et dit à ses camarades: « S'il en est ainsi, les soldats espagnols ne nous feront pas « de mal aujourd'hui, et nous n'en ferons pas non plus à notre « tour. Suivez-moi! »

Ils partirent au pas de course.

Un instant après je mis mes chevaux au galop dans une direction tout à fait opposée à celle où j'aurais pu rencontrer les soldats.

Les bandits me regardaient de loin, et le scrupule avec lequel je tenais la parole que je leur avais donnée porta son fruit.

Non-seulement je vécus plusieurs mois en sécurité à *Tierra-Alta*, mais quelques années après, lorsque j'habitais *Jala-Jala* et qu'en ma qualité de commandant de la gendarmerie territoriale de la province de la Lagune, j'étais l'ennemi naturel des bandits, je reçus le billet suivant :

« Monsieur,

« Défiez-vous de Pedro Tumbaga! Nous sommes invités par « lui à nous rendre à votre habitation, et à vous attaquer par « surprise; nous nous sommes souvenus du matin où nous « vous avons parlé aux cascades, et de la sincérité de votre pa- « role. Vous êtes un homme d'honneur. Si nous nous trou- « vons face à face avec vous, et qu'il le faille, nous vous com- « battrons, mais loyalement, et jamais après vous avoir tendu « une embûche. Tenez-vous donc sur vos gardes, craignez « Pedro Tumbaga; c'est un lâche, capable de se cacher pour « vous tirer un coup de fusil... »

On conviendra que j'avais affaire à des bandits bien honnêtes.

Je leur répondis :

« Vous êtes des braves. Je vous remercie de votre avis, mais « je ne crains pas Pedro Tumbaga. Je ne conçois pas que vous « gardiez parmi vous un homme capable de se cacher pour « tuer son ennemi; si j'avais un soldat comme lui, j'en aurais « bientôt fait justice, et cela sans avoir recours aux tri- « bunaux... »

Quinze jours après ma réponse, Tumbaga n'existait plus; la balle d'un bandit m'en avait débarrassé.

Je reviens à mon premier récit.

Lorsque je fus éloigné des bandits à *Ylang-Ylang*, j'arrêtai mes chevaux, et je pensai à Anna, car je craignais pour elle l'impression qu'avait produite la rencontre peu agréable que nous venions de faire.

Mais heureusement mes craintes étaient vaines, ma femme n'éprouvait aucune terreur; et lorsque je m'informai si elle avait eu peur, elle me répondit :

« Peur! ne suis-je pas avec toi? »

J'eus plus tard, dans bien des circonstances périlleuses, la preuve certaine qu'elle m'avait dit l'exacte vérité, car elle conserva toujours le même sang-froid.

Lorsque je jugeai qu'il n'y avait plus de danger, je revins sur mes pas et nous rentrâmes chez moi, satisfaits de la conduite des bandits envers nous, et trouvant dans cette conduite la certitude qu'ils ne nous voulaient point de mal.

Je remerciai mentalement mon ami l'Indien, car je ne doutais pas que je lui dusse la tranquillité dont nos turbulents voisins nous laissaient jouir.

L'époque fatale où ma femme devait ressentir une nouvelle crise approchait; bientôt elle allait éprouver une attaque de la terrible maladie causée par la révolte de Novalès.

J'avais espéré que l'air de la campagne, les bains, les distractions de tout genre guériraient ma pauvre malade; mon espoir fut déçu, et, comme le mois précédent, j'eus la douleur d'assister à toute une période de souffrances physiques et morales.

Je fus désespéré : je ne savais plus quel parti prendre; je me décidai cependant à rester à *Tierra-Alta.* Là, ma chère compagne était heureuse les jours où sa santé lui revenait; les autres jours, je ne la quittais pas, essayant de combattre la fatale maladie par tout ce que l'art et l'imagination peuvent inventer.

Enfin, à force de soins et de tentatives, mes efforts furent couronnés d'un plein succès, et, à l'époque où le mal devait revenir, j'eus le bonheur de ne pas le voir paraître et la certitude d'une guérison définitive.

Dès lors j'éprouvai toute la joie que l'on ressent après avoir longtemps craint de perdre une personne tendrement aimée, quand on la voit revenir à la vie, et je me livrai sans crainte aux plaisirs multipliés qu'offrait *Tierra-Alta.*

J'aimais la chasse, et j'allais fort souvent dans les montagnes de *Marigondon,* chez mon ami l'Indien.

Nous poursuivions ensemble le cerf et les divers oiseaux qui abondent dans ce pays, à tel point que l'on a à choisir entre quinze à vingt espèces de colombes, de poules et de canards sauvages, et qu'il m'est arrivé souvent d'en abattre cinq ou six d'un seul coup.

La chasse aux poules sauvages, espèce de faisans, m'amusait beaucoup.

Nous chassions dans de grandes plaines parsemées de petits bois, avec de bons et beaux chevaux dressés exprès; les chiens faisaient partir le gibier, nous étions armés de fouets, et nous tâchions de l'abattre d'un seul coup, ce qui n'était pas aussi difficile que l'on pourrait le croire.

Lorsqu'une compagnie de poules épouvantées partait d'un petit massif, nous mettions nos chevaux au galop, et c'était une véritable course au clocher que les gentlemen-riders eussent bien désiré faire.

Je chassais aussi le cerf à cheval et à la lance; cet exercice est très-amusant, malheureusement il occasionne souvent des accidents.

Chasse au cerf.

Voici comment : Les chevaux dont on se sert sont si bien dressés pour cette chasse, que dès qu'ils aperçoivent le cerf il n'est plus nécessaire ni même possible de les guider; ils le poursuivent de toute la vitesse de leurs jambes, franchissant tous les obstacles qui se trouvent devant eux.

Le cavalier, qui porte à la main une lance dont la hampe a de deux à trois mètres, la tient en arrêt; et aussitôt qu'il se croit à portée de l'animal, il la jette contre lui.

S'il manque son coup, la lance va se ficher en terre; alors

il faut une grande adresse pour éviter le bout opposé, qui souvent blesse le chasseur dans la poitrine, ou le cheval.

Je ne parle pas des chutes que l'on est exposé à faire en allant au grand galop dans des terrains inconnus et inégaux.

J'avais fait ces chasses lors de mon premier séjour chez l'Indien ; et, bien que je m'en fusse tiré à mon honneur, je n'avais pu obtenir de lui qu'il me fît assister à une chasse bien plus dangereuse et que j'appellerai presque un combat : celle du buffle sauvage.

A chacune de mes questions, mon hôte me répondait :

« Cette chasse est trop à craindre, je ne veux pas vous ex-
« poser à un malheur. »

Il évitait même de me conduire dans une partie de la plaine qui avoisine les montagnes de *Marigondon*, et où se trouvent d'ordinaire les buffles sauvages.

CHAPITRE VI.

Tierra-Alta. — Chasse au buffle. — Retour à Manille.

Pourtant, après bien des instances réitérées, je parvins à obtenir ce que je désirais si impatiemment; seulement, l'Indien voulut savoir si j'étais bon cavalier, si j'avais de l'adresse; et lorsqu'il fut rassuré sur ces deux points, nous partîmes par une belle matinée, escortés de neuf chasseurs et d'une petite meute.

Dans cette partie des Philippines où nous nous trouvions, la chasse aux buffles se fait à cheval avec un lacet, les Indiens n'étant pas assez habitués à se servir du fusil; dans d'autres parties elle se fait à l'aide des armes à feu, ainsi que j'aurai plus tard l'occasion de le raconter; mais, quoi qu'il en soit, ces deux exercices sont également dangereux.

Pour l'un, il faut être bon cavalier et fort adroit; pour l'autre, il faut être doué d'un grand sang-froid et posséder une bonne arme.

Le buffle sauvage est tout à fait différent du buffle domestique, c'est un animal terrible; il poursuit le chasseur aussitôt qu'il l'aperçoit, et lorsqu'il peut l'atteindre de ses cornes aiguës, il lui fait promptement expier sa témérité.

Mon fidèle Indien veillait à ma conservation bien plus qu'à la sienne. Il s'opposa à ce que je prisse une arme à feu, et même un lacet; il n'avait pas assez de confiance en mon adresse, et préféra que je restasse à cheval, libre de mes mouvements.

Je partis donc, ayant pour toute arme un poignard à ma ceinture.

Nous nous divisâmes par trois, parcourant la plaine au petit pas, mais ayant bien soin de nous écarter de la lisière des bois, pour n'être pas surpris par l'animal que nous allions bravement combattre.

Après avoir marché pendant une heure, nous entendîmes enfin les aboiements des chiens, et comprîmes que le gibier que nous chassions était débusqué.

Alors nous regardâmes avec la plus grande attention l'endroit où nous pensions voir arriver l'ennemi. Il se faisait prier pour se montrer; enfin, tout à coup les bois craquèrent, les branches furent rompues, les jeunes arbres renversés, et un superbe buffle parut à environ cent cinquante pas de nous.

Ce buffle était d'un beau noir, ses cornes étaient d'une très-grande dimension. Il portait la tête haute, et flairait où étaient ses ennemis...

Tout à coup, partant avec une vitesse incroyable chez un animal aussi puissant, il se dirigea vers un de nos groupes, formé de trois Indiens.

Ceux-ci partirent au galop de leurs chevaux, et allèrent former un triangle.

L'animal choisit l'un d'eux, et fondit impétueusement sur lui.

Pendant ce temps, un autre, qu'il avait déjà dépassé, tourna bride et lança le lacet qu'il tenait à la main; mais il ne fut pas adroit, et manqua son coup.

Le buffle changea de direction, et poursuivit l'imprudent qui venait de l'attaquer et qui revenait droit vers nous.

Un second groupe de trois chasseurs alla à sa rencontre. Un

d'eux passa près de lui au galop, jeta son lacet, et fut aussi malheureux que son camarade.

Trois autres chasseurs tentèrent le même coup; aucun d'eux ne réussit.

Moi, simple spectateur, j'admirais ce combat, ces évolutions, ces fuites, ces poursuites, exécutées avec autant d'ordre et de courage que de précision, et qui me paraissaient extraordinaires.

J'avais souvent assisté à des combats de taureaux, et souvent j'avais frémi en voyant les toréadors observer le même ordre pour détourner le furieux animal lorsqu'il menace le picador.

Mais, cette fois, il n'y avait pas de comparaison possible à établir entre un combat en champ clos et un combat en pleine campagne; entre un buffle sauvage et le plus terrible des taureaux.

Vous, Espagnols au sang vif et petillant, fiers Castillans qui recherchez les émotions, les spectacles émouvants et dangereux, allez chasser le buffle dans les campagnes de *Marigondon!*

Après bien des fuites, des poursuites, des courses et des dangers, un chasseur adroit couronna l'animal de son lacet.

Le buffle ralentit sa marche et secoua la tête en tous sens, s'arrêtant de temps en temps pour se débarrasser de l'obstacle qui le gênait dans sa course.

Un autre Indien, non moins adroit que le premier, lança son lacet avec la même vitesse et le même bonheur.

L'animal furieux labourait avec ses cornes aiguës la terre qu'il faisait sauter autour de lui, voulant sans doute nous prouver sa force, et le parti qu'il eût fait à celui d'entre nous qui se serait laissé surprendre.

Avec beaucoup de soins et de précaution, les Indiens firent passer leur capture au milieu d'un petit bois dans un fourré, d'où nous eûmes bientôt le plaisir de le voir sortir.

Tous les chasseurs poussèrent un cri de joie; moi, je jetai un cri d'admiration.

L'animal était vaincu, il n'y avait plus que quelques précautions de plus à prendre pour se rendre tout à fait maître de lui.

Je fus fort étonné qu'on l'excitât de la voix et du geste, au point de le rendre agressif et de le faire bondir. Quel eût été notre sort si, par impossible, les lacets se fussent détachés ou brisés?... Heureusement il n'y avait aucun danger.

Un Indien était descendu de cheval, et avec beaucoup d'agilité il avait fixé à un solide tronc d'arbre les deux lacets qui retenaient le buffle furieux.

Puis il donna le signal pour avertir que son opération était terminée, et se retira.

Deux chasseurs s'approchèrent, et jetèrent aussi leur lacet à l'animal; puis avec des pieux ils fixèrent les deux bouts à terre, et bientôt notre proie se trouva prise dans un rayon qui la rendit immobile.

Nous pûmes alors nous approcher impunément. A grands coups de coutelas les Indiens abattirent ses cornes, qui l'eussent si bien vengé s'il eût pu s'en servir; ensuite, avec un bambou aigu, ils lui percèrent les membranes qui séparent les deux naseaux, pour y passer un rotin qu'ils tressèrent en forme d'anneau.

Ainsi martyrisé, on l'attacha fortement derrière deux buffles domestiques, et on le conduisit jusqu'au prochain village.

Alors commença la curée.

On tua l'animal, et les chasseurs se partagèrent la viande, qui est aussi bonne que celle du bœuf.

J'avais été heureux pour mon début, car toutes les chasses au buffle ne se font pas aussi facilement que s'était faite celle-là.

Quelques jours après nous en fîmes une seconde qui fut interrompue par un accident, hélas! assez fréquent.

Un Indien avait été surpris par un buffle au moment où il sortait du bois.

D'un coup de corne son cheval avait été traversé et jeté à

terre. L'Indien s'était blotti auprès de sa monture tuée près de lui, et, grâce à une inégalité de terrain, il espérait échapper à son redoutable ennemi; mais celui-ci, d'un second mouvement de tête, avait renversé le cheval sur son cavalier, et portait à ce dernier des coups qui l'eussent infailliblement tué s'ils l'eussent tout d'abord atteint.

Heureusement d'autres chasseurs détournèrent l'animal et le forcèrent à abandonner sa victime. Il était temps!

Nous trouvâmes le pauvre Indien à demi mort; les cornes du buffle lui avaient fait d'horribles blessures.

Nous parvînmes à arrêter le sang qu'il perdait à flots, et sur un brancard improvisé nous le transportâmes au village.

Ce ne fut qu'après de longs soins qu'il parvint à guérir; et mon ami l'Indien, mon protecteur, ne voulut plus que j'assistasse à une chasse aussi dangereuse.

Anna était tout à fait rétablie. Je ne craignais plus de voir reparaître sa cruelle maladie.

J'avais en plusieurs mois goûté tous les plaisirs et tous les agréments qu'offrait *Tierra-Alta;* les emplois que j'occupais à Manille réclamaient ma présence; je le compris, et nous partîmes pour la ville.

Aussitôt de retour, il me fallut, à mon grand regret, reprendre ma vie habituelle, c'est-à-dire visiter des malades du matin au soir et du soir au matin.

Mon état ne convenait réellement pas à mon caractère. Je n'étais pas assez philosophe pour voir endurer, sans m'affliger, des souffrances que j'étais impuissant à guérir, et surtout pour voir mourir des pères, des mères utiles à leurs familles, ou des êtres jeunes, aimés et aimants.

En un mot, je n'agissais pas en médecin, car je n'envoyais de note à personne; on me payait quand et comme on voulait.

Je dois dire à la louange de l'humanité que j'ai peu souvent trouvé des oublieux.

Au reste, mes places me produisaient assez pour me permettre de mener une vie somptueuse, d'avoir huit chevaux dans mon écurie, table ouverte à mes amis et aux étrangers.

Ce que mes amis appelèrent alors un *coup de tête* me fit bientôt perdre tous ces avantages.

Je passais tous les mois un conseil de révision dans le régiment où je servais.

Un jour je portai un jeune soldat, afin de le faire réformer; tout allait bien : mais un médecin français, M. Charles Benoît [1], qui me jalousait, fut désigné par le gouverneur pour faire une enquête et contrôler ma déclaration.

Naturellement il mit dans son rapport que je m'étais trompé, que la maladie dont je parlais était imaginaire; et il fit si bien que le gouverneur, irrité, me condamna à une amende de six piastres.

Le mois suivant, je présentai de nouveau le même soldat pour qu'il fût réformé, comme n'étant pas apte à faire son service; une commission de huit médecins fut nommée; leur décision fut que j'avais raison, et cela à l'unanimité. Le soldat fut licencié.

Cette réparation ne me suffisant pas, je présentai une réclamation au gouverneur, qui ne voulut pas y faire droit, sous le prétexte étrange que la décision du comité médical ne pouvait infirmer la sienne.

J'avoue que je ne compris pas cet argument. Ce raisonnement, en admettant toutefois que c'en fût un, me parut spécieux. Comment admettre que l'innocent fût puni et que

1 Dans le mois de mai 1853, une personne inconnue vient m'accoster aux Champs-Élysées en me disant : « Monsieur de la Gironière, permettez-moi « de vous demander une poignée de main. —Veuillez bien, lui répondis-je, « me rappeler votre nom.— Je suis Charles Benoît. » Je le reconnus alors sans peine. Vingt-huit à trente ans écoulés depuis les faits que je raconte avaient effacé nos inimitiés passées. Ce fut avec un vrai plaisir que nous renouâmes connaissance; et depuis, nous nous voyons souvent avec la même satisfaction que deux anciens et bons amis.

Le docteur Carlos Benoît, après avoir exercé honorablement pendant plusieurs années la médecine à Madrid, est enfin venu se fixer à Paris.

l'ignorant qui m'avait contredit et s'était trompé ne reçût aucun blâme.

Cette injustice me révolta. Je suis Breton et j'ai vécu avec les Indiens, deux natures qui n'aiment que la justice et le bon droit.

Je fus tellement affecté de la conduite du gouverneur à mon égard, que je me rendis chez lui, non pour réclamer encore, mais pour lui donner ma démission des places importantes que j'occupais.

Il me reçut en souriant, et me dit qu'après un peu de réflexion je reviendrais sur mon idée.

Le cher gouverneur se trompait. En sortant de son palais, j'allai au ministère des finances et j'achetai la propriété de *Jala-Jala*.

Mon parti était pris, ma résolution inébranlable.

Bien que ma démission ne fût pas encore acceptée, je commençai à agir comme si j'étais entièrement libre. J'avais, au préalable, prévenu Anna, et lui avais demandé si elle voudrait vivre à *Jala-Jala*?

« Avec toi, je serai heureuse partout ! »

Telle avait été sa réponse. J'étais donc le maître d'agir au gré de ma volonté, et je pouvais me laisser aller où m'entraînait ma destinée.

C'est ce que je fis.

Je voulus aller visiter les terres que je venais d'acquérir.

CHAPITRE VII.

Jala-Jala. — Lac de Bay. — Légende chinoise. — Alila (Mabutin-Tajo).

Pour l'exécution de ce projet, il me fallait trouver un Indien fidèle sur lequel je pusse compter; parmi mes domestiques, je choisis mon cocher, homme dévoué, discret et courageux.

Je pris quelques armes, des munitions, des vivres; je frétai, à *Lapindan,* petit village près du bourg de *Santa-Anna,* une petite pirogue conduite par trois Indiens; et un matin, le 2 avril 1824, sans faire part de mon projet à mes amis, sans m'informer si le gouverneur m'avait remplacé, je partis pour prendre possession de mes domaines, respirant l'air vivifiant et pur de la liberté.

Je remontai dans ma pirogue, qui volait sur les eaux comme une mouette légère, la jolie rivière de *Pasig* qui sort du lac de *Bay,* et va se jeter dans la mer en traversant les faubourgs de Manille.

Les bords de cette rivière sont plantés de touffes de bambous et parsemés de jolies habitations indiennes; au-dessus du grand bourg de Pasig, elle reçoit les eaux de la rivière de *San-Mateo* à l'endroit où cette rivière se réunit au fleuve de *Pasig*.

Sur la rive gauche, on aperçoit encore les ruines de la chapelle et du presbytère de Saint-Nicolas, élevés par les Chinois, dit la légende que je vais essayer de vous raconter.

A une époque reculée, un Chinois qui se trouvait dans une pirogue et naviguait, soit sur la rivière de *Pasig*, soit sur celle de San-Mateo, aperçut tout à coup un caïman qui se dirigea vers sa frêle embarcation, et la fit chavirer. A cette vue, et en se sentant tomber à l'eau, l'infortuné Chinois, qui avait pour perspective de servir de pâture au féroce animal, appela à son secours saint Nicolas. Vous ne l'eussiez peut-être pas fait, ni moi non plus, et nous aurions eu tort; l'idée était bonne.

Le grand saint Nicolas entendit les cris de détresse du naufragé, lui apparut, et d'un coup de baguette, comme eût pu le faire une fée bienveillante, changea le caïman importun en un rocher...... le Chinois fut sauvé.

Ne croyez pas que la légende s'arrête là : les Chinois ne sont pas ingrats; la Chine est le pays de la terre à porcelaine, du thé, et de la reconnaissance.

Le Chinois échappé au sort cruel qui l'attendait voulut consacrer le souvenir du miracle, et, de concert avec ses frères de Manille, il éleva une jolie chapelle et un presbytère au grand saint Nicolas.

Cette chapelle fut longtemps desservie par un bonze, et tous les ans, à la Saint-Nicolas, les riches Chinois de Manille se réunissaient, au nombre de plusieurs milliers, pour donner des fêtes qui duraient quinze jours.

Mais il arriva qu'un archevêque de Manille trouva que ce culte de la reconnaissance chinoise était du paganisme, et fit enlever le toit du presbytère et celui de la chapelle.

Ces mesures brutales n'eurent aucun résultat, si ce n'est de laisser l'eau du ciel pénétrer dans les bâtiments.

Mais pour le culte voué à saint Nicolas, il dura toujours, et dure encore. Peut-être est-ce bien parce qu'on a voulu l'interdire!

De nos jours, à l'époque où cette fête a lieu, c'est-à-dire vers le 6 novembre de chaque année, on peut jouir d'un coup d'œil ravissant.

Le *Pasig* à Saint-Nicolas offre la nuit une délicieuse perspective : on y voit de grandes embarcations amenées à grands frais de Manille, sur lesquelles sont bâtis de véritables palais à plusieurs étages, terminés en pyramides, et éclairés depuis la base jusqu'au sommet.

Pirogue indienne.

Toutes ces lumières se reflètent dans les eaux paisibles de la rivière, et semblent augmenter le nombre des étoiles qui tremblent en se mirant à la surface des flots : c'est Venise improvisée.

Dans ces palais, on joue, on fume de l'opium, on fait de la musique.

Le *pévété*, encens chinois, brûle partout et continuellement en l'honneur de saint Nicolas, que l'on invoque chaque matin, en jetant dans la rivière des petits carrés de papier de diverses couleurs. Saint Nicolas ne paraît pas; la fête dure deux semaines, au bout desquelles les fidèles se retirent jusqu'à l'année suivante.

Maintenant que le lecteur connaît la légende du caïman, du Chinois et du grand saint Nicolas, je reviens à mon voyage.

Je naviguais paisiblement sur le *Pasig*, allant à la conquête de mes nouveaux domaines et faisant des rêves dorés.

Je suivais la fumée légère de ma cigarette, sans penser que mes songes, mes châteaux en Espagne devaient s'envoler comme elle!...

Entrée du lac de Bay par le Pasig.

Bientôt je me trouvai dans le lac de *Bay*. Ce lac, le plus grand de l'île de Luçon, a de quarante-cinq à cinquante lieues de circonférence. Il est de tous côtés entouré de hautes montagnes de formation volcanique, où prennent leur source quinze rivières qui viennent toutes se jeter dans cet immense réservoir. Il n'a d'issue à la mer que par le fleuve de *Pasig*. Ce fleuve, après avoir coulé entre des collines, traverse les faubourgs de Manille et va déboucher dans la baie, qui est éloignée de sept à huit lieues du lac.

Vingt-neuf grands bourgs sont situés sur les bords du lac, à l'embouchure des rivières [1].

Cette belle nappe d'eau, dont la plus grande profondeur est de 30 mètres, est parsemée de jolies îles toujours couvertes d'une admirable végétation. La plus grande de ces îles, celle de *Talim*, forme avec la terre de Luçon le détroit de *Quinabutasan*, et avec *Jala-Jala*, qui est situé parallèlement en face, la partie du lac nommée *Rinconada*.

Les eaux de *Bay* sont douces et potables. Cependant, avant de les boire, il faut qu'elles reposent quelques heures pour laisser précipiter au fond une grande quantité de corps étrangers qu'elles tiennent en suspension. Si cette précaution était négligée, elles pourraient se trouver dans des conditions tout à fait nuisibles; elles produiraient de fortes coliques et de graves dérangements d'estomac.

Ce fait est assez curieux pour l'expliquer. Lorsque le soleil est à l'horizon et que le vent souffle de la partie opposée à la plage où l'on se trouve, on ne peut impunément boire de l'eau puisée sur cette plage qu'après avoir mis le vase qui la contient pendant une grande heure à l'ombre. Si dans les mêmes conditions on se baigne dans le lac, le corps se couvre de gros boutons, et l'on est tourmenté pendant plusieurs heures par d'intolérables démangeaisons. Ce phénomène, particulier au lac de *Bay*, est sans nul doute produit par des millions d'insectes microscopiques auxquels les rayons du soleil donnent la vie, et que le mouvement des vagues rejette vers les plages opposées au vent. Les pêcheurs, pour se préserver de cet effet nuisible, ont le soin de s'enduire le corps avec de l'huile de coco.

[1] Le mot *tagaloc* vient des habitants des bords du lac de *Bay*. C'est l'abrégé des deux mots *taga* (gens), *iloc* (rivière) : *gens de rivière*.

Le lac de *Bay* abonde en excellents poissons. Trois espèces seulement sont les mêmes qu'en Europe : le mulet, l'anguille et la crevette. Ces deux dernières sont d'une grosseur remarquable. Les anguilles de 15 à 20 kilogrammes sont très-communes, ainsi que les crevettes de la grosseur de nos langoustes, c'est-à-dire du poids d'un kilogramme à un kilogramme et demi.

Deux poissons de mer se sont acclimatés dans les eaux douces du lac : le *requin* et la *scie*. Le premier est heureusement assez rare, mais le second est très-abondant.

On trouve aussi dans ce beau lac une espèce de tortue d'une forme différente de celle de mer et d'un goût plus agréable, une grande quantité d'excellents poissons qu'il serait trop long d'énumérer, et enfin de monstrueux *aligators,* dont j'aurai l'occasion de parler plus tard, ainsi que d'innombrables oiseaux aquatiques.

Enfin, j'arrivai à *Quinabutasan.* Ce mot est *tagal,* et signifie *qui est troué.*

Nous nous arrêtâmes pendant une heure dans la seule case indienne qu'il y eût dans l'endroit, pour faire cuire du riz et prendre notre repas.

Cette case était habitée par un vieux pêcheur et sa femme, fort âgés. Cependant ils pourvoyaient encore à leurs besoins en pêchant. Plus tard, j'aurai occasion de parler du père *Relempago* ou *la Foudre,* et de raconter son histoire.

Lorsque je fus au milieu de la nappe d'eau qui sépare *Talim* de la presqu'île de *Jala-Jala,* j'aperçus le nouveau domaine que j'avais acquis si légèrement, et je pus juger d'un coup d'œil de mon acquisition.

Jala-Jala est une longue presqu'île qui s'étend du nord au sud, au milieu du lac de *Bay.*

Cette presqu'île est divisée, dans sa longueur, par une chaîne de montagnes qui vont en déclinant, pour ne plus former que des collines pendant l'espace de trois lieues.

Ces montagnes, d'un accès facile, ont en général un versant couvert de forêts, et l'autre de beaux pâturages, où croissent, à la hauteur d'un ou deux mètres, des graminées flexibles et onduleux, qui, sous le souffle du vent, imitent les vagues de la mer lorsqu'elles sont agitées.

Il est impossible de voir une nature plus belle; des sources limpides et pures surgissent du haut des montagnes et arrosent une riche végétation, puis vont se jeter dans le lac.

Ces pâturages font de *Jala-Jala* le lieu le plus giboyeux de l'île. Les cerfs, les sangliers, les buffles sauvages, les poules, les cailles, les bécassines, les colombes de quinze à vingt sortes, les perroquets, enfin toutes les espèces d'oiseaux, y abondent.

Le lac est également peuplé d'oiseaux aquatiques, et particulièrement de canards.

Malgré son étendue, l'île ne produit pas d'animaux nuisibles et carnivores; on a seulement à craindre la civette, petit animal de la grosseur d'un chat, qui ne fait la chasse qu'aux oiseaux; et les singes, qui sortent par bandes des forêts et vont ravager les champs de cannes à sucre et de maïs.

Le lac, qui renferme d'excellents poissons, est moins favorisé que la terre; on y trouve beaucoup de caïmans, alligators d'une si grande dimension, qu'un seul de ces animaux divise, en peu d'instants, un cheval par morceaux et l'engloutit dans son vaste estomac. Les accidents qu'ils occasionnent sont fréquents et terribles, et j'ai vu plus d'un Indien devenir leur victime, ainsi que je le raconterai plus tard.

J'aurais sans doute dû commencer par parler ici des hommes qui peuplent les forêts de *Jala-Jala;* mais je suis chasseur, et l'on m'excusera d'avoir commencé par le gibier.

A l'époque où je l'achetai, *Jala-Jala* était habité par quelques Indiens de race malaise qui vivaient dans les bois et cultivaient quelques coins de terre.

La nuit, ils faisaient sur le lac le métier de pirates et donnaient asile à tous les bandits des provinces environnantes.

A Manille, on m'avait peint cette contrée sous les couleurs les plus sombres; au dire des habitants de la ville, je ne devais pas y séjourner longtemps sans devenir la victime des bandits.

Mon caractère aventureux faisait que tous ces récits, loin de m'éloigner de mon projet, augmentaient mon désir de visiter ces hommes, qui vivaient presque à l'état sauvage.

Dès que j'eus acheté *Jala-Jala*, je me formai un plan de conduite ayant pour but de m'attacher les habitants les plus à craindre; je résolus de me faire l'ami des bandits, et pour cela je compris qu'il fallait arriver chez eux, non comme un propriétaire exigeant et sordide, mais bien comme un père.

Tout dépendait, pour l'exécution de mon entreprise, de la première impression que je produirais sur ces Indiens qui devenaient mes vassaux.

Lorsque j'eus abordé, je me dirigeai, en suivant le bord du lac, vers un petit hameau composé de quelques cabanes. J'étais accompagné de mon fidèle cocher; nous étions armés tous les deux d'un bon fusil à deux coups, d'une paire de pistolets, et d'un sabre.

J'avais eu soin de me renseigner auprès de quelques pêcheurs pour savoir quel était l'Indien auquel je devais m'adresser de préférence.

Cet homme, le plus respecté de ses compatriotes, s'appelait en langue tagale *Mabutin-Tajo*, surnom que je traduirais en français par *le Brave-le-vaillant.*

C'était un véritable brigand, un vrai chef de pirates. Il eût fort bien commis, sans vergogne, cinq ou six assassinats dans une seule excursion; mais il était brave, et la bravoure est pour les peuples primitifs une qualité devant laquelle ils s'inclinent avec respect.

Ma conversation avec *Mabutin-Tajo* ne fut pas longue; quelques paroles me suffirent pour m'attirer sa bonne grâce, et me faire de lui un fidèle serviteur pendant tout le temps que je demeurai à *Jala-Jala.*

Voici les termes dans lesquels je lui parlai :

« Tu es un grand scélérat, lui dis-je. Je suis le seigneur de

« *Jala-Jala;* je veux que tu changes de conduite; si tu refu-
« ses, je te ferai expier tous tes méfaits. J'ai besoin d'une
« garde; veux-tu me donner ta parole d'honneur de devenir
« honnête homme, et je te fais mon lieutenant? »

Après ces courtes paroles, *Alila* (c'était le nom du bandit) resta un instant sans me répondre. Je vis sur son visage toutes les marques d'une profonde réflexion. J'attendis qu'il parlât; j'étais dans une certaine anxiété; qu'allait-il me répondre?

« Maître, me dit-il avec élan, en me présentant la main et
« mettant un genou à terre,

« Je vous serai fidèle jusqu'à la mort! »

J'étais heureux de sa réponse, mais je ne lui laissai pas voir mon contentement.

« Très-bien, lui dis-je. Pour te prouver que j'ai confiance
« en toi, prends cette arme, et ne t'en sers que contre des
« ennemis. »

Je lui présentai un sabre tagal sur lequel était écrit en gros
« caractères espagnols : *No me sacas sin rason ni me envainas*
« *sin honor*, Ne me tire pas sans raison, et ne me remets pas
« dans le fourreau sans honneur. »

Je traduisis cette légende en langage tagaloc; *Alila* la trouva sublime, et jura de ne pas s'en écarter.

« Quand j'irai à Manille, ajoutai-je, je te rapporterai des
« épaulettes et un bel uniforme; mais il ne faut pas perdre de
« temps pour réunir les soldats que tu vas commander, et qui
« formeront ma garde.

« Conduis-moi chez celui de tes camarades que tu crois le
« plus capable de t'obéir comme sergent. »

Nous allâmes à quelques kilomètres de sa cabane, chez un de ses amis qui l'accompagnait presque toujours dans ses tentatives de piraterie.

Quelques mots semblables à ceux que j'avais dit à mon futur lieutenant exercèrent sur son camarade la même influence, et le déterminèrent à accepter le grade que je lui offrais.

Nous passâmes la journée à aller recruter dans les diverses cases, et le soir nous avions, en cavalerie et en infanterie, une garde de dix hommes d'effectif, nombre que je ne voulais pas dépasser.

Je pris le commandement en qualité de capitaine.

Ainsi que l'on en peut juger, je menais les choses avec promptitude.

Le lendemain je réunis la population de la presqu'île, et, entouré de ma garde improvisée, je choisis l'emplacement où je voulais fonder un village, et le lieu où je voulais que l'on construisît mon habitation.

Je donnai l'ordre aux pères de famille de construire leurs cases sur un alignement que j'indiquai, et je chargeai mon lieutenant d'employer le plus de monde possible pour extraire de la pierre, couper du bois de charpente, et tout préparer enfin pour ma maison.

Mes ordres étant donnés, je partis pour Manille, en promettant de revenir bientôt.

Lorsque j'arrivai chez moi on était inquiet, car, n'ayant pas eu de mes nouvelles, on me croyait la proie des caïmans ou la victime des pirates.

Le récit de mon voyage, la description que je fis de *Jala-Jala*, loin d'éloigner ma femme de l'idée que j'avais conçue d'habiter ces contrées, la rendirent, au contraire, impatiente de visiter notre propriété et de s'y établir. C'était cependant un adieu qu'elle faisait à la capitale, à ses fêtes, à ses réunions, à ses plaisirs!

J'allai voir le gouverneur. Ma démission avait été considérée comme non avenue; il m'avait conservé toutes mes places. Cet acte de bonté me toucha; je le remerciai sincèrement, et lui dis que je ne plaisantais pas, que ma détermination était irrévocablement arrêtée, et qu'il pouvait disposer de mes emplois.

J'ajoutai que je lui demandais une seule faveur, celle de commander toute la gendarmerie locale de la province de la

Lagune, avec la faculté d'avoir une garde personnelle que je formerais moi-même.

Cette faveur me fut accordée à l'instant même, et peu de jours après je reçus ma commission.

Ce n'était point l'ambition qui m'avait suggéré l'idée de demander cette place importante, c'était la raison.

Mon but avait été de me créer une puissance à *Jala-Jala*, et de pouvoir punir moi-même mes Indiens sans avoir recours à la justice de l'alcade, qui demeurait à dix lieues de mes domaines.

Voulant être commodément dans ma nouvelle résidence, je fis le plan de ma maison.

Cette maison se composait d'un premier étage avec cinq chambres à coucher, un grand vestibule, un spacieux salon, une terrasse, et des chambres de bains.

Je traitai avec un maître maçon et un maître charpentier pour les travaux de construction; j'emportai des armes et des uniformes pour ma garde, et je repartis.

A mon arrivée, je fus reçu avec joie par mes Indiens.

Mon lieutenant avait ponctuellement exécuté mes ordres; une grande quantité de matériaux étaient préparés, et plusieurs cases indiennes étaient déjà construites.

Cette activité me fit plaisir, elle me prouva que l'on tenait à m'être agréable.

Je mis tout de suite mes ouvriers à l'œuvre, ordonnant que l'on défrichât les bois voisins; et bientôt je vis jeter, sous mes yeux, les fondations de ma maison; puis je repartis pour Manille.

Les travaux durèrent huit mois, et pendant ce temps je voyageai continuellement de Manille à *Jala-Jala*, et de *Jala-Jala* à Manille.

J'eus de la peine, mais j'en fus bien récompensé quand je vis un village sortir de terre.

Mes Indiens avaient construit leurs cases aux lieux que j'avais indiqués; ils avaient réservé la place d'une église, et en attendant qu'elle fût élevée, on devait célébrer la messe dans le vestibule de ma maison.

Enfin, après bien des allées et des venues qui inquiétaient beaucoup ma femme, je pus lui annoncer que le castel de *Jala-Jala* n'attendait plus que sa châtelaine.

Ce fut une heureuse nouvelle : nous allions donc bientôt ne plus être séparés!

Je vendis promptement mes chevaux, mes voitures, des meubles inutiles; je frétai une embarcation pour transporter à *Jala-Jala* ce qui m'était nécessaire, et après avoir pris congé de mes amis, je partis cette fois, le 20 octobre 1825, avec l'intention de ne revenir à Manille que pour une absolue nécessité.

Notre voyage fut heureux.

A notre arrivée nous trouvâmes sur le rivage mes Indiens, qui saluèrent avec des cris d'allégresse la bienvenue de la *reine de Jala-Jala.*

C'est ainsi qu'ils appelaient ma femme.

Nous consacrâmes les premiers jours de notre arrivée à notre installation. Il fallut meubler notre maison et la rendre utile et agréable; c'est ce que nous fîmes.

Aujourd'hui que les années sont passées, que je suis loin de ce temps d'indépendance et de liberté parfaites, je pense à la bizarrerie de ma destinée.

Nous étions, ma femme et moi, seuls blancs et civilisés, au milieu d'une population bronzée et presque sauvage, et cependant je n'avais aucune crainte.

Je comptais sur mes armes, sur mon sang-froid, et sur la parole des gens de ma garde. Anna ne connaissait qu'une partie des dangers que nous courions, et sa confiance en moi était si grande qu'à mes côtés elle ignorait ce que c'était que la peur.

Lorsque je fus bien établi dans ma maison, j'entrepris un travail difficile et dangereux, celui de mettre de l'ordre parmi mes Indiens, et d'organiser mon bourg comme c'est l'usage aux Philippines.

P. de la Gironière. — Costume de chasse. Page 108.

CHAPITRE VIII.

Jala-Jala. — Organisation municipale. — Caractère des Indiens.

Les lois espagnoles concernant les Indiens sont tout à fait patriarcales.

Chaque bourg est érigé, pour ainsi dire, en petite république.

On y élit tous les ans un chef dépendant, pour les affaires importantes, du gouverneur de la province; lequel chef, à son tour, dépend du gouverneur des Philippines.

J'avoue que le mode de gouvernement, aux Philippines, m'a toujours semblé être le plus convenable et le plus propre à la civilisation. Les Espagnols l'ont trouvé tout établi dans l'île de Luçon lors de leur conquête, et n'y ont apporté que quelques améliorations.

Je vais entrer ici dans quelques détails.

Chaque population indienne se divise en deux classes : la classe noble et la classe populaire.

La première se compose de tous les Indiens qui sont ou ont été *cabessas de barangay*, ce qui veut dire collecteurs des contributions; cette place est honorifique.

Les contributions établies par les Espagnols sont personnelles.

Chaque Indien ayant plus de vingt et un ans paye, en quatre termes, une somme annuelle de *trois francs;* cette taxe est la même pour le riche comme pour le pauvre.

A une certaine époque de l'année, douze des *cabessas de barangay* sont électeurs.

Ils se réunissent avec quelques anciens habitants du bourg, et élisent, au scrutin, trois d'entre eux, dont les noms sont adressés au gouverneur des Philippines.

Celui-ci choisit parmi ces noms celui qu'il veut, et lui confie, pendant une année, les fonctions de *gobernadorcillo*, ou petit gouverneur.

Pour se distinguer des autres Indiens, le *gobernadorcillo* porte une baguette en rotin, à pomme d'or, avec laquelle il a le droit de frapper ceux de ses concitoyens qui ont commis de légères fautes.

Ses fonctions tiennent à la fois de celles des maires, des juges de paix et des juges d'instruction.

Il veille au bon ordre, à la tranquillité publique; il juge sans appel les différends et les procès dont l'importance ne dépasse pas 16 piastres (ou 80 francs).

Les dimanches, après les offices, le *gobernadorcillo* réunit à la maison communale les anciens du bourg et les officiers de justice, pour discuter et arrêter avec eux toutes les affaires administratives. C'est aussi le dimanche, en conseil, qu'il consulte les anciens pour tous les procès dans lesquels il ne se croit pas suffisamment éclairé. C'est alors un véritable jury de patriarches qui juge sans appel et sans partialité.

Il instruit aussi les procès criminels de haute importance: seulement là s'arrête son pouvoir.

Les dossiers de ces procès sont envoyés par lui au gouverneur de la province, qui les remet, à son tour, à la cour royale de Manille.

La cour rend son arrêt, et l'alcade le fait exécuter.

Lors de l'élection du *gobernadorcillo*, les électeurs réunis choisissent toutes les autorités qui doivent lui être soumises.

Ces autorités sont : des *alguazils*, dont le nombre est proportionné à la population; deux *témoins* ou *adjoints*, qui sont chargés de sanctionner tous les actes du *gobernadorcillo*, car sans leur sanction et leur présence ces actes seraient considérés comme nuls; un *jouès de palma*, ou juge de palme, remplissant les fonctions de garde-champêtre; un vaccinateur, obligé d'avoir toujours du vaccin pour les enfants nouveau-nés; puis un maître d'école chargé de l'instruction publique; enfin, une sorte de gendarmerie pour la surveillance des bandits et l'entretien des routes sur le territoire de la commune et dans les campagnes voisines. Les hommes faits et sans emploi forment une garde civique qui veille à la conservation du village : cette garde indique les heures de la nuit au moyen de coups frappés sur un gros morceau de bois creux.

Il y a dans chaque bourg une maison communale; on la désigne sous le nom de *casa réal.* C'est là que demeure le *gobernadorcillo.*

Il doit l'hospitalité à tous les voyageurs qui passent dans le bourg, et cette hospitalité est semblable à celle des montagnards écossais : *elle se donne et ne se vend jamais.*

Pendant deux ou trois jours, le voyageur a droit au logement, dans lequel il trouve une natte, un oreiller, du sel, du vinaigre, du bois, des vases de cuisine, et, moyennant payement, tous les comestibles nécessaires à sa nourriture.

Si même à son départ il réclame des chevaux et des guides pour continuer sa route, on les lui procure.

Quant au payement des vivres, afin d'éviter les abus si fréquents chez nous, dans chaque *casa réal* on affiche sur une grande pancarte les prix des objets, tels que viande, volaille, poisson, fruits, etc., etc.

Dans n'importe quelle circonstance, le *gobernadorcillo* ne peut rien exiger pour les peines qu'il se donne[1].

[1] Les Espagnols gouvernent la population indienne sans l'administrer. Le

Telles étaient les mesures que je voulais adopter; ces mesures offraient, il est vrai, des avantages et des inconvénients.

Le plus grand, sans contredit, c'était de me mettre presque sous la dépendance du *gobernadorcillo*, auquel ses fonctions donnaient un certain droit; car j'étais son administré.

Il est vrai de dire que mon grade de commandant de toute la gendarmerie de la province me mettait à l'abri des injustices que l'on eût pu commettre à mon égard.

Je savais fort bien qu'en dehors du service militaire, je ne pouvais infliger à mes hommes aucune punition sans l'intervention du *gobernadorcillo;* mais j'avais assez étudié le caractère indien pour comprendre que je ne pouvais le dominer que par une parfaite justice et une sévérité bien entendue.

Quelles que fussent les difficultés que je prévoyais, sans redouter les peines et les dangers de toute espèce qu'il faudrait surmonter, je marchai droit vers le but que je m'étais tracé: le chemin était aride, hérissé d'écueils; j'y entrai avec courage, et j'arrivai à prendre sur les Indiens une telle influence, que, par la suite, ils obéissaient à ma voix comme à celle d'un père.

Le Tagaloc a un caractère extrêmement difficile à définir. Lavater et Gall auraient été fort embarrassés, car la physionomie et la crânologie se trouveraient peut-être bien en défaut aux Philippines.

La nature indienne est un mélange de vices et de vertus, de bonnes et de mauvaises qualités. Un bon moine disait, en parlant des Tagalocs: « Ce sont de grands enfants qu'il faut « traiter comme s'ils étaient petits. »

Le portrait moral d'un naturel des Philippines est vraiment curieux à tracer, et plus curieux à lire.

L'Indien tient à sa parole, et, le croirait-on? il est men-

bon ordre, la tranquillité qui règnent généralement dans les provinces sont dus au conseil municipal et aux anciens de chaque bourg, qui se laissent gouverner, mais qui s'administrent.

teur; il a en horreur la colère, qu'il compare à la démence, et il préfère l'ivresse, qu'il méprise cependant.

Pour se venger d'une injustice, il ne craint pas de se servir du poignard.

Métis indiens-espagnols.

Ce qu'il supporte le moins, c'est l'injure, même lorsqu'elle est méritée.

Après une faute commise, on peut lui infliger des coups de fouet, il les reçoit sans se plaindre; mais une injure le révolte.

Il est brave, fataliste, généreux.

Le métier de bandit, qu'il exerce volontiers, lui plaît à cause de la vie d'émotions et de liberté qu'on y mène, et non parce qu'on peut s'enrichir en le faisant.

8

Généralement les Tagalocs sont bons pères, bons époux, ces deux qualités inhérentes l'une à l'autre.

Horriblement jaloux de leurs femmes, ils ne le sont nullement de l'honneur des filles; peu leur importe si l'Indienne qu'ils épousent a commis des fautes avant son union.

Ils ne lui demandent jamais de dot; eux seuls en apportent une, et font des cadeaux aux parents de leur fiancée.

Le lâche est mal vu par eux, mais ils s'attachent volontiers à l'homme assez brave pour aller au-devant du danger.

Leur passion dominante, c'est le jeu.

Ils applaudissent aux combats d'animaux, surtout à celui des coqs.

Voilà succinctement un aperçu du caractère des hommes que j'avais à conduire.

Mon premier soin fut de me maîtriser.

Je pris la ferme résolution de ne jamais laisser éclater à leurs yeux un mouvement d'impatience, même dans les moments les plus difficiles, et de conserver un calme et un sang-froid imperturbables.

J'appris bientôt qu'il serait dangereux d'écouter les rapports qui me seraient faits, cela pouvait m'exposer à commettre des injustices, ainsi qu'il m'arriva dès le début. Voici dans quelle circonstance :

Deux Indiens vinrent un jour déposer une plainte contre un de leurs camarades, demeurant à quelques lieues de *Jala-Jala*. Ces délateurs l'accusaient particulièrement d'un vol de bestiaux.

Après les avoir écoutés, je partis avec ma garde pour m'emparer de l'accusé; je l'amenai à mon habitation.

Là, je cherchai à lui faire avouer sa faute; il nia, et se dit innocent.

J'eus beau lui promettre, s'il disait la vérité, de lui accorder son pardon; il persista, même devant les accusateurs.

Persuadé qu'il mentait, mécontent de sa persistance à nier un fait qui m'était attesté avec toute l'apparence de la sincérité, j'ordonnai qu'on l'attachât sur un banc et qu'on lui appliquât douze coups de fouet.

Mes ordres furent exécutés; le coupable nia comme il avait fait précédemment. Cette opiniâtreté m'irrita, et je lui fis administrer une nouvelle correction semblable à la première.

Le malheureux endurait avec un véritable courage cette cruelle punition.

Tout à coup, au milieu de ses souffrances, il s'écria avec un accent pénétrant :

« Oh! Monsieur, je suis innocent, je vous le jure. Puisque « vous ne voulez pas me croire, prenez-moi chez vous; je serai « un serviteur fidèle, et bientôt vous acquerrez la preuve que « je suis victime d'une infâme calomnie. »

Ces paroles me touchèrent.

Je réfléchis que cet infortuné n'était peut-être pas coupable. J'eus peur de m'être trompé, d'avoir été injuste sans le savoir. Je pensai qu'une haine particulière avait pu pousser les deux témoins à me faire une fausse déclaration et m'exposer à punir un innocent.

Je le fis délier.

« L'épreuve que tu demandes, lui dis-je, est facile à tenter. « Si tu es un honnête homme, je serai pour toi un père; « mais si tu me trompes, n'attends de moi aucune pitié. A da- « ter de ce moment, tu fais partie de ma garde; mon lieute- « nant te remettra des armes. »

Il me remercia avec effusion, et son visage s'éclaira d'une joie subite. On l'incorpora dans ma garde.

O justice humaine, combien tu es fragile et souvent inintelligente!... J'appris, quelque temps après cette scène, que Bazilio de la Cruz (c'était le nom du patient) était innocent.

Les deux misérables qui l'avaient dénoncé s'étaient sauvés, pour échapper au châtiment qu'ils méritaient.

Bazilio tint sa promesse. Tout le temps que je restai à *Jala-Jala*, il me servit fidèlement et sans rancune.

Ce fait m'impressionna vivement.

Je jurai qu'à l'avenir je n'infligerais point de punition sans être bien sûr de la vérité des faits énoncés. J'ai tenu religieusement ma promesse, du moins je le pense. Je n'ai jamais fait appliquer un seul coup de fouet sans qu'au préalable le coupable n'eût avoué sa faute [1].

Les meilleurs marins connus dans les Indes sont les naturels des Philippines.

Courageux et d'une forte constitution, ils aiment à supporter les plus grandes fatigues et à affronter les dangers; leur intelligence les rend supérieurs aux autres marins de l'Inde. Un matelot tagaloc peut remplir, à bord d'un navire, toutes les fonctions nécessaires. Timonier, voilier, charpentier et calfat, on l'emploie avec la certitude qu'il fera bien tout ce qui lui sera commandé.

Cependant ces hommes ne sont, pour ainsi dire, employés comme marins que par les Espagnols, qui les connaissent et savent les gouverner.

Les Anglais ne les admettent qu'en très-petit nombre à bord de leurs bâtiments qui naviguent dans les Indes, et les assurances de Madras ne permettent pas que le nombre de trois Tagalocs soit dépassé à bord de chaque navire assuré par elles.

Cette mesure est due au grand nombre de navires dont les équipages ont été assassinés par quelques-uns de ces matelots, qui ensuite se sont emparés du vaisseau.

L'épisode que je vais raconter fera bien connaître l'utilité de cette précaution.

[1] Le fouet, si avilissant pour nous, est considéré par les Indiens sous un tout autre point de vue; c'est, d'après eux, le châtiment le plus léger qu'on puisse leur infliger. Ils disent que les menaces et les injures déshonorent; que la prison ruine et abrutit; que quelques coups de fouet ne font pas grand mal, qu'ils effacent complétement la faute pour laquelle on les a reçus. Avec une pareille croyance, avec de tels usages, il fallait bien user du fouet pour punir les méchants.

Un drame dont je vais donner les détails fera juger du caractère des hommes que j'avais à gouverner.

En 1838, un joli brick de Calcutta était sorti depuis quelques jours du port de Canton, où il avait réalisé en bonnes piastres un riche chargement d'opium.

La saison favorable, une mer unie et paisible, faisaient espérer au capitaine un prompt retour à Calcutta, son port d'armement.

Plus de trois millions de francs, résultat de sa vente, lui assuraient une bonne réception de ses commettants; mais le destin en avait disposé autrement, et ce beau navire, la riche cargaison, et une partie de son équipage, ne devaient plus revoir les bords du Gange.

L'équipage était composé de trente hommes : le capitaine, un second, un lieutenant, cinq matelots anglais, vingt Lascars et deux matelots des Philippines, nommés *Antonio* et *Cayetano.*

Un soir, *Cayetano* fut accusé par un matelot anglais d'avoir dérobé une bouteille de rhum.

Le capitaine, sévère comme tous les officiers de la marine anglaise qui commandent aux pacifiques Indiens du Bengale, fit venir *Cayetano*, et, sans tenir compte des preuves qu'il voulait donner de son innocence, le fit attacher sur une caronade et frapper de vingt-cinq coups de corde.

Pas une plainte, pas un soupir ne trahirent la douleur et l'affront que venait de subir *Cayetano* pour un châtiment non mérité.

Seulement, au moment où il fut renvoyé par le capitaine, il lui lança un coup d'œil de vengeance plus expressif que tous les reproches qu'il eût pu lui faire, et il descendit dans sa cabine.

A dix heures du soir, *Antonio* et *Cayetano* étaient de quart.

Tous les deux, appuyés sur le bossoir de bâbord, restèrent un long intervalle sans s'adresser la parole; *Antonio* rompit le silence, et, dans sa langue maternelle si expressive, il dit :

« Frère, tu as bien souffert? »

« Si j'ai souffert, *Antonio,* je souffre encore. Ne comprends-

« tu pas toute la douleur qu'a au cœur celui qui vient de su-« bir, sans le mériter, un infâme châtiment? »

« Oh! si, frère! et je souffre moi-même de la cruauté et de « l'injustice de tes bourreaux, de ces orgueilleux Anglais. »

« Eh bien! *Antonio*, si ton cœur est aussi malade, vengeons-« nous! »

« Vengeons-nous, répondit *Antonio*. Demain, nous prenons « le quart de minuit; il n'y a pas de lune, l'obscurité sera « profonde : choisissons cet instant pour la vengeance. »

Quelques paroles qu'ils échangèrent suffirent pour arrêter entre eux tout un plan de destruction; ils se séparèrent, pour ne pas être remarqués des matelots anglais.

Le lendemain, ils firent leur service comme à l'ordinaire. A six heures, c'était leur tour de dormir; ils se retirèrent dans leur cabine, avec la certitude qu'ils n'avaient aucune surveillance à redouter, et qu'on ne soupçonnait rien de leur fatal projet.

A minuit, ils reprirent le quart : le temps était beau; le brick, sous toutes ses voiles, sillonnait légèrement une mer paisible et unie; la nuit n'était éclairée que par de brillantes étoiles, et un vent fixe n'exigeait d'autre surveillance que celle du timonier; tout favorisait le projet des deux matelots philippinois.

Antonio était à la barre; à quelques pas de lui, sur son banc de quart, sommeillait le lieutenant; sur le gaillard d'avant, deux matelots anglais, deux Lascars attendaient dans un demi-sommeil que quelques manœuvres imprévues les obligeassent à interrompre un instant leur repos. *Cayetano*, le cœur palpitant de vengeance, se promenait au vent, tout en observant ses ennemis, et attendait avec impatience le moment propice de mettre à exécution son projet.

Quelques instants s'étaient à peine écoulés, qu'il s'approcha d'*Antonio*, et lui dit :

« Ton poignard est-il prêt? »

« Ne crains pas, *Cayetano*, il coupe; ma main ne tremble pas. »

« Bien! dit *Cayetano;* charge-toi du lieutenant; frappe lors« que tu m'entendras frapper; descends ensuite dans la cham« bre, expédie le capitaine et le second, et moi je ferai le « reste. »

Quelques instants après, le lieutenant s'affaissait sur son banc de quart; le coup qui venait de lui donner la mort avait été asséné d'une main si sûre, qu'il ne poussa même pas un cri. *Cayetano,* de son côté, avec la même précision, avait expédié les deux matelots anglais et un Lascar; dans l'impossibilité de donner un seul coup mortel au second Lascar, qui dormait appuyé sur la lisse, il l'avait précipité à la mer; ensuite il était descendu dans la cabine, et de trois coups de poignard il avait tué les trois matelots anglais surpris dans leur profond sommeil. Il remonta de suite sur le pont, où il trouva *Antonio* qui, de son côté, venait d'accomplir son œuvre de destruction avec le même bonheur que son complice: le capitaine et le second n'existaient plus.

« Assez, lui dit *Cayetano,* assez de sang! il ne reste plus à « bord que dix-huit Lascars; ce ne sont pas des hommes, ce « ne sont pas même des femmes tagalocs, et cependant ce « sont nos frères; ils sont nés sous le même climat que « nous. »

Antonio et *Cayetano* étaient maîtres du navire; pas un Anglais n'avait échappé à leurs poignards. Ils fermèrent l'écoutille pour empêcher les Lascars de monter sur le pont.

Antonio reprit la barre pour donner une direction au brick, qui avait été abandonné au gré des vents pendant que son camarade et lui commettaient leur crime; il changea de direction, et au lieu de suivre la route primitive du nord au sud-ouest, il dirigea la proue vers le sud-sud-est.

Au moment où le navire opérait son évolution, *Cayetano* entendit une espèce de gémissement; il appela *Antonio* pour s'assurer d'où partaient ces gémissements. Ce dernier aperçut, cramponné aux sauvegardes du gouvernail, le malheureux Lascar qu'il avait jeté à la mer; il le rassura en lui promettant qu'il ne lui sera pas fait de mal. Le pauvre Lascar remonta sur le pont, bien heureux d'en avoir été quitte pour la peur.

Au jour, huit cadavres furent jetés à la mer; et le lendemain, *Antonio* et *Cayetano* débarquaient les dix-neuf Lascars sur l'une des îles *Paracels;* ils leur laissèrent des vivres pour plusieurs semaines, et reprirent leur route vers Luçon, leur pays natal.

Un vent favorable les fit aborder le douzième jour sur la côte ouest de Luçon, dans un petit port inhabité de la province d'*Illocos;* ils prirent en or et en argent ce qu'ils pouvaient porter sur eux, sabordèrent le joli brick, dirigèrent la proue au large, et dans une frêle embarcation débarquèrent au port sans que personne les eût vus.

A quelques milles, le brick, rempli d'eau, s'enfonçait dans l'abîme, disparaissait avec les richesses qu'il renfermait, et ne laissait plus de traces des crimes commis par les deux marins, qui, riches et heureux de s'être vengés, se livrèrent à toutes les jouissances que leur procuraient les piastres et l'or dont ils s'étaient chargés en abandonnant le brick.

Ils vivaient dans la plus grande sécurité; personne ne pouvait les accuser, et leur crime paraissait devoir rester impuni.

Mais la Providence n'avait point pardonné aux deux assassins.

Un navire anglais recueillit à son bord les dix-neuf Lascars abandonnés sur une des *Paracels*, et les conduisit à Canton.

Le consul anglais écrivit au gouvernement de Manille; celui-ci fit des recherches : le brick avait disparu, on n'en avait aucune nouvelle.

Toutefois, les deux Indiens, qui, dans leur sécurité et leur imprévoyance, dépensaient en femmes, en combats de coqs, des sommes si considérables, appelèrent l'attention de la police; ils furent mis en prison, et ne tardèrent point à faire un aveu complet de leur crime et à en raconter les détails.

Tous deux furent condamnés au dernier supplice, et le jugement ajouta en outre que leurs têtes seraient exposées à l'entrée du port de Manille, pour servir d'exemple. Tous deux entendirent leur sentence de mort avec le même sang-froid que s'il se fût agi d'une légère correction; *Antonio* fumait paisiblement sa cigarette, et *Cayetano* mâchait du bétel.

Le jour suivant, j'allai les voir en chapelle; ils causèrent avec moi, sans être émus ou affligés du sort qui les attendait le lendemain.

Ils me racontèrent eux-mêmes la manière dont ils s'étaient débarrassés des Anglais, et ils appuyèrent fortement sur le bonheur qu'ils avaient eu de se venger.

Je ne pus m'empêcher de leur demander si la mort ne les effrayait pas? « Que voulez-vous, me dit *Cayetano*, c'est notre « sort, il faut bien le subir; pourquoi nous affligerions-« nous? »

Le lendemain, la justice eut son cours; les deux têtes furent exposées comme le jugement l'ordonnait.

Un mois après, lorsque je me préparais à revenir en France, un soir, en passant près des fourches patibulaires, je décrochai la tête de *Cayetano,* et l'emportai chez moi. C'est de cette tête que j'ai fait don au musée d'anatomie du jardin des Plantes.

Tels étaient les hommes que j'allais avoir à gouverner.

Le père Miguel de San-Francisco.

CHAPITRE IX.

Jala-Jala. — Église. — Le père Miguel de San-Francisco. — Bandits. — Règlement. — Chasse aux buffles.

J'ai dit plus haut que j'avais témoigné le désir que l'on construisît une église dans mon village, non-seulement par esprit religieux, mais aussi comme moyen civilisateur; je tenais essentiellement à avoir un curé à *Jala-Jala*.

A cet effet, je demandai à l'archevêque, monseigneur Hilarion, dont j'avais été le médecin et avec lequel j'étais lié d'amitié, qu'il me donnât un ecclésiastique que je connaissais, et qui était alors sans emploi.

J'eus beaucoup de peine à obtenir cette nomination.

« Le père Miguel de San-Francisco, me répondit l'archevêque, est un homme violent, fort entêté; il vous sera impossible de vivre avec lui. »

Je persistai; et comme la persistance amène toujours un résultat, j'obtins enfin qu'il fût nommé curé à *Jala-Jala*.

Le père Miguel était d'origine japonaise et malaise. Il était jeune, fort, courageux, et très-capable de m'aider dans les circonstances difficiles qui se seraient présentées, comme, par exemple, s'il eût fallu se défendre contre des bandits.

Je dois déclarer que, malgré les prévisions et, je pourrais dire, les préventions de mon honorable ami l'archevêque, je le conservai tout le temps de mon séjour à *Jala-Jala*, et n'eus pas la moindre discussion avec lui.

Je ne pouvais lui reprocher qu'un seul fait regrettable, c'était de ne pas assez prêcher ses paroissiens. Il ne les sermonnait qu'une fois l'an, encore son discours était-il toujours le même, et divisé en deux parties : la première en langue espagnole, à notre intention, et la seconde en tagaloc, pour les Indiens. Ah! que de gens j'ai rencontrés depuis qui eussent dû imiter le bon curé de *Jala-Jala!*

Aux observations que je lui faisais parfois, « Laissez-moi « faire, et ne craignez rien, répondait-il : il ne faut pas tant « de paroles pour faire un bon chrétien. » Peut-être disait-il vrai!...

Depuis mon départ, le bon prêtre est mort, emportant dans la tombe les regrets de tous ses paroissiens!

Comme on le voit, j'étais au commencement de mon œuvre de civilisation. Il était nécessaire, pour acquérir sur mes Indiens l'influence que je voulais obtenir, de contracter avec eux des engagements qui leur assurassent les priviléges que je leur accordais en qualité de propriétaire, et de leur part les charges auxquelles ils s'obligeaient envers moi.

Ces conventions entre le maître et le fermier, débattues avec les anciens du bourg et adoptées à l'unanimité, me paraissent assez curieuses pour les indiquer ici en abrégé.

On verra que les clauses de cette espèce de *charte constitutionnelle* protégeaient bien plus les Indiens que mes propres intérêts :

« Les habitants de *Jala-Jala*, sans exception, sont gou- « vernés par leur chef, le *gobernadorcillo*.

« Celui-ci est élu tous les ans, selon l'usage, par les anciens « et les *cabessas de barangay*.

« Lui seul peut administrer la justice, à moins que les parties « plaignantes ou l'accusé ne demandent à être jugés par le « seigneur de *Jala-Jala*.

« Le *gobernadorcillo* est chargé de l'administration du bourg.

« Il doit maintenir le bon ordre parmi ses administrés, et « faire religieusement exécuter les engagements stipulés entre « le seigneur de *Jala-Jala* et ses colons.

« Tout étranger qui viendra s'établir à *Jala-Jala* jouira im-« médiatement, quelle que soit sa religion, des mêmes droits « et prérogatives que les autres habitants. Toutefois, s'il n'ap-« partient pas à la religion catholique, il ne pourra remplir « aucunes fonctions municipales. C'est la seule exception que « lui imposera la différence de religion.

« Les combats de coqs sont permis les dimanches et les « jours de fête, après les offices divins, sans aucune redevance « au seigneur de *Jala-Jala*.

« Tous les jeux de hasard sont prohibés et seront sévère-« ment punis. Ils seront cependant permis pendant trois jours « dans l'année, savoir : le jour de la fête patronale du bourg, « le jour de la fête du seigneur de *Jala-Jala*, et le jour de la « fête de sa femme.

« Tout homme valide et les enfants en âge de rendre des « services devront travailler. Les paresseux seront sévèrement « punis, et pourront être renvoyés de l'habitation.

« Le travail est entièrement libre. Chaque habitant a le « droit de travailler pour son compte ou de louer ses ser-« vices, moyennant un salaire qui sera préalablement convenu « à l'amiable.

« Tout père de famille est obligé d'avoir une maison d'une « grandeur convenable, avec une petite cour et un jardin « soigneusement palissadé, et planté d'arbres fruitiers, de lé-« gumes et de fleurs. Il jouira à perpétuité du terrain occupé « par son jardin et sa maison, moyennant le payement au

« seigneur de *Jala-Jala* d'une redevance annuelle d'une poule « ou de sa valeur, soit trente centimes. Cette redevance ne « pourra, sous aucun prétexte, être augmentée par le sei- « gneur.

« Chaque père de famille possédant une maison a le droit « de défricher les terres qui lui conviennent dans les do- « maines de *Jala-Jala*, à la charge d'en obtenir par avance « l'indication du seigneur. Pendant les trois premières années « aucune redevance ne sera exigible de la part du seigneur; « mais, la quatrième année et les années suivantes, il aura « droit au prélèvement de dix pour cent sur chaque ré- « colte. Cette redevance ne pourra, dans aucun cas, être « augmentée.

« Chaque habitant peut posséder, sans payer aucune rede- « vance, les buffles et les chevaux qui lui sont nécessaires.

« Le seigneur de *Jala-Jala* s'engage à fournir des buffles à « tous ceux qui en auront besoin pour la culture de leurs « terres, et pour les charrois des bois de construction et des « bois à brûler.

« Chaque habitant a le droit de couper dans les forêts, « sans payer aucune redevance, le bois de construction et de « chauffage nécessaire à son usage. Mais lorsqu'il le vendra « à l'extérieur, le quart du produit de la vente sera alloué « au seigneur, pour l'indemniser de la valeur du bois et du « travail de ses buffles.

« La pêche est entièrement libre sur toutes les plages. « Celui qui établira une pêcherie à poste fixe jouira du ter- « rain sur lequel la pêcherie sera établie, dans un rayon de « 500 barres (500 mètres). Nul autre que lui ne pourra établir, « dans ce rayon, une autre pêcherie.

« La chasse est entièrement libre dans tout le domaine de « *Jala-Jala*; mais pour chaque cerf ou sanglier abattu, il sera « remis un quartier au seigneur.

« Tous les jeunes gens de douze à dix-huit ans seront « divisés par escouades de quatre. Chaque escouade, à tour

« de rôle, sera tenue de servir le curé, pendant quinze jours, « sans aucune rétribution que la nourriture.

« L'église est à la charge des jeunes filles, qui doivent la « tenir avec propreté et l'orner de fleurs.

« Les jeunes filles au-dessus de douze ans se réuniront à la « maison de l'habitation deux fois par semaine, le lundi et le « jeudi, pour piler et préparer le riz nécessaire à la maison « du seigneur. Elles seront payées de ce travail par mesure, « selon l'usage du pays. »

Avec ces hommes primitifs, il fallait peu de phrases. Il suffisait de leur bien faire comprendre leurs droits et les miens, et surtout de les graver dans leur mémoire.

Après avoir fait accepter les conventions que je viens d'indiquer, je remarquai immédiatement une plus grande confiance parmi mes Indiens, et une plus grande facilité à les associer à mes travaux.

Anna m'aidait de tout son cœur et de toute son intelligence. Aucune fatigue ne la décourageait. Pendant la surveillance des jeunes filles qui venaient deux fois par semaine piler le riz à la maison, elle leur enseignait à aimer la vertu, qu'elle pratiquait si bien. Elle leur fournissait des vêtements; car à cette époque les jeunes filles de dix à douze ans étaient encore nues comme des sauvages.

Le père Miguel de San-Francisco était chargé de la mission plus spécialement en rapport avec son caractère; et c'était pour répandre plus promptement dans la colonie l'instruction, cette mère bienfaisante qui mène à la conquête de la civilisation, que les jeunes gens étaient divisés par escouades de quatre, et qu'à tour de rôle chaque escouade allait passer quinze jours au presbytère.

Là, ces jeunes gens apprenaient un peu d'espagnol et se formaient aux usages du monde, qui leur étaient tout à fait inconnus.

Moi, je surveillais tout en général. Je m'occupais des travaux de culture, de donner une bonne direction aux bergers qui conduisaient les bestiaux que j'avais acquis pour faire valoir mes pâturages.

J'étais aussi le médiateur des différends qui s'élevaient entre mes colons. Ils aimaient mieux s'adresser à moi qu'au *gobernadorcillo;* j'étais parvenu à prendre sur eux l'influence que je voulais obtenir.

Une partie de mon temps, et ce n'était pas la moins occupée, se passait à chasser les bandits de mon habitation et de ses alentours.

Quelquefois je partais avant le jour et ne revenais que la nuit. Alors je retrouvais ma femme, toujours bonne, affectueuse, dévouée; son accueil me récompensait des fatigues de la journée. O félicités presque parfaites, je ne vous ai jamais oubliées! Temps heureux, qui as laissé d'ineffaçables traces dans ma mémoire, tu es toujours présent à ma pensée! J'ai vieilli, mais mon cœur est toujours resté jeune pour se ressouvenir!...

Dans ces longues causeries du soir, nous nous rendions compte des travaux du jour et de tout ce qui nous était arrivé. C'était l'instant des douces confidences. Heures trop tôt envolées, hélas! heures fugitives, vous ne reviendrez plus!...

C'était l'heure aussi de mes audiences, véritable lit de justice renouvelé de saint Louis, et ouvert à mes sujets.

La porte de ma maison accueillait tous les Indiens qui avaient quelque chose à me communiquer.

Assis avec ma femme autour d'une grande table ronde, j'écoutais, en prenant le thé, toutes les demandes qui m'étaient faites, toutes les réclamations qui m'étaient adressées.

C'était pendant ces audiences que je rendais mes arrêts.

Mes gardes m'amenaient les coupables, et, sans perdre mon calme ordinaire, je les admonestais sur les fautes qu'ils avaient commises.

J'avais toujours présent à la mémoire mon erreur lors du jugement de mon pauvre *Bazilio,* et j'étais très-circonspect.

J'écoutais d'abord les témoins; mais je ne condamnais qu'après avoir entendu le coupable dire :

« — Que voulez-vous, maître, c'était ma destinée ; je ne « pouvais pas m'empêcher de faire ce que j'ai fait !...

« — Toute faute mérite un châtiment, lui répondais-je « alors. Choisis, veux-tu que ce soit le *gobernadorcillo* ou moi « qui te châtie ? »

La réponse était toujours la même :

« — Tuez-moi, maître, disait l'Indien ; mais ne me remettez « pas aux mains d'un de mes semblables. »

J'infligeais la punition. Anna, présente à mes arrêts, intercédait pour le coupable. C'était un motif que je saisissais toujours pour pardonner, ou faire remise d'une partie du châtiment. J'étais humain sans faiblesse, et je faisais aimer Anna comme elle le méritait.

Mes gardes étaient chargés d'appliquer la punition. Lorsque l'exécution était terminée, l'Indien rentrait au salon ; je lui donnais un cigare, signe du pardon ; je l'engageais à ne plus commettre de nouveaux méfaits. Anna l'exhortait à suivre mes conseils, et il partait avec la certitude que sa faute était oubliée. Loin de m'en vouloir, il témoignait souvent sa satisfaction à ses camarades dans des termes analogues à ceux que prononçait l'un d'eux, après une punition sévère : « J'ai reçu, « disait-il, le châtiment qu'un père donne à son fils. Je suis « heureux que ma faute soit oubliée, et de fixer maintenant « sans aucun trouble le visage de mon maître. »

L'ordre et la discipline que j'avais établis étaient pour moi d'un grand secours dans l'esprit des Indiens ; ils me donnaient une influence positive sur eux.

Mon calme, ma fermeté, ma justice, ces trois grandes qualités sans lesquelles il n'est pas de gouvernement possible, satisfaisaient beaucoup ces natures encore vierges et indomptées.

Mais une chose les inquiétait cependant. Étais-je brave ?

Voilà ce qu'ils ignoraient, et ce qu'ils se demandaient souvent.

Ils répugnaient à l'idée d'être commandés par un homme qui n'aurait pas été intrépide devant le danger.

J'avais bien fait quelques expéditions contre les bandits, mais ces expéditions avaient été sans résultat, et d'ailleurs elles ne pouvaient pas me servir à faire mes preuves de bravoure aux yeux des Indiens.

Je savais fort bien qu'ils formeraient leur opinion définitive sur moi en raison de ma conduite dans la première occasion périlleuse que nous viendrions à rencontrer; j'étais donc décidé à tout entreprendre pour égaler au moins le meilleur et le plus brave de tous mes Indiens : tout était là! Je comprenais l'impérieuse nécessité dans laquelle j'étais de me montrer, non-seulement égal, mais supérieur pendant la lutte, si je voulais conserver mon commandement.

L'occasion se présenta enfin de subir l'épreuve que désiraient mes vassaux.

Les Indiens regardent la chasse au buffle comme la plus dangereuse de toutes les chasses, et mes gardes me disaient souvent qu'ils préféreraient se trouver la poitrine à nu à vingt pas du canon d'une carabine, que de se trouver à cette distance d'un buffle sauvage.

« La différence, disaient-ils, c'est que la balle d'une carabine peut blesser seulement, et que le coup de corne du « buffle tue toujours. »

Je profitai de la frayeur qu'ils ont pour cette sorte d'animal, et je leur déclarai un jour, et cela le plus froidement qu'il me fut possible, mon intention formelle de le chasser.

Alors ils employèrent toute leur éloquence pour me faire renoncer à mon projet; ils me firent un tableau très-pittoresque et fort peu encourageant des dangers, des difficultés que je pouvais rencontrer, moi surtout qui n'étais pas habitué à cette sorte de guerre; car un pareil combat est en effet une espèce de guerre à mort.

Je ne voulus rien écouter.

J'avais parlé; je ne voulais pas discuter, et je regardai comme non avenus tous leurs conseils.

Bien m'en prit, car ces conseils affectueux, ces tableaux effrayants des dangers que je voulais courir n'étaient donnés et tracés que pour me tendre un piége : ils s'étaient concertés entre eux afin de juger de mon courage par mon acceptation ou mon refus de combattre.

J'ordonnai la chasse; ce fut ma réponse.

J'évitai avec le plus grand soin que ma femme fût informée de notre excursion, et je partis accompagné d'une dizaine d'Indiens, presque tous armés de fusils.

La chasse au buffle se fait autrement dans les montagnes que dans les plaines.

En plaine, on n'a besoin que d'un bon cheval, de beaucoup d'adresse et d'agilité pour lancer le lacet.

Mais dans les montagnes c'est différent; il faut plus que cela, il faut un sang-froid extraordinaire.

Voici ce que l'on fait : on s'arme d'un fusil dont on est sûr, et l'on va se placer de façon à ce que le buffle, en sortant du bois, vous aperçoive.

Du plus loin qu'il vous voit, il s'élance sur vous de toute la vitesse de sa course, brisant, rompant, foulant sous ses pieds tout ce qui fait obstacle à son passage; il fond sur vous comme s'il allait vous écraser; puis, arrivé à quelques pas, il s'arrête quelques secondes, et présente ses cornes aiguës et menaçantes.

C'est pendant ce temps d'arrêt que le chasseur doit lâcher son coup de feu, et envoyer sa balle au milieu du front de son ennemi.

Si par malheur le fusil rate, ou bien si le sang-froid fait défaut, que la main tremble, que le coup dévie, il est perdu; la Providence seule pourra le sauver!

Voilà peut-être le sort qui m'attendait; mais j'étais décidé à tenter cette cruelle épreuve, et je marchais avec intrépidité... peut-être à la mort.

Nous arrivâmes sur la lisière d'un grand bois où nous pressentions qu'il y avait des buffles; nous nous arrêtâmes.

J'étais sûr de mon fusil, je croyais l'être assez de mon sang-froid; je voulus alors que la chasse fût faite comme si j'eusse été un simple Indien.

Je me fis placer à l'endroit où tout faisait présumer que l'animal viendrait à passer, et je défendis à qui que ce soit de rester auprès de moi.

J'exigeai que chacun prît sa place, et dès lors je restai seul en rase campagne, à deux cents pas de la lisière de la forêt, à attendre un ennemi qui ne devait pas me faire de grâce si je le manquais.

Je l'avoue, c'est un moment solennel que celui où l'on est placé entre la vie et la mort, et cela par le plus ou le moins de justesse d'un fusil, ou le plus ou le moins de calme du bras qui le tient.

Quand chacun fut à son poste, deux piqueurs entrèrent dans la forêt. Ils s'étaient au préalable débarrassés d'une partie de leurs vêtements, à l'effet de mieux gravir au haut des arbres en cas de danger; pour toute arme ils avaient un coutelas, les chiens les accompagnaient.

Pendant plus d'une demi-heure il se fit un morne silence.

Chacun de nous écoutait si quelque bruit n'arriverait pas à son oreille inquiète; rien ne se faisait entendre. Le buffle reste souvent fort longtemps sans donner signe de vie.

Au bout de la demi-heure nous entendîmes les aboiements réitérés des chiens, les cris des piqueurs : la bête était dépistée.

Elle se défendait des chiens jusqu'au moment où, devenue furieuse, elle s'élancerait d'un trait vers la lisière du bois.

Au bout de quelques instants j'entendis le craquement des branches et des jeunes arbres que le buffle brisait sur son passage avec une effrayante rapidité. Cette course ne pouvait se comparer qu'au galop de plusieurs chevaux, au bruit précurseur d'un monstre, et je dirai presque d'un être fantastique : — c'était comme une avalanche qui s'avançait.

En ce moment, je l'avoue, j'éprouvais une émotion si vive, que mon cœur battait avec une rapidité extraordinaire. N'était-ce pas la mort, et une mort affreuse peut-être, qui m'arrivait là ?

Soudain le buffle apparut...

Il fit un mouvement d'arrêt, promena ses regards effrayés autour de lui, huma l'air de la plaine qui s'étendait au loin; puis, le museau au vent, les cornes couchées pour ainsi dire sur le dos, se dirigea vers moi furieux et terrible...

Le moment était venu.

Si j'avais attendu l'occasion de montrer aux Indiens mon courage et mon sang-froid, en revanche le moment que j'avais choisi était grave, et demandait bien en effet ces deux précieuses qualités.

J'étais là, je puis le dire, face à face avec le danger : le dilemme était, de tous les dilemmes, le plus logique, le plus précis : vainqueur ou vaincu, il fallait une victime : le buffle ou moi; et nous étions tous deux également disposés à nous bien défendre.

Il me serait difficile de raconter exactement ce qui se passa d'abord en moi pendant le court espace que le buffle mit à traverser la distance qui nous séparait.

Mon cœur, si vivement agité pendant la course de l'animal à travers la forêt, ne battait plus alors... Mes yeux étaient arrêtés sur lui, mes regards fixés à son front, tellement que je ne voyais rien autour de moi.

Il se fit dans mon esprit un silence profond... J'étais trop absorbé d'ailleurs pour rien entendre, et cependant les chiens aboyaient toujours, en suivant leur proie à une courte distance.

Enfin, le buffle baissa sa tête en présentant ses cornes aiguës, fit un temps d'arrêt; puis, prenant son élan, s'élança pour se jeter sur moi; je fis feu.

Ma balle alla lui labourer l'intérieur du crâne : j'étais à demi sauvé.

L'animal vint s'abattre à un pas au-devant de moi : on eût dit un quartier de roche qui se détachait, tant sa chute fut lourde et bruyante tout à la fois.

Je lui mis le pied entre les deux cornes, et je m'apprêtais à lâcher mon second coup, lorsqu'un beuglement sourd et prolongé m'avertit que ma victoire était complète : l'animal avait rendu le dernier soupir.

Mes Indiens arrivèrent.

Leur joie tourna à l'admiration ; ils étaient enchantés; j'étais pour eux tel qu'ils me désiraient.

Tous leurs doutes s'étaient envolés avec la fumée de mon fusil lorsque j'avais ajusté et tiré le buffle. J'étais brave, j'avais toute leur confiance : mes preuves étaient faites.

Ma victime fut coupée en morceaux, et portée en triomphe au village. Comme vainqueur, je pris ses cornes ; elles avaient six pieds de long ; je les ai depuis déposées au Muséum de Nantes.

Les Indiens, ces imagistes, ces *donneurs* de surnom, me nommèrent dès lors *Malamit-Oulou*, mots tagals qui signifient: *Tête froide.*

J'avouerai, sans amour-propre, que l'épreuve à laquelle mes Indiens m'avaient soumis était assez sérieuse pour leur donner une opinion définitive de mon courage, et leur prouver qu'un Français était aussi brave qu'eux.

L'habitude que je pris plus tard de chasser ainsi me prouva que l'on courait moins de dangers lorsque l'arme dont on se servait était bonne, et que le sang-froid ne manquait pas.

Une fois par mois environ, je me livrais à cet exercice qui donne de si vives émotions, et j'avais reconnu la facilité avec laquelle on pouvait loger une balle dans une surface plane, de quelques pouces de diamètre, à quelques pas de soi.

Mais il n'en est pas moins vrai que les premières chasses étaient très-dangereuses.

Une seule fois, je permis à un Espagnol nommé Ocampo de nous accompagner.

J'avais eu le soin de placer deux Indiens à ses côtés; mais lorsque je l'eus quitté pour aller prendre mon poste, l'imprudent renvoya les deux hommes, et bientôt le buffle débusqua du bois, et se dirigea sur lui. Il lâcha ses deux coups de feu et manqua l'animal; nous entendîmes les détonations, nous accourûmes en toute hâte : mais il était trop tard! Ocampo n'existait plus. Le buffle l'avait traversé de part en part, son corps était sillonné par d'affreuses blessures.

Un aussi douloureux accident ne se renouvela plus.

Quand des étrangers vinrent pour assister à une pareille chasse, je les fis monter sur un arbre ou sur la crête d'une montagne, d'où ils purent rester spectateurs du combat sans y prendre part et sans être exposés.

Maintenant que j'ai décrit la chasse aux buffles dans les montagnes, je reviens à mes travaux de colonisation.

CHAPITRE X.

Situation de Jala-Jala. — Colonisation. — Tremblements de terre. — Combats de coqs.

Ainsi que je l'ai dit plus haut, la maison que j'avais fait construire renfermait tout le comfort désirable. Elle était bâtie en bonnes pierres de taille, et pouvait me servir de petite forteresse en cas d'attaque.

Une de ses façades donnait sur le lac, dont les eaux claires et limpides baignaient la plage verdoyante à cent pas de ma demeure.

L'autre, opposée, donnait sur les bois et les montagnes, où la végétation était riche et plantureuse.

De nos fenêtres, nous jouissions d'un spectacle grandiose et majestueux, comme le beau ciel des tropiques en offre quelquefois.

Par une nuit obscure, la crête des montagnes s'éclairait tout à coup d'une lueur blafarde; cette lueur augmentait par degrés, puis peu à peu la lune resplendissante apparaissait et embrasait le sommet des montagnes, comme eût fait un vaste incendie; puis, calme, limpide, sereine, elle reflétait sa lumière poétique et douce dans les eaux du lac, calmes, limpides et sereines comme elle! C'était un coup d'œil éblouissant.

Quelquefois, vers le soir, la nature se montrait dans toute sa splendeur imposante, et faisait descendre au fond des âmes un secret effroi. Tout accusait l'influence sacrée du Dieu créateur.

A une faible distance de notre habitation, on apercevait une montagne dont la base était dans le lac et le sommet dans les cieux. Cette montagne servait de paratonnerre à *Jala-Jala :* elle attirait sur elle la foudre.

Souvent de gros nuages noirs, chargés d'électricité, s'amoncelaient sur ce point culminant; on eût dit d'autres monts cherchant à renverser celui-là. Un orage se formait, le tonnerre grondait avec fureur, la pluie tombait à torrents, des détonations terribles se succédaient de minute en minute, et l'obscurité profonde était à peine interrompue par la foudre qui sillonnait l'espace en longs serpents de feu pour aller frapper, sur le sommet et le flanc de la montagne, d'énormes blocs de rochers qu'elle précipitait dans le lac avec fracas.

C'était une des admirables colères de Dieu!

Bientôt tout se calmait; la pluie ne tombait plus, les nuages disparaissaient, l'air embaumé apportait tous les parfums des fleurs et des plantes aromatiques sur ses ailes encore humides, et la nature reprenait sa tranquillité ordinaire!

Plus tard, j'aurai l'occasion de parler d'un autre spectacle que nous avions aussi à certaines époques, et qui était d'autant plus effrayant qu'il durait douze heures. C'étaient les coups de vent appelés *Tay-Foung* dans les mers de la Chine.

A diverses époques de l'année, particulièrement dans celle où s'opère le changement de *mousson* [1], nous subissions des

1 Pendant six mois le vent règne continuellement au nord-est, et pendant les six autres mois, au nord-ouest; ces deux époques sont désignées sous le nom de *moussons de nord-est* et *moussons de nord-ouest.*

phénomènes plus terribles encore que nos orages; je veux parler des tremblements de terre.

Ces tremblements affreux présentent un aspect bien différent à la campagne de ce qu'ils sont dans les cités.

Dans les villes, la terre commence-t-elle à trembler? partout on entend un bruit épouvantable; les édifices craquent, et sont prêts à s'écrouler; les habitants se précipitent hors des maisons, courent par les rues qu'ils encombrent, et cherchent à se sauver. Les cris des enfants effrayés, des femmes éplorées se mêlent à ceux des hommes éperdus; chacun est à genoux, les mains jointes, les regards levés vers le ciel, et l'implore avec des larmes dans la voix. Tout s'émeut, tout s'agite, tout redoute la mort, et l'effroi devient général.

A la campagne, c'est tout le contraire, et c'est cent fois plus imposant et plus terrible.

A *Jala-Jala*, par exemple, à l'approche d'un de ces phénomènes, un calme profond, lugubre même, s'empare de la nature.

Le vent ne souffle pas; il n'y a ni brise, ni zéphyr. Le soleil, sans être couvert de nuages, s'obscurcit, et répand une clarté sépulcrale.

L'atmosphère est chargée de vapeurs qui la rendent lourde et étouffante. La terre est en travail.

Les animaux, inquiets et silencieux, cherchent un refuge contre le cataclysme qu'ils pressentent.

Le sol tressaille; tout à coup il tremble sous les pieds. Les arbres s'agitent, les montagnes s'ébranlent sur leurs bases, et leurs sommets paraissent prêts à s'écrouler.

Les eaux du lac sortent de leur lit, et se répandent avec impétuosité dans les campagnes. Un roulement plus fort que celui produit par le tonnerre se fait entendre; la terre tremble... et tout s'en ressent à la fois.

Mais dès lors le phénomène est accompli, tout reprend l'existence.

Les montagnes se consolident sur leurs bases, et redeviennent immobiles; les eaux du lac rentrent peu à peu dans leur bassin naturel, le ciel s'épure et reprend sa brillante clarté, la brise souffle; les animaux sortent des tanières dans lesquelles ils s'étaient cachés; la terre a repris sa tranquillité, et la nature son calme imposant.

Je n'ai pas cherché à faire des descriptions souvent fort ennuyeuses pour le lecteur; j'ai voulu seulement donner une idée des divers panoramas qui se déroulaient tour à tour sous nos yeux à *Jala-Jala*.

Je reviens à présent au récit de ma vie habituelle.

J'avais tué un buffle à la chasse, j'avais dès lors fait mes preuves, et mes Indiens m'étaient dévoués, car ils avaient confiance en moi.

Rien plus ne me préoccupait, et j'employais mon temps à faire exécuter des travaux dans la campagne.

Bientôt les bois, les forêts avoisinant mon domaine tombèrent sous la cognée, et furent remplacés par des champs immenses d'indigo et de riz.

Je peuplai les montagnes de bêtes à cornes, et d'une belle troupe de chevaux aux pieds fins et à l'œil fier.

Je parvins peu à peu à éloigner les bandits de *Jala-Jala*. Je dois dire qu'un grand nombre d'entre eux avaient abandonné leur vie errante et criminelle; je les avais recueillis sur mes terres, et j'en avais fait de bons cultivateurs.

Comment étais-je arrivé à faire de pareilles recrues ?

J'avoue que le moyen était un peu bizarre, et mérite qu'on le raconte; on verra combien l'Indien se laisse influencer et conduire lorsqu'il a confiance dans un homme qu'il regarde comme lui étant supérieur.

Je me promenais très-souvent dans les forêts, seul, et tenant mon fusil sous mon bras. Tout à coup un bandit, sorti comme par enchantement de derrière un arbre, m'apparaissait armé de pied en cap, et s'avançait sur moi.

« Maître, me disait-il en mettant un genou en terre, je veux « être un honnête homme, prenez-moi sous votre protection! »

Je m'informais alors de son nom; s'il était signalé par la haute cour de justice, je lui répondais sévèrement :

« Retire-toi, et ne te présente jamais devant moi; je ne peux « pas te pardonner, et si je te rencontre de nouveau, il fau-« dra que je fasse mon devoir. »

S'il m'était inconnu, je lui disais avec bienveillance :

« Suis-moi. »

Je l'emmenais à mon habitation.

Là, je lui faisais déposer ses armes; puis, après l'avoir sermonné en l'engageant à persister dans sa résolution, je lui indiquais le lieu du village où je voulais qu'il construisît sa case, et, pour l'encourager, je lui faisais quelques avances, afin qu'il pût se nourrir en attendant que de bandit il devînt cultivateur.

Case indienne.

Je m'applaudissais chaque jour d'avoir laissé une porte ouverte au repentir, puisque je rendais par mes soins, à la vie honnête et laborieuse, des gens égarés et pervertis.

Je m'attachais aussi à habituer les Indiens à quitter leurs coutumes vicieuses et sauvages, sans pourtant employer trop de sévérité à leur égard : je savais qu'avec eux, pour obtenir beaucoup, il fallait se relâcher un peu.

Les Indiens sont passionnés pour les jeux de cartes et les combats de coqs, ainsi que je l'ai dit plus haut.

Pour ne pas les priver tout à fait de ces plaisirs, je leur permettais le jeu de cartes trois fois par an, ainsi que je l'ai dit.

Hors ces trois époques, malheur à celui qui était pris en flagrant délit ! il était puni sévèrement.

Quant aux combats de coqs, j'avais permis qu'ils eussent lieu les dimanches et fêtes, après les offices.

A cet effet, j'avais fait construire des arènes publiques.

Dans ces arènes, en présence de deux juges dont les arrêts étaient sans appel, les spectateurs engageaient de forts paris.

Rien n'est plus curieux à voir qu'un combat de coqs.

Les deux fiers animaux, choisis et élevés exprès pour le jour de la lutte, arrivent sur le champ de bataille, armés de longs et tranchants éperons d'acier.

Leur tenue est superbe, leur démarche hardie et guerrière ; ils portent haut la tête, et battent leurs flancs de leurs ailes, dont les plumes simulent l'éventail orgueilleux du paon.

C'est avec un regard fier qu'ils parcourent l'arène, levant leurs pattes avec précaution, et se mesurant de l'œil avec colère.

On dirait deux anciens chevaliers armés en guerre, prêts à combattre sous les yeux de la cour assemblée.

Leur impatience est vive, leur courage impétueux.

Tout à coup les deux adversaires fondent l'un sur l'autre, et s'attaquent avec une égale furie; les armes tranchantes qu'ils portent leur font d'horribles blessures, mais ces intrépides lutteurs ne semblent pas en ressentir les cruels effets.

Le sang coule, les champions n'en paraissent que plus acharnés.

Celui qui faiblit ranime son courage à l'idée de la victoire; s'il recule, c'est pour prendre plus d'élan et se jeter avec plus d'ardeur sur l'ennemi qu'il voudrait terrasser.

Enfin, lorsque le sort s'est prononcé, lorsque, couvert de blessures et de sang, l'un des héros succombe ou s'enfuit, il est déclaré vaincu, et c'est alors que l'on peut dire : « Et le « combat finit, faute de combattants ! »

Les Indiens assistent avec une joie féroce à ce genre d'exercice. Ils ne parlent pas, tant leur attention est captivée; ils suivent avec un soin particulier la lutte dans ses moindres détails.

Ils élèvent presque tous un coq pendant quelques années avec une tendresse vraiment comique, surtout lorsqu'on réfléchit que cet animal, choyé comme le serait un enfant, est destiné par eux à périr au premier jour où il ira combattre.

J'avais aussi compris qu'il fallait un amusement qui rentrât dans les goûts, les mœurs et les habitudes de mes anciens bandits, dont la vie avait été pendant longtemps errante et vagabonde.

A cet effet, j'avais permis la chasse dans toute l'étendue de ma propriété, à la condition toutefois que je prélèverais comme dîme assez naturelle un quartier du cerf ou du sanglier que l'on aurait tué.

Jamais, je le crois, un chasseur, un de ces hommes ramenés du chemin du vice dans celui de la vertu, n'a manqué à cet engagement, et n'a cherché à me dérober du gibier. J'ai souvent reçu sept à huit quartiers de cerf dans la journée, et ceux qui me les apportaient étaient enchantés de pouvoir me les offrir.

L'église dont j'avais fait jeter les fondations s'élevait à vue d'œil; la population du bourg s'accroissait chaque jour, et tout allait au gré de mes désirs.

J'avais bien toujours des difficultés avec les bandits endurcis qui m'environnaient; mais je les poursuivais sans relâche, car il était de mon intérêt de les éloigner de mon habitation.

Très-souvent ils me causaient de vives alarmes et des alertes.

Ces hommes résolus et déterminés arrivaient par banc pour faire le siége de notre maison; nous étions cernés.

Mes gardes se rangeaient autour de moi, et nous livrions des combats très-fréquents, mais qui se terminaient pour nous toujours avantageusement.

La Providence a des secrets inouïs. Jamais la balle d'un bandit ne m'a frappé. Je porte la trace de dix-sept blessures, mais ces blessures ont toutes été faites avec des armes blanches. On pourrait dire de moi, comme dans je ne sais plus quelle ballade écossaise : « N'a-t-on pas vu les soldats du dia« ble passer à travers les balles, au lieu que ce soient les balles « qui passassent au travers d'eux ?» En effet, j'ai reçu bien des coups de fusil, quelques-uns à bout portant; j'ai souvent vu le canon d'un fusil dirigé sur ma poitrine à quelques pas de moi, mes vêtements ont été troués par le plomb; mais mon corps a toujours été respecté.

Un matin, on vint m'avertir que des bandits étaient réunis à quelques lieues de ma demeure, et qu'ils se disposaient à venir l'attaquer.

A cette nouvelle, j'armai mes gens et je partis à la rencontre de la troupe qui devait m'assaillir, pour prévenir son attaque.

A l'endroit qui m'avait été indiqué, je ne trouvai personne, et je passai ma journée à battre les environs, dans l'espoir de faire quelque rencontre; toutes mes recherches furent inutiles.

Tout à coup la pensée me vint qu'un ennemi secret m'avait pu donner le change, et qu'au moment où j'allais audevant d'un danger sans doute imaginaire, ma maison, que j'avais abandonnée, était peut-être attaquée.

Je tressaillis, un frisson parcourut tout mon corps. Je partis au galop, et j'arrivai chez moi au milieu de la nuit.

Mes craintes n'étaient que trop fondées. J'étais tombé dans un piége. Je trouvai mes domestiques armés, et ma femme veillant à leur tête. « — Que fais-tu là? m'écriai-je en allant

« vers elle. — Je veille, répondit-elle avec le plus grand sang-« froid. J'ai été prévenue que l'avis qu'on t'a adressé était « faux ; que tu ne trouverais pas les bandits là où ils devaient « être, et que pendant ton absence ils viendraient ici. J'ai « dès lors pris mes précautions, et voilà pourquoi tu nous « trouves disposés à nous défendre. »

Ce trait de courage, qui s'est renouvelé bien des fois, me prouva combien Dieu a mis de force et d'énergie dans la femme en apparence la plus délicate.

Les bandits ne nous attaquèrent pas : un ange ne veillait-il pas sur ma demeure ?

Il y avait plus d'une année que nous étions à *Jala-Jala* sans avoir vu un Européen.

On aurait dit que nous étions retirés du monde civilisé pour toujours, et que nous ne devions plus vivre qu'avec les Indiens.

Nos montagnes avaient une si triste réputation, que personne ne voulait s'exposer aux mille dangers qu'on craignait de rencontrer chez nous.

Nous étions donc seuls, et nous étions cependant fort heureux. C'est peut-être le temps le plus agréable que j'aie passé dans ma vie. Je vivais avec une femme aimée et aimante ; l'œuvre que j'avais entreprise s'accomplissait sous mes yeux ; le bien-être et le bonheur, qui en est la conséquence, régnaient chez mes vassaux, qui s'attachaient de plus en plus à moi.

Comment aurais-je pu regretter les plaisirs et les fêtes d'une ville où ces fêtes et ces plaisirs sont achetés par le mensonge, l'hypocrisie et la fausseté, ces trois vices de la société civilisée ?

Cependant l'effroi que répandaient les bandits ne fut pas assez grand pour éloigner tout à fait les Européens ; et un matin nous vîmes arriver, armées jusqu'aux dents, quelques personnes assez folles pour oser aller visiter un fou [1]. C'est

[1] A la tête était don Jose Fuentès, mon ami, et qui actuellement habite Madrid.

ainsi que l'on m'appelait à Manille, depuis mon départ pour la campagne.

La surprise de ces hardis visiteurs ne saurait se décrire lorsqu'ils nous trouvèrent, en arrivant à *Jala-Jala*, calmes, tranquilles, et dans une sécurité presque parfaite.

Cette surprise augmenta lorsqu'ils virent en entier notre colonie; et, à leur retour à la ville, ils firent un tel récit de notre retraite et des divertissements qu'on y trouvait, que bientôt nous reçûmes d'autres visites, et j'eus à donner l'hospitalité, non-seulement à des amis, mais à des étrangers [1].

Si parfois nos affaires nous forçaient d'aller à Manille, nous revenions tout de suite à nos montagnes et à nos forêts; car là, seulement, Anna et moi nous nous trouvions heureux.

Il aurait fallu de grandes raisons pour nous arracher à notre douce retraite; une circonstance bien simple cependant nous la fit quitter momentanément.

J'appris qu'un de mes amis, qui m'avait servi de témoin à mon mariage, était gravement malade [2].

Ce que le plaisir le plus vif, la joie la plus grande, la fête la plus splendide n'aurait pu obtenir de moi, l'amitié sut me le persuader.

A cette fâcheuse nouvelle, je résolus d'aller à Manille donner mes soins au malade, dont la famille me faisait demander; et comme mon absence pouvait se prolonger, je fis mes paquets, et nous partîmes, le cœur doublement attristé de quitter *Jala-Jala* pour une semblable cause.

A mon arrivée, j'appris que mon ami avait été transporté de Manille à *Boulacan*, province au nord de cette ville; on espérait que l'air de la campagne amènerait sa guérison.

1 C'est à *Jala-Jala* que j'ai fait connaissance avec M. Édouard Verreaux, du cap de Bonne-Espérance. Il vint passer chez moi plusieurs mois, pendant lesquels nous nous sommes liés d'une amitié qui ne s'est point refroidie. Je l'ai retrouvé avec plaisir à Paris, toujours au milieu de ses occupations d'histoire naturelle.

2 Don Simon Fernandez, oïdor à la cour royale.

Je laissai Anna chez ses sœurs, et j'allai rejoindre don Simon, que je trouvai en pleine convalescence; ma présence était inutile ou à peu près, et le voyage que j'avais fait sans résultats, si ce n'était celui de serrer affectueusement la main d'un excellent camarade, que je ne voulais pas quitter sans être certain que sa guérison fût parfaite.

P. de la Gironière tuant un buffle.

Page 148.

CHAPITRE XI.

Voyage chez les *Tinguianès.*

Je me proposais d'utiliser mon temps et de faire un voyage au nord, dans la province d'*Ilocos* et de *Pangasinan.*

J'avais mon projet; je voulais, s'il était possible, faire une excursion chez les *Tinguianès* et les *Igorrotès*, populations sauvages desquelles on parlait beaucoup, sans les connaître, et que je désirais étudier par moi-même.

Je me gardai bien de confier cette idée à personne; c'est alors que l'on n'aurait plus su quel nom me donner!

Je fis mes préparatifs, et je partis avec mon fidèle lieutenant Alila, qui ne me quittait jamais, et qu'on avait bien eu raison de surnommer *Mabouti-Tajo.*

Nous étions montés sur de bons chevaux qui nous emportèrent comme des gazelles à *Vigan*, chef-lieu de la province d'*Ilocos-Sud*, où nous les laissâmes. Là nous prîmes un guide qui nous conduisit dans l'est, auprès d'une petite rivière nommée *Abra* (ouverture).

Cette rivière est la seule issue par laquelle on peut pénétrer chez les *Tinguianès.* Elle serpente entre de hautes montagnes de basalte; ses bords sont escarpés, son lit est encombré d'énormes blocs de rochers qui sont tombés du flanc des montagnes. Il est impossible de côtoyer ses bords.

Pour arriver chez les *Tinguianès*, il faut avoir recours à une embarcation légère qui puisse facilement franchir le courant et les endroits peu profonds.

Mon guide et mon lieutenant eurent bientôt fabriqué un petit radeau de bambous. Le radeau construit, nous nous embarquâmes, Alila et moi, notre guide refusant de nous accompagner.

Après beaucoup de peine et de fatigues, en nous mettant souvent à l'eau pour traîner notre radeau, nous franchîmes enfin la première ligne des montagnes, et nous aperçûmes, dans une petite plaine, le premier village *tinguian*.

Arrivés là, nous mîmes pied à terre pour nous diriger vers les huttes que nous distinguions de loin.

Je conviens que c'était bien un peu agir en fou que d'aller nous aventurer ainsi au milieu d'une peuplade d'hommes féroces et cruels, dont nous ne connaissions pas la langue; mais je comptais sur mon étoile! J'ajouterai que j'avais pris divers objets pour les offrir en cadeaux, espérant rencontrer quelque habitant parlant la langue tagaloc.

Je marchais donc sans m'inquiéter de ce qui nous adviendrait.

Après quelques instants nous arrivâmes enfin aux premières cases, et les habitants nous firent tout d'abord une réception peu agréable. Effrayés de notre approche, ils s'avancèrent vers nous armés de haches et de lances; nous les attendîmes sans reculer. Je résolus de parler avec eux au moyen de gestes, et je leur montrai des colliers de verroterie, pour leur faire comprendre que nous venions en amis. Ils se concertèrent entre eux, et lorsqu'ils eurent tenu conseil, ils nous firent signe de les suivre.

Nous obéîmes.

On nous conduisit devant un vieux chef.

Ma générosité fut plus grande envers lui qu'elle ne l'avait été avec ses sujets. Il parut si enchanté de mes présents, qu'il nous rassura, nous faisant comprendre que nous n'avions rien à craindre, et qu'il nous prenait sous sa haute protection.

Ce bon accueil m'avait donné la certitude que nous étions traités en amis par ces sauvages, si cruels envers leurs ennemis.

Je me mis alors à examiner avec attention les hommes, les femmes et les enfants qui nous entouraient, et qui paraissaient aussi étonnés que nous l'étions nous-mêmes.

Ma surprise fut très-grande lorsque je vis des hommes d'une belle stature, légèrement bronzés, aux cheveux plats, au profil régulier, avec un nez aquilin, et des femmes vraiment belles et gracieuses. Étais-je bien chez des sauvages?

J'aurais plutôt pu croire que j'étais chez des habitants du midi de la France, si ce n'eût été le costume et le langage.

Les hommes portaient pour tout vêtement une ceinture, et une espèce de turban fait d'écorce de figuier. Ils étaient armés, comme ils le sont toujours, d'une longue lance, d'une petite hache, et d'un bouclier.

Les femmes portaient également une ceinture, mais elles avaient en outre un petit tablier très-étroit qui leur descendait jusqu'aux genoux. Leur tête était ornée de perles, de grains de corail et d'or, mêlés avec leurs cheveux; la partie supérieure de leurs mains était peinte en bleu, leurs poignets étaient garnis de bracelets en tissu, parsemés de verroterie: ces bracelets montaient jusqu'au coude, et formaient comme des demi-manches tressées.

J'appris, à ce sujet, une particularité assez singulière. Ces bracelets en tissu compriment fortement le bras; on les met quand les femmes sont encore toutes jeunes, et ils empêchent le développement des chairs au profit du poignet et de la main, qui se boursouflent et deviennent horriblement gros: c'est un signe de beauté chez les *Tinguianès*, comme le petit pied chez les Chinoises, et la taille fine chez les Européennes.

Dans les jours de grande fête, quelques favorisés du sort, hommes et femmes, ajoutent à la primitive ceinture de figuier une petite veste très-étroite en étoffe de coton, ainsi qu'une espèce d'écharpe qui, selon le bon plaisir de celui qui la porte, prend la forme de turban, de ceinture, ou de véritable écharpe jetée sur une épaule et passant sous le bras opposé.

Les veuves, pendant les funérailles de leurs maris, portent aussi un large voile blanc qui les couvre de la tête aux pieds.

Ces étoffes sont tissées par eux-mêmes d'une manière tout à fait primitive : ils attachent un certain nombre de fils à un pieu ou à un arbre, l'autre extrémité à leur corps; ensuite, en tournant sur eux-mêmes, ils enroulent les fils à leur ceinture, en s'approchant jusqu'à la longueur du bras, de l'extrémité attachée à l'arbre; une petite navette et un peigne forment le reste du métier. Au fur et à mesure qu'ils ont ourdi une certaine longueur d'étoffe, ils s'éloignent du point de départ en tournant en sens inverse, pour dérouler de leur ceinture le fil nécessaire à la trame. Avec cette méthode, ils ne parviennent à faire que des étoffes n'ayant qu'une largeur de 20 à 30 centimètres.

J'étais tout étonné de me trouver entouré de cette population, qui n'avait véritablement rien d'effrayant.

Une seule chose m'importunait, c'était l'odeur que ces peuplades répandaient autour d'elles, et que l'on sentait même d'assez loin. Cependant les hommes et les femmes sont très-propres, ils ont l'habitude de se baigner deux fois par jour. J'attribuai cette odeur désagréable à leur ceinture et à leur turban, qu'ils ne quittent pas et qu'ils laissent tomber en lambeaux.

Je remarquai que l'accueil qui m'avait été fait par le chef attirait sur nous la bienveillance de tous les habitants, et j'acceptai sans crainte l'hospitalité qui nous fut offerte.

C'était le seul moyen de bien étudier les mœurs et les habitudes de mes nouveaux hôtes.

Le territoire occupé par les *Tinguianès* est situé par le 17° de latitude nord, et le 27° de longitude ouest; il est divisé en dix-sept villages.

Chaque famille possède deux habitations, une pour le jour, l'autre pour la nuit.

L'habitation du jour est une petite case en bambou et en paille, dans le genre de toutes les cases indiennes.

Celle de nuit est plus petite et perchée sur de grands pieux, ou au sommet d'un arbre, à soixante ou quatre-vingts pieds au-dessus du sol.

Cette hauteur m'étonna; mais je compris cette précaution lorsque je sus que, réfugiés dans cette case de nuit, les *Tinguianès* se préservent ainsi des attaques nocturnes des *Guinanès*, leurs ennemis mortels, et s'en défendent avec des pierres qu'ils lancent du sommet des arbres [1].

Au milieu de chaque village, il y a un grand hangar qui sert aux réunions, aux fêtes et aux cérémonies publiques.

Il y avait déjà deux jours que j'étais au village de *Palan* (c'est ainsi que s'appelait le lieu où je m'étais arrêté), lorsque les chefs reçurent un message de la bourgade de *Laganguilan y Madalag*, une des plus éloignées dans l'est. Par ce message, les chefs étaient prévenus que les habitants de la bourgade avaient soutenu un combat, et qu'ils en étaient sortis victorieux.

A cette nouvelle, les habitants de *Palan* poussèrent des cris de joie qui se changèrent en véritable tumulte, lorsqu'on apprit qu'une fête allait être célébrée en commémoration du succès à *Laganguilan y Madalag*. Chacun désirait y assister; hommes, femmes, enfants, tous voulurent partir.

Mais les chefs choisirent un certain nombre de guerriers,

[1] Les *Tinguianès* ont pour ennemis acharnés une race de sauvages cruels et sanguinaires qui habitent tout à fait dans l'intérieur des montagnes; ils ont aussi à craindre les *Igorrotès*, qui vivent plus près d'eux, mais qui sont moins sauvages. J'aurai plus tard l'occasion d'en parler.

quelques femmes, plusieurs jeunes filles, et l'on se prépara au départ.

L'occasion s'offrait trop belle pour que je n'en profitasse pas, et je priai instamment mes hôtes de me permettre de les accompagner. Ils consentirent, et la nuit même nous nous mîmes en marche au nombre de trente.

Les hommes portaient leurs armes, qui se composent de la hache, qu'ils nomment *aligua*, de la lance aiguë en bambou, et du bouclier; les femmes étaient affublées de leurs plus beaux ornements.

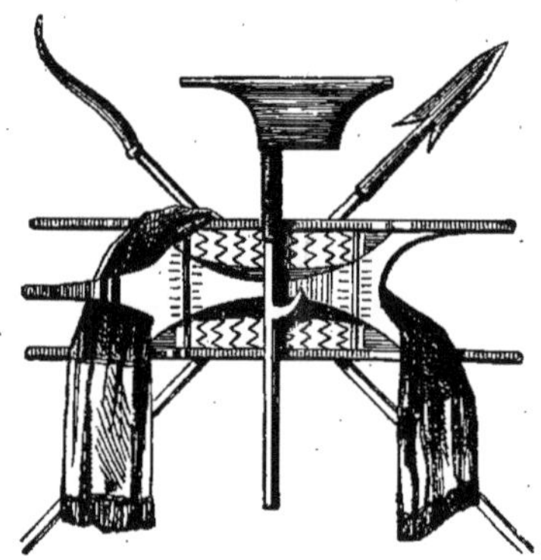

Ceinture et armes des Tinguianès.

Nous marchions les uns derrière les autres, suivant la coutume des sauvages.

Nous passâmes par plusieurs villages dont les habitants se rendaient comme nous à la fête; nous traversâmes des montagnes, des forêts, des torrents; et enfin, à la pointe du jour, nous arrivâmes à *Laganguilan y Madalag*.

Toute la bourgade était en fête.

On entendait de tous côtés les sons de la conge et du tam-tam. Le premier de ces instruments est de forme chinoise, le second est en forme de cône aigu, recouvert à la base d'une peau de cerf. C'était un vrai tohu-bohu.

Vers onze heures, les chefs du village, suivis de toute la

population, se dirigèrent vers le grand hangar. Là, chacun prit sa place sur le sol; chaque bourgade, ayant son chef à sa tête, occupait une place désignée à l'avance.

Au milieu d'un cercle formé par les chefs des combattants, il y avait de grands vases pleins d'une boisson faite avec du jus de canne à sucre, et quatre hideuses têtes de *Guinanès* entièrement défigurées : c'étaient les trophées de la victoire.

Lorsque tous les assistants eurent pris leurs places, un guerrier de *Laganguilan y Madalag* prit une des têtes et la présenta aux chefs de la bourgade, qui la montrèrent à tous les assistants en faisant un long discours renfermant des louanges pour les vainqueurs.

Ce discours achevé, le guerrier reprit la tête, la divisa à coups de hache, et en retira la cervelle.

Pendant cette opération peu agréable à voir, un autre guerrier prit une seconde tête, la présenta aux chefs; le même discours fut prononcé, puis le guerrier brisa le crâne, ôta la cervelle.

Il en fut ainsi pour les quatre dépouilles sanglantes des ennemis vaincus.

Quand les cervelles furent retirées, les jeunes filles les broyèrent avec leurs mains dans les vases contenant la liqueur de jus de canne fermentée. Elles remuèrent le tout, puis les vases furent rapprochés des chefs; ceux-ci plongèrent dedans de petites coupes en osier qui laissaient échapper par leurs fissures la partie trop liquide; ce qui restait au fond des petits paniers fut bu par eux avec extase et sensualité.

J'éprouvai un affreux mal de cœur à ce spectacle, nouveau pour moi.

Après le tour des chefs, vint le tour des guerriers. Les vases leur furent présentés, et chacun y puisa avec délices l'affreux breuvage, au bruit des chants sauvages.

Il y avait vraiment dans ce sacrifice à la victoire quelque chose d'infernal....

Nous étions rangés en cercle, et les vases promenés à la

ronde. Je compris que nous allions avoir une épreuve bien dégoûtante à subir.

En effet, hélas! elle ne se fit pas attendre. Les guerriers s'arrêtèrent devant moi, et me présentèrent le *basi*[1] et l'affreuse coupe.

Tous les regards se fixèrent sur moi. L'invitation était bien directe; la refuser, c'était s'exposer peut-être à la mort!

Il se fit en moi un combat que je ne saurais rendre...

J'eusse préféré la carabine d'un bandit à cinq pas de ma poitrine, ou attendre, ainsi que je l'avais déjà fait, que le buffle sauvage sortît du bois.

Quelle perplexité! Je n'oublierai jamais cet horrible moment; il me glaça d'effroi et de dégoût.

Cependant je me contins, rien ne trahit mon émotion; j'imitai les sauvages, et, trempant la coupe d'osier dans la boisson, je l'approchai de mes lèvres... et la passai au malheureux Alila, qui ne put éviter l'infernale boisson.

Le sacrifice était accompli.

Les libations cessèrent, mais il n'en fut pas de même des chants.

Le *basi* est une liqueur très-spiritueuse et très-enivrante, et les assistants, qui avaient usé outre mesure de cet infernal breuvage, chantaient plus fort au bruit du tam-tam et de la conge, pendant que les guerriers divisaient les crânes humains en petits morceaux, destinés à être envoyés comme cadeaux à toutes les bourgades amies.

La distribution se fit séance tenante, puis les chefs déclarèrent la cérémonie terminée.

On se mit alors à danser. Les sauvages se divisèrent en deux lignes, et, hurlant comme s'ils eussent été enragés ou fous furieux, ils se mirent à sauter en appliquant leur main droite sur l'épaule de leur vis-à-vis, et à changer de place avec lui.

Ces danses durèrent toute la journée; enfin la nuit vint,

[1] Nom que l'on donne au jus de cannes à sucre fermenté.

chaque habitant se retira avec sa famille et quelques hôtes dans sa demeure aérienne, et tout rentra dans l'ordre.

Il y a lieu de s'étonner, quand on est en Europe, couché dans un bon lit, sous un chaud édredon, la tête mollement appuyée sur de bons oreillers, de penser au singulier gîte que choisissent ces sauvages dans les forêts.

Combien de fois je me suis représenté ces familles juchées à quatre-vingts pieds au-dessus de la terre, sur le sommet des arbres. Et cependant je sais qu'elles dorment aussi tranquilles dans ces retraites ouvertes à tous les vents, que moi dans ma chambre bien close et bien silencieuse. Ne sont-elles pas comme les oiseaux qui se reposent sur les branches à leurs côtés? N'ont-elles pas pour mère la nature, cette admirable gardienne de ce qu'elle a fait? et ne ferment-elles pas leurs paupières sous le regard tutélaire du Père suprême, du Maître éternel?

Mon fidèle Alila se retira avec moi dans une des cases de bas étage pour passer la nuit, ainsi que nous avions coutume de le faire depuis notre séjour chez les *Tinguianès*.

Pour plus de sûreté, nous avions pris l'habitude de veiller mutuellement l'un sur l'autre : jamais nous ne dormions tous les deux à la fois. Sans être peureux, ne doit-on pas être prudent?

Cette nuit-là, c'était à mon tour de commencer à dormir; je me couchai, mais les impressions de la journée avaient été trop vives; je ne ressentis pas la moindre velléité de sommeil.

J'offris alors à mon lieutenant de me remplacer; le pauvre diable était comme moi : les têtes des *Guinanès* dansaient devant ses yeux. Il les voyait pâles, sanglantes, hideuses, puis déchirées, broyées, brisées; puis l'affreux breuvage des cervelles, qu'il avait aussi courageusement avalé, lui revenait au cœur et à l'esprit, et il souffrait vraiment de notre visite à la bourgade victorieuse.

« Maître, me disait-il avec un air désolé, pourquoi sommes-

« nous venus parmi tous ces démons? Ah! nous aurions mieux « fait de rester à notre bon pays de *Jala-Jala.* »

Il n'avait peut-être pas tort; mais mon désir de voir des choses extraordinaires me donnait un courage et une volonté qu'il ne partageait pas.

« Il faut, lui répondis-je, que l'homme connaisse tout, et « voie tout ce qu'il lui est possible de voir. Puisque nous ne « pouvons dormir, et que nous sommes les maîtres ici quant « à présent, faisons une visite de nuit; peut-être trouverons-« nous des choses qui nous sont inconnues... Allume du feu, « Alila, et suis-moi. »

Le pauvre lieutenant obéit sans répondre. Il frotta deux morceaux de bambou l'un contre l'autre, et je l'entendis murmurer entre ses dents :

« Quelle maudite idée a donc le maître? Qu'allons-nous voir « dans cette malheureuse case? Si ce n'est le *Tic balan* [1], ou « *Assuan* [2], nous ne trouverons rien. »

Pendant ces réflexions de l'Indien, le feu prit. J'allumai, sans rien dire, une mèche de coton enduite de gomme-élémie que je portais toujours sur moi dans mes voyages, et je commençai ma visite.

Je parcourus tout l'intérieur de l'habitation sans rien trouver, pas même le *Tic balan* ou *Assuan*, comme le pensait mon lieutenant.

Je croyais ma visite infructueuse, lorsque l'idée me prit de descendre au rez-de-chaussée de la case; car toutes les cases sont élevées de huit à dix pieds au-dessus du sol, et le dessous du plancher, fermé avec des bambous, sert de magasin.

Je descendis. Quelqu'un qui eût pu me voir, moi, blanc, Européen, enfant d'un autre hémisphère, errer la nuit, une mèche à la main, dans la case d'un *Tinguianès*, eût été vraiment surpris de mon audace et je dirais presque de mon

1 Esprit malin.

2 Divinité malfaisante des Tagalocs.

entêtement à chercher le danger, à courir après le merveilleux et l'inconnu.

Mais je marchais sans réfléchir à la singularité de mon action. Comme disent les Indiens, « je suivais ma destinée. »

Lorsque j'eus atteint le sol, j'aperçus, au milieu du carré formé par l'entourage des bambous, une espèce de trappe, et je m'arrêtai satisfait. Alila me regardait avec étonnement. Je soulevai la trappe, et je vis alors un puits assez profond. Je regardai avec ma lumière, mais je ne pus découvrir le fond; seulement, sur les côtés, à une profondeur de quatre à cinq mètres environ, je crus distinguer des ouvertures que je pris pour les entrées de galeries souterraines... Que venais-je de découvrir?... Allais-je, comme Gil Blas, pénétrer chez un peuple de bandits vivant dans les entrailles de la terre, ou bien trouverais-je, comme dans les contes des *Mille et une nuits*, quelques belles jeunes filles prisonnières d'un mauvais génie? En vérité, ma curiosité augmentait au fur et à mesure de mes découvertes.

« Il y a ici quelque chose d'étrange, dis-je à mon lieute-« nant. Allume une seconde mèche, je vais descendre au fond « de ce puits. »

En entendant cet ordre, mon fidèle Alila fit un geste d'épouvante, et se hasarda à me dire, d'un ton chagrin :

« — Comment, maître, vous n'êtes pas content de voir ce « qu'il y a sur terre, vous voulez encore voir ce qu'il y a « dedans? »

Cette observation naïve me fit sourire. Il continua :

« — Vous voulez me laisser seul ici! Et si l'âme du *Guina-« nès* dont j'ai bu la cervelle vient me chercher, que devien-« drai-je? Vous ne serez plus là pour me défendre! »

Mon lieutenant n'eût pas craint vingt bandits, il aurait lutté seul contre eux jusqu'à la mort; mais ses jambes tremblaient, sa voix était émue, sa figure effrayée, à l'idée de rester seul dans cette case, exposé à la vue de l'âme du *Guinanès* qui viendrait lui demander sa cervelle!

Pendant qu'il m'adressait ses plaintes, j'avais appuyé mon dos d'un côté du puits, mes genoux de l'autre, et je descendais.

J'avais franchi deux à trois mètres environ, lorsque je sentis des gravois qui tombaient sur moi ; je levai la tête, et je vis Alila qui descendait aussi. Le pauvre garçon n'avait pas voulu rester seul.

« Bravo ! lui dis-je ; tu deviens donc curieux ? Tu seras ré-« compensé, va ; nous verrons de fort belles choses... » Et je continuai mon voyage sous terre.

Après avoir franchi cinq mètres environ, j'arrivai à l'ouverture que j'avais remarquée d'en haut, et je m'y arrêtai ; je plaçai ma lumière en avant, et je vis une espèce de niche au fond de laquelle était assis un corps *tinguian* desséché, noir, à l'état de momie.

Je ne dis rien, j'attendais mon lieutenant, et voulais jouir de sa surprise. Lorsqu'il fut à côté de moi :

« Tiens, lui dis-je, vois!... »

Il resta stupéfait...

« Maître, dit-il enfin, je vous en prie, partons ; sortons de « ce trou maudit ! Menez-moi pour combattre les *Tinguianès* « du village, je suis prêt. Mais ne restons pas là avec des « morts ! Que voulez-vous que nous fassions de nos armes, « s'ils nous apparaissent tout à coup pour nous demander « pourquoi nous sommes là ? »

« — Rassure-toi, lui répondis-je, nous n'irons pas plus « loin. »

J'avais compris que ce puits était une tombe, et que plus bas je verrais encore des *Tinguianès* conservés.

Je respectai l'asile des morts, et je remontai, à la grande satisfaction d'Alila.

Nous remîmes tout en place, nous regagnâmes l'étage de la case, et je m'endormis, car mon lieutenant ne pouvait songer même à se reposer : la momie et le *basi* le tenaient éveillé.

Le lendemain, avant le jour, nos hôtes commencèrent à

descendre de leurs régions élevées, et nous quittâmes notre gîte pour aller faire nos préparatifs de départ.

J'avais assez séjourné à *Laganguilan y Madalag;* je désirais me rendre à *Manabo*, grand village situé à peu de distance de *Laganguilan*. Je profitai des gens de *Manabo* qui étaient venus assister à la *cérémonie des cervelles* (c'est ainsi que j'avais surnommé la fête sauvage), et je partis avec eux.

Dans la troupe, il s'en trouvait un qui avait habité quelque temps parmi les Tagalocs; il parlait un peu leur langage, que je possédais assez bien.

Je profitai de cet heureux hasard, et pendant toute la route je causai avec le sauvage, l'interrogeant sur les usages, les coutumes, les mœurs de ses compatriotes.

Un point surtout me préoccupait. J'ignorais quelle était la religion de ces peuplades si curieuses à étudier. Jusqu'alors je n'avais vu aucun temple, rien qui ressemblât à une idole; j'ignorais quel était leur dieu.

Mon guide, bavard comme un Indien, me renseigna fort bien et promptement.

« Les *Tinguianès*, me dit-il, n'ont aucune vénération pour « les astres; ils n'adorent ni le soleil, ni la lune, ni les étoiles. « Ils croient à l'existence de l'âme, et prétendent qu'elle se « détache du corps et reste dans la famille après la mort. »

Ils ont, comme on le voit, un commencement de saine religion et de douce philosophie. On regrette moins la vie, si l'on pense laisser quelque chose de soi à ceux que l'on quitte! Quant au dieu qu'ils adorent, il varie et change de forme, selon les hasards et les circonstances. Voici pourquoi :

Lorsqu'un chef *tinguianès* a trouvé dans la campagne un rocher ou un tronc d'arbre de forme bizarre, c'est-à-dire représentant assez bien un chien, une vache, un buffle, il le dit à la bourgade; et le rocher ou le tronc d'arbre est aussitôt considéré comme un dieu, c'est-à-dire comme une chose supérieure à l'homme.

Alors tous les habitants du village se rendent au lieu indiqué, emportant avec eux des provisions et quelques porcs vivants.

Arrivés là, ils élèvent au-dessus de l'idole nouvelle un toit en paille pour la couvrir, et font un sacrifice en faisant rôtir les porcs; puis, au son des instruments, ils exécutent des danses jusqu'à ce qu'ils n'aient plus de provisions.

Quand tout a été bu et mangé, on met le feu au toit de paille, et l'idole est oubliée jusqu'à ce que le chef, en ayant découvert une autre, ordonne une nouvelle cérémonie.

Relativement aux mœurs, voici ce que j'ai appris :

Le *Tinguianès* a ordinairement une femme légitime et plusieurs concubines; mais la femme légitime habite seule la maison conjugale, et les maîtresses ont chacune une case séparée.

Le mariage est une convention entre les deux familles des époux. Le jour de la cérémonie, l'homme et la femme apportent leur dot en nature : cette dot se compose de vases en porcelaine, de verroteries, de grains de corail, et quelquefois d'un peu de poudre d'or. Elle ne profite en rien aux époux, car on la distribue à leurs parents.

« Cet usage, me disait mon guide en forme d'observation, a « été établi pour empêcher le divorce, qui ne pourrait avoir « lieu qu'en restituant intégralement tous les objets qui ont « été apportés par celui qui le demanderait. »

Le moyen est assez adroit pour des sauvages; c'est agir en gens civilisés. En effet, les parents ont tous intérêt à empêcher la séparation, puisqu'ils devront restituer les cadeaux reçus; et si l'un des époux persistait à la demander, ils l'en empêcheraient par la disparition d'un seul objet donné, tel qu'un grain de corail ou un vase de porcelaine. Sans cette sage mesure, il est à penser qu'avec des concubines, un mari divorcerait très-souvent.

Mon compagnon de voyage m'instruisait sur tout ce que je voulais savoir.

« Le gouvernement, me dit-il après s'être reposé quelques

« instants, est tout à fait paternel. C'est le doyen d'âge qui « commande. »

C'est comme à Lacédémone, pensais-je; on y honore la vieillesse.

Les lois sont conservées par tradition, les *Tinguianès* n'ayant aucune idée de l'écriture.

Dans certains cas, on applique la peine de mort. Lorsque l'arrêt fatal a été prononcé, il faut que le *Tinguianès* qui l'a mérité s'échappe s'il veut l'éviter, et aille vivre dans les forêts; car les vieillards ayant parlé, tous les habitants sont tenus d'exécuter leur jugement.

La société se divise en deux classes, comme parmi les Tagalocs : la noblesse et le peuple.

Quiconque possède est noble, et pour posséder il suffit de pouvoir présenter en public un certain nombre de vases en porcelaine. Ces vases constituent toute la richesse des *Tinguianès*.

Nous causions encore des usages des naturels du pays, lorsque nous arrivâmes à *Manabo*.

Depuis *Laganguilan*, mon guide, mon cicérone, n'avait presque pas gardé le silence.

Mes regards furent attirés par les flammes qui s'échappaient de dessous une case, où un grand feu était allumé. Autour du feu, je vis plusieurs personnes rassemblées, qui hurlaient comme des loups.

« — Ah! ah! me dit mon guide d'un air satisfait, voici un « enterrement. Je ne vous ai encore rien dit de ces cérémo- « nies; mais vous jugerez par vous-même de ce qu'elles sont. « Il sera encore temps demain. Vous devez être fatigué, je « vais vous conduire à ma case de jour, et vous pourrez vous « reposer sans danger des *Guinanès*, car l'enterrement oblige « beaucoup de monde à veiller cette nuit. »

J'acceptai l'offre qui m'était faite, et nous allâmes prendre possession de la case du *Tinguianès*.

J'étais de *premier quart*, et mon pauvre Alila, un peu rassuré, s'endormit profondément. Bientôt je l'imitai, et nous ne nous éveillâmes qu'au grand jour.

Nous venions à peine de terminer notre repas du matin, composé de patates, de palmier et de viande de cerf boucanée, lorsque mon guide de la veille vint me prendre pour me conduire où se célébraient les funérailles du défunt. Je le suivis, et nous prîmes place à quelques pas du cortége.

Funérailles et dessiccation d'un Tinguianès.

J'assistai à un étrange spectacle.

Le défunt était assis au milieu de sa case sur une espèce d'escabeau; au-dessous de lui et à ses côtés, il y avait dans d'énormes réchauds des feux très-ardents; à une certaine distance, une trentaine d'assistants étaient assis en cercle.

Une dizaine de femmes formaient également un cercle;

elles étaient plus rapprochées du corps, auprès duquel était la veuve, que l'on reconnaissait à une longue toile blanche qui l'enveloppait des pieds à la tête.

Les femmes portaient toutes du coton avec lequel elles essuyaient les sérosités que le feu faisait sortir du cadavre, qui rôtissait petit à petit.

De temps en temps, un des *Tinguianès* prenait la parole, et prononçait, sur un ton lent et cadencé, un discours qu'il terminait par une sorte d'hilarité bruyante, imitée de tous les assistants.

Après quoi on se levait, on mangeait des morceaux de viande boucanée, on buvait du *basi*, et l'on exécutait une danse en répétant les dernières paroles de l'orateur.

J'endurai — c'est le mot — ce spectacle pendant une heure environ; mais je ne me sentis pas le courage de demeurer dans la case plus longtemps. L'odeur qu'exhalait le cadavre était insupportable. Je sortis prendre l'air, mon guide me suivit, et je le priai de me dire ce qui s'était fait depuis le commencement de la maladie du trépassé.

« — Volontiers, me répondit-il. »

Heureux de respirer librement, j'écoutai avec intérêt le récit suivant :

« — Quand Dalayapo, me dit le conteur, tomba malade, on « l'apporta sur la grande place pour lui appliquer les grands « remèdes; c'est-à-dire que tous les hommes du village vinrent « en armes, et au son de la conge et du tam-tam, pour pra- « tiquer pendant un soleil des danses autour du malade. Mais « ce grand remède fut sans effet, le mal était incurable. Au « coucher du soleil, on rapporta notre ami dans sa maison, « et on ne s'occupa plus de lui. Sa mort était certaine, puis- « qu'il n'avait pas voulu danser avec ses compatriotes. »

Je ris du remède et du raisonnement, mais je n'interrompis pas le narrateur.

« — Pendant deux jours Dalayapo fut dans un état de souf- « france, puis, au bout de ces deux jours, il ne souffla plus...

« et lorsqu'on s'en aperçut, on le mit tout de suite sur le « banc où nous l'avons vu tout à l'heure.

« Dès lors, toutes les provisions qu'il possédait ont été « réunies pour nourrir les assistants qui lui rendent les hon-« neurs. Chacun a prononcé un discours à sa louange; ses « parents les plus proches ont commencé les premiers, et son « corps a été entouré de feu pour le faire dessécher.

« Quand les provisions seront finies, les étrangers quitte-« ront la case, et il n'y restera plus que la veuve et quelques « parents, qui attendront que le corps soit bien réduit et « bien sec.

« Enfin, après quinze jours on le descendra dans un grand « trou qui est sous sa maison; il sera mis dans une niche au-des-« sus de celles où sont déjà ses défunts parents, et ce sera fini. »

Ce trou, pensai-je, est semblable à celui dans lequel je suis descendu l'autre nuit à *Laganguilan*.

L'explication qui venait de m'être donnée me satisfit complétement, et je ne demandai pas à assister de nouveau à la cérémonie.

Je résolus, puisque j'étais fort bien assis à l'ombre d'un *baletè*, d'abuser de l'obligeance de mon guide, et je lui demandai, en changeant tout à coup de conversation, comment les tribus s'y prenaient pour faire la guerre aux *Guinanès*, ces mortels ennemis?

« Les *Guinanès*, me dit-il sans me faire attendre, portent les « mêmes armes que nous. Ils ne sont ni plus forts, ni plus « adroits, ni plus vigoureux.

« Nous avons deux manières de les combattre. Parfois nous « leur livrons de grandes batailles en plein jour, et nous nous « trouvons face à face sous le soleil; ou bien, la nuit, quand « tout est sombre, nous nous approchons en silence des en-« droits qu'ils habitent; et alors si nous pouvons en surprendre « quelques-uns, nous leur coupons la tête et nous l'emportons, « pour avoir une fête semblable à celle que vous avez vue « déjà. »

Ce mot de fête me rappela l'orgie sanglante à laquelle j'avais assisté, et surtout la part que j'y avais prise, et je me sentis rougir et pâlir tour à tour. L'Indien ne s'en aperçut pas, et continua.

« Dans les grands combats, tous les hommes d'un village « sont forcés de prendre les armes et de marcher contre le « village ennemi; c'est ordinairement au milieu des bois que « se fait la rencontre des deux armées.

« Aussitôt qu'elles s'aperçoivent, des cris, des hurlements « éclatent de toutes parts. Chacun s'élance sur son ennemi.

« De ce premier choc dépend la victoire, car l'une des ar- « mées a toujours peur et prend la fuite; l'autre alors la pour- « suit, et tue tout ce qu'elle peut atteindre, en ayant toujours « le soin de couper les têtes et de les rapporter [1]. »

C'est un combat de cache-cache, dont cependant les suites sont cruelles, pensais-je. Mon Indien me confirma dans mon idée en ajoutant :

« En général, les vainqueurs sont toujours ceux qui se « cachent le mieux pour surprendre leurs ennemis, et qui fon- « dent tout à coup sur eux en criant. »

Mon guide se tut. Le combat n'offrait pas d'autre intérêt. Puis, voyant que je ne l'interrogeais plus, il me quitta; et je retournai à mon habitation rejoindre Alila, qui s'ennuyait beaucoup à *Manabo*.

De mon côté, j'avais assez vu les *Tinguianès;* je crus d'ailleurs remarquer que le long séjour que je faisais chez eux semblait leur porter ombrage; je pensai à la fête des *cervelles humaines*, et me décidai à partir.

J'allai prendre congé des vieillards.

Malheureusement, je n'avais rien à leur donner; mais je leur promis beaucoup de présents quand je serais de retour chez les chrétiens, et je les quittai.

[1] C'est d'après ce cruel usage de décapiter leurs victimes, que les Espagnols ont donné à ces sauvages le nom de *corta cabesas*, *coupeurs de têtes*.

La satisfaction de mon lieutenant était à son comble lorsque nous nous mîmes en route.

Je ne voulus pas repasser par où j'étais venu, et me décidai à prendre plus à l'est en traversant les montagnes et me laissant diriger par le soleil.

Cette route me semblait d'autant préférable que j'allais parcourir un pays habité par quelques *Igorrotès*, cette autre espèce de sauvages que je ne connaissais pas.

Les montagnes que nous traversions étaient couvertes de magnifiques forêts. De temps en temps, de riches vallées se déroulaient sous nos pieds; les herbes y étaient si hautes et si touffues, que nous avions de la peine à les écarter pour nous frayer un passage.

Tout en cheminant, mon lieutenant cherchait à tuer quelque gibier qui servirait à nous nourrir; quant à moi, j'étais trop en contemplation devant les sites admirables que nous rencontrions, trop amoureux de cette nature vierge, féconde, qui s'épanouissait devant nous, pour songer à chasser.

Mon fidèle Alila était moins enthousiaste, mais il était en revanche plus prudent.

Au déclin du jour de notre départ, il tira un cerf. Nous fîmes halte auprès d'un ruisseau, nous coupâmes du palmier pour remplacer le riz et le pain, et nous nous mîmes à manger le foie de l'animal à la broche. Notre repas fut copieux. Ah! que de fois depuis, assis à une bonne table, devant des mets succulents et recherchés, dans des salles à manger dont l'atmosphère était tiède et parfumée par l'arome des plats, ai-je regretté mon souper pris avec Alila dans le bois, après une journée de course dans les montagnes! Quel est donc le mortel qui pourrait oublier de pareilles heures, de pareils lieux?

Habitation des Igorrotès.

CHAPITRE XII.

Les Igorrotès.

Après cette collation, quelques branches d'arbres abattues et réunies sur le sol très-humide au fond de grands bois furent notre lit, et nous y dormîmes jusqu'au lendemain sans crainte, et surtout sans faire de sombres rêves.

A l'aube naissante, nous reprîmes notre route. La nature s'éveillait comme nous; elle était belle et calme.

Les vapeurs qui s'échappaient de son sein la couvraient d'un voile comme une jeune vierge à son lever; puis, peu à peu ce voile se déchirait par lambeaux, et ces lambeaux, balancés mollement par la brise matinale, disparaissaient en allant se briser sur les cimes des arbres ou aux sommets des rochers.

Nous marchâmes longtemps; vers le milieu du jour, nous arrivâmes dans une petite plaine habitée par les *Igorrotès*.

Il y avait en tout trois cabanes. La population n'était pas nombreuse.

Sur le seuil d'une de ces cabanes, je vis un homme d'une soixantaine d'années et quelques femmes.

Nous étions arrivés par derrière les huttes, et nous avions surpris les sauvages; ils n'eurent pas le temps de s'enfuir à notre approche : nous étions au milieu d'eux.

Je recommençai ce que j'avais fait en arrivant à *Palan;* seulement je n'avais plus de grains de corail et de verroterie, mais j'offris de notre cerf, et je leur fis comprendre par mes gestes que nous venions avec d'excellentes intentions.

Dès lors il s'établit entre nous une conversation mimique assez curieuse, et pendant laquelle je pus observer tout à mon aise la nouvelle race que je voyais.

Je remarquai que la toilette des *Igorrotès* était à peu près la même que celle des *Tinguianès*, moins les ornements, mais que leurs traits et leur physionomie étaient tout à fait différents.

L'homme était plus petit, sa poitrine était excessivement large, sa tête démesurément grosse, ses membres développés, sa force herculéenne; ses formes étaient moins belles que celles des sauvages que je quittais; sa couleur était d'un bronze foncé, très-foncé même. Il avait le nez moins aquilin, et les yeux jaunes et entièrement fendus, à la chinoise.

Les femmes avaient aussi des formes très-marquées, une couleur foncée, et des cheveux longs relevés à la chinoise.

Malheureusement il m'était impossible en mimant d'arriver à obtenir les renseignements que je désirais avoir, et je me bornai à visiter la case.

C'était bien une véritable hutte. Point d'étage. L'entourage était fermé par des pieux d'une grosse dimension, surmontés d'un toit en forme de ruche; il n'y avait qu'une petite ouverture, de laquelle on ne pouvait guère profiter qu'en se traînant sur le ventre.

Malgré cette difficulté, je voulus voir l'intérieur, et fis signe à mon lieutenant de veiller; puis je m'introduisis dans la cabane.

Les *Igorrótès* furent très-surpris de mon action, mais ils ne cherchèrent pas à m'empêcher de l'accomplir.

J'entrai dans une espèce de bouge infect. Une petite ouverture au sommet du toit donnait un peu de jour, et laissait la fumée de l'âtre s'échapper. Le sol était jonché de poussière : c'est sur cette douce couche que reposait sans doute la famille. Dans un coin je pus distinguer quelques lances de bambou, quelques noix de coco divisées et servant de vase, un petit tas de cailloux ronds qui étaient là pour servir de défense en cas d'attaque, et quelques morceaux de bois grossièrement travaillés qui servaient d'oreillers.

Je sortis promptement de cette tanière, l'odeur infecte qu'on y respirait m'en chassa; d'ailleurs j'avais tout vu.

Je demandai par signes à l'*Igorrotè* quelle route je devais suivre pour rejoindre les chrétiens; il me comprit, m'indiqua le chemin avec son doigt, et nous partîmes pour continuer notre voyage.

Je remarquai, en passant, quelques champs de patates et de cannes à sucre; c'était sans doute la seule culture de ces malheureux sauvages.

Après avoir cheminé pendant une heure, nous faillîmes courir un grand danger. A notre entrée dans une vaste plaine, nous vîmes un *Igorrotè* qui s'enfuyait à toutes jambes; il nous avait aperçus, et j'attribuais cette fuite à la peur, lorsque tout à coup nous entendîmes le bruit du tam-tam et de la conge, et vîmes vingt hommes armés de lances qui venaient vers nous.

Je compris que nous allions avoir à combattre, et je dis à mon lieutenant de faire feu sur le groupe, en ayant bien soin de n'atteindre personne.

Alila tira; sa balle passa par-dessus les têtes des sauvages, qui furent si étonnés du bruit causé par la détonation, qu'ils s'arrêtèrent subitement et nous examinèrent attentivement.

Je profitai prudemment de leur surprise; et une immense forêt s'offrant à notre droite, nous y entrâmes en laissant le village à gauche; les sauvages heureusement ne nous suivirent pas.

Mon lieutenant n'avait pas soufflé le mot pendant toute cette scène.

J'avais déjà remarqué plusieurs fois qu'il devenait muet pendant le danger. — Quand nous eûmes perdu de vue les *Igorrotès*, la parole lui étant revenue :

« Maître, me dit-il d'un ton mécontent, combien j'ai de « regret de n'avoir pas tiré juste au milieu de ces mécréants!...

« — Pourquoi cela? lui demandai-je.

« — Parce que je suis sûr que j'en aurais tué un.

« — Eh bien?

« — Eh bien, maître, au moins notre voyage ne se serait « pas terminé sans que nous eussions envoyé au diable un « sauvage.

« — Ah! Alila, lui dis-je, tu es donc devenu méchant?

« — Non, maître, répondit-il; mais je ne sais pas pourquoi « vous êtes si bon pour cette race maudite... vous qui pour- « suivez les *Tulisanès* [1], qui valent cent fois mieux, et qui sont « chrétiens.

« — Comment, m'écriai-je, des bandits, des voleurs, des « assassins, valent mieux que de pauvres êtres primitifs qui « n'ont personne pour les guider dans le bien?

« — Oh! maître, répondit mon lieutenant d'un ton sen- « tencieux cette fois, les bandits, comme vous les nommez, « ne sont pas ce que vous pensez... Le *Tulisanè* n'est pas un « assassin. Quand il tue, c'est qu'il est obligé de défendre sa « vie... et s'il le fait, c'est toujours de bon cœur...

1 Bandits.

« — Oh! oh! dis-je, et le vol, comment expliques-tu ça?

« — S'il vole, c'est seulement pour prendre un peu du su-« perflu des riches et le donner aux pauvres; voilà tout. « Savez-vous l'emploi que fait le *Tulisanè* de ce qu'il dérobe?

« — Non, maître Alila, répondis-je en souriant.

« — Eh bien! il ne garde rien pour lui, dit mon lieute-« nant avec orgueil. D'abord il en donne une partie au prêtre, « pour lui faire dire des messes.

« — Ah! c'est édifiant. Ensuite?

« — Ensuite il en donne une autre à sa maîtresse, car il « l'aime et veut toujours la voir parée... Puis, le reste, il le dé-« pense avec ses amis. Vous le voyez, maître, le *Tulisanè* « prend du superflu d'une personne pour en contenter plu-« sieurs. Il est loin d'être aussi méchant que ces sauvages, qui « vous tuent sans rien dire et vous mangent la cervelle... »

Et Alila fit un long soupir... La cervelle lui revenait toujours... Sa conversation m'intéressait tellement, son système était si curieux, et lui-même était de si bonne foi en l'expliquant, qu'à l'écouter j'oubliais presque mes *Igorrotès*.

Nous continuâmes notre route à travers le bois, en nous dirigeant le plus possible vers le sud, pour nous rapprocher de la province de Boulacan, où je devais aller retrouver mon pauvre malade, qui s'inquiétait sans doute de ma longue absence.

Lors de mon départ, je n'avais rien laissé connaître de mon projet; il est à penser que si on l'eût su, j'eusse passé pour mort.

Le souvenir de ma femme que j'avais laissée à Manille, et qui était loin de me croire chez les *Igorrotès*, me faisait désirer de revenir le plus tôt possible dans ma famille.

Absorbé dans mes pensées, entraîné par mes réflexions, je marchais silencieusement, sans jeter cette fois les yeux sur la végétation qui étalait ses riches trésors à nos côtés.

Il fallait que je fusse bien préoccupé, car une forêt vierge entre les tropiques, et surtout aux Philippines, n'est en rien comparable à nos forêts d'Europe.

Le bruit d'un torrent vint me rappeler le lieu où je me trouvais, et je saluai la nature dans ses gigantesques productions.

Je regardai au-dessus de moi, et j'aperçus un immense *balèté*, figuier extraordinaire qui croît dans les sombres et mystérieuses forêts des Philippines. Je m'arrêtai pour admirer le balèté.

Cet arbre immense provient d'une graine semblable à celle de la figue ordinaire; son bois est blanc et spongieux, il acquiert en peu d'années une croissance extraordinaire.

La nature, qui a tout prévu, qui permet au jeune agneau de laisser sa laine aux buissons du chemin pour que l'oiseau timide puisse la dérober et en former un nid, s'est montrée dans tout son génie en faisant grandir le figuier des Philippines.

Les branches de cet arbre partent généralement de son tronc, s'étendent horizontalement, et forment un coude pour s'élever ensuite perpendiculairement; mais, ainsi que je l'ai dit déjà, l'arbre est spongieux, facile à se rompre; et lorsque la branche, en formant sa courbe, est trop faible, elle se casserait infailliblement, si un fil que les Indiens appellent *goutte d'eau* ne s'échappait de l'arbre pour aller prendre racine en terre, et, grossissant en raison de la branche, lui former un étai vivant.

Ensuite, autour du tronc s'étendent, à une très-grande distance du sol, des supports naturels qui vont se terminer en pointe vers le milieu du tronc. Le grand architecte de l'univers a tout prévu.

Le coup d'œil qu'offre le *balèté* est souvent d'un pittoresque indescriptible.

Aussi, le croirait-on? dans un espace de quelques centaines de pas de diamètre, espace qu'occupent d'ordinaire ces gigantesques figuiers, on voit tour à tour des grottes, des vestibules, des chambres, qui souvent sont meublées de siéges naturels formés par des racines.

Nulle végétation n'est plus variée ni plus extraordinaire.

Cet arbre pousse parfois sur un rocher où il n'y a pas un pouce de terre ; ses longues racines s'étendent sur le sol du rocher, le contournent, et vont se plonger dans le ruisseau voisin. C'est un chef-d'œuvre, bien commun cependant dans les forêts vierges des Philippines.

« — Voici un bon endroit pour passer la nuit, dis-je à mon « lieutenant. »

Il recula de plusieurs pas.

« — Comment, dit-il, est-ce que vous voulez vous arrêter « ici, maître?

« — Certainement, répondis-je.

« — Ah ! mais vous ne voyez donc pas que nous y sommes « beaucoup plus en danger qu'au milieu des *Igorrotès ?...* »

« — Pourquoi donc sommes-nous en danger? demandai-je...

« — Pourquoi? pourquoi? Ne savez-vous donc pas que c'est « dans les grands *balètés* qu'habite le *Tic balan* [1]? Si nous res- « tons ici, vous êtes bien sûr que je ne dormirai pas un ins- « tant, et que toute la nuit nous serons tourmentés... »

Je souris; mon lieutenant vit mon sourire.

« — Oh! maître, dit-il tristement, que voulez-vous que « nous fassions sur un esprit qui ne craint ni la balle, ni le « poignard? »

L'effroi du pauvre Tagal était trop grand pour que je lui résistasse; je cédai, et nous allâmes nous abriter dans un lieu beaucoup moins à mon goût, mais bien plus à celui d'Alila.

Notre nuit se passa comme toutes les autres, c'est-à-dire parfaitement bien; nous nous réveillâmes pour reprendre notre course dans la forêt.

Il y avait deux heures que nous marchions, lorsqu'au sortir du bois pour entrer en plaine nous nous trouvâmes face à face avec un *Igorrotè*, monté sur un buffle.

[1] Esprit malin.

La rencontre était assez curieuse. Je présentai le canon de mon fusil au sauvage, mon lieutenant saisit la monture par la longe, et je fis signe à l'*Igorrotè* de ne pas bouger ; puis, toujours en mimant, je m'informai s'il était seul.

Je compris qu'il n'avait pas de compagnon de route et qu'il se rendait au nord, à l'opposé de nous.

Alila, qui décidément en voulait aux sauvages, désirait tirer un coup de fusil à celui-là et lui loger une balle dans la tête ; je m'opposai vigoureusement à ce projet, et lui dis de lâcher le buffle.

« — Maître, dit-il, voyons au moins ce que renferment les « vases que voici! »

L'*Igorrotè* avait attaché sur le col de son buffle trois ou quatre vases, recouverts de feuilles de bananier.

Mon lieutenant, sans attendre ma réponse, y porta le nez et reconnut, à sa grande satisfaction, qu'ils contenaient un ragoût de cerf qui jetait un certain parfum. Toujours sans me consulter, il détacha le plus petit des vases, donna un coup de crosse de fusil au buffle qu'il lâcha, et dit :

« — *Ve-te, Judio!* (Va, vilain Juif!) »

L'*Igorrotè*, se voyant libre, s'enfuit de toute la vitesse de son buffle ; et nous, nous rentrâmes dans les bois en évitant les endroits découverts, de crainte d'être surpris par un trop grand nombre de sauvages.

Vers les quatre heures, nous fîmes halte pour prendre notre repas.

Mon lieutenant attendait ce moment avec impatience, car le vase du sauvage répandait une suave odeur.

Enfin, l'instant désiré arriva; nous nous assîmes sur la pelouse : je plongeai mon poignard dans le vase qu'Alila avait approché du feu, et j'en retirai... une main tout entière [1].

1 Les *Igorrotès* cependant, selon les rapports des autres Indiens, ne sont pas anthropophages; peut-être celui-là avait-il reçu ces mets de quelques autres sauvages, les *Guinanès*, par exemple.

Mon pauvre lieutenant fut aussi stupéfait que moi, et nous restâmes quelques minutes sans nous adresser la parole.

Enfin je donnai un vigoureux coup de pied dans le vase, qui se brisa; la chair humaine qu'il contenait s'éparpilla sur le sol. Je tenais toujours la main fatale au bout de mon poignard...

Cette main me faisait horreur; je l'examinai avec soin, elle me parut avoir appartenu à un enfant ou à un *Ajetas*, race de sauvages qui habite les montagnes de *Nueva-Exica* et de *Maribèles*, de laquelle j'aurai occasion de parler dans le cours de ce récit.

Je pris quelques tiges de palmier cuites sous la cendre; Alila m'imita, et nous repartîmes, assez mécontents, chercher un gîte pour la nuit.

Deux heures après le lever du soleil, nous sortîmes de la forêt pour entrer dans la plaine.

De distance en distance nous trouvions des champs de riz cultivés à la manière tagale; mon lieutenant me dit alors avec une joie naïve :

« — Maître, nous sommes sur la terre des chrétiens! »

En effet, la route devenait plus facile. Nous suivîmes un petit sentier, et vers le soir nous arrivâmes devant une cabane indienne.

Au seuil de cette cabane une jeune fille était assise; des larmes coulaient avec abondance sur son visage attristé. Je m'approchai, et lui demandai la cause de son chagrin.

En entendant mes questions elle se leva, et sans y répondre nous conduisit au fond de son habitation.

Là nous vîmes le corps inanimé d'une vieille femme, et nous apprîmes que cette morte était la mère de la jeune fille.

Son frère était allé jusqu'au village chercher les parents de la défunte, pour qu'ils l'aidassent à transporter son corps.

Cette scène m'attendrit. Je cherchai à consoler la jeune désolée, et lui demandai l'hospitalité, qui nous fut accordée aussitôt.

La compagnie d'une morte ne m'effrayait pas; mais je pensai à Alila, si superstitieux et si craintif quand il s'agissait des revenants et des esprits malins.

« — Eh bien! lui dis-je, n'as-tu pas peur de passer la nuit « auprès d'une morte?

« — Non, maître, me répondit-il hardiment. Cette morte « c'est une âme chrétienne, qui, loin de nous vouloir du mal, « veillera sur nous. »

Je m'étonnai de la réponse du Tagaloc, de son calme, de sa sécurité. Le coquin avait des motifs pour me parler ainsi.

Les cases indiennes, dans les campagnes, ne se composent jamais que d'une chambre; celle où nous étions était à peine assez grande pour nous loger tous quatre.

Chacun de nous s'y arrangea le mieux qu'il lui fut possible.

La morte occupait le fond; une petite lampe placée à sa tête jetait une faible clarté; auprès d'elle était couchée sa pauvre fille.

Je m'étais placé à une petite distance de ce lit funéraire, et mon lieutenant était le plus rapproché de la porte, que nous avions laissée ouverte pour éviter la chaleur et le mauvais air.

Vers les deux heures de la nuit je fus réveillé par une voix déchirante, et je sentis au même instant que quelqu'un passait par-dessus moi en poussant des cris qui retentirent bientôt en dehors de la cabane.

Je portai aussitôt la main du côté où était couché Alila; sa place était vide, la lampe était éteinte, l'obscurité complète...

Cela m'inquiéta.

J'appelai la jeune fille; elle me répondit qu'elle avait entendu comme moi des cris et du bruit, mais qu'elle en ignorait la cause.

Je pris mon fusil et je sortis, en appelant mon lieutenant. Personne ne répondait, tout restait silencieux.

Alors je me mis à parcourir la campagne au hasard, appelant de temps en temps Alila...

J'avais fait environ une centaine de pas, lorsque j'entendis sortir d'un arbre auprès duquel je passais ces mots timidement prononcés :

« — Je suis ici, maître! »

C'était Alila. Je m'approchai, et vis mon lieutenant blotti derrière le tronc de l'arbre, et tremblant comme une de ses feuilles.

« — Que t'est-il donc arrivé? lui demandai-je, et que « fais-tu là? »

« — O maître! me dit-il, pardonnez-moi : il m'est arrivé de « mauvaises pensées; la jeune Indienne me les a inspirées, mais « le démon seul me les a soufflées... Je me suis approché cette « nuit de la couche de la jeune fille; j'ai éteint la lampe quand « je vous ai vu bien endormi. »

« — Et puis? dis-je impatienté. »

« — Et puis... j'ai voulu embrasser la jeune femme; mais, « au moment où je me suis approché, la morte a pris la place « de sa fille; je n'ai plus trouvé qu'une figure froide et glacée; « et, au même instant, deux grands bras se sont allongés pour « me saisir... Alors j'ai poussé un cri... je me suis enfui... Mais « la vieille femme m'a suivi, la morte a marché derrière moi, « et elle n'a disparu que tout à l'heure, en entendant votre « voix : c'est alors que je me suis abrité derrière cet arbre, où « vous me voyez maintenant. »

La frayeur du Tagaloc et sa méprise me donnèrent envie de rire; mais je lui adressai une réprimande sévère sur la mauvaise intention qu'il avait eue d'abuser de l'hospitalité qu'on nous avait si gracieusement offerte.

Il se repentit, et me pria de l'excuser. Il était, je crois, assez puni par sa frayeur.

Je voulus le ramener à la cabane, ce fut impossible. Je lui laissai mon fusil, et je rentrai dans la case.

La pauvre fille était aussi tout effrayée.

Je la mis au courant de l'aventure, je la remerciai de l'accueil qu'elle nous avait fait; et, la nuit étant avancée, j'allai rejoindre Alila, qui m'attendait avec impatience.

L'espoir de revoir bientôt nos parents, notre pays, doubla nos forces; et avant le coucher du soleil nous atteignîmes un village indien, sans qu'il nous fût survenu rien de remarquable. C'était notre dernière étape.

Après ce long et intéressant voyage, j'arrivai à *Quingua*, bourg de la province de Boulacan, où j'avais laissé mon ami en convalescence.

Mon absence prolongée avait causé de grandes inquiétudes; ma femme, étant heureusement restée à Manille, ignorait le voyage que j'avais entrepris et exécuté.

Mon malade s'était écarté du régime prescrit, son mal s'était aggravé, et il m'attendait avec impatience pour retourner mourir, disait-il, dans sa maison : ses vœux furent satisfaits.

Nous partîmes quelques jours après mon retour, et nous arrivâmes le lendemain à Manille, où mon ami rendit le dernier soupir au milieu de sa famille.

Cet événement attrista le plaisir que j'éprouvais de revoir ma femme.

Quelques jours après le décès de notre ami, nous nous embarquâmes et fîmes voile pour *Jala-Jala.*

Nous voyageâmes fort agréablement sur le lac, jusqu'à la sortie du détroit de *Quinabutasan;* mais, arrivés là, nous trouvâmes un vent d'est tellement violent, les eaux du lac si tourmentées, que nous dûmes rentrer dans le détroit, et aller mouiller près de la cabane du vieux pêcheur *Re-Lampago*, dont j'ai déjà parlé.

Nos matelots mirent pied à terre pour préparer leur souper : quant à nous, nous restâmes nonchalamment couchés dans notre embarcation, pendant que le vieux pêcheur, accroupi à quelques pas de nous à la manière indienne, faisait de son mieux pour nous distraire en nous racontant des histoires de bandits.

CHAPITRE XIII.

Aventures de Re-Lampago.

Je l'interrompis tout à coup, et lui dis :

« Re-Lampago, je préférerais entendre le récit des aventures « qui te sont arrivées; conte-nous donc plutôt tes malheurs. »

Le vieux pêcheur poussa un soupir; puis, ne voulant pas me désobliger, il commença sa narration en ces termes poétiques, si familiers à la langue tagale, et qu'il est presque impossible de reproduire dans une traduction :

« — La lagune n'est pas mon pays, dit-il; je suis né sur « l'île de *Zébu*. J'étais à vingt ans ce que l'on appelle un beau « garçon; mais, croyez-le bien, je ne tirais aucun orgueil de « mes avantages physiques, et je préférais être le premier pê- « cheur de mon village. Mes compagnons me jalousaient « cependant, et cela parce que les filles me regardaient avec « une certaine complaisance, et semblaient me trouver à leur « goût. »

Je souris de l'aveu naïf du vieillard. Il s'en aperçut.

« Je vous dis ces choses-là, monsieur, reprit-il, parce qu'à « mon âge on peut en parler sans crainte de paraître ridicule. « Il y a si longtemps! Et puis, sachez-le bien, c'est pour vous

« faire un récit exact que je rapporte ces particularités, et « non par vanité ! D'ailleurs, les regards que les jeunesses dai- « gnaient m'adresser lorsque je traversais le village ne me « flattaient aucunement.

« J'aimais Thérésa, monsieur; je l'aimais avec passion, j'étais « aimé d'elle : tout autre regard que le sien m'était bien in- « différent. Ah! c'est que Thérésa était la plus jolie fille du « village! Elle a fait comme moi, la pauvre femme! elle a bien « changé. Les années sont un poids énorme qui vous courbe « malgré vous, et contre lequel il n'y a pas à lutter.

« Quand, assis comme je le suis en ce moment, je songe « aux beaux jours de ma jeunesse, à la force, au courage que « nous puisions dans notre mutuelle affection, je répands « des larmes de regret et d'attendrissement.

« Où sont-ils ces beaux jours? Ils ont disparu sous les vents « âpres et terribles qui amènent les orages. La vie a son aube « comme le jour, et comme le jour aussi elle a son déclin... »

Le pêcheur s'arrêta. Je ne voulus pas interrompre ce moment de méditation. Il s'établit alors un profond silence, qui dura quelques instants.

Tout à coup *Re-Lampago* sembla sortir d'un songe, il passa la main sur son front, nous regarda comme pour s'excuser de ce moment d'absence, et continua :

« Nous avions été élevés ensemble, dit-il, et nous nous « étions fiancés aussitôt que nous avions grandi. Thérésa serait « morte plutôt que d'appartenir à un autre, et, ainsi que je le « prouverai bientôt, j'eusse accepté toutes les conditions, même « les plus défavorables, pour ne pas quitter l'amie de mon « cœur.

« Hélas! dans la vie c'est presque toujours avec ses larmes « que l'on trace son pénible chemin.

« Les parents de Thérésa s'opposaient à notre union ; ils al- « léguaient toujours de vains prétextes, et, quels que fussent « mes efforts pour les décider à m'accorder la main de ma « fiancée, je ne pouvais y parvenir.

« Pourtant ils savaient bien que, semblables aux palmiers, « nous ne pouvions vivre l'un sans l'autre, et que nous sé- « parer c'eût été nous faire mourir! Mais nos pleurs, nos « prières, nos douleurs ne trouvaient que des gens insensibles, « et nous souffrions sans que personne comprît nos souf- « frances.

« Je commençais à me décourager, lorsqu'un matin la pensée « pieuse me vint d'offrir à l'enfant Jésus de l'église de *Zébu* « la première perle que je pêcherais.

« Je me rendis plus tôt que je n'avais coutume de le faire « aux bords de la mer, et j'invoquai tout haut le Seigneur « pour qu'il me protégeât et que l'on m'unît à ma Thérésa.

« Le soleil commençait à lancer ses feux sur la terre. Il do- « rait la surface argentée des eaux; la nature s'éveillait, et « chaque être vivant chantait dans son langage un hymne au « Créateur.

« Le cœur ému, je commençai à plonger pour retirer du « fond de la mer la perle que je désirais si ardemment; mes « recherches furent d'abord infructueuses.

« Si quelqu'un eût été à côté de moi en ce moment, il eût « vu sur ma physionomie mon désappointement. Cependant « je ne perdis pas courage. Je recommençai, mais sans être « plus heureux.

« O Seigneur! m'écriai-je, vous n'entendez donc pas ma « prière? Vous ne voulez donc pas pour votre fils bien-aimé « l'offrande que je lui destine [1]?

« Je plongeai pour la sixième fois, et je rapportai du fond « de la mer deux énormes huîtres; mon cœur bondit de joie.

« J'ouvris l'une, et j'y trouvai une perle si belle, que de ma « vie je n'en avais vu de pareille. Ma joie fut si grande, que je « me mis à danser dans ma pirogue, comme si j'avais perdu

[1] D'après la tradition indienne, même la tradition espagnole, l'enfant Jésus de *Zébu* existait avant la découverte des Philippines; après la conquête, l'enfant fut trouvé sur la plage; les Espagnols vainqueurs le déposèrent dans la cathédrale, où il opéra de grands miracles.

« la raison. Le Seigneur daignait me protéger, puisqu'il me « mettait à même d'accomplir mon vœu.

« Le cœur tout joyeux, je m'en retournai chez moi, et, ne « voulant pas manquer à ma parole, je portai chez M. le curé « de *Zébu* cette belle perle.

« — M. le curé, reprit le vieux pêcheur, fut enchanté de « mon présent. Cette perle vaut 5,000 piastres [1], et vous avez « dû l'admirer comme toutes les personnes qui vont prier dans « l'église, car l'enfant Jésus la tient toujours à la main. Le curé « me remercia, et me félicita de ma bonne pensée.

« — Va, mon ami, me dit-il, le ciel te tiendra compte de « ce désintéressement et de cette bonne action, et tôt ou tard « tes vœux seront exaucés.

« Je sortis de chez le saint homme l'âme toute contente, et « je courus dire à Thérésa les bonnes paroles du pasteur.

« Nous nous réjouîmes, comme deux enfants que nous « étions.

« Ah! la jeunesse a reçu de Dieu tous les priviléges : elle a « reçu surtout l'espérance. A vingt ans, si le cœur croit devoir « espérer, tous les chagrins s'envolent; et comme la brise du « matin boit les gouttes d'eau laissées par l'orage dans le ca- « lice des fleurs, de même l'espoir sèche les larmes qui roulent « dans les yeux, et chasse les soupirs qui gonflent la poitrine « et l'oppressent.

« Nous étions tellement sûrs que bientôt nos chagrins se- « raient finis, que nous ne pensions déjà plus à nos douleurs « passées. Au printemps de la vie, le chagrin ne laisse pas « plus de trace que le pied de l'Indien agile n'en laisse sur « le sable quand le vent de la mer a soufflé!

« Les habitants du village en nous voyant si joyeux en- « viaient notre sort, et les parents de Thérésa ne trouvaient « plus de prétextes pour empêcher notre mariage.

« Nous touchions au port, notre pirogue voguait douce-

[1] 25,000 francs.

« ment balancée par un vent doux ; nous chantions l'hymne « du retour, sans penser, hélas! que nous allions nous briser « contre un écueil!

« Les jeunes Indiens ne voient pas, le matin, le *grain* qui « doit les atteindre le soir; le buffle ne sait pas éviter le lacet, « et souvent il s'élance au-devant du danger pour lui échap- « per. J'allais comme un insensé, regardant le soleil, sans son- « ger au précipice qui était caché dans l'ombre. Le malheur « me surprit d'autant plus que je ne l'attendais pas.

« Un soir, au retour de la pêche, au moment où je reve- « nais me reposer de mes fatigues auprès de Thérésa, je vis « arriver au-devant de moi un de mes voisins qui m'avait tou- « jours témoigné une grande affection.

« A sa vue, un tremblement me saisit, les battements de « mon cœur s'arrêtèrent. Son visage était pâle et tout changé. « Ses yeux hagards lançaient des éclairs de terreur, sa voix « était tremblante et agitée :

« — *Les Moros* [1] sont débarqués sur la côte, me dit-il...

« — Ciel! m'écriai-je en mettant la main sur ma figure.

« — Ils ont surpris quelques personnes du village, et les « ont emmenées prisonnières.

« — Et Thérésa? m'écriai-je.

« — Thérésa a été enlevée, répondit-il.

« Je n'entendis plus rien à cette révélation, et pendant « quelques minutes, tel que le guerrier frappé au cœur par la « flèche empoisonnée, je fus privé de tout sentiment.

« Lorsque je revins à moi, des larmes inondèrent mon vi- « sage et vinrent me soulager.

« Subitement je repris courage, et je compris qu'il ne fal- « lait pas perdre de temps.

« Je courus à la plage, où j'avais laissé ma pirogue. Je la « détachai, et m'élançai à force de rames à la poursuite des « Malais, non dans l'espoir de leur arracher Thérésa, mais

[1] Les Malais.

« pour partager sa captivité et ses malheurs. On souffre moins « à deux les maux qu'il faut souffrir.

« Celui qui m'avait apporté la fatale nouvelle me vit partir, « et crut que j'étais fou. Mon visage portait en effet toutes les « traces de l'aliénation mentale.

« Je semblais inspiré par le Grand Esprit; ma pirogue vo- « lait sur les eaux agitées de la mer, comme si elle eût eu des « ailes. On eût dit que j'avais vingt rameurs à mes ordres; je « fendais les flots avec la même rapidité que le vol de l'alcyon « emporté par la tempête.

« Après quelques instants de navigation pénible et doulou- « reuse, j'aperçus enfin les corsaires qui emmenaient mon « trésor. Leur vue doubla mes forces, et je les rejoignis « bientôt.

« Lorsque je fus auprès d'eux, je leur dis, avec des accents « touchants et qui venaient de mon âme, que Thérésa était ma « femme, et que je préférais être esclave avec elle que de l'a- « bandonner.

« Les pirates écoutèrent ma voix étouffée par les larmes, « et me prirent à leur bord, non par commisération, mais par « cruauté.

« J'étais un esclave de plus! Pourquoi m'eussent-ils re- « poussé?

« Quelques jours après cette soirée fatale, nous arrivâmes « à *Jolo*.

« Là, on fit le partage des captifs, et le maître que le sort « nous donna nous emmena chez lui.

« Était-ce donc pour avoir un sort pareil que j'étais allé « pêcher de grand matin, et que j'avais fait le vœu de donner « à l'enfant Jésus de *Zébu* la première perle que je pren- « drais?...

« Malgré mon chagrin, je ne murmurai pas, et je ne re- « grettai pas mon offrande. Le Seigneur était le maître, sa vo- « lonté devait être faite!...»

Re-Lampago s'arrêta pour regarder le ciel avec résignation, et nous pûmes voir sur son visage les traces laissées par les peines profondes que la vie amène avec elle.

Le vent soufflait toujours avec violence, et balançait notre embarcation ; nos matelots avaient achevé leur repas, et, pour entendre le récit du pêcheur, ils étaient venus s'asseoir à ses côtés. Leurs figures portaient l'empreinte de l'attention la plus naïve.

Je fis signe au conteur de continuer ; il reprit en ces termes :

« — Notre captivité dura deux ans, pendant lesquels nous « eûmes à supporter de grandes souffrances. Souvent mes « maîtres m'emmenaient avec eux sur les bords d'un lac de « l'intérieur de l'île, et ces absences duraient des mois entiers, « pendant lesquels j'étais séparé de ma Théresa, de ma femme ; « car, ne pouvant être unis par les hommes, nous nous étions « unis sous le regard bienveillant de Dieu ! A mon retour, je « retrouvais ma pauvre compagne toujours bonne, fidèle et « dévouée ; son courage soutenait le mien.

« Une circonstance me décida à prendre une résolution au-« dacieuse. Thérésa devint enceinte...

« Quelle eût été ma joie si nous eussions été à *Zébu* au mi-« lieu de notre famille et de nos amis ! Que de bonheur j'eusse « éprouvé à l'idée d'être père ! Hélas ! dans l'esclavage, cette « pensée me glaça de terreur, et je résolus d'arracher la mère « et son enfant aux tortures de la captivité.

« Je m'étais fait une plaie à la jambe dans une excursion « précédente, et cette blessure me fut d'un grand secours.

« Mes maîtres partirent un jour pour aller sur le bord du « grand lac, et, me sachant blessé, me laissèrent à *Jolo.*

« Je profitai de cette occasion pour mettre à exécution un « projet que j'avais formé depuis fort longtemps, celui de fuir « avec Thérésa.

« L'œuvre était hardie, mais le désir d'être libre double « les forces et augmente le courage ; je n'hésitai pas un seul « instant.

« Lorsque la nuit fut venue, Thérésa prit par une route que « je lui indiquai, je pris par une autre, et nous arrivâmes tous « les deux à peu de distance du bord de la mer. Là, nous nous « jetâmes dans une petite pirogue, et nous nous mîmes sous « la protection du ciel.

« Toute la nuit, nous fîmes force de rames; je n'oublierai « de ma vie cette fuite mystérieuse. Le vent soufflait avec une « certaine violence, la nuit était noire, et les étoiles perdaient « peu à peu leur vif éclat.

« Nous croyions toujours entendre derrière nous le bruit « causé par les gens chargés de nous poursuivre, et nos cœurs « battaient si violemment qu'on eût pu les entendre au milieu « du silence qui régnait dans la nature!

« Enfin, le jour arriva; peu à peu nous distinguâmes, dans « les brumes du matin, les rochers qui bordaient la mer, nous « pûmes voir assez dans le lointain pour reconnaître que « nous n'étions pas poursuivis!

« L'âme remplie d'un saint espoir, nous continuâmes à ra- « mer avec courage en dirigeant notre barque vers le nord, « pour aborder dans une île chrétienne.

« J'avais pris avec nous quelques cocos, mais ils étaient « d'une faible ressource; et il y avait trois grands jours que « nous naviguions sans rien prendre, lorsque, exténués de fa- « tigue, nous tombâmes à genoux en invoquant l'enfant Jésus « de *Zébu*.

« Après cette fervente prière, nos forces étaient tout à fait « épuisées. Nous laissâmes tomber nos rames de nos mains « affaiblies, et nous nous couchâmes au fond de la pirogue, dé- « cidés à périr dans une étreinte affectueuse.

« Notre défaillance augmenta insensiblement, et nous per- « dîmes tout à fait connaissance...

« La pirogue alla au gré des flots!

« Lorsque nous revînmes à nous, — j'ignore au bout de « combien de temps, — nous nous retrouvâmes entourés de « soins par des chrétiens qui nous avaient aperçus dans notre

« frêle embarcation, et qui nous avaient charitablement re-
« cueillis.

« A peine fûmes-nous à terre, que ma chère Thérésa se « sentit prise par de violentes douleurs, et qu'elle mit au « monde un enfant chétif et souffreteux.

« Je m'agenouillai devant cette innocente créature échappée « de l'esclavage. C'était un garçon... »

Le pêcheur poussa un soupir, et des larmes vinrent tomber sur ses deux mains amaigries.

Chacun de nous respecta ce douloureux souvenir.

« — Notre convalescence fut longue, dit *Re-Lampago;* enfin « nous reprîmes assez de santé pour quitter l'île de *Négros,* « où l'enfant Jésus nous avait fait miraculeusement aborder, « et nous vînmes nous établir ici, au bord de ce grand lac, « qui, situé dans l'intérieur de l'île de Luçon, me facilitait les « moyens de continuer mon état de pêcheur sans craindre les « Malais, qui auraient fort bien pu nous reprendre à *Zébu.*

« Mon premier soin fut, en arrivant, de faire célébrer mon « mariage dans l'église de *Moron.* Je l'avais promis à Dieu, et « je ne voulus pas manquer à la promesse que j'avais faite à « Celui qui lit au fond de nos cœurs.

« Puis je construisis cette cabane que vous voyez, et je « commençai à vivre tranquille avec ma famille.

« La pêche était abondante, j'étais encore jeune; je trouvais « facilement à vendre mon poisson aux embarcations qui pas- « saient par le détroit.

« Mon fils était devenu un beau garçon... »

« — Il tenait de son père, » dis-je, me souvenant du commencement du récit du vieillard.

Mais mon observation ne put lui arracher un sourire.

« — C'était un bon pêcheur, reprit-il, et nous vivions heu- « reux tous les trois, lorsqu'un malheur terrible vint nous « atteindre.

« L'enfant Jésus nous abandonna sans doute, ou Dieu fut « mécontent de nous. Je ne murmure pas, mais il nous a punis

« bien sévèrement, puisqu'il nous a frappés d'un chagrin que « nous emporterons dans le tombeau ! »

Et les pleurs du vieillard coulèrent plus abondants et plus amers.

Ah ! combien le poëte italien a eu raison de dire :

Rien ne dure ici-bas que les larmes !

« Les yeux épuisés des vieillards ne peuvent plus y voir, « qu'ils peuvent toujours pleurer ! »

La voix de *Re-Lampago* était étouffée par les sanglots ; cependant il fit un effort, et continua :

« — Une nuit, par un beau clair de lune, nous avions jeté « nos filets dans un endroit du détroit ; et comme nous éprou- « vions de la difficulté pour les retirer, l'enfant plongea au « fond de l'eau pour voir quel était l'obstacle qui les retenait.

« J'étais dans ma pirogue, et, penché sur le bord, j'atten- « dais qu'il remontât, quand je crus voir, aux rayons argentés « de l'astre qui nous regardait, une large tache de sang qui « s'étendait à la surface de l'eau.

« J'eus peur, et retirai promptement mon filet.

« Mon malheureux enfant s'y était cramponné ; mais, hélas ! « quand je l'aperçus, il avait cessé de vivre !...

« — Quoi ! votre fils, m'écriai-je... ?

« — Mon pauvre *José-Maria*, dit-il, avait eu la tête coupée « par un caïman qui s'était pris dans les filets !...

« Depuis cette nuit fatale, Thérésa et moi prions Dieu de « nous rappeler à lui, car rien ne nous attache à la terre.

« Celui de nous deux qui partira le premier sera enterré par « le survivant auprès de notre fils chéri, là... sous ce petit « tertre surmonté d'une croix de bois devant l'entrée de la « cabane... et le dernier qui partira pour les rejoindre trou- « vera bien sans doute un chrétien charitable qui le placera à « côté de ceux qu'il aura aimés pendant sa triste vie... »

Re-Lampago s'arrêta, et, pour donner un libre cours à ses

regrets et à sa douleur, il se leva et nous fit un signe d'adieu, que nous lui rendîmes, le cœur chagrin.

Les vents s'étaient calmés ;

Les matelots attentifs attendaient nos ordres.

Quelques instants après, nous voguions vers *Jala-Jala,* où nous arrivâmes avant le coucher du soleil.

Fête des cervelles chez les Tinguianès.

Page 192.

CHAPITRE XIV.

Jala-Jala. — Arrivée de mon frère Henri. — Le bandit Cajoui. — Anten-Anten. — Alila. — Bandits du lac de Bay.

Dès le lendemain de mon arrivée, je m'occupai de mon petit gouvernement.

Mon absence ne lui avait pas été favorable, et j'eus à réprimer plusieurs abus qui s'y étaient glissés.

Quelques légères corrections, une surveillance active, rétablirent bientôt l'ordre et la discipline, et dès lors je pus donner mes soins à la culture de mes terres.

Nous étions au commencement de l'hivernage, époque des pluies torrentielles et des coups de vent.

Aucun étranger n'avait osé traverser le lac pour venir nous voir.

Seuls, ma femme et moi, nos journées s'écoulaient paisibles et heureuses; nous ne connaissions point l'ennui. L'affection que nous avions l'un pour l'autre était trop vive et trop positive pour ne pas nous suffire à nous-mêmes.

Cette douce solitude fut bientôt interrompue par un événement heureux et imprévu.

13

Chose assez rare à *Jala-Jala*, je reçus de Manille une lettre qui m'annonçait que mon frère aîné, Henri, venait d'arriver; qu'il avait été reçu par mon beau-frère, et qu'il m'attendait avec toute l'impatience que l'on peut se figurer.

Je n'avais point su qu'il eût quitté la France pour venir me trouver; aussi cette nouvelle, cette arrivée subite, me causèrent-elles autant de surprise que de joie.

J'allais donc revoir un des miens, un frère pour lequel j'avais toujours eu une tendre amitié. Oh! celui qui jamais ne s'est éloigné de ses dieux pénates, de sa famille, de ses premières affections, comprendra difficilement toute l'émotion que produisit en moi cette heureuse lettre.

Les premiers transports de ma joie un peu calmés, je ne voulus pas perdre un instant pour me rendre à Manille.

Mes préparatifs de départ furent bientôt faits; je choisis ma pirogue la plus légère et mes deux plus vigoureux Indiens, et, quelques instants après avoir embrassé ma chère Anna, je voguais sur les eaux du lac, trop lentement, hélas! pour mon impatience; car j'aurais voulu pouvoir donner des ailes à ma frêle embarcation, et parcourir, aussi vite que ma pensée, l'espace qui me séparait de mon frère.

Jamais voyage ne me parut plus long, et cependant mes deux robustes rameurs, animés par mon impatience, employaient toute leur force à seconder mes désirs.

J'arrivai enfin, et me rendis de suite chez mon beau-frère; je me jetai dans les bras de Henri.

L'émotion que nous ressentîmes tous les deux nous priva longtemps de l'usage de la parole; nos larmes, qui coulaient abondamment, attestaient seules la joie de nos cœurs.

Cette première émotion passée, que de questions ne lui adressai-je pas!

Aucune personne de la famille ne fut oubliée. Les moindres petits détails qui avaient rapport à ces êtres chéris étaient pour moi d'un grand intérêt.

Nous passâmes le reste de la journée et toute la nuit suivante dans une continuelle et intéressante conversation; le lendemain, nous partîmes pour *Jala-Jala.*

Henri avait hâte de connaître sa belle-sœur, et moi de faire partager à cette chère compagne tout mon bonheur.

Bonne Anna, ma joie était de la joie pour toi; mon bonheur, pour toi du bonheur! Tu reçus Henri comme un frère, et cette amitié fraternelle fut toujours chez toi aussi sincère que ton affection pour moi.

Après quelques jours écoulés dans de douces causeries sur la France et tout ce qu'elle renfermait de cher à nos cœurs, quelques sentiments de tristesse que j'avais peine à réprimer vinrent se mêler à ma joie.

Je pensais à notre nombreuse famille, si éloignée et disséminée sur le globe.

Le plus jeune de mes frères, hélas! était mort à Madagascar.

Robert, le cadet, habitait Porto-Rico, et mes deux beaux-frères, tous deux capitaines au long cours, faisaient continuellement des voyages aux grandes Indes.

Pauvre mère! pauvres sœurs! seules, sans appui, sans soutien, que de douloureux moments de crainte et d'inquiétude ne deviez-vous pas passer dans votre solitude! J'aurais voulu vous avoir près de moi; mais, hélas! un monde entier nous séparait, et l'espoir seulement de vous revoir un jour dissipait les nuages qui obscurcissaient parfois ces jours heureux embellis par la présence de mon frère.

Après quelque temps de repos, Henri voulut partager mes travaux; je l'eus bientôt mis au courant de mon exploitation, et il se chargea du détail des plantations et des récoltes.

Moi, je me réservai le gouvernement de mes Indiens, le soin des troupeaux, et celui de poursuivre les bandits à outrance.

J'avais souvent maille à partir avec ces turbulents Indiens; avec eux j'étais continuellement en lutte, mais je ne me vantais pas de tous les petits combats où j'étais souvent obligé de prendre la part la plus active.

Je recommandais au contraire sévèrement le silence à mes

gardes; je ne voulais pas donner de l'inquiétude à ma bonne Anna, et à mon frère le désir de m'accompagner; je n'aurais pas voulu l'exposer aux dangers que je courais moi-même; je n'avais point la même confiance pour lui que pour moi; je me fiais à mon étoile, et, modestie à part, jusqu'à un certain point je crois que les balles des bandits me respectaient.

Lorsqu'il s'agissait de petits combats en rase campagne, de quelques escarmouches, le danger n'était pas grand. Mais c'était bien autre chose lorsqu'il fallait lutter corps à corps, ce qui m'est arrivé plus d'une fois; et je cède au plaisir de rappeler ici l'une de ces circonstances qui tout à l'heure me faisaient dire que les balles des bandits me respectaient.

Un jour, seul avec mon lieutenant, n'ayant tous deux pour toute arme que nos poignards, nous revenions à l'habitation en traversant une épaisse forêt située au fond du lac. Alila me dit :

« Maître, nous sommes dans les parages fréquentés par « *Cajoui.* »

Or, *Cajoui* était un chef de brigands des plus redoutables. Dans ses nombreux méfaits, il s'était amusé à noyer, le même jour, une vingtaine de ses compatriotes.

J'avais à cœur de purger le pays d'un pareil assassin, et l'avis de mon lieutenant me fit prendre un petit sentier qui nous conduisit à une case cachée au milieu des bois.

Je dis à Alila de rester en bas, et de veiller pendant que j'irais reconnaître les personnes qui l'habitaient. Je montai par la petite échelle qui conduit à l'intérieur des cabanes tagales; une Indienne y était seule, occupée à tresser une natte. Je lui demandai du feu pour allumer mon cigare, et je revins trouver mon lieutenant.

Ayant jeté les yeux par hasard sur l'extérieur de la case, elle me sembla beaucoup plus grande qu'elle ne m'avait paru dans l'intérieur.

Je remontai précipitamment, je regardai tout autour de la chambre où était la jeune fille, et j'aperçus au fond une petite porte masquée par une natte : je la poussai brusquement, et au même instant *Cajoui*, qui m'attendait derrière avec sa carabine, me lâcha son coup à bout portant.

Le feu, la fumée, m'aveuglèrent, et, par un hasard inconcevable, la balle effleura mon vêtement sans me blesser.

Alila, qui savait que je n'avais pas d'arme à feu, entendant la détonation, me crut mort.

Il se précipita au haut de l'escalier, me trouva entouré d'un nuage de fumée, le poignard à la main, cherchant mon ennemi, qui, me voyant encore sur pied après son coup de feu, crut sans doute que j'avais sur moi de l'*anten-anten,* certaine oraison diabolique qui, d'après la croyance indienne, rend l'homme invulnérable à toutes les armes à feu.

La peur alors s'était emparée du bandit; il s'était précipité par une fenêtre, et se sauvait à toutes jambes à travers la forêt.

Alila ne pouvait pas croire à ce qui venait de m'arriver; il me tâtait par tout le corps pour s'assurer que la balle ne m'avait pas traversé.

Après s'être bien convaincu que je n'avais aucune blessure, il me dit :

« Maître, si vous n'aviez pas de l'*anten-anten*, vous seriez « mort ! »

Mes Indiens ont toujours cru que j'étais possesseur de ce secret et de bien d'autres.

Par exemple, comme ils me voyaient souvent passer vingt-quatre, même trente-six heures sans boire et sans manger, ils étaient persuadés que je pouvais vivre ainsi indéfiniment; et un jour, un bon curé tagal, chez lequel je me trouvais, se mit presque à genoux pour que je lui communiquasse la faculté que j'avais, disait-il, de vivre sans aliments.

Les Tagals ont conservé toutes leurs vieilles superstitions.

Cependant, grâce aux Espagnols, ils sont tous chrétiens; mais ils comprennent cette religion à peu près comme des enfants, et croient que d'assister, les fêtes et dimanches, aux offices divins, se confesser et communier une fois l'année, cela suffit pour la rémission de tous leurs péchés.

Une petite anecdote qui m'est arrivée suffira pour faire connaître comment ils comprennent la charité évangélique.

Deux jeunes Indiens avaient un jour volé des volailles à un de leurs voisins, et ils étaient venus les vendre à mon majordome pour une douzaine de sous.

Je les fis venir devant moi, pour leur faire une réprimande et les punir.

Dans leur naïveté, ils me répondirent :

« C'est vrai, maître, nous avons mal fait, mais nous ne pou-
« vions pas faire autrement; nous communions demain, et
« nous n'avions pas d'argent pour prendre une tasse de cho-
« colat. »

C'est un usage que la tasse de chocolat après la communion, et c'était pour eux un plus grand péché d'y manquer que de commettre le petit larcin dont ils s'étaient rendus coupables.

Deux divinités malfaisantes jouent un grand rôle parmi eux; ils y croyaient avant la conquête des Philippines.

L'un de ces dieux funestes est le *Tic-Balan*, dont j'ai déjà parlé, qui habite les forêts dans l'intérieur des grands figuiers.

Cette divinité peut faire tout le mal possible à celui qui ne la respecte pas, ou qui ne porte pas sur lui certaines herbes; toutes les fois qu'il passe sous l'un de ces figuiers, il fait un signe de la main en prononçant : *Tavit-po*, mots tagals qui veulent dire : *Avec votre permission, Seigneur*.

Le seigneur du lieu est le *Tic-Balan*.

L'autre divinité s'appelle *Azuan*.

Elle préside surtout aux accouchements d'une manière malfaisante, et l'on voit souvent un Indien, pendant que sa femme est dans le travail de l'enfantement, perché à califourchon sur le toit de sa case, un sabre à la main, frappant dans l'air d'estoc et de taille pour chasser, dit-il, l'*Azuan*.

Quelquefois il continue cette manœuvre pendant plusieurs heures, jusqu'à ce que l'accouchement soit terminé.

Une de leurs croyances, que pourraient envier les Européens, c'est que lorsqu'un enfant au-dessous de l'âge de raison vient à mourir, c'est un bonheur pour toute la famille : c'est un ange qui va dans le ciel, pour y être le protecteur de tous ses parents. Aussi, le jour de l'enterrement est-il une grande fête; parents et amis y sont invités : on boit, on chante et l'on danse toute la nuit dans la case où l'enfant est mort.

Mais je m'aperçois que les superstitions des Indiens m'éloignent trop de mon sujet.

J'aurai plus tard et plus utilement l'occasion de décrire les mœurs et les usages de ces singuliers hommes.

Je reprends mon récit au moment où mon lieutenant venait de m'assurer que j'avais de l'*anten-anten*, et que par conséquent je ne pouvais pas être blessé par un coup de feu.

Il s'adressa ensuite à la jeune fille qui était restée dans son coin, plus morte que vive.

« — Ah! maudite créature, lui dit-il, tu es la concubine de
« *Cajoui*; à présent, c'est à toi que nous allons avoir affaire! »

Et au même instant il s'avança vers elle avec son poignard à la main; je me précipitai entre lui et cette pauvre fille, car je le savais homme à tuer quelqu'un, surtout lorsque j'avais été attaqué de manière à courir un danger.

« — Malheureux! lui dis-je, que vas-tu faire?

« — Pas grand'chose, maître : couper les cheveux et les
« oreilles à cette vilaine femme, et l'envoyer dire à *Cajoui* que
« nous le rejoindrons bientôt. »

J'eus beaucoup de peine à l'empêcher d'exécuter son projet. Il me fallut pour cela user de toute mon autorité et lui permettre de brûler la case, après que la jeune fille tout effrayée se fut, grâce à ma protection, sauvée dans la forêt.

Mon lieutenant avait raison de faire dire à *Cajoui* que nous le rejoindrions.

Quelques mois après, à plusieurs lieues de l'endroit où nous avions mis le feu à sa case, un jour que trois hommes de ma garde m'accompagnaient, nous découvrîmes, dans une partie des plus épaisses du bois, une petite cabane.

Mes Indiens allèrent tout de suite la cerner au pas de course; mais presque tout autour se trouvait une espèce de marais recouvert d'herbes et de broussailles, où tous les trois enfoncèrent jusqu'à la ceinture.

Comme je courais moins vite qu'eux, je m'aperçus du danger, et tournai le marais pour aborder la case par le seul endroit accessible.

Tout à coup je me trouvai face à face avec *Cajoui*, pouvant presque le toucher.

J'avais mon poignard à la main, lui aussi avait le sien; la lutte s'engagea.

Pendant quelques secondes nous nous portâmes des coups multipliés, que chacun de nous évitait comme il le pouvait; je crois cependant que la chance tournait contre moi; la pointe du poignard de *Cajoui* m'était déjà entrée assez profondément dans le bras droit, lorsque de la main gauche je pus prendre à ma ceinture un pistolet d'assez fort calibre; je le lui déchargeai en pleine poitrine : la balle et la bourre lui traversèrent le corps.

Pendant quelques secondes, *Cajoui* chercha encore à se défendre; mais je le poussai vigoureusement, je le fis tomber à mes pieds, et lui arrachai alors son poignard, que je conserve encore.

Mes gens, étant sortis de leur bourbier, vinrent me rejoindre.

La compassion remplaça bientôt l'animosité que nous avions contre *Cajoui*.

Nous fîmes un brancard, je bandai sa plaie, et pendant plus de six lieues nous le transportâmes ainsi jusqu'à mon habitation, où je lui fis donner tous les soins que réclamait son état.

D'un moment à l'autre je croyais qu'il allait rendre l'âme; de quart d'heure en quart d'heure mes gens venaient me donner de ses nouvelles, et toujours ils me disaient :

Mort du bandit Cajoui.

« Maître, il ne peut pas mourir, parce qu'il a sur lui de « l'*anten-anten;* et c'est bien heureux que ce soit vous, qui en « avez aussi, qui lui ayez tiré le coup de pistolet, parce que « nos armes n'eussent rien fait contre lui. »

Je riais de leur superstition, et m'attendais bien à apprendre, d'un instant à l'autre, que le blessé avait rendu le dernier soupir, lorsque mon lieutenant tout joyeux m'apporta un petit manuscrit, à peu près de deux pouces carrés, en me disant :

« Voilà, maître, l'*anten-anten* que j'ai pu trouver sur le « corps de *Cajoui.* »

Au même instant, un autre de mes gens vint me prévenir qu'il n'existait plus.

« Voyez, me disait Alila, si je ne lui avais pas pris son « *anten-anten*, il vivrait encore. »

J'avais feuilleté le petit livre : des prières, des invocations qui n'avaient pas beaucoup de sens, étaient écrites en langue tagale.

Un bon moine qui était présent me le prit des mains; je croyais qu'il éprouvait la même curiosité que moi, mais pas du tout : il se leva, passa à la cuisine, et un instant après vint me dire qu'il en avait fait un auto-da-fé.

Mon pauvre lieutenant en pleura presque de chagrin, car il considérait le petit livre comme sa propriété, et pensait que sa possession devait le rendre invulnérable.

J'aurais aussi voulu le conserver, comme un document curieux de la superstition indienne.

Le lendemain, j'eus beaucoup de peine à décider mon gros curé, le père Miguel, à enterrer *Cajoui* dans le cimetière; il prétendait qu'un homme qui était mort ayant sur lui de l'*anten-anten* ne pouvait pas être enterré en lieu saint.

Il fallut, pour le convaincre, lui dire que l'*anten-anten* avait été ôté à *Cajoui* avant sa mort, et qu'il avait eu le temps de se repentir.

Quelques jours après la mort de *Cajoui*, ce fut au tour de mon fidèle Alila d'affronter un danger non moins imminent que celui auquel je m'étais exposé lors de mon combat avec ce chef de bandits.

Mais Alila était brave, et, quoiqu'il n'eût pas d'*anten-anten*, une arme à feu ne lui faisait pas peur.

De grandes embarcations, véritables arches de Noé, chargées de marchands forains, partaient toutes les semaines du bourg de Pasig pour se rendre à celui de Santa-Cruz, où, le jeudi, se tenait un grand marché.

Huit bandits entreprenants et déterminés s'embarquèrent sur un de ces bateaux; ils cachèrent leurs armes dans des ballots de marchandises.

A peine l'embarcation avait-elle pris le large, qu'ils les saisirent, et commencèrent une horrible scène de carnage.

Tous ceux qui voulurent leur résister furent égorgés, le pilote lui-même fut jeté à l'eau; enfin, ne trouvant plus de résistance, ils dévalisèrent tous les passagers de l'argent qu'ils avaient sur eux, leur prirent tout ce qu'ils trouvèrent d'objets précieux, et, chargés de butin, ils conduisirent l'embarcation sur une plage déserte, où ils débarquèrent.

J'avais été prévenu de cette audacieuse entreprise, et m'étais rendu à la hâte à l'endroit où ils avaient mis pied à terre.

Malheureusement j'étais arrivé trop tard, et ils fuyaient déjà vers les montagnes, après s'être partagé leur butin.

Malgré le peu d'espoir que j'avais de les atteindre, je me mis cependant à leur poursuite, et, après une assez longue marche, un Indien que je rencontrai me prévint que l'un de ces bandits, moins bon marcheur que les autres, n'était pas très-éloigné, et que si mes gardes et moi nous courions bien, nous pourrions l'atteindre.

Alila était mon meilleur coureur, il avait toute la légèreté du cerf; aussi lui dis-je :

« Pars, Alila, et, mort ou vif, amène-moi ce fuyard. »

Mon brave lieutenant, pour moins d'embarras dans sa course, nous laissa son fusil, prit une lance, et partit.

Peu d'instants après l'avoir perdu de vue, nous entendîmes la détonation d'une arme à feu; ce ne pouvait être que le bandit qui avait tiré sur Alila, et nous pensâmes tous qu'il était mort ou blessé.

Nous hâtâmes le pas, dans l'espoir d'arriver encore à temps pour le secourir; mais bientôt nous l'aperçûmes revenant tranquillement vers nous.

Il avait la figure et ses vêtements couverts de sang, dans la main droite sa lance, et dans la gauche la hideuse tête du bandit, qu'il tenait par les cheveux, comme Judith autrefois celle d'Holopherne.

Mais mon pauvre Alila était blessé, et mon premier soin fut

d'examiner si la blessure était grave. Après m'être assuré qu'elle n'offrait aucun danger, je lui demandai quelques détails sur son combat :

— « Maître, me dit-il, peu de temps après vous avoir quitté, « j'aperçus le bandit; il me vit aussi, lui, et se mit à se sauver « le plus bravement possible; mais je courais mieux que lui, « et je le serrais de près. Lorsqu'il eut perdu l'espoir de m'é- « chapper, il se retourna vers moi et me présenta un pistolet. « Je n'eus pas peur, et m'avançai quand même... Le coup « partit, et je me sentis blessé à la figure; cette blessure ne « m'arrêta pas : je fonçai sur lui et lui traversai le corps avec « ma lance, et comme il était trop lourd pour vous l'apporter, « je lui ai coupé la tête, que voici! »

Après avoir félicité Alila de son succès, j'examinai sa blessure : un fragment d'une balle coupée en quatre l'avait atteint sur la pommette de la joue, et s'était aplati sur l'os; j'en fis l'extraction, et la guérison ne se fit pas longtemps attendre.

Maintenant que j'ai presque terminé, pour ne plus y revenir, mes nombreuses expéditions contre les bandits, je reprends la suite de ma vie habituelle à *Jala-Jala*.

CHAPITRE XV.

Jala-Jala. — Bermigan. — Le capitaine Gabriel Lafond. — Joaquin Balthazar. — Tay-Foung. — Rixes. — Bandits. — Tapuzi. — Ile de Talim. — Guerre civile.

A cette époque, un malheur vint mettre le deuil dans ma maison.

Des lettres de ma famille m'annonçaient que mon frère Robert était revenu de Porto-Rico, mais que bientôt une maladie grave l'avait conduit au tombeau.

Il était mort entre les bras de ma mère et de mes sœurs dans la petite maison de *la Planche*, où, comme je l'ai dit, nous avons tous été élevés.

Ma bonne Anna pleura avec nous, et employa mille soins et les plus douces attentions pour alléger la douleur que mon frère Henri et moi nous ressentions d'une perte si cruelle.

Quelques mois après, un nouveau chagrin vint encore nous affliger.

Nous avions une petite société à *Jala-Jala*, qui se composait de ma belle-sœur, de Delaunay, jeune homme de Saint-

Malo, venu de Bourbon pour établir à Manille des usines pour la cuisson des sucres; de Bermigan, jeune Espagnol, et de mon ami le capitaine Gabriel Lafond, Nantais comme moi [1].

Il était venu aux Philippines sur *le Fils de France,* avait passé quelques années dans l'Amérique du Sud, et y avait occupé plusieurs emplois de distinction dans la marine, comme capitaine commandant; enfin, après bien des aventures et des vicissitudes, il était arrivé à Manille avec une petite fortune, avait acheté un navire, et s'était rendu dans l'océan Pacifique pour y faire la pêche du *balaté,* ou ver de mer.

A peine arrivé à l'île de *Tongatabou,* son navire s'était brisé sur les rochers qui entourent cette île. Lafond s'était sauvé à la nage, et avait tout perdu.

De là, il s'était rendu aux îles Mariannes, où le chagrin et la mauvaise nourriture l'avaient fait tomber malade; il était revenu à Manille, affecté d'une affreuse dyssenterie.

Je l'avais conduit à mon habitation, et là je lui donnais tous les soins que méritait un compatriote, un bon ami, doué de qualités solides et aimables.

Nos soirées se passaient en conversations amusantes et instructives.

Chacun de nous, ayant beaucoup voyagé, avait quelque chose à raconter; dans la journée, les malades tenaient compagnie aux dames, pendant que mon frère et moi nous vaquions à nos occupations ordinaires.

Mais bientôt, hélas!... un malheureux accident vint troubler le calme qui régnait à *Jala-Jala.*

Bermigan tomba si dangereusement malade, que quelques jours suffirent pour m'ôter tout espoir de lui sauver la vie. Jamais je n'oublierai la nuit fatale dans laquelle nous étions tous réunis au salon, la douleur et la consternation sur tous les visages et dans tous les cœurs; à quelques pas de nous,

[1] Auteur d'un ouvrage en huit volumes, intitulé *Quinze années de voyages autour du monde.*

dans une chambre voisine, nous entendions le râle de la mort : le pauvre Bermigan n'avait plus que peu d'instants à vivre.

Mon bon ami Lafond, que la maladie avait aussi réduit à un état presque désespéré, rompit le silence et dit :

— « Allons, aujourd'hui Bermigan, et dans quelques jours, « peut-être demain, ce sera mon tour. Vois, mon cher don « Pablo : je puis dire que je n'existe plus. Regarde mes jambes, « mon corps, je ne suis plus qu'un squelette, je ne peux plus « prendre aucune nourriture. Ah ! il vaut mieux mourir que « de vivre comme cela ! »

J'étais si persuadé que son pressentiment ne tarderait pas à se vérifier, que j'osais à peine lui donner quelques paroles de consolation et d'espérance.

Qui m'eût dit alors que lui seul et moi survivrions à tous ceux qui nous entouraient, tous si pleins de vie et de santé !

Mais, hélas ! n'anticipons pas sur l'avenir.

Le pauvre Bermigan rendit le dernier soupir.

La maison de *Jala-Jala* n'était plus vierge ; une créature humaine venait d'y expirer, et le lendemain, tristes et silencieux, nous nous rendions tous au cimetière pour y déposer notre ami et lui rendre les derniers devoirs.

Son corps fut placé au pied d'une grande croix qui occupait le centre du cimetière, et pendant plusieurs jours la tristesse et le silence régnèrent dans la maison de *Jala-Jala*.

Quelque temps après, j'eus le bonheur de voir mes efforts couronnés de succès pour mon ami Lafond.

A la suite de violents remèdes que je lui administrai, sa santé revint tout à coup, et peu de temps après l'appétit.

Bientôt il fut en état de s'embarquer pour la France.

Maintenant établi à Paris, marié à une femme ornée de toutes les qualités faites pour rendre un homme heureux, père de beaux enfants, jouissant d'une position honorable et de l'estime publique, il n'a point oublié les six mois passés à

Jala-Jala, et l'ingratitude ne souilla jamais un cœur noble, aimant et dévoué.

Aussi existe-t-il toujours entre lui et moi le plus sincère attachement, et je suis heureux de lui dire ici qu'il est et sera toujours mon meilleur ami.

Puisque je viens de nommer plusieurs personnes qui ont séjourné quelque temps à *Jala-Jala*, je ne passerai pas sous silence un de mes colons, Joaquin Balthazar, Marseillais d'origine, homme excentrique comme je n'en ai jamais connu.

Joaquin, très-jeune, s'était embarqué par-dessus le bord à Marseille.

Étant arrivé à Bourbon sans être porté sur le rôle d'équipage, il avait été pris et mis à bord de *l'Astrolabe*, qui faisait le voyage du tour du monde.

Il avait déserté aux îles Mariannes, était arrivé dans le plus grand dénûment aux Philippines, s'était adressé à de bons moines pour faire, disait-il, sa conversion et son salut.

Il avait vécu parmi eux et à leurs dépens près de deux années; ensuite il avait ouvert un café à Manille, et absorbé en plaisirs et en débauches une assez forte somme qu'un Français et moi lui avions avancée.

Enfin il était venu faire construire sur mon habitation un grand édifice en paille, qui avait plutôt l'air d'un grand magasin que d'une maison.

Là, il entretenait toujours une espèce de sérail, adoptait tous les enfants qu'on voulait lui donner, et qui, avec les siens, faisaient ressembler sa maison à une école mutuelle.

Le jour où il était fatigué d'une de ses femmes, il faisait venir un de ses ouvriers, et, avec un grand sérieux, il lui disait :

« Voilà une femme que je te donne; sois bon mari, traite-la « bien. Et toi, femme, voilà ton mari; sois-lui fidèle. Allez, « que Dieu vous bénisse ! décampez, et que je ne vous revoie « plus. »

Il était toujours sans le sou, ou tout à coup se voyait riche de sommes assez fortes, qui, en peu de jours, étaient dissipées.

Il empruntait à tout le monde, ne rendait jamais, vivait comme un véritable Indien, et était poltron comme une poule mouillée.

Ses cheveux blonds, sa figure blafarde et sans barbe lui avaient fait donner par les Indiens le surnom de *Ouela-Dougou*, paroles tagales qui voulaient dire : *Qui n'a point de sang.*

Un jour que je traversais le lac dans une petite pirogue avec lui et deux Indiens, nous fûmes surpris par un de ces terribles coups de vent des mers de Chine que l'on nomme *tay-foung.*

Ces coups de vent, qui sont extrêmement rares, sont effrayants.

Le ciel se couvre de gros nuages, la pluie tombe à torrent, la lumière du jour disparaît presque comme dans nos plus sombres brouillards, et le vent souffle avec une telle furie, qu'il renverse tout ce qui se trouve sur son passage [1].

Nous étions donc dans notre pirogue : à peine le vent commença-t-il à souffler avec toute sa force, que Balthazar se mit à invoquer tous les saints du paradis.

Dans sa désolation, il criait à haute voix : « O mon Dieu ! « moi qui suis un si grand pécheur, faites-moi la grâce que je « puisse me confesser et recevoir l'absolution ! »

Toutes ses jérémiades et ses cris ne faisaient qu'épouvanter mes deux Indiens; et certes notre position était assez critique pour tâcher de conserver notre présence d'esprit, afin de manœuvrer notre frêle embarcation, qui d'un moment à l'autre allait être submergée.

Cependant j'étais certain qu'armée de ses deux grands balanciers en bambou elle pouvait parfaitement se tenir entre deux eaux et ne pas chavirer, si nous avions la précaution et la force de fuir devant le temps, et de ne pas présenter le côté à la lame; car dans ce cas nous eussions tous péri.

[1] J'ai éprouvé deux de ces coups de vent pendant mon séjour à *Jala-Jala :* celui dont je parle, et un second dont je parlerai plus tard.

Ce que je prévoyais arriva.

Une lame vint déferler sur nous; pendant quelques secondes nous fûmes totalement engloutis; mais, la lame passée, nous revînmes au-dessus de l'eau.

Notre pirogue resta submergée entre deux eaux, mais nous ne l'avions pas abandonnée, nous avions passé nos jambes sous les bancs, où nous nous tenions fortement cramponnés; nous avions tout le haut du corps au-dessus de l'eau.

Toutes les fois qu'une lame s'avançait sur nous, elle nous passait par-dessus la tête, s'éloignait, et nous avions alors le temps de respirer jusqu'à ce qu'une autre lame vînt encore nous atteindre.

A chaque trois ou quatre minutes, la même manœuvre se répétait.

Mes Indiens et moi nous mettions alors toute notre force et notre adresse à toujours fuir devant le temps.

Balthazar avait fini ses jérémiades, le plus grand silence régnait parmi nous; seulement je prononçais de temps en temps ces quelques mots : « Courage, enfants! nous arriverons. »

Pour empirer notre triste position, la nuit était venue.

La pluie continuait à tomber à torrents, le vent redoublait de fureur.

De temps en temps nous étions éclairés par des globes de feu semblables à ce que les marins appellent *feu de saint Elme*.

Dans ces moments de rayons de lumière, je portais les yeux au loin, mais je n'apercevais que l'immensité des eaux en fureur.

Pendant deux heures à peu près nous fûmes ainsi ballottés par la lame, qui cependant peu à peu nous poussait vers une plage; et au moment où nous y pensions le moins, nous nous trouvâmes au milieu d'un énorme buisson de hauts bambous.

Je reconnus alors que nous étions sur la plage, et que le lac avait débordé à plusieurs milles dans les terres.

Nous avions de l'eau jusqu'à la poitrine, et il n'était pas possible de traverser l'inondation.

L'obscurité était trop grande pour pouvoir prendre une direction quelconque; notre pirogue, engagée dans les bambous, ne pouvait plus nous servir.

Tay-Foung. — Naufrage.

Nous nous hissâmes comme nous pûmes au milieu du buisson, jusqu'à la hauteur où les bambous se terminent en flèches; nous avions le corps déchiré par les épines aiguës qui garnissent toujours les petites branches; la pluie continuait à tomber sans interruption, le vent soufflait toujours, et chaque rafale faisait plier les bambous, dont les branches flexibles venaient nous déchirer le corps et la figure.

J'ai bien souffert dans ma vie; mais jamais nuit ne me parut si longue et si cruelle!

Joaquin Balthazar recouvra alors la parole, et d'une voix tremblante et saccadée il me dit :

« Ah ! don Pablo, écrivez, je vous en prie, à ma mère la fin « tragique de son malheureux fils !... »

Je ne pus m'empêcher de lui répondre :

« Maudit poltron !... crois-tu que je sois plus à mon aise « que toi ?... Tais-toi, sinon je vais te faire faire le plongeon « pour ne plus t'entendre. »

Le pauvre Joaquin prit alors son parti, et ne prononça plus une parole ; seulement, de temps en temps, il faisait connaître sa douleur par de profonds soupirs.

Le vent, qui avait soufflé à l'est et au nord, vers les quatre heures du matin passa subitement à l'est, et peu de temps après cessa tout à coup.

Il était presque jour, nous étions sauvés.

Nous pûmes alors nous reconnaître : nous avions tous les quatre un aspect déplorable ; nos vêtements étaient en lambeaux.

Nous avions tout le corps flagellé et couvert de profondes écorchures.

Le froid avait pénétré jusque dans la moelle de nos os, et le long bain que nous venions de prendre avait ridé notre peau ; nous ressemblions à des noyés retirés des eaux après y avoir demeuré plusieurs heures.

Enfin, perclus comme nous l'étions, nous nous laissâmes glisser de nos bambous pour rentrer dans les eaux du lac.

Elles firent sur nous une impression salutaire et agréable ; elles nous paraissaient tièdes comme un bain à 30 degrés de chaleur.

Ranimés par cette douce température, nous retirâmes notre pirogue du buisson, où fort heureusement elle était tellement engagée, que les vagues et les courants n'avaient pu l'entraîner plus loin.

Nous la remîmes à flot, et nous parvînmes à gagner une case indienne, où nous nous séchâmes et réparâmes nos forces.

Le calme était rétabli, le soleil brillait de tout son éclat ; mais partout on voyait les traces qu'avait laissées le *tay-foung*.

Dans la journée nous regagnâmes *Jala-Jala*, où notre arrivée causa une grande joie.

On me savait sur le lac, et tout devait faire présumer que j'avais péri.

Ma bonne et chère Anna se jeta dans mes bras en pleurant; elle avait été si inquiète, que sa joie de me voir ne put s'exprimer pendant plusieurs instants que par les larmes qui inondaient son visage.

Balthazar retourna à son sérail.

Tant qu'il fut sous ma protection, les Indiens le respectèrent; mais après mon départ de *Jala-Jala*, il fut assassiné, et tous ceux qui le connaissaient bien convinrent qu'il l'avait mérité à plus d'un titre.

Puisque j'ai parlé d'un *tay-foung*, je vais un peu anticiper, et, le plus brièvement possible, en décrire un bien plus terrible encore que celui que j'avais essuyé dans une frêle pirogue et sur le buisson de bambous.

Je venais de terminer de jolis bains sur le lac, en face de ma maison; j'étais tout fier et tout content de procurer ce nouvel agrément à ma femme.

Le jour même où mes Indiens venaient d'y ajouter les derniers ornements, vers le soir, le vent d'ouest commença à souffler avec furie; peu à peu les eaux du lac s'agitèrent, bientôt nous ne doutâmes plus que nous allions avoir affaire à un *tay-foung*.

Mon frère et moi restâmes longtemps à examiner, à travers les vitraux des croisées, si les bains résisteraient à la force du vent; mais, dans une forte rafale, mon pauvre édifice disparut comme un château de cartes.

Nous nous retirâmes de la fenêtre, et bien nous en prit, car une plus forte rafale que celle qui avait détruit les bains enfonça toutes les croisées qui donnaient à l'ouest; le vent s'enfourna dans la maison, et se fit jour en renversant toute la muraille au-dessus de la porte d'entrée.

Le lac était si agité, que les lames passaient par-dessus ma maison et inondaient tous les appartements.

Nous ne pouvions plus y tenir...

En nous aidant les uns les autres, ma femme, mon frère, un jeune Français qui se trouvait alors à *Jala-Jala* [1], et moi, nous pûmes gagner un rez-de-chaussée qui n'avait jour au dehors que par une petite fenêtre; là, dans une obscurité profonde, nous passâmes une grande partie de la nuit, mon frère et moi, l'épaule appuyée contre la fenêtre, opposant toute notre force à celle du vent qui menaçait de l'enfoncer.

Dans ce rez-de-chaussée il y avait quelques dames-jeannes d'eau-de-vie : ma chère Anna en versait dans sa main, et nous en donnait à boire pour soutenir nos forces et nous réchauffer.

Au point du jour le vent cessa, et le calme reparut.

Tous les meubles et ornements de ma maison avaient été brisés et mis en pièces; toutes les chambres étaient inondées, tous les greniers remplis de sable apporté par les eaux du lac.

Bientôt toute la maison fut le refuge de mes colons; tous avaient passé une nuit affreuse et étaient sans asile.

Le soleil vint enfin briller de tout son éclat; le ciel était sans nuages. Mais quelle tristesse s'empara de moi lorsque j'examinai d'une fenêtre les désastres produits par le *tay-foung!*

Plus de villages! toutes les cabanes avaient été rasées..., l'église renversée! mes magasins, mon usine à sucre entièrement perdus; ce n'étaient plus que monceaux de ruines.

Mes beaux champs de cannes étaient tout à fait détruits, et la campagne, si belle douze heures auparavant, paraissait avoir souffert comme après un long hiver.

On ne voyait plus aucune verdure, les arbres étaient entièrement dépouillés de leurs feuilles, les branches hachées, des portions de bois entièrement renversées; et tout ce bouleversement s'était opéré en quelques heures!

Dans la journée et le lendemain, le lac rejeta sur la plage plusieurs cadavres de malheureux Indiens qui avaient péri! Le premier soin du père Miguel fut de leur donner la sépulture,

[1] M. Pierre Voldemar, Bordelais.

et longtemps après on voyait encore dans le cimetière de *Jala-Jala* quelques croix, avec l'inscription : *Inconnu mort pendant le tay-foung.*

Mes Indiens se mirent tout de suite à reconstruire leurs cabanes, et moi à réparer autant que possible mes désastres.

La nature féconde des Philippines eut bientôt effacé l'aspect de deuil qu'elle avait pris.

En moins de huit jours les arbres se couvrirent complétement de nouvelles feuilles, et donnaient déjà le spectacle d'un bel été après celui d'un hiver affreux.

Le *tay-foung* avait embrassé un diamètre de deux lieues à peu près, et, comme une forte trombe, avait renversé et brisé tout ce qu'il avait trouvé sur son passage.

Mais c'est assez parler de désastres; je reviens à l'époque où le pauvre Bermigan cessa de vivre, pour nous affliger tous!

Mon habitation prospérait; l'abondance, qui donne le bonheur, régnait parmi tous mes colons; la population de *Jala-Jala* augmentait chaque jour. Mes Indiens étaient heureux; j'étais aimé et respecté; ils m'aidaient avec zèle dans mes travaux, et ils m'étaient aveuglément soumis. Ce n'était cependant pas par l'oppression que je les dominais, mais par l'ascendant et la puissance que donnent la justice et le bon droit.

Dans des circonstances difficiles où il fallait agir avec énergie contre eux, c'était toujours sans armes et par la seule force de ma volonté que j'obtenais leur obéissance. Cependant je les bâtonnais vigoureusement quelquefois; mais c'était pour leur éviter de plus grands malheurs. Ces actes de justice exécutive n'avaient lieu que dans les grandes réunions, les jours de fête, lorsqu'il s'élevait une rixe, quand, les poignards tirés, une lutte sanglante allait s'engager, qu'ils méconnaissaient l'autorité de leurs chefs et de mes gardes. Dans de pareils moments on venait à la hâte me prévenir; je prenais une canne, et je me rendais au lieu de la réunion : c'était généralement là où se livraient les combats de coqs.

Je me précipitais au milieu de la foule, et je frappais à tort et à travers sur tous ceux qui se trouvaient à la longueur de ma canne. C'était alors une panique, un sauve qui peut général. Chacun allait se cacher dans son coin, et ne reparaissait qu'après que les esprits, devenus plus calmes, étaient tout à fait pacifiques.

Ils prenaient avec gaieté ces sortes d'exécutions, et ne manquaient jamais de raconter quelque accident burlesque occasionné par leur fuite précipitée. Ils disaient hautement : « Nous étions tous coupables, les uns de vouloir se battre, « les autres de les regarder. Le maître a bien fait de ne ménager « personne. »

D'autres fois, c'était un brave, un vaillant qui, le poignard dégaîné, se promenait au milieu de ses compatriotes et les menaçait tous. Personne n'osait l'approcher, parce qu'on savait qu'il aurait fait usage de son arme. On venait me prévenir, et, sans armes, sans canne, je me présentais devant lui : d'une voix ferme je lui ordonnais de me remettre son poignard, de se rendre à la prison pour être mis *au bloc.* Jamais ces hommes, qui dans de tels moments sont la terreur de leurs semblables, ne manquaient de m'obéir. Le lendemain, je les faisais comparaître devant moi, et, après une réprimande, je leur rendais leur poignard et leur liberté.

J'avais rendu de grands services au gouvernement espagnol par la guerre incessante que je faisais aux bandits, et, je puis dire que, parmi ces derniers, je jouissais d'une véritable vénération.

Ils me considéraient bien comme leur ennemi, mais comme un ennemi brave, incapable d'aucune lâcheté envers eux, leur faisant loyalement la guerre; et le caractère indien m'était si bien connu que je ne craignais pas qu'ils me tendissent aucune embûche et m'attaquassent en traîtres.

J'en étais si convaincu, que, dans mon habitation, jamais je ne me faisais accompagner ni de nuit ni de jour.

Je parcourais sans crainte les forêts, les montagnes, et souvent même je traitais avec mes honnêtes bandits de puissance à puissance, ne dédaignant point les invitations qu'ils me faisaient quelquefois pour me rendre dans un lieu où, sans crainte de surprise, ils pouvaient me consulter ou invoquer mon appui.

Ces sortes de rendez-vous avaient toujours lieu la nuit, dans des lieux solitaires.

De leur part comme de la mienne, la parole donnée de ne pas se nuire était toujours religieusement observée.

Dans ces entretiens nocturnes et sans témoins, je ramenais souvent à la vie paisible des hommes égarés, et qu'une jeunesse turbulente avait jetés dans une série de crimes que les lois auraient punis par le dernier châtiment.

Quelquefois aussi j'échouais dans mes tentatives, lorsque surtout j'avais affaire à ces caractères fiers et indomptables comme il s'en trouve chez l'homme qui n'a jamais eu que la nature pour guide.

Un jour, entre autres, je reçus une lettre d'un métis, grand coupable qui fréquentait une province voisine de la lagune.

Il me disait qu'il voulait me voir, et me priait de venir seul, au milieu de la nuit, dans un lieu sauvage qu'il me désignait, où lui aussi se rendrait seul.

Je ne balançai pas à aller au rendez-vous.

Je l'y trouvai comme il me l'avait promis.

Il me dit qu'il désirait changer de conduite et venir demeurer sur mon habitation.

Il ajoutait qu'il n'avait jamais commis de crime contre les Espagnols, mais seulement contre les Indiens et les métis.

Il m'était impossible de le recevoir sans me compromettre.

Je lui proposai de le placer chez un moine : là il serait resté caché pendant quelques années, après lesquelles, ses crimes étant oubliés, il pourrait rentrer dans la société.

Après avoir réfléchi un instant, il me dit :

« Non, ce serait perdre ma liberté. Pour vivre en esclave, « j'aime mieux mourir. »

Je lui proposai alors de se rendre à *Tapuzi*, endroit où les bandits trop poursuivis pouvaient se cacher impunément. (J'aurai bientôt occasion de parler de ce village.)

Mon métis fit un geste, et me dit encore :

« Non; la personne que je voudrais emmener avec moi n'y « viendrait pas. Vous ne pouvez rien faire pour moi, adieu. »

Puis il me donna une poignée de main, et nous nous quittâmes.

Peu de jours après, une cabane dans laquelle il se trouvait, près de Manille, fut cernée par une compagnie de troupes de ligne.

Le bandit fit d'abord sortir les propriétaires de la cabane, et quand il les vit hors de danger, il prit sa carabine et se mit à faire feu sur les soldats, qui de leur côté ripostèrent et tirèrent sur la cabane.

Quand elle fut criblée de balles et que l'on vit que le bandit ne ripostait plus, un soldat s'approcha et mit le feu à la case, tant on avait peur de le trouver encore vivant!

Ces rendez-vous nocturnes m'ayant amené à parler de *Tapuzi*, je ne puis m'empêcher de consacrer quelques lignes à cette singulière retraite, où des hommes proscrits par la loi vivent dans un accord si rare et une union si parfaite.

Tapuzi [1], qui en langue tagale veut dire *bout du monde*, est un petit village situé dans l'intérieur des montagnes, à vingt-cinq lieues à peu près de *Jala-Jala*.

Il a été formé par des bandits et des échappés de galères qui vivent librement, se gouvernent eux-mêmes, et sont entièrement à l'abri, par la position inaccessible qu'ils occupent, de toutes les poursuites que pourrait ordonner contre eux le gouvernement espagnol.

J'avais souvent entendu parler de ce singulier village; mais je n'avais jamais pu rencontrer une personne qui l'eût visité, et qui pût, par conséquent, me donner des détails positifs.

1 *Tapuzi*, dans les montagnes de *Limutan*; *limutan*, mot tagaloc qui veut dire *oubli* (voir la carte).

Je me décidai un jour à faire moi-même le voyage. Je ne communiquai mon projet qu'à mon lieutenant, qui me dit :

« Maître, je trouverai sans doute là quelques-uns de mes an-« ciens camarades, et ainsi nous n'aurons rien à craindre. »

Nous partîmes au nombre de trois, prétextant un autre voyage que celui que j'entreprenais.

Nous marchâmes pendant deux jours au milieu des montagnes par des routes presque impraticables.

Le troisième, nous arrivâmes à un torrent dont le lit était encombré d'énormes blocs de pierre.

Les bords, éloignés l'un de l'autre d'une vingtaine de pas, s'élevaient perpendiculairement comme deux hautes murailles dont le sommet, à environ mille mètres d'élévation, se rapprochait sensiblement, et ne laissait qu'une faible ouverture par où passaient quelques rayons de lumière qui pouvaient à peine éclairer la partie où nous cheminions en sautant d'un bloc de pierre à l'autre.

Cette gorge, ou ce ravin, était la seule route par laquelle on pouvait arriver à *Tapuzi* : c'était le rempart naturel et inexpugnable qui défendait le village contre l'invasion des sbires espagnols.

Mon lieutenant venait de me dire :

« Regardez, maître, au-dessus de votre tête : les habitants « de *Tapuzi* connaissent seuls les sentiers qui conduisent au « sommet des montagnes. Sur toute la longueur du ravin, ils « ont placé d'énormes pierres qu'ils n'ont qu'à pousser pour « les précipiter sur ceux qui voudraient venir les attaquer ; une « armée entière ne pourrait pas pénétrer chez eux s'ils vou-« laient s'y opposer. »

Je vis effectivement que nous nous trouvions dans une position qui n'avait rien de rassurant, et que, si les *Tapuziens* nous prenaient pour des ennemis, nous ne pouvions leur opposer aucune défense. Mais nous étions engagés ; il n'y avait pas moyen de reculer, et il fallait poursuivre jusqu'à *Tapuzi*.

Nous avions marché plus d'une grande heure dans cette

gorge, lorsqu'un énorme bloc de rocher vint, en tombant perpendiculairement, se briser en éclats à une vingtaine de pas devant nous : c'était un avertissement.

Nous nous arrêtâmes, et déposâmes nos armes à terre. Peut-être un bloc pareil à celui qui venait de tomber devant nous était-il suspendu au-dessus de nos têtes, prêt à nous écraser...

Un cri se fit entendre devant nous. Je dis à mon lieutenant de s'avancer seul, sans armes, dans la direction d'où il était parti.

Quelques minutes après, il revint accompagné de deux Indiens qui, assurés par lui de mes intentions toutes pacifiques à leur égard, venaient nous chercher pour nous conduire au village.

Avec cette escorte nous n'avions plus rien à craindre. Nous fîmes gaiement le reste de la route jusqu'à l'endroit où finissait l'espèce d'entonnoir dans lequel nous marchions.

A cette hauteur, une plaine de quelques milles de circonférence se trouvait encaissée par de hautes montagnes.

Le lieu que nous parcourions était encombré d'immenses blocs de rochers superposés les uns aux autres.

Derrière surgissait une montagne abrupte, menaçante, sans aucun vestige de végétation, représentant assez bien une vieille forteresse d'Europe qu'une puissance magique avait élevée au milieu des hautes montagnes qui la dominaient.

D'un coup d'œil, j'avais embrassé l'ensemble du site que nous traversions tout en réfléchissant aux immenses variétés qu'offre la nature.

Tout à coup l'objet tant désiré de mon voyage, le village de *Tapüzi*, se présenta à mes regards.

Situé à l'extrémité de la plaine, il est composé d'une soixantaine de maisons en paille, en tout semblables à celles des Indiens.

Les habitants étaient aux fenêtres pour voir notre arrivée.

Nos guides nous conduisirent chez leur chef ou *matandasanayon* (1).

1 Vieux chef.

C'était un beau vieillard qui, d'après son visage, paraissait approcher de quatre-vingts ans. Il nous salua avec affabilité, et s'adressant à moi, il me dit :

« Comment êtes-vous ici ? Est-ce en ami, est-ce curiosité ? « ou les lois cruelles des Castillans vous obligent-elles de « venir chercher un refuge parmi nous ? S'il en est ainsi, « soyez le bien venu, vous trouverez ici des frères. »

« Non, lui dis-je, nous ne venons point pour rester parmi « vous. Je suis votre voisin, le seigneur de *Jala-Jala*; je viens « vous voir, vous offrir mon amitié et vous demander la vôtre. »

Au nom de *Jala-Jala*, le vieillard fit un mouvement de surprise ; puis il me dit :

« Il y a longtemps que j'ai entendu parler de vous comme « d'un agent du gouvernement pour poursuivre des malheu- « reux; mais j'ai entendu dire aussi que vous remplissiez « votre mission avec bonté, et que souvent vous étiez leur « appui; ainsi, soyez le bien venu. »

Après cette première reconnaissance, on nous fit servir du lait et des patates, et pendant notre repas le vieillard continua de causer librement avec moi.

« Il y a bien des années, me dit-il, à une époque que je ne « sais pas fixer, quelques hommes vinrent habiter *Tapuzi*. La « tranquillité et la sécurité dont ils jouirent ici firent imiter « leur exemple par d'autres qui cherchaient à se soustraire « à la punition de quelques fautes qu'ils avaient commises. « On vit bientôt arriver des pères de famille avec leurs femmes « et leurs enfants; ce furent les premières bases du petit « gouvernement que vous voyez.

« Maintenant, ici, presque tout est en commun : quelques « champs de patates ou de maïs, et la chasse, nous suffisent; « celui qui possède donne à celui qui n'a pas. Presque tous « nos vêtements sont filés et tissés par nos femmes; l'*a-* « *baca* [1] de la forêt fournit le fil nécessaire; nous ne connais- « sons pas l'argent, nous n'en avons pas besoin.

[1] Abaca, soie végétale.

« Ici, point d'ambition; chacun est sûr de ne pas souffrir « de la faim.

« De temps en temps, il nous arrive des étrangers. S'ils veu- « lent se soumettre à nos lois, ils restent parmi nous; ils ont « quinze jours d'épreuves pour se décider. Après ces quinze « jours, ils sont libres de se retirer, ou faire partie de notre « famille.

« Nos lois sont douces et indulgentes; le plus grand châti- « ment que nous puissions infliger est de chasser pour tou- « jours celui qui a commis une grande faute.

« Nous n'avons point oublié la religion de nos pères, et « Dieu sans doute me pardonnera mes premières fautes en fa- « veur de tout ce que je fais, depuis tant d'années, pour son « culte et le bien de mes semblables. »

« Mais, lui dis-je, qui est votre chef? quels sont vos juges « et vos prêtres?

« C'est moi, dit-il; à moi seul je remplis toutes ces fonc- « tions.

« Autrefois, ici on vivait comme de vrais sauvages; j'étais « jeune, robuste, et dévoué à tous mes frères.

« Leur chef vint à mourir; je fus choisi pour le remplacer.

« Je mis alors tous mes soins à ne rien faire qui ne fût juste, « et propre au bonheur de ceux qui se confiaient à moi.

« Jusqu'alors on avait fait peu de cas de la religion; j'ai « voulu rappeler à mes semblables qu'ils étaient nés chré- « tiens. J'ai donc fixé une heure le dimanche pour prier tous « ensemble, et je me suis revêtu de tous les attributs d'un mi- « nistre de l'Évangile.

« Je célèbre les mariages, je répands l'eau du baptême sur « le front des nouveau-nés, et j'offre des consolations aux « moribonds

« Dans ma jeunesse, j'avais été enfant de chœur : je me suis « rappelé les cérémonies de l'Église. Si je ne suis pas investi « des attributions nécessaires pour les fonctions que je me « suis données, je les exerce avec foi et avec amour; c'est

« pourquoi j'espère que mes bonnes intentions me feront par-« donner par celui qui est le Maître suprême. »

Pendant tout le discours du vieillard, j'avais été dans une admiration continuelle : j'étais au milieu de gens qui avaient la réputation de vivre dans la plus grande licence, comme des voleurs et des assassins.

Ils étaient tout à fait méconnus. C'était un véritable grand phalanstère, composé de frères presque tous dignes de ce nom.

J'admirais surtout ce beau vieillard qui, avec des principes de morale et des lois si simples, les gouvernait depuis un grand nombre d'années.

D'un autre côté, quel exemple que celui d'hommes libres ne pouvant vivre sans se choisir un chef, un roi pour ainsi dire, et revenant les uns par les autres à pratiquer le bien et la vertu!

Je fis part à mon vieillard de toutes mes pensées, je lui fis mille éloges de sa conduite, et l'assurai que monseigneur l'archevêque de Manille approuverait tous les actes religieux qu'il remplissait dans un si noble but; je lui offris même d'intercéder près de l'archevêque pour qu'il lui envoyât un aide et un pasteur.

Mais il me répondit :

« Non, Monsieur, je vous remercie; ne parlez jamais de « nous. Assurément, nous serions heureux d'avoir ici un mi-« nistre de l'Évangile; mais bientôt, par son influence, nous « serions soumis au gouvernement espagnol.

« Il nous faudrait de l'argent pour payer nos contributions, « l'ambition se glisserait parmi nous, et, de libres que nous « sommes, nous deviendrions esclaves et ne serions plus « heureux.

« Non, encore une fois, ne parlez pas de nous! donnez-« m'en votre parole. »

Son raisonnement me semblait si juste, que j'acquiesçai à sa demande. Je lui donnai de nouveau toutes les louanges qu'il méritait, et je lui promis de ne jamais troubler par aucune indiscrétion la tranquillité des habitants de son village.

Le soir, nous reçûmes la visite de tous les habitants, particulièrement des femmes et des jeunes filles, qui toutes avaient une curiosité immodérée de voir un blanc.

Pas une des femmes de *Tapuzi* n'était jamais sortie de son village et n'avait presque perdu sa case de vue; il n'était donc pas étonnant qu'elles fussent aussi curieuses.

Le lendemain, accompagné du vieillard et de quelques anciens, je fis le tour de la plaine et visitai les champs de patates douces et de maïs, principaux aliments des habitants.

En arrivant à la partie où j'avais déjà remarqué la veille d'énormes blocs de rochers, le vieillard s'arrêta, et me dit :

« Voyez, *Castilla* [1], à une époque où les Tapuziens étaient « sans religion et vivaient comme des bêtes sauvages, Dieu les « punit.

« Regardez toute cette partie de la montagne dégarnie de « végétation : une nuit, au milieu d'un affreux tremblement de « terre, la montagne se divisa en deux, et une partie vint en- « gloutir la moitié du village, qui occupait alors tout l'endroit « où sont ces énormes rochers. Quelques centaines de pas de « plus, tout eût été détruit, il n'eût plus existé une seule per- « sonne à *Tapuzi*. Mais une partie de la population ne fut pas « atteinte, et alla s'établir où est maintenant le village.

« Depuis, nous prions Dieu, et vivons de manière à ne pas « mériter un aussi grand châtiment que celui éprouvé par les « malheureuses victimes de cette terrible nuit. »

La conversation et la compagnie de ce vieillard, je pourrais dire du *roi de Tapuzi*, était pour moi des plus intéressantes. Mais il y avait déjà plusieurs jours que j'avais quitté *Jala-Jala*; on devait être inquiet de mon absence. Je prévins mon

[1] Aux yeux d'un Tagal, tout Européen, quel que soit son pays, est un *Castilla*.

lieutenant de préparer notre départ. Nous fîmes nos adieux à nos hôtes.

Deux jours après je rentrai chez moi, content de mon voyage et des bons habitants de *Tapuzi.*

Je trouvai Anna dans une grande inquiétude, non-seulement à cause de mon absence, mais parce que la veille on était venu me prévenir que les habitants des deux plus grands bourgs de la province s'étaient, pour ainsi dire, déclaré la guerre.

Les plus courageux, au nombre de trois ou quatre cents de chaque côté, s'étaient rendus sur l'île de Talim.

Là, les deux partis en présence étaient sur le point de se livrer bataille; déjà dans quelques escarmouches il y avait eu des victimes.

Cette nouvelle avait effrayé Anna.

Elle savait que je n'étais pas homme à attendre tranquillement chez moi le résultat du combat; elle me voyait déjà, avec mes dix gardes, engagé au plus fort de la mêlée, et victime peut-être de mon dévouement.

Je la rassurai, comme je le faisais toujours, en lui promettant d'être prudent et de ne pas l'oublier; mais il n'y avait pas un moment à perdre; il fallait, à tout prix, faire cesser une collision qui aurait sans doute causé la mort de bien des hommes.

Mais que faire avec mes dix gardes? Pouvais-je prétendre imposer ma volonté à toute cette multitude? Évidemment non. Vouloir agir par la force, c'était nous sacrifier tous. Que faire donc? Armer tous mes Indiens... mais je n'avais pas assez d'embarcations pour les transporter à Talim. Dans cet embarras, je me décidai à partir seul avec mon lieutenant; nous prîmes nos armes, et nous embarquâmes dans une petite pirogue que nous conduisîmes nous-mêmes.

A peine étions-nous arrivés vers la plage, à la portée de la voix, que des Indiens armés nous crièrent de ne pas aborder, ou qu'ils allaient faire feu sur nous.

Sans tenir compte de cette menace, mon lieutenant et moi,

quelques minutes plus tard, sautions résolûment à terre, et à quelques pas plus loin nous nous trouvâmes au milieu des combattants.

Je me dirigeai aussitôt vers les chefs :

« Malheureux! leur dis-je, que faites-vous? C'est sur vous « qui commandez que retombera toute la sévérité des lois.

« Il est encore temps : méritez votre pardon, ordonnez à « vos hommes de mettre bas les armes, remettez-moi les « vôtres vous-mêmes; ou dans quelques minutes je serai à la « tête de vos ennemis pour vous combattre. Obéissez, ou vous « allez tous être traités comme des rebelles. »

Ils m'avaient écouté avec attention, ils étaient à demi vaincus.

Cependant l'un d'eux me répondit :

« Et si vous nous ôtez nos armes, qui nous répondra que « nos ennemis ne viendront pas nous attaquer?

« — Moi, leur dis-je; je vous en donne ma parole; et s'ils « ne m'obéissent pas, comme vous allez le faire, je reviens « vers vous, je vous rends vos armes, et je combattrai à votre « tête. »

Ces paroles, dites avec un ton d'autorité et de commandement, produisirent l'effet que j'attendais.

Les chefs, sans répliquer un mot, vinrent déposer leurs armes à mes pieds.

Leur exemple fut suivi par tous les combattants, et, en un instant, un monceau de carabines, de fusils, de lances et de coutelas fut devant moi.

Je désignai une dizaine d'individus parmi ceux qui venaient de m'obéir, je leur donnai à chacun un fusil, et leur dis :

« Je vous confie le dépôt de ces armes. Si l'on venait pour « s'en emparer, faites feu sur les agresseurs. »

Je fis semblant de prendre leurs noms, et partis de suite pour le camp opposé, où je trouvai tous les combattants sur pied, prêts à marcher contre leurs ennemis.

Je les arrêtai en leur disant :

« Plus de combat! vos ennemis sont désarmés. Vous aussi, « vous allez me remettre vos armes, ou vous embarquer de « suite dans vos pirogues pour rejoindre votre village.

« Si vous ne m'obéissez pas, dans un instant je rendrai les « armes à vos ennemis, et me mettrai à leur tête pour vous « combattre. Exécutez ce que je vous ordonne, je vous pro- « mets que tout sera oublié. »

Il n'y avait pas à balancer. Les Indiens savaient que je ne leur donnais pas longtemps à réfléchir, et que chez moi menace et châtiment se suivaient de près.

En quelques minutes, ils s'embarquèrent tous dans leurs pirogues.

Je restai seul sur la plage avec mon lieutenant, jusqu'à ce que j'eusse à peu près perdu de vue la petite flottille.

Je retournai alors à l'autre camp, où l'on m'attendait avec impatience; j'annonçai aux Indiens qu'ils n'avaient plus d'ennemis, et qu'ainsi ils pouvaient rentrer tranquillement dans leur village.

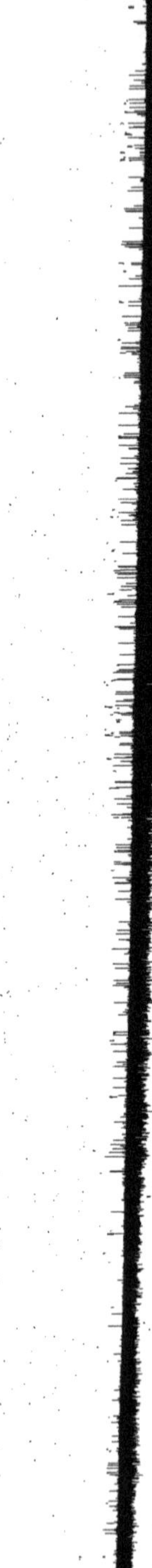

CHAPITRE XVI.

Jala-Jala. — Séjour. — Prisonniers. — Don Prudencio Santos, alcade de Pagsanjan. — Fêtes. — Chasses. — Hamilton Lindsay. — Ile et lac de Socolme. — Grotte de San-Matéo.

Comme on voit, il se passait peu de jours sans que j'eusse de nouveaux dangers à affronter.

J'en avais pris l'habitude; je me fiais à mon étoile, et je triomphais de toutes mes imprudences.

J'étais aimé de mes Indiens, j'étais sûr de leur fidélité; aussi rien ne me coûtait lorsqu'il s'agissait de leur rendre un service. Ma sollicitude n'était pas seulement acquise aux habitants de *Jala-Jala;* elle s'étendait sur tous ceux de la province.

Tous les mois j'allais à *Pagsanjan* pour y voir l'alcade. C'était une visite que je nommais *visite du pardon.* Dans les prisons du chef-lieu, il y avait toujours un assez grand nombre de détenus qui n'avaient commis que des fautes légères. L'alcade, *don Prudencio de Santos*, homme honorable et bon, avec lequel j'étais intimement lié, ne pouvait pas leur infliger le châtiment qui lui eût paru juste, et les renvoyer;

son ministère l'obligeait à instruire leur procès, et à les soumettre au jugement des tribunaux.

Ainsi qu'en Europe, la justice n'est guère expéditive aux Philippines; aussi beaucoup de ces malheureux attendaient-ils pendant des années un arrêt qui les rendît à la liberté.

Dès mon arrivée à *Pagsanjan*, les parents ou les amis des détenus me présentaient des pétitions, et me priaient d'intercéder pour eux. J'examinais les fautes qu'ils avaient commises. Si elles étaient de nature à ne mériter qu'une simple correction, je leur demandais de se conformer à celle qui me paraîtrait juste; leur réponse était toujours affirmative. Je négociais alors avec l'alcade; je débattais avec lui le châtiment qui serait appliqué à mon client. Lorsque nous étions d'accord, il envoyait un ordre à la prison; mon Indien signait un procès-verbal constatant qu'il s'en était rapporté à mon arbitrage; il recevait la correction que j'avais demandée pour lui, et il était immédiatement mis en liberté.

Le soir, en retournant à mon habitation, je trouvais sur la route tous ceux qui me devaient la liberté; ils m'attendaient pour me remercier, et me demander ma main à baiser en signe de reconnaissance.

Après de pareilles visites, j'avoue que j'éprouvais une satisfaction bien douce, le bonheur que seul peut apprécier celui qui a rendu un captif à la liberté.

Mes Indiens m'étaient aveuglément soumis; j'étais si certain de leur fidélité, je le répète, que je ne prenais plus contre eux les précautions auxquelles je m'étais assujetti la première année de ma demeure à *Jala-Jala*.

Mon Anna partageait chaque jour davantage mes travaux, mes inquiétudes, une partie même de mes dangers. Eût-il été possible de ne pas l'aimer d'une affection plus touchante que celle qu'on éprouve pour sa compagne dans une vie paisible et insignifiante? Avec quel bonheur elle me recevait après la moindre absence! La joie et la satisfaction brillaient sur son visage; ses caresses étaient un baume qui dissipait toutes mes fatigues; et les reproches même qu'elle me faisait avec tant de douceur, pour l'inquiétude que je lui avais causée, étaient encore pour moi du bonheur.

Je n'avais qu'à me louer des preuves de reconnaissance que me donnaient continuellement mes Indiens.

Les jours de la fête de ma femme et de la mienne, ils employaient toute leur intelligence à les célébrer avec le plus de solennité possible.

Ils se divisaient en trois bandes : le *gobernadorcillo*, les vieillards et les hommes mûrs formaient la première, les femmes mariées la seconde, et la troisième se composait de la troupe joyeuse des jeunes gens et des jeunes filles.

Pendant la nuit, ils ornaient les abords de ma maison de longs et flexibles bambous, entourés de guirlandes de verdure et de fleurs. Le matin, tout le village était en fête. A neuf heures, le *gobernadorcillo* en grande tenue, le père Miguel dans ses plus beaux habits, avec un fouet richement orné à la main [1], suivis de tous les hommes du village, nous faisaient la première visite.

Le *gobernadorcillo* nous offrait, au nom d'eux tous, des fleurs et des fruits. (C'étaient les seules choses que je consentais à recevoir.)

Le père Miguel prononçait un long discours pour nous complimenter. Je faisais servir des rafraîchissements, et, excepté le père Miguel qui restait avec nous, tous se retiraient pour céder la place à leurs femmes.

Elles apportaient une couronne formée de l'assemblage de tous les bijoux en or qu'elles possédaient : sur de flexibles baguettes de bambous, chaînes, médailles, bagues, boucles d'oreilles étaient groupées comme par la main d'un habile artiste. Si c'était Anna que l'on fêtait, la femme du

[1] Un jour je demandais au père Miguel pourquoi, lorsqu'il nous faisait une visite de grande cérémonie, il était armé de son fouet; il me répondit : « Cela veut dire, Monsieur, que vous méritez qu'on vienne de si loin pour « vous saluer, qu'on ne pourrait faire la route qu'à cheval. »

gobernadorcillo plaçait sur sa tête cette couronne improvisée; l'étiquette exigeait qu'elle la gardât pendant toute la durée du discours de compliment et l'offrande des fleurs et des fruits.

Arrivait ensuite la bande bruyante des jeunes gens et des jeunes filles. La plus jolie faisait une seconde représentation du couronnement, et la meilleure chanteuse, accompagnée d'un joueur de guitare, présentait l'offrande, et *chantait* le compliment composé à l'avance par toute la troupe. Ce compliment, en langue tagale, était toujours gracieux et plein de poésie, surtout lorsqu'il s'adressait à ma femme. En voici un échantillon, dont j'ai conservé la traduction :

« *Tala* [1], qui paraît le soir sur la montagne, un matin, plus « brillante que jamais, sortit du lac et vint se fixer parmi « nous [2].

« C'était la reine de *Jala-Jala*, plus bienfaisante que *Tala* « de la montagne, qui ne donne qu'une faible clarté au voya- « geur égaré.

« C'était toi, lumière de tes vassaux, mouchoir de larmes « des affligés.

« Reine de *Jala-Jala*, tu es pour nous un brillant soleil, et « la pluie du matin qui fait renaître les jeunes plantes que la « sécheresse faisait mourir.

« Nous sommes à toi, nous t'avons donné nos cœurs : que « pouvons-nous t'offrir? Des fleurs, des fruits; c'est tout ce « que tes enfants possèdent. »

Après le compliment, les plus agiles exécutaient des danses du pays. Ensuite, un des jeunes gens jouait une pantomime; il représentait, avec une expression très-souvent comique, quelque scène de la vie indienne : c'étaient des voyageurs égarés et mourant de faim. L'un d'eux va à la découverte. Il aper-

1 *Tala*, étoile du Berger. Les Indiens ne la comparent pas, comme nous, à Vénus.

2 Allusion à ma femme, qui était venue à *Jala-Jala* par le lac.

çoit une ruche d'abeilles. Il fait signe à ses compagnons, pour leur faire part du bon repas que les abeilles lui promettent. Cependant il craint leurs piqûres, et ne s'approche qu'avec précaution. Il réunit quelques broussailles, et y met le feu; il est aveuglé par la fumée. Lorsqu'il croit les abeilles parties, il tire, tout joyeux, son coutelas pour détacher le rayon qui pend à la branche [1]. Mais les abeilles viennent bourdonner à ses oreilles et l'attaquer de tous côtés; il fait alors les grimaces et les contorsions qui représentent la douleur occasionnée par la piqûre des abeilles.

Après la pantomime, venait un bateleur qui exécutait des tours d'adresse et d'escamotage.

Lorsque les jeux et les danses étaient terminés, la troupe joyeuse se retirait, et la fête continuait dans le village. J'avais eu soin d'y faire préparer une immense table, copieusement servie pour tous ceux qui voulaient prendre part au repas que j'offrais.

Le reste de la journée se passait en combats de coqs, et la nuit tout entière en jeux de cartes et de hasard.

Jala-Jala était en pleine prospérité : des champs immenses de riz, de cannes à sucre et de café avaient remplacé des forêts et des bois improductifs; de gras pâturages étaient couverts de nombreux troupeaux, un beau village à l'indienne occupait le centre des exploitations.

On y voyait toujours régner l'abondance, l'activité, comme la joie sur la physionomie de tous les habitants.

Ma maison était devenue le rendez-vous de tous les voyageurs qui arrivaient à Manille, et un lieu de convalescence pour bien des malades qui venaient respirer le bon air de *Jala-Jala* et y jouir de tous ses agréments.

Là, point de distinctions; tous les hommes étaient égaux pour nous, Français, Espagnols, Anglais, Américains : quelle

[1] Dans les pays chauds, les abeilles ne nichent pas dans les cavités des vieux arbres; elles font un seul rayon, suspendu à une branche.

que fût la nation de ceux qui abordaient à *Jala-Jala*, ils étaient reçus en frères, avec toute la cordiale hospitalité que l'on trouvait autrefois dans nos colonies.

On jouissait d'une liberté entière dans ma seigneurie; seulement, celui qui ne voulait pas manger seul ne devait pas oublier l'heure des repas; aux autres heures de la journée, chacun se livrait à ses goûts divers.

Les naturalistes, par exemple, poursuivaient les insectes, les oiseaux, et faisaient d'amples récoltes de plantes de toute espèce.

Les malades trouvaient les soins assidus d'un médecin, les attentions et la société d'une maîtresse de maison aimable, spirituelle, et qui se faisait adorer de tous ceux qui passaient quelque temps auprès d'elle.

Ceux qui aimaient la promenade pouvaient explorer les plus beaux sites, et choisir entre les bois, les montagnes, les cascades, les ruisseaux et les belles plages du lac.

Les chasseurs, à *Jala-Jala*, étaient dans une véritable terre promise; ils avaient toujours à leur disposition une bonne meute, des Indiens pour la conduire, de bons chevaux pour parcourir les montagnes et les plaines les plus variées, où ils trouvaient abondamment du cerf et du sanglier.

Ceux qui venaient à *Jala-Jala* pour y passer les derniers jours du carême pouvaient y voir une chasse toute particulière, qui offrait le plus vif intérêt aux amateurs.

Cette chasse n'avait lieu qu'une seule fois dans l'année, le jour du samedi saint, après l'office de la messe.

Les Indiens, généralement superstitieux, prétendent que ce jour-là les animaux les plus sauvages se réunissent pour fêter la résurrection de Notre-Seigneur, et qu'ils sont alors d'une si grande douceur qu'ils se laissent prendre sans se défendre.

La veille, tout est préparé. Indiens, petits et grands, qui peuvent manier une lance et gravir la montagne, sont chasseurs ce jour-là. Tous les chiens du bourg, les roquets comme les mâtins, forment la meute imposante qui doit faire retentir les forêts de ses aboiements. Le curé, prévenu, est prié de s'y prendre de bonne heure pour célébrer la messe. Enfin, le soir, toute la bande joyeuse, avide de sang et de carnage, pressée surtout de manger de la viande fraîche, dont elle est privée depuis quarante jours, prend la route de la montagne, et va établir son bivouac sur celle qui domine le bourg. Là, chacun fait son gîte comme il l'entend, se couche sur l'herbe tendre, et dort aussi bien qu'un Sybarite sur de moelleux édredons.

Rendez-vous de chasse à Jala-Jala.

A peine le jour commence-t-il à luire, que tous les chasseurs sont sur pied. Les yeux fixés sur le presbytère et sur les cases du village, qui apparaissent au-dessous d'eux comme des cabanes de Lilliputiens, ils se tourmentent et se désolent de la paresse du curé et de celle de leurs femmes, que, dans leur impatience, ils trouvent moins diligentes qu'à l'ordinaire.

Après une longue et ennuyeuse attente, un point noir, suivi de quelques points blancs, descend les degrés du presbytère et se dirige vers l'église. C'est le pasteur avec ses sacristains. La joie se manifeste parmi les chasseurs : ils n'ont plus que quelque quart d'heure d'attente pour commencer la guerre qu'ils ont déclarée aux habitants des forêts. Les femmes, car il n'y a plus d'hommes dans le village, se rendent à l'église, ainsi que les habitants de la demeure du maître. C'est le signal que l'office va commencer; c'est aussi celui du recueillement et du silence pour les chasseurs. Tous, au même instant, tombent à genoux, et adressent leurs prières au Tout-Puissant.

Ce silence, qui a remplacé le flux de paroles qui s'échangeaient bruyamment un instant avant; cet immense lac aux eaux paisibles et argentées; ces belles montagnes couvertes de toute la richesse d'une végétation dans un printemps perpétuel; ce lever imposant et majestueux du soleil, encore enveloppé des vapeurs de la nuit, ne projetant de son disque de feu que de faibles rayons, et permettant à l'œil de le fixer sans fatigue; ces humbles et modestes cabanes d'où s'élèvent quelques faibles colonnes de fumée indiquant la vigilance de leurs habitants; enfin, ces hommes prosternés au sommet de la montagne, adressant leurs vœux au Créateur, formaient le tableau le plus capable d'impressionner l'observateur, et de lui faire adorer la majesté de Dieu. Ce n'est jamais sans émotion que le souvenir de cet imposant spectacle se présente à ma mémoire.

Après la prière, les chasseurs, sans changer d'attitude, portaient leurs regards sur le clocher d'où devait partir le signal de la fin de l'office divin. Dès qu'ils apercevaient le sacristain monter l'échelle pour sonner les cloches, la scène changeait instantanément. Ils jetaient des cris de joie, auxquels venaient se mêler les aboiements des chiens. Chacun s'emparait de ses armes, et toute la bande prenait la direction des forêts. Ce n'était pas le moment le moins pittoresque de la journée: la diversité des costumes et des armes; les piétons, les cavaliers, des chiens courant de tous côtés, formaient un départ de chasse bien digne d'être représenté par un habile pinceau.

La chasse était toujours abondante, bien que les habitants des forêts, malgré la croyance des Indiens, ne soient pas plus faciles et plus doux ce jour-là qu'un autre jour. Malheur si, contre la volonté des chasseurs, on venait à débusquer un buffle! C'était alors un sauve qui peut général. Les plus lestes grimpaient sur les arbres; ceux qui se trouvaient à portée gravissaient, pour jouir du coup d'œil, sur la crête des montagnes; des cris partaient de tous côtés, surtout si quelqu'un de la bande se trouvait en danger, ainsi qu'il nous arriva un jour avec un enfant d'une douzaine d'années.

Cet enfant nous fit passer un moment émouvant de crainte et d'angoisse: il était à cheval; un énorme buffle le poursuivait avec un acharnement incroyable. L'enfant avait mis son cheval au galop, et fuyait de toute la vitesse de sa monture. De tous côtés on lui criait: « Sauve-toi, le *caravao* approche! Tu es « pris: recommande ton âme à Dieu. » C'était aussi au buffle que l'on adressait toutes les menaces et les imprécations imaginables, comme s'il eût été une créature humaine.

Quelques pas seulement séparaient l'ennemi de celui qui allait être la victime. Il se fit un moment de silence; l'émotion des spectateurs était grande: chacun s'attendait à voir les énormes cornes du terrible animal labourer le corps du cheval, puis mettre en lambeaux le malheureux enfant.

Celui-ci cependant ne perdait pas la tête, et veillait plus qu'on ne le pensait à sa conservation.

Il avait dirigé son cheval vers une partie de la plaine où se trouvait un arbre séculaire, et en passant dessous, au galop, il s'élance d'un bond sur une des branches. Il était sauvé. Un hourra général, en signe d'allégresse, fit retentir tous les échos de la montagne. Le cheval, libre de son cavalier, doubla de vitesse, changea de direction, et, au lieu de suivre un plan incliné, se dirigea vers la montagne. Le buffle, poursuivi par les chiens, voyant sa victime lui échapper, regagna la forêt[1].

Une autre fois, j'étais accompagné par des étrangers : la chasse ne fut pas une de celles où les animaux, pleins de mansuétude et de douceur, comme le disent les Indiens, se laissent prendre sans se défendre. Nous avions abattu d'assez bonne heure trois cerfs et deux sangliers. Je dis à mes hôtes : « Mes chiens suivent un sanglier énorme ; c'est une bête qui « nous mènerait loin. Nous avons assez de venaison ; retour- « nons à l'habitation. »

Un Indien qui nous accompagnait, armé seulement de son poignard et d'une mauvaise lance, me dit :

« Maître, je veux avoir ce sanglier ; permettez-moi de suivre « la chasse. »

« Bien, lui dis-je, fais ta volonté ; aujourd'hui liberté en- « tière à tous les chasseurs. »

Il partit aussitôt pour rejoindre les chiens, et nous rentrâmes à l'habitation.

La journée se passa sans avoir des nouvelles du chasseur. Ce ne fut qu'à huit heures du soir qu'on m'amena, sur un buffle, Indien et sanglier. Le malheureux était couvert de sang et de blessures. Il en avait à la jambe, à la cuisse, au ventre, à la mâchoire inférieure ; la main gauche était littéralement broyée. Avant de lui adresser aucune question, je bandai ses plaies. Lorsque j'eus terminé, je l'invitai à me raconter ce qui lui était arrivé. Voici sa réponse :

« Maître, faites-moi donner un verre de vin, afin que je « ne perde pas courage. »

Après avoir avalé un petit verre d'eau-de-vie, il commença ainsi sa narration :

« Il était déjà tard lorsque j'ai pu rejoindre le sanglier. Il

1 Le buffle court plus rapidement que le cheval en descendant une côte ; mais lorsqu'il s'agit de la monter, le cheval l'emporte de vitesse.

« faisait tête aux chiens. Je lui portai un coup de lance qui « le traversa; mais le bois de ma lance s'étant brisé, il s'est « jeté sur moi, et m'a blessé au ventre et puis à la cuisse. J'ai « voulu reculer : il m'a porté un coup à la jambe, qui m'a « fait tomber. C'est alors qu'il m'a frangé le menton, comme « vous l'avez vu. Dans ce moment, me voyant perdu sans « rémission, je recommandai mon âme à Dieu. Cependant il « me vint une idée : ce fut de lui fourrer la main gauche « dans la gueule. Pendant qu'il la mordait et que j'éprouvais « d'atroces souffrances, je pus tirer mon poignard de la main « droite. Je lui portai plus de vingt coups avant de le tuer. « Je vous assure qu'il avait la vie dure. Lorsqu'il fut mort, « je croyais bien que j'allais mourir aussi à côté de lui. Je ne « pouvais plus ni marcher, ni remuer; mais heureusement « *Sourout*, qui revenait de la chasse, a entendu les chiens. Il « est venu à mon secours, et m'a ramené dans l'état où vous « me voyez. »

Pendant un mois je donnai des soins au malheureux chasseur. J'eus le bonheur de le guérir de ses blessures, mais non de la guerre à mort qu'il déclara à ceux qu'il appelait toujours ses ennemis : les sangliers.

Les chasseurs qui voulaient se livrer à un exercice moins fatigant faisaient dans de jolies embarcations la guerre aux oiseaux aquatiques, et pouvaient passer sur les petites îles situées entre la terre de *Jala-Jala* et l'île de *Talim*.

Là, ils faisaient une chasse tout à fait inconnue en Europe, celle d'énormes chauves-souris, espèce de vampire connu par les naturalistes sous le nom de *roussettes*.

Pendant six mois de l'année, à l'époque de la mousson de l'est, tous les arbres de ces petites îles sont couverts, depuis le sommet jusqu'aux premières branches, de ces chauves-souris; elles remplacent le feuillage qu'elles ont entièrement détruit. Enveloppées de leurs grandes ailes, elles dorment durant le jour, puis, la nuit, partent en grandes bandes et vont au loin chercher leur pâture.

Dès que la mousson de l'ouest remplace celle de l'est, elles disparaissent pour aller, toujours dans les mêmes lieux, s'abriter du vent sur la côte est de Luçon. La mousson change-t-elle? elles reviennent à leur ancienne demeure.

Aussitôt que mes hôtes mettaient pied à terre sur une de ces îles, la fusillade commençait, et durait jusqu'à ce que les chauves-souris, épouvantées par tant de détonations et par les cris des blessés restés accrochés aux branches, partissent en masse.

Elles tourbillonnaient pendant quelque temps comme un gros nuage au-dessus de leur demeure, imitaient parfaitement les Furies représentées dans certaines gravures qui figurent les enfers, et allaient ensuite à une faible distance s'abattre sur les arbres d'une petite île voisine.

Si les chasseurs n'étaient pas fatigués du carnage, ils pouvaient aller les rejoindre et le recommencer; mais presque toujours il y avait assez de victimes, et l'on s'occupait alors à les ramasser sous les arbres d'où elles avaient été abattues.

La chasse aux chauves-souris terminée, on s'amusait à poursuivre et à tirer des *iguanas*, grande espèce de lézard de cinq à six pieds de long, qui habite dans les rochers sur le bord du lac.

Fatigués de tirer sans avoir eu besoin d'adresse, les chasseurs se rembarquaient dans les pirogues, et jouissaient encore d'un autre amusement : c'était de tirer les aigles qui venaient planer au-dessus de leur tête.

Mais ici il fallait de l'adresse et beaucoup de justesse de coup d'œil, car presque toujours ce n'était qu'avec une balle qu'on pouvait atteindre ces énormes oiseaux de proie.

On rentrait ensuite à l'habitation avec les embarcations pleines de gibier, et chacun avait quelques prouesses à raconter.

L'*iguana* et la chauve-souris ont une chair savoureuse et délicate; mais quant au goût, tout gît dans notre imagination, comme on va le voir.

Après une de ces grandes chasses aux petites îles, un jeune Américain me dit que ses amis et lui désiraient goûter de l'*iguana* et de la *chauve-souris*.

Les croyant tous d'accord, je commandai à mon maître d'hôtel un carik d'*iguana* et un ragoût de *chauve-souris*.

Au dîner, on commença par le carik; tous en mangeaient de bon appétit, lorsque je dis à l'un d'eux :

« Vous voyez que l'*iguana* est une chair d'un goût délicat? »

A ce mot d'*iguana*, tous mes hôtes changèrent de couleur, et chacun, par un mouvement subit, repoussa son assiette sans pouvoir avaler le morceau qu'il avait dans la bouche; il fallut faire disparaître l'*iguana* et la *chauve-souris* pour qu'ils pussent continuer leur repas.

Lorsque je le pouvais, j'accompagnais mes hôtes : alors la chasse était toujours abondante et remplie d'intérêt, parce que j'avais soin de les conduire dans des lieux giboyeux et pittoresques.

Je les menais quelquefois à l'île de *Socolme*, beaucoup plus curieuse encore que les îles aux chauves-souris.

Socolme est un lac circulaire, d'une lieue de circonférence, au milieu du grand lac, dont il est séparé par un cordon de terre, ou, pour mieux dire, par une montagne d'un très-petit diamètre à la base, et dont le sommet se termine en arête, et presque perpendiculairement à plus de cinq cents mètres au-dessus des eaux. Les deux versants sont complétement couverts de grands arbres d'une belle végétation. C'est sur le côté du petit lac, où les Indiens ne vont jamais, de crainte des caïmans, que vont nicher presque tous les oiseaux aquatiques du grand lac. Chaque arbre, blanchi depuis le haut jusqu'en bas par la fiente qu'ils y déposent, est couvert de nids remplis d'œufs et d'oiseaux de tous les âges...

Un jour, accompagné de mon frère et de M. Hamilton Lindsay [1], aussi intrépide explorateur que nous l'étions nous-

[1] M. Hamilton Lindsay, auteur d'une relation de *Voyages sur les côtes de la Chine, dans la mer Jaune*.

mêmes, nous partîmes de l'habitation, avec l'intention de faire passer une légère pirogue par-dessus la montagne de *Socolme*, et de nous en servir pour une promenade sur le lac. Après bien des difficultés, avec l'aide de quelques Indiens, nous parvînmes à mettre notre projet à exécution.

Nous étions les premiers touristes qui s'aventuraient sur le lac de *Socolme*. Les Indiens qui nous avaient accompagnés refusèrent de s'embarquer avec nous; ils s'arrêtèrent sur la rive, et là ils employèrent toute leur éloquence pour nous faire abandonner notre projet.

« Vous allez, nous dirent-ils, inutilement vous exposer à « un grand danger, contre lequel vous n'avez aucun moyen « de défense; car vous verrez bientôt surgir du fond des eaux « des milliers de caïmans qui viendront vous attaquer : et « qu'opposerez-vous à ces invulnérables ennemis, contre qui « vos balles sont inoffensives? Croyez-vous leur échapper par « la fuite? Détrompez-vous. Dans leur élément ils vont plus « vite que votre pirogue: dès qu'ils l'auront atteinte, ils la feront chavirer avec plus de facilité que vous n'avez à la con« duire, et c'est alors que commencera un horrible carnage, « dont pas un de vous ne pourra échapper. »

Leur raisonnement n'était pas dépourvu de bon sens; et certainement c'était une imprudence de s'embarquer dans une faible pirogue pour faire une promenade sur un lac peuplé d'une grande quantité de caïmans, d'autant plus à redouter que difficilement ce lac pouvait fournir une assez grande quantité de poissons pour assouvir leur voracité, et que, pressés par la faim, ils étaient plus à craindre.

Mais le danger et les difficultés ne nous faisaient jamais reculer, comme on l'a déjà vu; ainsi, sans tenir compte du pronostic de mes prudents Indiens, pendant leur long discours nous avions fait nos préparatifs, et nous étions entrés dans notre pirogue.

A peine se fut-elle éloignée de quelques toises de la rive, qu'une certaine émotion s'empara de nous tous; elle était, sans aucun doute, autant l'effet de l'attente du danger, que produite par l'aspect du site qui se déroulait à notre vue.

Nous étions au fond d'un gouffre entouré de hautes et abruptes montagnes, entièrement couvertes d'une épaisse végétation.

Partout elles forment une barrière qui nous paraissait infranchissable. L'ombre qu'elles projetaient sur l'eau au fond de ce gouffre produisait une demi-obscurité qui, jointe au silence qui régnait alors dans cette solitude, lui donnait un aspect lugubre et mélancolique. Involontairement nous étions tous vivement impressionnés, et absorbés dans un profond recueillement qui nous empêchait de nous communiquer nos observations.

Notre pirogue continuait cependant à s'éloigner du lieu du départ; elle glissait légèrement sur cette nappe liquide, jamais agitée par les vents les plus impétueux, et qui ne reçoit les rayons du soleil que lorsqu'il est entièrement à son zénith.

Le silence où nous étions tous plongés fut tout à coup interrompu par l'apparition d'un caïman. Il éleva sa hideuse tête au-dessus de l'eau, ouvrit une énorme gueule, comme s'il eût voulu nous menacer, et se diriger vers nous.

Le moment était venu. Le grand drame annoncé par nos Indiens allait se réaliser, ou toutes nos craintes se dissiper; il n'y avait pas un instant à perdre. Il fallait prendre un parti, et fuir au plus vite l'ennemi plutôt que de s'exposer à son attaque.

C'est moi qui dirigeais la pirogue. Je fis tous mes efforts pour l'éloigner du danger et la conduire à terre; mais l'animal amphibie s'avançait avec une si grande rapidité qu'il était sur le point de nous atteindre, lorsque Lindsay, à tout hasard, déchargea contre lui son arme.

L'effet produit par la détonation fut prodigieux, et comme par enchantement dissipa toutes nos appréhensions. Il rompit, de la manière la plus éclatante, le silence qui avait régné jusqu'alors. Le caïman effrayé rentra au fond des eaux; un nombre incalculable d'échos, semblables au bruit qu'aurait produit un feu de tirailleurs, se répétèrent jusqu'au sommet des montagnes, et une nuée de cormorans sortit de tous les arbres en jetant des cris perçants auxquels vinrent s'unir les clameurs d'allégresse des Indiens, qui de la rive avaient remarqué l'épouvante et la fuite de l'ennemi qu'ils redoutaient tant.

Entièrement rassurés, nous continuâmes paisiblement notre promenade. De temps à autre, quelques caïmans reparaissaient; mais le bruit de nos armes les faisait rentrer dans leur demeure.

Nous nous approchâmes des grands arbres dont les branches s'étendaient sur le lac; elles étaient couvertes de nids remplis d'œufs, et d'une si grande quantité de jeunes oiseaux, que nous aurions pu en charger plusieurs pirogues comme celle où nous étions.

Les cormorans, effrayés par le bruit de nos armes, tourbillonnaient continuellement comme un gros nuage au-dessus de nous, sans vouloir s'éloigner du lieu où sans doute les retenait leur sollicitude maternelle.

Après avoir fait entièrement le tour du lac, nous arrivâmes au lieu du départ, où nous attendaient les Indiens pour nous aider à faire franchir la montagne une seconde fois à notre pirogue.

Nous ne voulûmes cependant point terminer cette promenade sans faire quelque chose pour la science; ainsi nous mesurâmes la circonférence du lac, qui est à peu près de 4 kilomètres. Nous ne pûmes pas mesurer la plus grande profondeur vers le milieu; mais à quelques toises de la rive nous trouvâmes partout qu'elle était de 180 pieds. Il est à remarquer que, dans aucune partie du grand lac de *Bay*, on ne trouve une profondeur qui dépasse 75 pieds.

De *Socolme* je conduisais aussi mes hôtes à *Los Banos*, au pied d'une haute montagne de plusieurs mille mètres d'élévation, d'où jaillissent de belles sources d'eau bouillante qui vont se jeter dans le lac, et, se mêlant à ses eaux, forment des bains naturels à toutes les températures que l'on peut désirer.

Là aussi, sur les collines, la chasse était abondante et facile. De nombreux pigeons ramiers et de belles colombes, perchés sur de grands arbres, attendaient sans méfiance les chasseurs, qui ne revenaient jamais des bains sans avoir rempli leurs carniers.

Je leur donnais aussi quelquefois le spectacle imposant d'une chasse au buffle; mais, depuis le malheur arrivé à l'infortuné Ocampo, je ne permettais plus à aucun étranger de prendre part à ses dangers. Placés sur des arbres ou sur la crête d'une montagne, ils jouissaient du coup d'œil en pleine sécurité.

Les jours de repos, nous allions, dans les bois voisins des champs cultivés, faire la guerre aux singes, les plus grands ennemis de nos moissons.

Aussitôt qu'un petit chien dressé à cette chasse nous avertissait par ses aboiements que des maraudeurs étaient en vue, nous nous rendions sur les lieux, et la fusillade commençait.

L'épouvante se mettait dans la petite famille. Chacun se cachait dans son arbre, et, du mieux qu'il pouvait, devenait invisible.

Mais le petit chien ne quittait pas le pied de l'arbre. Nous tournions tout autour, et finissions toujours par découvrir celui qui s'y était blotti. La fusillade recommençait, alors jusqu'à ce qu'il fût tombé.

Enfin, quand nous avions fait plusieurs victimes, je les envoyais pendre à des fourches patibulaires autour des champs de canne à sucre, pour épouvanter ceux qui s'étaient échappés.

Seulement, le plus gros était toujours porté au père Miguel, mon bon curé, pour lequel un ragoût de singe était un vrai régal.

Quelquefois, c'était à plusieurs jours de marche de *Jala-Jala* que je conduisais mes hôtes, pour leur faire voir des sites admirables, des cascades, des grottes, ou ces merveilles de végétation que produit la féconde nature des Philippines.

Un jour, M. Hamilton Lindsay, le plus intrépide voyageur que j'aie connu, le même qui m'avait accompagné sur le lac de *Socolme*, me proposa une partie pour la grotte de *San-Matéo*, grotte que plusieurs voyageurs et moi-même avions visitée plus d'une fois, mais toujours d'une manière si incomplète que nous n'en avions exploré qu'une faible partie.

Cette proposition était trop dans mes goûts pour ne pas l'accepter avec empressement; mais, cette fois, je ne voulus pas revenir de cette expédition comme des précédentes, c'est-à-dire sans avoir fait toutes les tentatives possibles pour la parcourir dans toute son étendue.

Lindsay, un médecin que je m'abstiens de nommer et mon frère prirent, avec moi, la résolution de vérifier si tout ce que nous disaient les Indiens de cette grotte avait quelque vraisemblance, ou bien si, comme je l'avais si souvent éprouvé, leur esprit poétique n'inventait pas des merveilles qui n'avaient jamais existé.

Leurs vieilles traditions donnaient à ce souterrain une étendue immense : on y voyait, disaient-ils, des palais féeriques auxquels rien ne pouvait être comparé et qui servaient de résidence à des êtres fantastiques.

Bien résolus de voir par nous-mêmes toutes ces merveilles, nous partîmes pour *San-Matéo*, emmenant avec nous un Indien muni d'un pic et d'une pioche, pour nous frayer passage, si nous avions quelque chance de prolonger notre promenade souterraine au delà de la limite que tous, déjà, nous connaissions.

Nous emportâmes aussi une bonne provision de flambeaux, nécessaire pour mettre notre projet à exécution.

Nous arrivâmes de bonne heure à *San-Matéo*, et nous passâmes le reste de la journée à visiter d'admirables sites qui avoisinent le bourg.

Nous descendîmes aussi dans le lit d'un torrent qui prend

sa source dans les montagnes et passe dans le nord du bourg; nous y vîmes plusieurs Indiens et Indiennes occupés à laver les sables pour en extraire la poudre d'or. Le produit qu'ils retirent journellement de ce travail, auquel ils se livrent trois ou quatre heures par jour, varie depuis un franc, deux francs, jusqu'à huit ou dix; c'est selon la plus ou moins heureuse veine que le hasard leur fait découvrir.

Cette industrie, la culture des terres douées d'une fécondité sans égale, les bois de construction dont abondent les montagnes voisines, voilà toute la richesse des habitants, qui, généralement, vivent dans l'abondance et la prospérité.

Le lendemain, à l'aube du jour, nous cheminions vers la grotte, éloignée du bourg de deux heures de marche.

Entrée de la grotte et rivière de San-Matéo.

La route, qui d'abord serpente au milieu de belles plantations de riz et de bétel, encadrée elle-même dans une superbe végétation, est d'un facile parcours; mais, à la moitié de son trajet, tout à coup elle devient dangereuse et difficile.

On laisse alors les champs cultivés pour suivre les bords de la rivière. Elle coule au milieu de montagnes de peu d'élévation, et forme tant de circuits et de détours, qu'il faut, à chaque instant, la traverser presque à la nage d'un bord à l'autre pour profiter de petits sentiers qui se trouvent sur la berge.

Jusqu'à une faible distance de la grotte, rien ne vient rompre la monotonie de ces sites agrestes.

On marche au milieu d'une gorge où de tous côtés la vue est limitée par des rochers et un rideau de verdure formé par les arbustes qui boisent les collines.

Mais, à un fort détour que fait la rivière, l'œil est tout à coup ébloui en face d'un panorama qui se déroule avec une lente et féerique magnificence.

Figurez-vous un torrent au pied de deux immenses montagnes de forme pyramidale, toutes deux entièrement semblables, et de la même élévation!

L'intervalle qui les sépare permet à la vue de se porter au loin, et de découvrir le fond d'un tableau impossible à décrire.

Entre les deux géantes la rivière s'est ouvert une issue, et là, sous vos pieds, vous la voyez se précipiter au milieu d'écueils formés par d'énormes blocs de marbre blanc; l'eau, limpide et brillante, se joue au milieu de tous les obstacles qui gênent son cours; parfois elle forme une bruyante cascade, puis disparaît à la base d'un énorme rocher, pour reparaître bientôt écumeuse et bouillonnante, comme si une force surnaturelle la faisait surgir des entrailles de la terre.

Plus loin, formant une suite continue de petites cascades, elle coule en large nappe argentée sur un lit de marbre blanc et brillant comme l'albâtre, pour retomber sur d'autres, d'une blancheur non moins éclatante. Enfin, après avoir franchi tous les écueils, elle coule paisiblement dans un lit plus modeste, et où vient se refléter l'admirable végétation qui pousse sur ses bords.

C'est dans la montagne située sur la rive droite que se trouve la fameuse grotte.

On traverse la rivière en sautant d'un bloc de marbre à l'autre; ensuite, après avoir gravi une pente ardue pendant l'espace de deux cents mètres, on se trouve à l'entrée de cette grotte, où, pas à pas, je vais conduire mon lecteur.

Cette entrée, d'une forme presque régulière, représente assez bien le portique d'une église en plein cintre, garni de festons verdoyants dont les plantes rampantes et des lianes font les frais.

A peine en a-t-on franchi le seuil, que l'on se trouve dans un large et spacieux vestibule, tout tapissé de stalactites d'une couleur jaunâtre; c'est là qu'une nuée de chauves-souris, effrayées par la lumière des flambeaux, prend son vol pour se précipiter au dehors.

Pendant une centaine de pas, en se dirigeant dans l'intérieur, la voûte continue très-élevée, et la galerie spacieuse; mais tout à coup l'une s'affaisse, et l'autre se rétrécit, ne laissant plus d'issue que celle nécessaire à un seul homme, obligé encore de se traîner sur les mains et les genoux pour franchir, dans cette pénible position, à peu près une centaine de mètres.

Ensuite la galerie s'élargit de nouveau, et la voûte s'élève de plusieurs toises; mais bientôt il faut surmonter un nouvel obstacle, il faut gravir une espèce de muraille de deux à trois mètres d'élévation.

Immédiatement au delà se trouve le lieu le plus dangereux du souterrain : là, deux énormes précipices, la bouche béante, au ras du sol, sont prêts à engloutir l'imprudent qui, armé de son flambeau, ne marcherait pas avec précaution dans cet obscur labyrinthe.

Des pierres lancées dans ces gouffres attestent, par le bruit sourd qu'elles font en arrivant au fond, une profondeur de plusieurs centaines de mètres.

Ensuite la galerie, large et spacieuse, se continue, sans rien offrir de remarquable, jusqu'au lieu où s'étaient arrêtées les recherches faites jusqu'alors.

Là, elle paraît se terminer par une espèce de rotonde entourée de stalactites de diverses formes, qui, dans un endroit, représentent un véritable dôme soutenu par des colonnes.

Ce dôme recouvre un petit lac d'où continuellement s'élance un ruisseau qui va se perdre dans les précipices dont j'ai parlé.

C'est dans cette partie que nous nous livrâmes à de sérieuses investigations, cherchant à nous assurer s'il était possible de prolonger notre promenade souterraine.

Nous plongeâmes à plusieurs reprises dans le lac, sans rien découvrir qui pût favoriser nos désirs; nous nous dirigeâmes alors vers la droite, examinant, à la lumière de nos flambeaux, les moindres petits enfoncements que nous apercevions sur les parois de la galerie.

Après bien des recherches infructueuses, nous découvrîmes enfin une crevasse par laquelle à peine pouvait-on passer le bras.

En y introduisant un flambeau, quelle ne fut point notre surprise d'y entrevoir un grand vide tout tapissé de brillants cristaux! Cette découverte nous donna un vif désir d'examiner de plus près ce que nous voyions si imparfaitement.

L'Indien, avec son pic, se mit à l'œuvre pour agrandir l'ouverture, par laquelle nous espérions nous introduire. Il travaillait lentement et à petits coups, pour éviter un éboulement qui non-seulement eût pu détruire nos espérances, mais aussi occasionner une catastrophe.

Cette voûte de rochers suspendue au-dessus de nos têtes pouvait nous engloutir, et, comme on va le voir, les précautions que nous prenions n'étaient point inutiles.

Au moment où nos espérances allaient se réaliser, et que déjà l'ouverture était assez grande pour nous donner passage, tout à coup, au-dessus de nous, il se fit un bruissement sourd et prolongé qui nous glaça d'effroi.

La voûte s'était ébranlée, et menaçait de s'affaisser sur nous.

Pendant un court instant, qui cependant nous parut bien long, nous fûmes terrifiés; notre Indien lui-même, immobile comme une statue, était resté la main appuyée sur le manche de son pic, dans la même position où il se trouvait en donnant le dernier coup.

Après un instant de silence solennel, revenus un peu de notre peur, nous examinâmes le danger que nous venions de courir.

Au-dessus de nos têtes, une longue et large crevasse serpentait la voûte sur une longueur de plusieurs mètres; vers la paroi où elle allait aboutir, un énorme rocher qui, s'en étant séparé, avait été arrêté dans sa chute par un hasard providentiel; la tête du pic, dont la pointe était fortement fixée sur un sol solide, lui avait servi de point d'appui, et ce chanceux arc-boutant le tenait suspendu au-dessus de l'ouverture que nous venions de pratiquer.

Après nous être assurés, avec bien des précautions, que le pic et le rocher offraient une certaine solidité, comme de véritables fous habitués à vaincre toute espèce d'obstacles et de difficultés, nous nous décidâmes à nous glisser un à un dans cette périlleuse ouverture.

Le docteur, qui jusqu'alors avait gardé un morne silence, aussitôt qu'il connut notre décision fut pris d'une si grande frayeur, que la voix lui revint pour se lamenter et nous prier de le conduire au dehors.

Comme si tout à coup il avait été pris d'un vertige, d'une voix saccadée il nous disait que la respiration lui manquait, qu'il se sentait étouffer, et que son cœur battait avec une si grande force, que, s'il restait plus longtemps au milieu des dangers que nous courions, il allait mourir de la rupture d'un anévrisme.

Il offrait tout ce qu'il possédait à celui qui lui sauverait la vie; il suppliait à mains jointes notre Indien de ne pas l'abandonner, et de lui servir de guide.

Nous eûmes pitié de cette panique, et permîmes à l'Indien d'acquiescer à sa prière.

Aussitôt que ce dernier fut revenu, et que nous eûmes la certitude que pendant son absence le rocher, cause de notre frayeur momentanée, était resté immobile, nous mîmes notre projet à exécution, et, comme des serpents, un à un nous nous glissâmes par cette dangereuse ouverture, à peine suffisante pour la grosseur de nos corps.

Nous ne pensâmes bientôt plus au danger que nous courions, ni à l'imprudence que nous venions de commettre, et toute notre attention se fixa sur ce qui s'offrait à nos regards.

Nous nous trouvions au milieu d'un immense salon, d'un aspect tout à fait féerique.

A la lumière de nos flambeaux, la voûte, le sol et les murailles étincelaient et brillaient comme s'ils eussent été recouverts de cristaux de roche de la plus admirable transparence.

Dans quelques endroits, la main de l'homme paraissait avoir présidé à l'ornementation de ce palais enchanté. De nombreuses stalactites et stalagmites, aussi diaphanes que l'eau limpide qui vient de se congeler, affectaient les formes les plus bizarres; elles représentaient de brillantes draperies, des rangées de colonnes, des lustres et des candélabres.

A une extrémité, adossé à la muraille, on voyait un autel avec ses degrés, qui paraissait attendre le pasteur pour y célébrer l'office divin.

Il serait impossible à ma plume de représenter tout ce qui nous transportait d'admiration.

Nous croyions véritablement nous trouver dans un palais des *Mille et une Nuits;* les Indiens eux-mêmes n'avaient deviné qu'une faible partie des merveilles que nous venions de découvrir...

Après avoir quitté ce palais étincelant, nous continuâmes notre promenade souterraine, nous enfonçant de plus en plus dans les entrailles de la terre, et suivant pas à pas un tortueux labyrinthe qui, pendant une demi-lieue, ne nous présenta rien de remarquable, si ce n'est, d'intervalle en intervalle, le danger que nous faisait courir notre indomptable curiosité.

La voûte, dans certains endroits, ne présentait plus la solidité de la pierre; la terre seule s'y révélait, et de récents éboulements attestaient qu'il pouvait s'en faire d'assez considérables pour nous fermer tout moyen de retraite.

Nous poursuivîmes cependant encore bien au delà notre reconnaissance aventureuse, et nous arrivâmes dans un nouvel espace magnifique et grandiose, recouvert, comme le premier, de brillantes stalactites, et qui ne lui cédait en rien pour la beauté de ses détails.

Nous nous y livrâmes de nouveau au minutieux examen de toutes les merveilles qui nous entouraient, et qui resplendissaient comme des prismes à la clarté de nos torches.

Nous recueilllîmes sur le sol plusieurs petites stalagmites, grosses et rondes comme des noisettes, qui représentaient si parfaitement ces fruits confits, que quelques jours après, nous trouvant à Manille dans un bal, nous en présentâmes à des dames, dont le premier mouvement fut de les porter à la bouche pour les croquer; mais, lorsqu'elles reconnurent leur méprise, elles voulurent les conserver, pour s'en faire, disaient-elles, des pendants d'oreille.

Après avoir joui du beau et brillant spectacle que nous avions sous les yeux, la faim, la fatigue commencèrent à se faire sentir.

Nous avions marché, dans ce ténébreux souterrain, un espace de plus de quatre kilomètres; depuis le matin nous n'avions rien pris, et la journée était déjà bien avancée.

J'ai souvent expérimenté que la force morale décroît en raison des forces physiques, et sans doute nous nous trouvions dans cet état lorsque de sinistres suppositions vinrent frapper notre imagination.

Un de nous fit la réflexion qu'un éboulement pouvait avoir

eu lieu entre nous et la sortie, ou, ce qui paraissait plus probable, que l'énorme rocher suspendu et tenu en équilibre sur notre pic pouvait s'être affaissé, et nous fermer toute issue.

Si pareil malheur fût arrivé, dans quelle horrible position nous serions-nous trouvés?

Nous ne pouvions point espérer de secours du dehors, même de notre ami *le docteur*, que nous avions vu si bouleversé par la peur; nos poignards eussent été alors notre seule ressource pour ne pas mourir dans les angoisses qu'endure le malheureux renfermé vivant dans un sépulcre.

Toutes ces réflexions, que nous analysâmes les unes après les autres, nous déterminèrent à rebrousser chemin, et à laisser à d'autres plus imprudents que nous, s'il pouvait s'en rencontrer, le soin d'explorer l'espace qui nous restait à parcourir.

Nous eûmes bientôt franchi celui qui nous séparait du lieu que nous avions le plus à redouter.

La Providence nous favorisait: le pic soutenait encore le roc qui nous préoccupait si vivement.

Un à un, en évitant le plus possible le moindre frottement contre le roc et le pic, nous nous glissâmes de nouveau par cette étroite ouverture, et, tout joyeux de nous voir hors de danger d'une si fatigante expédition, nous commencions déjà à cheminer vers la sortie, lorsque tout à coup un bruit sourd et prolongé, et sous nos pieds un tressaillement subit, nous causèrent une nouvelle frayeur; mais bientôt nous fûmes rassurés par notre Indien qui accourait vers nous, tenant à la main son pic libérateur.

L'imprudent n'avait pas voulu en faire le sacrifice, et, après avoir attendu que nous fussions éloignés de quelques pas, il l'avait, tout en se sauvant, fortement tiré par le manche.

Grâce à la Providence ou à sa légèreté, il ne fut pas écrasé par le pan de rocher, qui, n'ayant plus son point d'appui, s'était affaissé sur le sol, en recouvrant complétement l'issue qui nous avait donné passage.

Après nous, sans doute, personne ne pourra pénétrer dans la belle partie de cette grotte que nous venions de traverser si heureusement.

Après ce dernier épisode, nous ne nous fîmes pas prier pour nous diriger vers la sortie; et ce ne fut point sans une vive sensation de plaisir que nous revîmes la lumière du soleil, et que nous retrouvâmes, assis sur un bloc de marbre, notre ami *le docteur*, réfléchissant à notre longue absence et à notre inqualifiable témérité.

Peut-être taxera-t-on d'exagération ce que je dis des jouissances et des émotions telles que se composait ma vie à *Jala-Jala*.

Je me renferme partout dans l'exacte vérité, et il me serait facile de citer bien des personnes prêtes à témoigner de la véracité de chacun de mes récits.

Plusieurs voyageurs, du reste, qui ont passé quelque temps à mon habitation, ont reproduit dans leurs publications le tableau de mon existence au milieu de mes chers Indiens, qui tous m'étaient si dévoués.

Je citerai entre autres le *Voyage autour du monde* du malheureux Dumont-d'Urville et celui du vice-amiral Laplace, dans chacun desquels on trouvera un article spécial consacré à *Jala-Jala*.

Je puis citer également M. Thomas Dent, actuellement à Londres. Il a séjourné quelque temps à *Jala-Jala*, et a assisté à plusieurs de nos aventureuses excursions. J'ai été heureux de le retrouver en Europe, et de lui rappeler des services qu'il m'a rendus avec la plus affectueuse bienveillance.

CHAPITRE XVII.

Le vice-amiral Laplace. — Matelots déserteurs de *l'Artémise.* — M. le capitaine de vaisseau Paris. — Tagalocs. — Cérémonies. — Mariages. — Caïman. — Serpent boa. — M. R. G. Russell. — Dajon-Palay. — Alin-Morany. — Sauterelles.

Puisque j'ai nommé M. Laplace, je vais raconter une petite anecdote où il a joué un rôle, et qui prouvera l'influence que je possédais généralement dans toute la province de la Lagune.

Plusieurs matelots de l'équipage de la frégate *l'Artémise*, que commandait M. le vice-amiral Laplace, alors capitaine de vaisseau, avaient déserté à Manille.

Malgré toutes les recherches qu'avait fait faire le gouvernement espagnol, il avait été impossible de découvrir la retraite de quatre d'entre eux.

M. Laplace venait passer quelques semaines sur mon habitation; le gouverneur lui dit :

« Pour avoir vos hommes, adressez-vous à M. de la Gi-
« ronière; personne n'est plus capable que lui de les décou-
« vrir : donnez-lui l'ordre, de ma part, de se mettre à leur
« recherche. »

Relampago racontant ses aventures.

Page 256.

M. Laplace, en arrivant chez moi, m'avait transmis cet ordre; mais j'étais trop indépendant pour songer à l'exécuter; je ne m'occupai point des déserteurs.

Quelques jours après, un capitaine, avec une centaine de soldats, aborda à *Jala-Jala*.

Il vint prévenir M. Laplace qu'il avait parcouru toute la province sans avoir eu aucun indice des déserteurs qu'il cherchait depuis une quinzaine de jours.

Cette nouvelle affligea M. Laplace.

Il vint à moi, et me dit :

« Monsieur de la Gironière, je vois que je serai obligé de mettre « à la voile sans les hommes qui ont déserté, si vous ne voulez « pas vous-même aller à leur recherche. Je vous supplie de « sacrifier un peu de votre temps pour me rendre ce service. »

Ce n'était plus un ordre, c'était une prière qui m'était adressée; aussi ma réponse ne se fit pas attendre.

« Dans une heure, commandant, je me mets en route, et « avant quarante-huit heures vous aurez ici vos hommes. »

« Faites attention, me dit-il, que vous allez avoir affaire à « de mauvais sujets. N'exposez pas votre vie, et s'ils font quel- « que résistance, traitez-les sans pitié; faites feu sur eux. »

Quelques instants après, accompagné de mon lieutenant et d'un soldat de ma garde, je traversai le lac, et me dirigeai vers les lieux où je supposais que s'étaient réfugiés les matelots déserteurs.

Tous trois nous étions bien armés, et en état de mettre à la raison quatre gaillards qui, pour toutes armes, avaient des bâtons.

Au premier village où je débarquai, je pris langue et j'obtins de leurs nouvelles.

J'avais un grand avantage sur la police espagnole, à qui les Indiens ne disent jamais la vérité quand il s'agit de poursuivre des coupables.

Lorsque je m'adressais à un Indien, me fût-il inconnu, mon nom seul suffisait pour lui imposer; de telle sorte qu'il m'obéissait aveuglément, et n'osait pas me cacher la vérité.

J'avais appris que les déserteurs s'étaient réfugiés dans le grand bourg de *Pila;* que le curé les avait pris sous sa protection; qu'il les cachait dans son presbytère, d'où ils ne sortaient que la nuit, dans la crainte d'être découverts avant le départ de *l'Artémise.*

Cette protection du curé compliquait singulièrement ma mission; il n'était ni prudent ni facile d'aller attaquer le presbytère.

Pour prendre les matelots français, il fallait agir de ruse.

A une petite distance du bourg, je me cachai dans un bois, et attendis que la nuit fût close pour en sortir avec mes gens.

Je me rendis chez le chef du bourg, et je lui dis :

« Quatre déserteurs français sont cachés ici, et cela ne peut « être qu'avec ton consentement et celui de tes administrés; « en conséquence, je viens te prendre pour te conduire à « Manille, où tu rendras compte de ta conduite au gouver- « nement. »

Le pauvre Indien commença à trembler, et me répondit :

« C'est vrai; mais je vous assure que nous n'avons manqué « à nos devoirs qu'à la prière et sur l'ordre de notre curé, qui « a eu pitié des pauvres Français, qui se disent si malheureux « à bord de leur navire. »

« Je te crois, lui dis-je, et ta faute peut être pardonnée, si, « à l'instant, tu me les amènes ici. Dis-leur, pour les faire venir, « tout ce que tu voudras; mais surtout pas un mot sur ma « présence! Si, dans une demi-heure, tu n'es pas de retour, « j'irai te chercher. »

L'Indien partit, et un quart d'heure après j'entendis dans la rue les matelots qui venaient en chantant un air français. Je fis cacher mes deux gardes. Je me plaçai près de la porte, dans une position à ce qu'ils pussent entrer sans me voir; et aussitôt qu'ils furent tous les quatre au milieu de la chambre, je me découvris, et me mis entre la porte et eux.

« Vous êtes déserteurs de *l'Artémise*, leur dis-je; et je viens

« vous prendre pour vous conduire à bord de votre frégate. »

« A bord de notre frégate, Monsieur! mieux vaut mourir. « Nous nous ferons tuer plutôt que de nous y laisser conduire. »

Je voyais déjà mes quatre gaillards qui saisissaient leurs gourdins, avec l'apparence de ne pas avoir grand'peur de moi; je frappai un coup dans la main, une porte s'ouvrit, et mes deux gardes se présentèrent, la carabine en arrêt et le poignard au côté.

« Vous le voyez, leur dis-je, toute forfanterie est inutile. « Je ne veux pas vous tuer! Déposez vos bâtons, donnez-moi « votre parole d'honneur de me suivre sans résistance; sinon, je « vous fais amener et conduire comme des brigands.

« Croyez-moi, c'est un véritable service que je vous rends. « Après le départ de la frégate, immanquablement vous seriez « pris et jetés dans une prison, jusqu'à ce qu'un navire vous « emmenât en France, où vous passeriez à un conseil de guerre. « Ainsi, suivez-moi de bonne volonté, et vous n'aurez pas à « vous plaindre; j'intercéderai pour obtenir votre grâce. »

La vue de mes gardes, le raisonnement que je venais de leur faire, les avaient vaincus. Ils me remirent leurs bâtons et promirent tout ce que j'exigeai d'eux, en me suppliant toutefois d'invoquer pour eux la clémence de leur commandant. Je les rassurai, et nous partîmes.

Le lendemain, j'étais de retour à *Jala-Jala*, et j'accomplissais la promesse que j'avais faite à M. Laplace. Je lui remis ses matelots, et, grâce à la prière de la bonne Anna, le commandant leur fit grâce d'une partie du châtiment qu'ils avaient justement mérité.

Je donnai quelques soldats de ma garde et une bonne embarcation à M. Paris, alors lieutenant de vaisseau, qui, à son grand regret, partit de *Jala-Jala* pour les conduire à bord, en rade de Manille [1].

[1] M. Paris, actuellement capitaine de vaisseau, est à Paris, où j'ai été heureux de le rencontrer.

J'ai déjà souvent parlé des Tagalocs, et dépeint quelques traits de leur caractère.

Cependant je ne suis point encore entré dans tous les détails nécessaires pour bien faire connaître cette population si soumise aux Espagnols, et dont l'origine primitive ne sera jamais que supposition et véritable problème.

Il est de toute probabilité, et presque incontestable, que les Philippines furent primitivement peuplées par des aborigènes, petite race de nègres qui habitent encore en assez grand nombre dans l'intérieur des forêts, et que les Tagalocs nomment *Ajetas*, et les Espagnols *Négritos*.

A une époque sans doute bien reculée, les plus proches voisins des Philippines, les Malais, envahirent les plages et refoulèrent la population indigène dans l'intérieur des montagnes; ensuite, soit par des accidents de navigation, ou pour profiter de la richesse du sol, se réunirent à eux des Chinois, des Japonais, des habitants des vastes archipels des mers du Sud, des Javanais, et même des Indous.

Du mélange qui résulta de l'union de ces divers hommes, d'une physionomie si différente, sont résultés les diverses nuances et les différents types que l'on remarque parmi la race *tagaloc*, qui cependant conserve généralement la physionomie et la cruauté malaise.

Le Tagal est bien fait, plutôt grand que petit; il a les cheveux longs, rarement de la barbe, une couleur un peu cuivrée, parfois presque blanche; l'œil grand et vif, quelquefois un peu bridé, à la chinoise; le nez un peu gros, et, comme la race malaise, les pommettes saillantes.

Son caractère est gai et enjoué.

Il aime beaucoup la danse, la musique; est ardent en amour, cruel avec ses ennemis; ne pardonne jamais l'injustice et s'en venge toujours par le poignard, qui, ainsi que chez les Malais le kris, est son arme favorite.

Il tient à la parole qu'il a donnée dans des affaires sérieuses, se livre aux jeux de hasard avec passion; il est bon époux, excellent père, jaloux de l'honneur de sa femme, mais peu soucieux de celui de sa fille, qui, malgré des écarts de jeunesse, n'éprouve aucune difficulté à se marier.

Il est d'une sobriété admirable : de l'eau, un peu de riz et du poisson salé lui suffisent.

L'homme âgé est toujours pour luï en grande vénération.

Dans une famille, à toutes les époques de la vie, le plus jeune obéit à son aîné.

Il exerce l'hospitalité sans égoïsme, et sans autre pensée que celle de soulager son semblable.

Aussi lorsqu'un étranger se présente chez un Indien au moment de son repas, n'eût-il que le strict nécessaire pour lui et sa famille, il l'invite à prendre place à sa table.

Lorsqu'un vieillard, auquel son âge ne permet plus de travailler, se trouve dénué de toutes ressources, il va s'établir chez un voisin. Là, il est considéré comme étant de la maison. Il peut y rester jusqu'à la fin de ses jours.

Dans les occasions solennelles, il aime à poétiser, à dramatiser *ses gestes et ses paroles;* et c'est toujours avec un tact et un à-propos remarquables, chez des peuples que l'on croit généralement inférieurs aux basses classes de notre vieille civilisation. Une petite anecdote suffira pour les juger.

Je me trouvais par hasard dans le bourg de *Siniloan* le jour où l'on célébrait la fête patronale. Les anciens me firent inviter à aller prendre place à leur banquet. Pendant tout le festin j'avais été le but des plus délicates attentions et de la sollicitude la plus recherchée. Au moment où j'allais me lever, remercier mes hôtes et prendre congé, le plus ancien me pria de lui permettre de me porter un toast.

Le verre en main, il se leva, et dit à haute voix :

« Mes frères, l'honneur que me fait le seigneur de *Jala-*
« *Jala* en acceptant mon invitation n'est pas pour moi seul.
« Comme les rayons de l'astre de la lumière, il vous couvre
« tous. Réunissez-vous donc à moi, et élevons nos vœux au

« grand Maître, pour lui demander que la prospérité soit « toujours sous son toit et la joie dans son cœur. »

Après avoir vidé son verre, il le jeta sur le sol, où il se brisa en éclats; et, reprenant la parole :

« Ce verre, dit-il, qui a servi pour affirmer les vœux que « les habitants de Siniloan adressent au Seigneur pour leur « hôte, ne devait plus servir à personne. »

Le mariage présente chez les Tagals des particularités assez curieuses.

Deux cérémonies le précèdent : la première se nomme *tain manoc*, mots tagals qui veulent dire : *le coq qui cherche sa poule.*

Aussitôt qu'un jeune homme a dit à ses père et mère qu'il a des préférences pour une jeune Indienne, ceux-ci se rendent un soir chez les parents de celle-ci, et, après avoir eu avec eux une conversation indifférente, la mère du poursuivant présente une piastre à celle de la prétendue.

Le prétendant est admis, si elle accepte; et alors elle va aussitôt employer cette piastre en bétel et en vin de cocos.

Pendant une grande partie de la nuit, toute la société mâche le bétel et boit le vin de cocos, et l'on parle de tout autre chose que de mariage.

Les jeunes gens ne se montrent qu'après que la piastre a été acceptée, parce qu'alors ils considèrent cette acceptation comme préliminaire de leur union.

Le lendemain, le jeune homme se présente chez les parents de sa fiancée. Il est reçu comme l'enfant de la maison; il y couche, y loge, prend part à tous les travaux, et surtout à ceux particulièrement à la charge de la jeune fille.

Il commence alors un service qui dure plus ou moins longtemps, deux, trois ou quatre ans, pendant lesquels il faut qu'il s'observe bien; car si on a quelques reproches à lui faire, il est renvoyé, et ne peut plus prétendre à la main, de celle qu'il voulait épouser.

Les Espagnols ont fait tout ce qu'ils ont pu pour supprimer cette habitude, à cause des inconvénients qu'elle entraîne après elle.

Souvent un père, pour avoir à son service un homme qui ne lui coûte rien, fait durer indéfiniment cet état de servitude, et quelquefois renvoie celui qui déjà a passé deux ou trois ans chez lui, pour en prendre un autre sous le même titre de prétendant.

Mais il arrive aussi que si les deux fiancés se fatiguent, ils usent alors des droits du mariage avant la cérémonie; et un jour la jeune fille prend son amant par les cheveux, le conduit chez le curé du village, auquel elle dit:

« Qu'elle vient de l'enlever, qu'ainsi il faut les marier. »

La cérémonie du mariage a lieu alors sans le consentement des parents; mais si c'était le jeune homme qui enlevât sa maîtresse, il serait sévèrement puni, et la jeune fille serait rendue à sa famille.

Si les choses se sont passées dans le bon ordre, si le prétendant a fait les deux ou trois années de servitude volontaire, et que les parents soient tout à fait contents de son caractère et de sa conduite, arrive le jour de la seconde cérémonie, nommée *tajin bojol* (*le jeune homme qui veut serrer le nœud de l'union*).

Cette seconde cérémonie est un grand jour de fête.

Tous les parents et amis des deux familles sont réunis chez la fiancée et divisés en deux camps, dont chacun débat les intérêts des fiancés.

Mais chaque famille a un avocat, qui seul peut prendre la parole en faveur de son client.

Les parents n'ont pas le droit de parler; ils font seulement, à voix basse, les observations qu'ils jugent convenables à leur avocat.

L'Indienne n'apporte jamais de dot. Quand elle prend un mari, elle n'a rien; c'est le jeune homme qui apporte la dot: aussi l'avocat de la jeune fille adresse-t-il le premier la parole pour la demander et établir les conditions.

Je vais rapporter le discours des deux avocats dans une cérémonie de ce genre à laquelle j'eus la curiosité d'assister.

Pour ne pas blesser l'amour-propre des parties, les avocats ne parlent qu'en termes allégoriques.

Dans la cérémonie que j'honorais de ma présence, celui de la jeune Indienne commença ainsi :

« Un jeune homme et une jeune fille s'étaient unis ; ils ne « possédaient rien, pas même un abri. Pendant plusieurs an- « nées la jeune femme fut bien malheureuse ! enfin ses mal- « heurs eurent une fin, et un jour elle se vit dans une belle « case qui lui appartenait ; elle devint mère d'une jolie petite « fille; le jour de ses couches, un ange lui apparut et lui dit : « Rappelle-toi ton mariage et le temps de misère que tu as « passé. Je prends l'enfant qui vient de naître sous ma pro- « tection ; lorsqu'elle sera grande et belle fille, et que tous les « jeunes gens rechercheront son alliance, ne la donne qu'à « celui qui lui bâtira un temple où il y aura dix colonnes, « composées chacune de dix pierres. Si tu n'exécutes pas mes « ordres, ta fille sera malheureuse comme tu l'as été. »

Après ce petit discours, l'avocat adverse prit la parole et dit :

« Il y avait une reine dont le royaume était sur le bord de « la mer.

« Parmi les lois de son gouvernement, il en existait une « qu'elle faisait observer avec la plus grande rigueur.

« Tous les navires qui arrivaient dans un port de ses États « ne pouvaient, d'après cette loi, jeter leur ancre que par « une profondeur de cent brasses ; celui qui enfreignait cette « loi était mis à mort sans pitié.

« Il advint un jour qu'un brave marin fut surpris par une « grande tempête.

« Après bien des efforts pour sauver son navire, il fut « obligé d'entrer dans ce port et d'y mouiller, quoique son « câble ne fût seulement que de quatre-vingts brasses ; il pré- « férait mourir sur l'échafaud, plutôt que de perdre son na- « vire avec l'équipage.

« La reine, courroucée, le fit venir en sa présence; il se « jeta à ses pieds, lui dit qu'une force majeure l'avait obligé « à enfreindre ses lois, et que, n'ayant que quatre-vingts « brasses de câble, il ne pouvait par conséquent mouiller par « cent : ainsi, qu'il la suppliait de lui pardonner. »

Là se termina son discours.

L'autre avocat reprit et dit :

« La reine, touchée de la prière et de l'impossibilité où se « trouvait le pauvre capitaine de jeter son ancre par cent « brasses, lui pardonna, et fit bien. »

A ces dernières paroles, la joie se répandit sur tous les visages, les musiciens commencèrent à jouer de la guitare.

Le fiancé et la fiancée, qui s'étaient tenus dans une chambre voisine, se présentèrent.

Le jeune homme ôta de son cou son rosaire, le passa à celui de sa fiancée, et prit le sien pour remplacer celui qu'il venait de lui donner. La nuit se passa en danses, et la cérémonie du mariage, toute chrétienne comme chez nous, fut remise à la huitaine.

Maintenant je vais, telle que je la reçus, donner l'explication des discours des avocats, que je n'avais pas trop compris.

La mère de la fiancée s'était mariée sans dot, elle avait été malheureuse; le temple que l'ange lui avait dit de demander pour sa fille était une maison; et les dix colonnes composées de dix pierres chacune voulaient dire qu'avec la maison il fallait une somme de 100 piastres (500 francs).

Le discours de l'avocat du jeune homme signifiait qu'il consentait à donner la maison, puisqu'il n'en parlait pas; mais que, ne possédant que 80 piastres, il se jetait aux pieds des parents de sa fiancée, afin que les 20 piastres qui lui manquaient ne fussent pas un obstacle à son union. Le pardon accordé par la reine était celui du jeune homme, qui était accepté avec 80 piastres seulement.

La servitude qui précède le mariage, et dont je viens de

parler, était pratiquée bien avant la conquête des Espagnols. Elle prouve l'origine que j'attribue aux Tagalocs, que je fais descendre des Malais, qui, étant tous musulmans, auront conservé quelques usages de nos anciens patriarches.

La dernière cérémonie, celle du mariage à l'église, est toute chrétienne, ainsi que je viens de le dire. Le jour où elle a lieu se termine par une grande fête, un banquet et la danse.

Dans quelques bourgs, la fête dure trois jours. Pendant ces trois jours, les époux sont obligés de tenir table ouverte et splendidement servie pour tous ceux qui se présentent, connus ou inconnus. Le troisième jour, la marraine de la mariée distribue à chaque assistant ou convive une tasse en porcelaine de Chine, et celui qui la reçoit est obligé d'y déposer une pièce de monnaie et d'aller l'offrir à la mariée. Cette offrande est destinée à son mariage, et en quelque sorte à l'indemnité de l'énorme sacrifice qu'elle a fait pendant les trois jours de fête.

Je crois avoir suffisamment fait connaître les Indiens et leurs coutumes; je vais maintenant entretenir mes lecteurs de deux espèces de monstres que j'ai eu souvent occasion d'observer et même de combattre : l'un, habitant les forêts, le serpent boa, et l'autre, les grandes rivières et les lacs, le caïman.

A l'époque où j'avais commencé à coloniser le village de *Jala-Jala* et d'habiter ma demeure, les caïmans abondaient de ce côté du lac, et de mes fenêtres je les voyais journellement se jouer dans les eaux, guetter et happer les chiens qui approchaient de la plage.

Un jour, une femme de chambre de ma maison ayant eu l'imprudence de se baigner sur le bord du lac, fut surprise par l'un d'eux, d'un volume énorme. Un de mes gardes arriva au moment où le monstre l'emportait; il lui tira un coup de carabine et l'atteignit sous l'aisselle, seule partie vulnérable; mais la blessure était trop peu de chose pour qu'elle l'arrêtât; il disparut avec sa proie.

Cependant ce petit trou de balle fut cause de sa mort, et il est à remarquer que, dans les eaux de *Bay*, la moindre blessure faite à la peau du caïman est incurable.

Les crevettes, si abondantes dans le lac, s'introduisent dans la blessure : peu à peu leur nombre augmente; elles finissent par lui ronger les chairs, et par s'introduire jusque dans l'intérieur de son corps.

C'est ce qui arriva à celui qui avait dévoré la femme de chambre.

Un mois après cet accident, le monstre fut trouvé mort sur la plage, à cinq ou six lieues de mon habitation.

Les Indiens me rapportèrent les boucles d'oreilles de cette malheureuse femme, qu'ils avaient retrouvées dans son estomac.

Une autre fois, je voyageais dans les parages de *Marigondon*, accompagné d'un guide. La chaleur était excessive, le soleil dardait perpendiculairement ses rayons sur un sol brûlant. Nos chevaux suivaient lentement une route peu fréquentée, éloignée de toute habitation. Nous rencontrâmes un Chinois qui voyageait aussi à cheval, et suivait la même direction que nous; mais, plus précautionneux, il se garantissait du soleil avec un parasol en papier gommé, meuble inséparable de l'habitant du Céleste Empire.

Mon guide me dit : « Nous voici près de la rivière *In-* « *dang*. Reposons-nous : une petite halte ne fera pas de mal à « nos montures. » — Je n'étais pas de son avis; je lui fis observer que si nous nous arrêtions, nous n'arriverions pas de jour au village. — « N'importe, me répondit-il, je connais la route, « je ne vous égarerai pas. Croyez-moi, laissons passer devant « les plus pressés. Vous allez voir ce mécréant Chinois, qui se « garde si bien du soleil et se tient si mal à cheval, nous mon- « trer où nous pourrons passer la rivière sans faire nager nos « chevaux. »

Cette dernière observation me parut assez sage pour être prise en considération. J'acquiesçai à la demande de mon guide, et nous mîmes pied à terre.

Quelques instants après, le Chinois fouettait son cheval pour le faire entrer dans la rivière. A peine était-il arrivé au milieu, que plusieurs caïmans, cachés sous l'eau, se jetèrent sur lui, et instantanément, cheval et Chinois disparurent. Pendant quelques minutes les eaux se teignirent de sang; mais rien du Chinois et de sa monture ne reparut à la surface, si ce n'est le parasol qui flottait au gré du courant.

Mon guide rompit le premier le silence en faisant claquer sa langue contre son palais, et il dit : « *Sayan!* (Quel dom-« mage !) »

« Tu pourrais bien, lui dis-je, te servir du mot malheur. »

« Oh oui, reprit-il, car nous n'avons pas de chance. Le vent « aurait pu le pousser vers nous. »

Cette réponse, faite avec tout le sang-froid indien, me fit comprendre que le mouvement de langue avait été pour le Chinois, et l'exclamation *Sayan!* (Quel dommage!) pour le parasol, dont la perte le préoccupait beaucoup plus que la catastrophe qui venait de s'accomplir sous nos yeux.

J'étais curieux de voir de près un de ces animaux voraces. Lorsqu'ils fréquentaient les abords de ma maison, j'avais fait diverses tentatives à ce sujet.

Une nuit, j'avais mis un mouton tout entier à un énorme hameçon tenu par une chaîne et une forte corde; le lendemain, mouton et chaîne avaient disparu.

J'avais souvent guetté les caïmans avec mon fusil; mais lorsqu'ils étaient dans l'eau, la balle frappait sur leurs écailles, et rebondissait sans leur faire le moindre mal.

Un soir qu'il m'était mort un énorme chien de cette race unique aux Philippines, d'une taille au-dessus de toutes celles connues en Europe, je le fis traîner sur la plage; je me cachai dans un petit buisson, et j'attendis, avec mon fusil bien préparé, qu'un caïman se présentât pour l'enlever.

Mais bientôt le sommeil me gagna...

Quand je me réveillai, le chien avait disparu. Heureusement que le caïman ne s'était pas trompé de proie.

Après quelques années, on n'en voyait plus aux environs du village de *Jala-Jala*, lorsqu'un matin, me trouvant avec mes bergers à quelques lieues de ma maison, il nous fallut traverser une rivière à la nage. L'un d'eux me dit :

« Maître, les eaux sont hautes, nous sommes ici dans des « parages où il y a beaucoup de caïmans : un malheur est bien-« tôt arrivé. Remontons un peu la rivière, nous passerons dans « un endroit où il y aura moins d'eau. »

Nous allions changer de direction, lorsqu'un d'eux, plus imprudent que tous les autres, dit :

« Moi, je n'ai pas peur des caïmans! » et lança son cheval à l'eau.

A peine fut-il au milieu de la rivière, que nous vîmes un caïman d'une taille monstrueuse s'avancer vers lui.

Nous jetâmes tous un cri pour le prévenir; il aperçut aussi le danger, et, pour l'éviter, il descendit de son cheval du côté opposé à celui par où le caïman se dirigeait vers lui, et nagea de toutes ses forces pour regagner le bord.

Il avait déjà touché terre; mais il eut l'imprudence de s'arrêter derrière le tronc d'un arbre qui avait été renversé par le courant, et où il avait de l'eau jusqu'aux genoux.

Il croyait être parfaitement en sûreté. Il tira son coutelas, et se mit à observer ce que ferait le caïman, qui, pendant que l'Indien était descendu de son cheval, s'était approché de celui-ci, avait élevé son énorme tête au-dessus des eaux, s'était jeté sur le cheval, et l'avait saisi par la selle. Le cheval avait fait un effort, les sangles s'étaient rompues, et pendant que le caïman broyait la selle entre ses dents il s'était sauvé à terre.

Mais bientôt le caïman s'était aperçu que sa proie lui avait échappé ; il rejeta la selle et s'avança vers l'Indien.

Nous nous aperçûmes de ce mouvement, et criâmes tous aussitôt :

« Sauve-toi! sauve-toi! le caïman va te trouver ! »

Mais l'Indien impassible, son coutelas à la main, ne bougea pas.

Le monstre s'avança vers lui ; l'Indien lui porta un coup sur la tête : c'était une chiquenaude sur la corne d'un taureau !...

Le caïman fit un saut, le saisit par une cuisse, et pendant plus d'une minute nous vîmes mon pauvre berger, le corps droit au-dessus de la surface de l'eau, les mains jointes, les yeux au ciel, ayant l'attitude d'un homme qui implore la clémence divine, entraîné vers le lac; bientôt il disparut...

Le drame était achevé, l'estomac du caïman lui servait déjà de tombeau.

Pendant ce moment d'angoisse nous étions restés silencieux; mais à peine mon pauvre berger eut-il disparu, que nous jurâmes de le venger.

Je fis fabriquer trois filets de grosses cordes, qui pouvaient chacun barrer la rivière; je fis aussi construire une petite cabane, et j'y logeai un Indien qui devait faire une garde assidue, et me prévenir lorsque le caïman reviendrait dans la rivière.

Il attendit vainement plus de deux mois ; mais au bout de ce temps l'Indien vint me dire que le monstre s'était emparé d'un cheval, et que, pour le dévorer tout à son aise, il l'avait entraîné dans la rivière.

Je me rendis aussitôt sur les lieux : j'étais accompagné de mes gardes, de mon curé qui voulait absolument voir la chasse d'un caïman, et d'un Américain mon ami, *M. George Russell* (1), qui se trouvait alors à mon habitation.

Je fis tendre les filets de distance en distance, afin que le caïman ne pût pas retourner au lac.

Cette opération ne se faisait pas sans quelques imprudences : par exemple, lorsque les filets furent placés, un Indien plongea pour s'assurer qu'ils arrivaient bien jusqu'au fond, et que notre ennemi ne pouvait s'échapper en passant par-dessous; mais il pouvait fort bien se trouver entre l'intervalle qui séparait les filets, et croquer mon Indien.

1 De la maison Russell et Sturgis. Véritable et bon ami, dont le souvenir bien présent à ma mémoire ne s'en effacera jamais.

Heureusement tout se passa au gré de nos désirs.

Quand tout fut prêt, je fis mettre sur la rivière trois pirogues fortement unies, bord contre bord, et au milieu quelques Indiens armés de lances et de grands bambous, avec lesquels ils pouvaient toucher le fond.

Enfin, toutes les mesures prises pour arriver à mon but sans craindre d'accident, mes Indiens avec leurs longs bambous commencèrent à battre la rivière.

Un animal d'une taille aussi formidable que celui dont nous faisions la recherche ne se cache pas facilement.

Aussi le vîmes-nous bientôt à la surface de l'eau, battant l'onde de sa longue queue, faisant claquer ses mâchoires, et cherchant à atteindre ceux qui osaient le troubler dans sa retraite.

Dès qu'il parut, chacun poussa des cris de joie; les Indiens des pirogues lui jetèrent leurs lances, et nous autres, placés sur les deux bords, nous fîmes une décharge générale; mais les balles rebondissaient sur les écailles sans pénétrer.

Les lances, plus aiguës, glissaient jusqu'à leur défaut, et entraient de huit à dix pouces dans son corps; mais alors il disparaissait en nageant d'une vitesse incroyable, arrivait au premier filet, dont la résistance lui faisait remonter la rivière et reparaître au-dessus de l'eau.

Ce mouvement violent brisait les hampes des lances que les Indiens avaient clouées dans son corps, et le fer seul y restait.

Toutes les fois qu'il reparaissait, la fusillade recommençait, et de nouvelles lances allaient encore se perdre dans son énorme corps.

J'avais cependant reconnu l'inutilité de nos armes à feu sur ses écailles invulnérables.

Je l'excitais de mes cris et de mes gestes, et lorsqu'il arrivait sur le bord de l'eau, ouvrant son énorme gueule prête à m'engloutir, j'approchais le bout de mon fusil à quelques pouces et lâchais mes deux coups, dans l'espoir que mes balles ne trouveraient pas d'écailles dans l'intérieur de sa formidable gueule, et qu'elles pourraient pénétrer jusqu'à son cerveau; mais tout était inutile.

La gueule se fermait avec un bruit terrible, ne saisissant que le feu et la fumée sortis de mon fusil, et mes balles allaient s'aplatir sur ses os sans les endommager.

L'animal, devenu furieux, faisait des efforts inconcevables pour chercher à s'emparer d'un de ses ennemis; ses forces paraissaient augmenter au lieu de diminuer, et nous étions à bout des nôtres.

Presque toutes nos lances étaient clouées sur son corps, et nos munitions tiraient à leur fin.

Il y avait près de six heures que la lutte durait sans aucun résultat qui pût faire espérer la fin du combat, lorsqu'un Indien le toucha au fond de l'eau avec une lance d'une force et d'une grosseur inusitée; un autre Indien, sur l'avis de son camarade, appliqua deux forts coups de masse sur l'extrémité de la hampe; le fer pénétra profondément dans le corps de l'animal, et à l'instant, par un mouvement rapide comme l'éclair, il se dirigea vers les filets et disparut.

La hampe de la lance, séparée du fer, revint flotter à la surface de l'eau; nous attendîmes quelques minutes inutilement que le monstre reparût; nous crûmes que le dernier effort qu'il avait fait lui avait permis de regagner le lac, et que notre chasse était tout à fait infructueuse.

Nous retirâmes le premier filet; une large trouée nous convainquit que notre supposition était exacte; le second filet était dans le même état que le premier.

Tristes de notre échec, nous retirions le troisième, lorsque nous sentîmes une forte résistance.

Plusieurs Indiens se mirent à tirer vers le bord, et, à notre grande joie, nous aperçûmes le monstre à la surface de l'eau : il était expirant.

Nous lui jetâmes plusieurs lacets de fortes cordes, et quand il fut bien attaché, nous l'attirâmes vers le bord.

Il n'était pas facile de le haler sur la berge; la force de quarante Indiens était à peine suffisante.

Enfin, lorsque nous l'eûmes sous nos yeux tout entier hors de l'eau, nous restâmes tout stupéfaits; car autre chose était de voir ainsi son corps, ou de le voir nageant lorsque nous le combattions.

M. Russell, homme tout à fait compétent, fut chargé d'en prendre les dimensions.

De l'extrémité des naseaux au bout de la queue, il lui trouva *vingt-sept pieds*, et onze pieds de circonférence mesuré sous les aisselles.

Le ventre était bien plus volumineux : nous ne jugeâmes pas utile de le mesurer dans cette partie, car nous pensions bien que le cheval dont il avait fait son déjeuner avait considérablement augmenté son embonpoint.

Après cette première opération, nous tînmes conseil sur ce que nous allions en faire : chacun émit son opinion.

J'aurais voulu le transporter tel qu'il était à mon habitation, mais c'était impossible; il nous eût fallu une embarcation du port de cinq ou six tonneaux, et nous ne pouvions pas nous la procurer.

Un autre voulait la peau; les Indiens demandaient la chair pour la boucaner, et s'en servir comme spécifique contre la maladie de l'asthme. Ils disaient que tout asthmatique qui se nourrit pendant quelque temps de cette chair est infailliblement guéri.

Un troisième voulait la graisse pour les douleurs rhumatismales.

Et enfin mon bon curé demandait, lui, que nous lui ouvrissions l'estomac, pour voir combien de chrétiens le monstre avait pu ensevelir.

« Chaque fois, disait-il, qu'un caïman mange un chrétien, « il avale en même temps un gros caillou : ainsi, le nombre « de cailloux que nous lui trouverons dans l'estomac indiquera « positivement celui des fidèles auxquels son énorme estomac « aura servi de sépulture. »

Pour contenter tout le monde, j'envoyai chercher une hache, afin de couper la tête que je me réservais, abandonnant le reste à tous ceux qui avaient pris part à la capture.

Ce ne fut pas chose facile de séparer cette tête. La hache entrait dans les chairs jusqu'au milieu du manche sans atteindre les os; enfin, après bien des efforts, nous y parvînmes.

Alors nous ouvrîmes l'estomac, et retirâmes par quartiers le cheval qui avait été dévoré le matin.

Le caïman ne mâche pas; il coupe avec ses énormes dents un quartier, et l'avale.

Nous retrouvâmes donc tout le cheval divisé en sept ou huit pièces; ensuite, à peu près cent cinquante livres de cailloux, de la grosseur du poing à celle d'une noix.

Lorsque mon curé vit cette grande quantité de cailloux, il ne put s'empêcher de dire :

« Allons, c'est un conte; il est impossible que cet animal « ait jamais avalé un si grand nombre de chrétiens. »

Il était huit heures du soir lorsque nous terminâmes la curée; j'abandonnai le corps à nos aides, et je fis transporter la tête sur une embarcation, pour la conduire à ma maison.

J'aurais bien désiré conserver cette tête monstrueuse à peu près dans l'état où elle se trouvait; mais il me fallait une grande quantité de savon arsenical, et j'en manquais.

Je pris le parti de la disséquer, et d'en conserver le squelette.

Je la pesai avant d'en détacher les ligaments; son poids était de quatre cent trente livres; sa longueur, depuis le museau jusqu'à la première vertèbre, était de cinq pieds.

Je retrouvai toutes mes balles, qui s'étaient aplaties sur les os du palais et des mâchoires, comme elles eussent pu faire sur une plaque de fonte.

Le coup de lance qui lui avait donné la mort était un hasard, une espèce de miracle.

A l'instant où l'Indien avait frappé de sa masse la hampe,

le fer était entré par la nuque dans la colonne vertébrale, et avait pénétré dans la moelle épinière, seule partie vulnérable.

Après que cette tête formidable fut bien préparée et que les os furent desséchés et blanchis, je fus heureux de l'offrir à mon ami George Russell, qui depuis l'a déposée au musée de Boston.

L'autre monstre dont j'ai promis la description, le serpent boa, est très-commun aux Philippines, mais il est rare d'en voir d'une grande dimension.

Il est possible, probable même, que ce reptile, pour arriver à une taille monstrueuse, doit vivre plusieurs siècles; mais comme il est difficile pour un animal quelconque de vivre un grand laps de temps sans éprouver des accidents qui mettent fin à son existence, ce n'est que dans les plus sombres forêts et les lieux les plus sauvages que l'on rencontre des boas qui aient atteint toute leur grosseur.

J'en avais vu souvent d'une dimension ordinaire, telle que ceux que l'on voit dans nos cabinets.

Il y en avait même qui habitaient ma maison, et une nuit j'en trouvai un, long de deux mètres, en possession de mon propre lit.

Plusieurs fois, en me promenant dans les bois avec mes Indiens, nous entendions les cris perçants d'un sanglier.

Nous nous dirigions aussitôt à l'endroit d'où partaient ces cris, et presque toujours nous apercevions un pauvre sanglier saisi au milieu du corps par un boa qui l'avait enlacé dans ses replis, et peu à peu le hissait en haut de l'arbre où il avait pris son point d'appui pour saisir sa proie.

Lorsqu'il l'avait élevé à une certaine hauteur, il le pressait contre l'arbre avec tant de force, qu'il l'étouffait et lui brisait les os.

Alors il le laissait tomber, descendait de l'arbre, et se préparait à l'avaler.

Cette dernière opération était beaucoup trop longue pour en attendre la fin, car elle nécessitait plusieurs jours sans doute.

Pour simplifier la chose, j'envoyais une balle dans la tête du boa; mes Indiens en prenaient la chair pour la boucaner et s'en servir comme aliment, et la peau pour faire des gaînes de poignard.

Il n'est pas besoin de dire que le sanglier n'était pas oublié; c'était une proie qui nous avait coûté peu de peine.

Un jour, un Indien trouva un de ces reptiles endormi après avoir avalé une énorme biche; il était si monstrueux, qu'il eût été nécessaire d'une charrette et d'un buffle pour le transporter au village. L'Indien se contenta de le couper par morceaux, et d'emporter sa charge de chair.

Ayant été prévenu, j'envoyai tout de suite chercher les restes; on m'apporta un tronçon d'environ huit pieds de long, et si énorme, qu'après en avoir desséché la peau, elle pouvait, comme un manteau, envelopper un homme de la plus haute stature.

J'en fis cadeau à mon ami Hamilton Lindsay.

Je n'avais pas encore vu vivants de ces monstrueux reptiles, dont les Indiens me parlaient tant et toujours avec un peu d'exagération, lorsqu'une après-midi, traversant les montagnes avec deux de mes bergers, notre attention fut éveillée par les aboiements continuels de mes chiens, qui paraissaient attaquer un animal décidé à se défendre.

Nous crûmes d'abord que c'était un buffle qu'ils avaient débusqué, et qui leur faisait tête; nous nous approchâmes avec précaution.

Mes chiens étaient éparpillés sur les bords d'un ravin profond, dans lequel nous aperçûmes un superbe boa.

Le monstre élevait sa tête à la hauteur de cinq à six pieds, la dirigeait d'un bord à l'autre; il menaçait de sa langue fourchue les ennemis qui l'attaquaient; mais les chiens, plus lestes que lui, l'évitaient facilement.

Ma première pensée fut de lui tirer une balle dans la tête; mais l'idée me vint de m'en emparer tout vivant, et de l'envoyer en France.

Assurément c'eût été le plus monstrueux boa que jamais on y eût vu.

Pour exécuter mon projet, nous fîmes des lacs en rotin d'une force telle, qu'ils auraient pu résister au plus furieux buffle sauvage.

Avec beaucoup de précaution nous pûmes passer un de nos lacs au cou du boa; puis nous le liâmes fortement à un arbre, de manière à lui tenir la tête à la hauteur à peu près de six pieds de terre.

Cela fait, nous passâmes de l'autre côté du ravin, et lui jetâmes un autre lacet que nous amarrâmes comme le premier.

Lorsqu'il se sentit pris des deux côtés et dans l'impossibilité presque de remuer sa tête, il se replia sur lui-même, et enlaça plusieurs petits arbres qui étaient à sa portée sur le bord du ravin.

Malheureusement pour lui, tout cédait à ses efforts; il déracinait les jeunes arbres, en broyait les branches, et faisait rouler des pierres énormes à l'endroit où il cherchait vainement à prendre le point d'appui qui lui manquait; mais les lacets étaient solides, et résistaient à toute sa furie.

Pour transporter un animal comme celui-là, il eût fallu plusieurs buffles et tout un attirail de cordes.

La nuit approchait : nous avions confiance dans nos lacets; nous nous promîmes de revenir le lendemain avec tout ce qui serait nécessaire pour terminer notre chasse. Mais nous comptions sans notre hôte: dans la nuit le boa changea de direction, reploya son corps au-dessus de l'endroit qu'il occupait lorsque nous l'avions enlacé, prit un point d'appui à d'énormes blocs de basalte, et fit de tels efforts que les lacs cédèrent et se rompirent à l'endroit où il était saisi.

Quand je me fus assuré que notre proie nous était échappée et qu'aucune recherche dans les environs ne pouvait nous la faire découvrir, mon désappointement fut très-grand, car je doutais que jamais pareille occasion pût se retrouver.

Du reste, les accidents occasionnés par ces énormes reptiles sont très-rares; une seule fois j'ai eu connaissance qu'un homme avait été leur victime.

Voici comment :

Cet homme, poursuivi pour quelques méfaits, se cachait dans une caverne.

Son père, qui seul connaissait sa retraite, allait de temps en temps le voir et lui porter du riz.

Dans une de ses visites, il trouva à la place de son fils un énorme boa endormi; il le tua, et retira de son estomac le corps de son malheureux fils.

Il paraît que pendant la nuit il avait été surpris et étouffé par le boa, et qu'il lui avait servi de pâture.

Le curé du village, qui avait été chercher le corps pour lui donner la sépulture, et qui avait vu les restes du boa, me le dépeignit d'une grosseur presque incroyable.

Malheureusement c'était assez loin de mon habitation, et je ne fus prévenu que lorsqu'il n'était plus temps de vérifier le fait par moi-même; mais il n'est point surprenant qu'un boa, qui peut avaler une biche, puisse plus facilement encore avaler un homme.

Plusieurs autres faits à peu près semblables m'ont été racontés par les Indiens.

Ils me citaient de leurs camarades qui, en parcourant les bois, avaient été saisis par un boa, broyés contre un arbre, et ensuite dévorés; mais j'ai toujours été en garde contre les histoires indiennes, et je n'ai pu vérifier positivement que celle que je viens de citer.

Le boa est un des serpents le moins à craindre parmi ceux que l'on trouve aux Philippines.

Il y en a d'une petite dimension, qui donnent la mort en quelques heures : celui surtout nommé par les Indiens *dajon-palay* (feuille de riz) est extrêmement vénéneux.

Le seul remède à sa morsure est de la brûler avec un tison ardent; et si l'on tarde seulement de quelques minutes, la mort arrive après quelques heures de souffrances atroces.

L'*alin-morani* est une autre espèce, qui acquiert une longueur de huit à dix pieds; sa morsure est peut-être encore plus dangereuse que celle du *dajon-palay*. Elle est plus profonde, et, par conséquent, plus difficile à cautériser.

Jamais je n'ai été mordu par aucun de ces reptiles, malgré le peu de précautions que je prenais en voyageant dans les bois, la nuit comme le jour.

Deux fois seulement, je courus une espèce de danger : la première, ce fut en marchant sur un *dajon-palay;* je fus averti par le mouvement et l'impression que je ressentis sous mon pied.

J'appuyai fortement, et je vis sa petite tête qui s'allongeait pour me saisir à la cheville. Fort heureusement, je le tenais cloué sur le sol à une si petite distance de sa tête qu'il ne pouvait pas m'atteindre : je tirai mon poignard, et la lui coupai.

Une autre fois, je vis deux aigles qui s'élevaient et retombaient comme des flèches entre des buissons, toujours au même endroit.

Je voulus voir quelle espèce d'animal ils attaquaient.

A peine m'étais-je approché, qu'un énorme *alin-morani*, furieux des blessures que les aigles lui avaient faites, s'avança sur moi; je voulus reculer, il se reploya sur lui-même, s'élança, et vint m'atteindre presque à la figure.

Par un mouvement inverse, je fis un saut en arrière et l'évitai; mais je me gardai bien de tourner le dos et de fuir, car j'aurais alors été pris sans défense.

Le serpent revint à la charge en bondissant vers moi; je l'évitai de nouveau, et cherchais vainement à l'atteindre du tranchant de mon poignard, lorsqu'un Indien qui m'aperçut de loin accourut armé d'une branche, et m'en débarrassa.

Jamais vie n'a été plus active et plus remplie d'émotions que celle que je passais à *Jala-Jala;* mais elle convenait à mes goûts et à mon caractère, et je jouissais d'un bonheur aussi parfait que celui que l'on peut goûter loin de sa famille et de son pays. Mon Anna était pour moi un ange de bonté et de douceur; mes Indiens étaient heureux, l'abondance et le bien-être régnaient dans leurs familles; mes champs étaient couverts de riches moissons, et mes pâturages de nombreux troupeaux.

Ce n'était point sans beaucoup de peine et de difficulté que j'étais arrivé à mon but: que de fois j'eus besoin de tout mon courage et de toute ma philosophie pour ne pas désespérer en présence de revers qu'il m'était impossible d'éviter!

Combien de fois ne vis-je pas des coups de vent ou des inondations détruire de belles récoltes prêtes à être moissonnées, et que j'avais eu tant de peine à défendre contre les buffles, les singes et les sangliers, voire même contre un insecte bien plus nuisible encore que tous les fléaux dont je viens de parler, contre les sauterelles, une des plaies d'Égypte, transportée apparemment dans cette contrée, et qui, presque régulièrement tous les sept ans, partent par nuages des îles du sud, et viennent s'abattre sur Luçon en y apportant la désolation et souvent la famine.

Il faut avoir vu un tel spectacle pour s'en former une idée.

Quand elles arrivent, on aperçoit à l'horizon un nuage couleur de feu; d'innombrables sauterelles forment ce nuage.

Elles ont un vol rapide, embrassent souvent un diamètre de deux à trois lieues et en bataillon serré, et passent ainsi au-dessus de vous pendant cinq à six heures consécutives.

Si elles aperçoivent un champ bien vert, elles s'y abattent; en quelques minutes, toute la verdure a disparu, la terre reste entièrement nue: alors elles reprennent leur vol pour porter ailleurs la disette et la destruction.

Le soir, c'est dans les forêts, sur les arbres, qu'elles vont prendre leur gîte; elles s'abattent en si grande quantité aux extrémités des branches, que leur poids brise les plus grosses.

Pendant la nuit, dans l'endroit où elles se sont reposées, c'est un craquement continuel et un bruit tellement fort, que l'on a peine à croire qu'il puisse être produit par un si petit insecte.

Le lendemain, elles repartent à la pointe du jour, laissant les arbres sur lesquels elles se sont reposées, hachés et brisés comme si la foudre avait sillonné la forêt dans tous les sens; puis elles vont ailleurs produire de nouveaux ravages.

A une certaine époque, elles se reposent dans de vastes plaines ou sur les montagnes fertiles; là elles allongent l'extrémité de leur corps en forme de tarière, et percent la terre à une profondeur de quatre à cinq centimètres, pour y déposer leurs œufs; la ponte finie, elles laissent le sol percé comme un crible, et disparaissent, car leur existence est terminée.

Mais, trois semaines après, les œufs éclosent, et des myriades de petites sauterelles surgissent de la terre.

Dans le lieu où elles naissent, tout ce qui peut servir à leur pâture est détruit.

Aussitôt qu'elles ont acquis un peu de force, elles abandonnent le site de leur naissance, font disparaître toute végétation sur leur passage, et se dirigent vers les champs cultivés, qu'elles parcourent et désolent jusqu'à ce qu'elles aient leurs ailes; alors elles prennent leur vol pour aller plus loin dévaster de nouvelles plantations.

CHAPITRE XVIII.

Jala-Jala. — Agriculture. — Pertes douloureuses. — Vente de Jala-Jala. — M. Adolphe Barrot.

L'agriculture, aux Philippines, présente bien des difficultés; mais aussi elle donne des produits que l'on ne peut trouver dans aucun autre pays.

Les années exemptes de calamités, la terre se couvre de richesses, toutes les denrées coloniales se produisent avec une abondance extraordinaire; il n'est pas rare que la production soit dans la proportion de quatre-vingts pour un, et sur beaucoup de plantations on fait deux récoltes du même produit dans la même année.

La richesse et l'immensité des pâturages donnent la facilité d'élever un grand nombre de bestiaux, qui ne coûtent absolument que les faibles gages payés par le propriétaire à quelques bergers.

Je possédais sur mon habitation trois troupeaux : un de bêtes bovines, de trois mille têtes; un autre de huit cents buffles, et l'autre de six cents chevaux.

A une époque de l'année, lorsque les riz étaient récoltés,

les bergers parcouraient les montagnes, et chassaient tous les bestiaux vers une grande plaine peu éloignée de ma maison.

Cette plaine se couvrait de ces trois espèces, et présentait, surtout pour le propriétaire, un coup d'œil admirable; le soir, ils étaient conduits dans de grands enclos, près du village.

Le lendemain, on choisissait les bœufs qui étaient bons pour la boucherie, les chevaux en âge d'être domptés, et les buffles assez forts pour être employés au labourage; puis les troupeaux étaient reconduits à la plaine, pour y rester jusqu'au soir.

Cette opération se prolongeait pendant une quinzaine de jours, après lesquels on leur donnait la liberté jusqu'à l'année suivante, à la même époque.

Le troupeau en liberté se divisait par petites bandes dans les montagnes et dans les pâturages qu'ils avaient l'habitude de fréquenter; et pour tous soins les bergers faisaient de temps en temps une promenade dans les lieux où ils pâturaient.

Tout prospérait autour de moi : mes Indiens étaient heureux aussi, et avaient pour moi un respect et une obéissance qui allaient presque jusqu'à l'idolâtrie.

Mon frère me secondait dans mes travaux, et auprès de ma chère Anna j'oubliais toutes les fatigues et les contrariétés que je pouvais éprouver.

Bientôt un nouvel espoir vint encore ajouter au bonheur que je lui devais, et me la rendre plus chère.

Depuis quelques mois, la santé d'Anna s'était altérée; elle avait eu des symptômes de grossesse. Cependant il y avait près de douze années que nous étions unis, et jamais elle n'avait donné aucun signe de maternité.

J'étais si persuadé que nous n'aurions jamais d'enfants, que le dérangement de sa santé me donnait de vives inquiétudes, lorsqu'un matin, partant pour aller à mes travaux, elle me dit :

« Je ne me sens pas bien; reste près de moi aujourd'hui. »

Deux heures après, à ma grande surprise, elle mettait au monde une petite fille qui n'était attendue de personne. Elle n'était pas arrivée à terme, et vécut seulement pendant une heure, le temps de recevoir le baptême, que je m'empressai de lui donner.

C'était la seconde créature humaine qui expirait dans la maison de *Jala-Jala,* mais aussi c'était la première qui y recevait le jour!

Le chagrin que nous en ressentîmes fut adouci par la certitude que ma chère Anna pouvait devenir mère dans des conditions plus favorables. Sa santé fut bientôt rétablie, elle reprit sa gaieté et tous ses charmes.

Elle était si belle, que souvent des Indiennes faisaient de longs voyages uniquement pour la voir; elles lui disaient:

« Madame, nous sommes enceintes; si nous devons avoir « une petite fille, nous voudrions qu'elle eût vos traits: per- « mettez-nous donc de vous regarder quelque temps. »

Alors elles demeuraient devant elle pendant une demi-heure, et retournaient dans leur village, où elles mettaient au monde une créature qui n'avait rien du modèle qu'elles avaient observé avec tant de soin et une confiance aussi naïve.

Mon Anna donna de nouveaux signes de maternité. Cette fois, sa grossesse suivit un cours ordinaire sans que sa santé en fût très-altérée, et au bout de neuf mois je reçus dans mes bras un petit garçon faible et délicat, mais plein de vie.

Nous étions au comble du bonheur, nous possédions enfin ce que nous avions tant désiré, et ce qui seul nous manquait, je crois.

Mes Indiens manifestèrent tous une grande joie.

Pendant plusieurs jours ce furent des fêtes continuelles à *Jala-Jala,* et mon Anna, quoique alitée, fut obligée de recevoir d'abord la visite de toutes les femmes et jeunes filles du village, ensuite celle de tous les Indiens pères de famille.

Chacun apportait un petit présent pour le nouveau-né, et

le plus habile était chargé de faire un petit compliment qui se résumait en des souhaits de toute espèce de bonheur pour la mère et pour l'enfant, et en assurances de la joie qu'ils avaient de penser qu'un jour ils seraient gouvernés par le fils du maître qui leur avait fait tant de bien, nous disaient-ils dans leur sincère reconnaissance.

La nouvelle des couches de ma femme amena chez moi une nombreuse société d'amis et de parents.

Ils y restèrent jusqu'au baptême, qui eut lieu dans mon salon.

Anna, presque entièrement rétablie, put y assister; mon fils fut nommé Henri, du nom de son oncle.

A cette époque j'étais heureux, oh! bien heureux! car tous mes vœux étaient presque remplis.

Je n'en formais plus qu'un, c'était de revoir ma vieille mère et mes sœurs; et j'espérais que le temps n'était pas bien éloigné où je pourrais réaliser le projet de revoir ma patrie.

Tout prospérait sur mon habitation, j'augmentais tous les ans mon revenu, mes champs étaient couverts de riches moissons de cannes à sucre.

A cette culture et à celle du riz j'avais joint celle du café, et mon frère avait pris la direction d'une vaste plantation qui promettait de brillants résultats, et plus tard la prime que le gouvernement espagnol s'était engagé à donner au possesseur d'une plantation de quatre-vingt mille pieds de café en rapport; mais hélas! le temps de bonheur pour moi était passé! Et que de peines et de douleurs j'avais à supporter avant de revoir ma patrie!!

Mon frère, mon pauvre Henri commit quelques imprudences, et fut tout à coup pris d'une fièvre intermittente qui l'enleva en quelques jours!...

Mon Anna et moi nous versâmes bien des larmes! car nous aimions Henri avec une profonde tendresse.

Depuis plusieurs années nous vivions ensemble; il partageait nos travaux, nos peines et nos plaisirs; c'était le seul parent que j'eusse aux Philippines.

Il avait quitté la France, où il occupait une place honorable, dans l'unique but de me voir et de m'aider dans la grande tâche que je m'étais imposée. Ses qualités aimables et un cœur excellent nous le rendaient bien cher ; sa perte était irréparable, et la pensée que je n'avais plus de frère... venait encore rendre ma douleur plus poignante et plus amère.

Prudent, le plus jeune, était mort à Madagascar; Robert, mon cadet, à la Planche, près de Nantes, dans la petite maison de campagne qui avait abrité notre jeunesse; et mon pauvre Henri, à *Jala-Jala!* — Je lui fis élever un modeste tombeau à la porte de l'église, et pendant plusieurs mois *Jala-Jala* ne fut plus qu'un séjour de deuil et de tristesse...

Nous commencions à peine, non à nous consoler, mais à supporter la perte que nous venions de faire, lorsqu'un nouveau coup du sort vint encore fondre sur moi.

A mon arrivée aux Philippines, pendant mon séjour à Cavite, je m'étais lié étroitement avec Prosper de Malvilain, natif de Saint-Malo, et second d'un navire du même port.

Pendant quelques mois qu'il séjourna à Cavite, notre liaison devint intime.

Il était bien rare si nous passions un jour sans nous voir, et jamais deux amis n'ont eu l'un pour l'autre un plus sincère dévouement.

Nos deux navires étaient mouillés dans le port, à peu de distance l'un de l'autre.

Un jour que je me promenais sur le pont, attendant une embarcation pour me conduire à bord du navire de Malvilain, qui, dans ce moment, faisait faire une manœuvre pour la mâture, une corde vint à se rompre, et le mât tomba avec fracas sur le pont, au milieu des hommes de l'équipage où Malvilain se trouvait.

De mon navire je voyais tout ce qui se passait sur celui de mon ami.

Je crus qu'il était mort ou blessé; j'eus un moment d'angoisse et d'inquiétude que je ne pus maîtriser. Je me jetai à l'eau, et atteignis à la nage le navire de mon ami que j'eus le bonheur de trouver sans blessure, et seulement tout étourdi du danger auquel il venait d'échapper.

Après l'avoir étroitement serré dans mes bras, tout ruisselant encore du bain de mer d'où je sortais, je donnai mes soins à quelques matelots de son équipage qui avaient été moins heureux que lui.

Une autre fois, c'était moi qui devais causer une vive frayeur à Malvilain.

Un jour, une masse de nuages noirs et compactes s'étaient amoncelés au-dessus de la pointe de Cavite, et un épouvantable orage *des tropiques* avait éclaté.

Les coups de tonnerre se succédaient de minute en minute, et à chaque coup la foudre en longs serpents de feu s'échappait des nuages, et venait labourer la petite plaine située à l'extrémité de la pointe de Cavite, près du mouillage des navires.

Malgré cet orage, j'allai voir Malvilain. J'étais déjà prêt à mettre le pied sur le pont de son navire, lorsque la foudre tomba dans la mer, mais si près de moi, que la respiration me manqua.

Je ressentis tout à coup une vive souffrance dans le dos, aussi forte que si l'on m'avait appliqué un tison ardent entre les deux épaules; la douleur fut si aiguë, qu'à peine revenu à moi je jetai un cri.

Malvilain, qui se trouvait à quelques pas, se sentait lui-même tout étourdi de la commotion électrique dont je venais d'être légèrement atteint. Il crut, en entendant ce cri, que j'étais grièvement blessé. Il se précipita vers moi, et me tint dans ses bras jusqu'à ce que je l'eusse rassuré à plusieurs reprises. L'étincelle m'avait frôlé, mais n'avait produit aucune lésion.

J'ai cité ces deux petites anecdotes pour faire connaître toute l'intimité qui existait entre nous, et combien j'ai été frappé dans mes plus chères affections.

Mon existence a été jusqu'au jour où j'écris si pleine de faits extraordinaires, que j'ai été naturellement conduit à croire que la destinée de l'homme est soumise à un ordre qui doit infailliblement s'accomplir.

Cette pensée a eu une grande influence pour me résigner à supporter tous les malheurs qui m'ont affligé.

Était-ce aussi bien ma destinée qui m'avait conduit à aimer Prosper de Malvilain, et à être aussi sincèrement aimé de lui? — Je ne puis en douter.

Quelques jours avant que le terrible fléau du choléra se déclarât aux Philippines, le navire de Malvilain mit à la voile pour retourner en France.

Le cœur serré, nous nous quittâmes en nous promettant bien de part et d'autre de nous revoir... Mais, hélas! le sort en avait décidé autrement.

Malvilain retourna dans son pays, alla à Nantes pour y prendre un commandement; là il fit connaissance avec ma sœur aînée, et l'épousa.

J'avais appris cette nouvelle à l'époque où j'habitais encore Manille; elle m'avait causé une grande joie, et certes si j'avais été à même de choisir un mari pour ma chère sœur Émilie, cette union seule eût pu répondre aux souhaits de bonheur que je formais pour tous les deux.

Après son mariage, Prosper de Malvilain avait continué à naviguer pour le port de Nantes.

Son noble caractère et ses connaissances l'avaient fait apprécier de tout le haut commerce.

Ses affaires étaient dans une assez bonne position pour ne plus exposer sa vie aux hasards de la mer; il était enfin à son dernier voyage lorsqu'à l'île Maurice il fut atteint d'une maladie à laquelle il succomba, en laissant ma sœur inconsolable et trois filles en bas âge!

Cette nouvelle perte irréparable que je venais d'apprendre ajoutait encore à la douleur que m'avait fait éprouver la fin malheureuse de mon pauvre frère.

Quelle calamité ne pesait pas alors sur moi!

Après quelques années de bonheur, je voyais peu à peu disparaître de ce monde mes plus chères affections; mais, hélas! je n'étais pas encore au bout de mes douleurs, et de bien plus rudes épreuves m'attendaient!

Je voyais avec plaisir mon fils d'une bonne santé, et prendre des forces. Cependant je n'étais pas heureux, et à la tristesse que m'avaient laissée les pertes que je venais de faire se joignit une mortelle inquiétude : ma chère Anna ne s'était pas bien remise de ses couches, et de jour en jour sa santé s'altérait; elle ne connaissait pas son état; son bonheur d'être mère était si grand, qu'elle ne pensait pas du tout à elle.

J'avais terminé ma récolte de sucre, elle avait été abondante; mes plantations étaient faites.

Désirant donner un peu de distraction à ma femme, je lui proposai d'aller passer quelque temps chez sa sœur Joséphine, qu'elle aimait avec une véritable passion. Elle accepta avec empressement.

Nous partîmes avec notre cher Henri et sa nourrice; nous allâmes nous installer chez mon beau-frère don Julien Calderon, qui habitait alors une jolie maison de campagne sur le bord de la rivière de Pasig, à une demi-lieue de Manille.

Joséphine était l'une des trois sœurs de ma femme pour qui j'avais le plus d'affection; je l'aimais comme ma propre sœur.

Le jour de notre arrivée fut un jour de fête. Tous nos amis de Manille vinrent nous voir.

Anna était si heureuse de faire admirer notre cher Henri, que sa santé parut s'améliorer sensiblement; mais ce bien apparent ne dura que quelques jours, et bientôt j'eus la douleur de voir son mal s'aggraver.

J'appelai le seul médecin de Manille en qui j'eusse confiance, mon ami Genu; il vint fréquemment la voir, et, après six semaines de soins assidus sans aucun résultat satisfaisant, il me conseilla de retourner à mon habitation, où tant de malades avaient recouvré la santé dans des maladies semblables à celle qui affectait ma chère Anna. Elle-même le désirant, je fixai le jour du départ.

Une embarcation commode, avec de bons rameurs, nous attendait sur le Pasig, à l'extrémité du jardin de mon beau-frère, et une nombreuse société nous accompagna jusqu'au bord de l'eau.

Au moment de nous séparer, une sombre tristesse était peinte sur toutes les physionomies; chacun avait l'air de se dire : « Nous reverrons-nous? »

Ma belle-sœur Joséphine, qui versait d'abondantes larmes, se jeta dans les bras d'Anna. J'eus beaucoup de peine à les séparer; enfin, il fallut partir.

J'entraînai ma femme dans l'embarcation, et, de la voix, ces deux sœurs, qui avaient toujours eu l'une pour l'autre une amitié si tendre, se firent leurs derniers adieux, en se promettant de ne pas être longtemps séparées et de se revoir bientôt.

Ces pénibles adieux et les souffrances de ma femme firent qu'un voyage que nous avions toujours fait avec tant de gaieté fut triste et silencieux.

A notre arrivée, je ne revis point non plus *Jala-Jala* avec le même bonheur que d'ordinaire; je fis mettre ma pauvre malade au lit, et ne quittai plus sa chambre, espérant que mes soins assidus lui donneraient un peu de soulagement.

Mais, hélas! de jour en jour la maladie faisait des progrès effrayants; j'étais désespéré.

J'écrivis à Joséphine, et envoyai une embarcation à Manille pour qu'elle vînt soigner sa sœur, qui désirait ardemment la voir.

L'embarcation revint seule, avec une lettre dans laquelle la bonne Joséphine m'apprenait qu'elle-même, gravement malade, ne quittait pas son lit; qu'elle était bien affligée, mais que je pouvais assurer Anna que bientôt elles seraient réunies pour ne plus se séparer.

Cinquante jours, plus longs qu'un siècle, s'étaient à peine écoulés depuis notre retour à *Jala-Jala*, que je n'avais plus d'espoir!

La mort s'approchait à grands pas, et l'instant fatal où j'allais être séparé de celle que j'aimais tant était arrivé.

Elle conservait toute sa raison, et pouvait voir ma profonde tristesse et mes traits bouleversés par la douleur.

Quand elle sentit sa dernière heure arriver, elle m'appela près d'elle, et me dit :

« Adieu, mon Paul chéri, adieu! Console-toi, nous nous « reverrons dans le ciel. Conserve-toi pour ton fils. Quand je « ne serai plus, retourne dans ta patrie, pour revoir ta vieille « mère. Ne te remarie qu'en France, si ta mère te le demande, « mais non aux Philippines, car tu n'y trouverais pas une com- « pagne qui t'aimerait autant que je t'ai aimé! »

Ces paroles furent les dernières que prononça cet ange de douceur et de bonté. Les liens les plus sacrés, la plus tendre et la plus pure union venaient de se rompre : mon Anna n'existait plus.

Je tenais son corps inanimé entre mes bras, j'espérais par mes caresses le rappeler à la vie; mais, hélas! le destin avait prononcé.

On fut obligé d'employer la force pour m'arracher les précieux restes que je pressais sur mon cœur, et m'entraîner dans une chambre voisine où était mon fils.

En le pressant dans mes bras convulsivement, j'aurais voulu pleurer; mais mes yeux n'avaient plus de larmes, et j'étais insensible aux caresses mêmes de mon pauvre enfant.

Il n'y a point de nature assez forte pour résister à cinquante jours de veilles et d'inquiétudes, et à l'anéantissement dans lequel se trouvent le physique et le moral, après que le désespoir a remplacé la lueur d'espérance qui nous soutenait encore; aussi tombai-je dans un affaissement qui fut suivi d'un profond sommeil.

Je me réveillai le lendemain avec mon fils entre mes bras;

mais, grand Dieu! quel épouvantable réveil! Tout ce que ma position avait d'horrible vint se représenter à mon imagination. Hélas! elle n'existait plus, mon adorable compagne, cet ange chéri et consolateur qui avait tout abandonné, parents, amis, et les plaisirs d'une capitale, pour se renfermer avec moi seul dans des lieux sauvages où elle était exposée à mille dangers, et n'avait que moi pour la soutenir! Elle n'existait plus! le sort funeste venait de me l'arracher, et me plonger pour toujours dans la désolation et la douleur!

Ses funérailles eurent lieu le lendemain.

Pas un habitant de *Jala-Jala* ne manqua d'y assister.

Son corps fut déposé près de l'autel de la modeste église que j'avais fait élever, et où si souvent elle avait adressé des vœux ardents pour mon bonheur.

Le deuil et la consternation régnèrent longtemps à *Jala-Jala.*

Tous mes Indiens se montrèrent sensibles à la perte qu'ils venaient de faire. Anna avait été aimée avec idolâtrie pendant sa vie, elle fut pleurée sincèrement après sa mort.

Pendant plusieurs jours je demeurai plongé dans un complet abattement, sans pouvoir m'occuper d'autres soins que de ceux que je donnais à mon fils, seule consolation qui me restait.

Trois semaines s'étaient déjà écoulées sans que je fusse sorti de la chambre où avait expiré ma pauvre femme, lorsque je reçus une lettre de Joséphine.

Elle m'apprenait que sa maladie s'était aggravée, et terminait en me disant :

« Viens, mon cher Paul, viens près de moi, nous pleure-
« rons ensemble; je sens que ta présence me soulagera. »

Je ne balançai pas à me rendre aux sollicitations de ma chère Joséphine.

J'avais pour elle la même affection que pour ma propre sœur; ma présence pouvait la soulager, et je sentais moi-même que ce serait pour moi une grande consolation de voir une personne qui avait tant aimé mon Anna.

L'espoir de lui être utile ranima un peu mon courage; je laissai mon habitation aux soins de Prosper Vidie, un excellent ami qui pendant les derniers jours de ma femme ne m'avait point quitté, et je partis avec mon fils.

Après la première émotion que nous ressentîmes, Joséphine et moi, en nous revoyant, et que nous eûmes tous deux versé bien des larmes, j'examinai son état.

Il me fallut un grand effort pour lui cacher mon inquiétude en reconnaissant en elle une des maladies les plus graves, et qui me faisait craindre d'avoir bientôt à déplorer un nouveau malheur. Hélas! je prévoyais trop bien : huit jours plus tard, la pauvre Joséphine, dans des souffrances inouïes, expirait dans mes bras.

Que d'infortunes dans un si court laps de temps! Il fallait être doué d'une constitution aussi forte que la mienne pour résister à tant de douleurs et ne pas y succomber.

Après avoir rendu les derniers devoirs à ma belle-sœur, je retournai à *Jala-Jala*.

Le monde m'était à charge; il me fallut revoir mes forêts, mes montagnes, pour recouvrer un peu de calme.

Quelques mois s'écoulèrent sans que je pusse penser à mes affaires; cependant, la dernière prière de ma pauvre femme, de quitter les Philippines et de retourner dans ma patrie, m'obligea de m'en occuper.

Je cédai mon habitation à mon ami Vidie, que je croyais plus que personne en état de poursuivre mon œuvre et de bien traiter mes pauvres Indiens.

Il me demanda de rester quelque temps avec lui pour le mettre au courant de mon petit gouvernement; j'y consentis d'autant plus volontiers que ces quelques mois rendraient mon fils plus fort et plus en état de supporter le voyage.

Je restai donc à *Jala-Jala;* mais la vie m'était devenue si pénible qu'elle m'était tout à fait à charge; rien ne pouvait me distraire ni m'arracher à mes tristes pensées.

Les beaux sites de *Jala-Jala*, que j'avais toujours vus avec tant de plaisir, m'étaient devenus indifférents; je recherchais les lieux les plus sombres et les plus silencieux, j'allais souvent sur le bord d'un ruisseau encaissé au milieu de hautes montagnes, et ombragé par de grands arbres.

Ce site n'était peut-être connu que de moi seul, et probablement jamais avant moi créature humaine ne s'y était assise. Là je me livrais tout entier à l'amertume de mes souvenirs; ma femme, mes frères, ma belle-sœur occupaient toute mon imagination.

Quand la pensée de mon fils venait enfin m'arracher à mes sombres rêveries, je retournais lentement à mon habitation, où je retrouvais ce pauvre enfant, qui par ses caresses paraissait chercher à faire diversion à ma douleur; mais elles ne faisaient guère que me rappeler l'époque où c'était toujours mon Anna qui accourait me recevoir, et en me serrant dans ses bras me faisait oublier toutes les fatigues et les ennuis que j'avais éprouvés loin d'elle. Hélas! ce temps avait fui sans retour, et en perdant ma compagne j'avais perdu tout mon bonheur.

Mon ami Vidie faisait ce qui dépendait de lui pour me distraire; il me parlait souvent de la France, de ma mère, et de la consolation que je trouverais à leur présenter mon fils.

L'amour de la patrie, la pensée d'y retrouver des affections dont j'avais tant besoin était un baume salutaire qui endormait un peu des souffrances toujours vibrantes au fond du cœur.

Mes Indiens étaient profondément affligés de la résolution que j'avais prise de les quitter.

Ils me témoignaient leur chagrin en me disant, toutes les fois qu'ils m'abordaient :

« O maître, que deviendrons-nous lorsque nous ne vous « verrons plus ? »

Je les tranquillisais le plus qu'il m'était possible en leur disant que Vidie travaillerait à leur bonheur; que, mon fils devenu grand, je reviendrais avec lui pour ne plus les quitter. Ils me répondaient :

« Que Dieu vous entende, maître ! Mais que de temps nous « passerons sans vous voir !... Cependant nous ne vous oublie- « rons point. »

A l'époque à laquelle je suis arrivé de mes souvenirs, au milieu de ma tristesse et de mes chagrins, j'eus l'occasion de me lier intimement avec un compatriote, digne et bon ami pour lequel je conserve toujours cette sincère amitié qui a pris naissance dans un pays étranger, à quelques milliers de lieues de la patrie : je veux parler d'Adolphe Barrot, qui avait été envoyé consul général à Manille.

Il vint avec quelques amis passer plusieurs jours à *Jala-Jala*. Ne voulant point qu'il eût à souffrir de ma situation d'esprit, je tâchai de lui rendre le séjour de *Jala-Jala* aussi agréable que possible.

Je lui fis faire plusieurs belles parties de chasse, des promenades dans les montagnes et sur le lac ; je repris pour lui ma vie habituelle avant les malheurs qui venaient de m'accabler.

CHAPITRE XIX.

Voyage chez les Négritos ou Ajetas. — Le bambou. — Le cocotier. — Le bananier.

Les jours que je venais de passer avec Adolphe Barrot m'avaient rappelé mes anciens exercices, et avaient réveillé en moi ma passion dominante des excursions.

Mon ami Vidie, toujours en vue de me distraire, m'engageait fortement à aller voir des peuplades que j'avais toujours eu le désir de visiter.

Mes affaires étaient à peu près réglées; mon fils était sous sa surveillance, sous celle de sa nourrice et d'une gouvernante en qui j'avais toute confiance : cette sécurité et les instances de mon ami me décidèrent enfin à me rendre chez les *Ajetas* ou Negritos, peuples sauvages, tout à fait dans l'état de simple nature, véritables aborigènes des Philippines, et qui furent longtemps les seuls maîtres de Luçon.

A une époque qui n'est pas encore bien éloignée, lors de la conquête par les Espagnols, les *Ajetas* exerçaient des droits seigneuriaux sur les populations tagales établies sur les plages du lac de *Bay*.

Vue de Jala-Jala. — Servante dévorée par un caïman.

Page 296.

A jour fixe, ils sortaient de leurs forêts, venaient dans les villages, dont ils forçaient les habitants à leur donner une certaine quantité de riz et de maïs; et lorsque les Tagalocs refusaient de payer cette contribution, ils la remplaçaient en coupant quelques têtes qu'ils emportaient pour leurs fêtes barbares.

Après la conquête des Philippines, les Espagnols prirent la défense des Tagalocs; et les *Ajetas*, épouvantés par les armes à feu, restèrent dans leurs forêts, et ne reparurent plus chez les populations indiennes.

Dans plusieurs parties de la Malaisie on retrouve la même race d'hommes, et les habitants de la Nouvelle-Zélande, les Papouins, leur sont presque semblables par leurs formes et leur couleur.

Ce fut parmi ces sauvages que je voulus aller habiter pendant quelques jours.

Mes préparatifs furent bientôt faits.

Je choisis deux de mes meilleurs Indiens pour m'accompagner; et il va sans dire que mon lieutenant en faisait partie; il ne m'a jamais quitté dans toutes mes périlleuses expéditions.

Nous prîmes chacun un petit havresac qui contenait pour trois ou quatre jours de riz, un peu de viande de cerf boucanée, une bonne provision de poudre, des balles et du plomb à giboyer, quelques mouchoirs de couleur, et une assez forte quantité de cigares pour notre provision et notre bienvenue chez les *Ajetas*.

Chacun de nous avait un bon fusil à deux coups et son poignard.

Nos vêtements étaient ceux que nous portions habituellement dans toutes nos expéditions : le salacot, la chemise de soie végétale, le pantalon relevé jusqu'au-dessus des genoux; les pieds et les jambes restaient à découvert.

Ce fut après ces simples préparatifs que nous nous mîmes en route pour un voyage de plusieurs semaines, durant lequel, et dès le second jour de notre départ, nous devions avoir pour seul abri les arbres de la forêt, et pour toute nourriture notre chasse et les palmiers.

Je me gardai bien aussi d'oublier le *vade-mecum* que je prenais toujours avec moi lorsque je m'éloignais pour quelques jours; je veux dire du papier et un crayon. Je prenais ainsi quelques notes qui, aidées de ma mémoire, me servaient à consigner ensuite sur mon journal les remarques que j'avais faites pendant mes voyages.

Tout étant préparé, nous partîmes un matin de *Jala-Jala;* nous traversâmes la presqu'île formée par mon habitation, et nous allâmes nous embarquer, de l'autre côté, dans une petite pirogue qui nous conduisit au fond du lac, dans la partie nord-est de mon habitation.

Nous passâmes la nuit dans le grand village de *Siniloan*, et le lendemain nous nous remîmes de bonne heure en route.

Cette première journée fut pénible, car nous étions au commencement de la saison des pluies; de forts orages avaient grossi les rivières.

Nous côtoyâmes les bords d'un torrent qui descendait des montagnes, et que nous eûmes à traverser à la nage quinze fois dans la journée.

Nous arrivâmes vers le soir au pied des montagnes où commencent les forêts d'arbres gigantesques qui occupent à peu près tout le centre de Luçon.

Là, nous fîmes notre première halte; nous allumâmes nos feux, nous préparâmes nos lits et notre souper.

Je crois avoir déjà dit ce que nous appelions *nos lits;* l'habitude et la fatigue nous les faisaient trouver délicieux, lorsque nul accident ne venait troubler notre sommeil.

Mais je n'ai encore rien dit de la composition fort simple de nos repas et de la manière dont nous les préparions.

Il nous fallait faire cuire notre riz et notre palmier, opération qui pourrait sembler embarrassante, car nous ne portions pas avec nous de grands ustensiles de cuisine; le briquet même et l'amadou nous manquaient le plus souvent. Le bambou suppléait à tout.

Le bambou est une des trois plantes des tropiques que la nature, dans sa bienfaisante prévoyance, paraît avoir données aux hommes pour suffire à une foule de besoins.

Je ne puis résister au désir de consacrer quelques lignes à décrire ces trois productions des tropiques : le *bambou*, le *cocotier* et le *bananier*.

Touffe de bambous, et meules de riz.

Le *bambou*, de la famille des graminées, croît en épais buissons dans les bois, sur le bord des rivières, et partout où il peut trouver un sol un peu humide.

On en compte, aux Philippines, vingt-cinq ou trente espèces, bien distinctes par leur forme et leur grosseur.

Il y en a du diamètre du corps d'un homme ordinaire, formant à l'intérieur un grand vide : cette espèce sert particulièrement à construire des cabanes, à faire des vases pour transporter de l'eau et l'y conserver.

Divisé en filaments, il sert à faire des corbeilles, des chapeaux, et toute espèce d'objets de vannerie; enfin, des cordes ou des câbles d'une grande solidité.

Un autre bambou, d'une dimension plus petite, vide aussi à l'intérieur et recouvert d'un vernis presque aussi solide que l'acier, sert également aux constructions des cases indiennes.

Taillé en pointe, il présente une extrémité aiguë et tranchante: les Indiens s'en servent pour faire des lances, des flèches, des lancettes pour saigner les chevaux, ouvrir un abcès, ou entamer les chairs et en extraire une épine ou tout autre corps étranger qui s'y serait introduit.

Un troisième, beaucoup plus solide et de la grosseur du bras, ne présentant pas de vide à l'intérieur, sert particulièrement pour la partie des cases qui exige une grande solidité, comme la toiture.

Un quatrième, beaucoup plus petit et aussi sans vide, sert à faire des barrières et des entourages pour clore les champs cultivés.

Les autres espèces sont moins employées, mais cependant elles ont toutes leur utilité.

Pour conserver la plante et la rendre tous les ans bien productive, on coupe les jets à la hauteur de dix pieds du sol; tous ces jets imitent un assemblage de tuyaux d'orgue, et sont entourés de branches et d'épines.

Au commencement de la saison des pluies, il sort de chacun de ces buissons, comme de grosses asperges, une quantité de bambous qui s'élèvent comme par enchantement.

Dans l'espace d'un mois, ils ont cinquante à soixante pieds, et au bout de quelque temps ils ont acquis toute la solidité nécessaire pour être employés aux divers ouvrages auxquels ils sont destinés.

Le *cocotier*, de la famille des palmiers, met sept années à croître avant de donner des fruits; mais après ce temps, et pendant plus d'un siècle, il fournit toujours la même récolte, c'est-à-dire, tous les mois, une vingtaine de grosses noix. Jamais cette récolte ne manque, et, sur le même tronc, on voit constamment des fleurs et des fruits de toutes les grosseurs.

La noix de coco est, comme on sait, une bonne nourriture; on en retire aussi une grande quantité d'huile.

L'enveloppe solide sert à faire des vases, et la partie filamenteuse des cordes et des câbles pour les navires, et même des vêtements grossiers.

Les feuilles sont employées à couvrir les cases, ou à faire des balais et des corbeilles.

On retire encore du cocotier ce que l'on nomme *vin de coco;* c'est une liqueur très-enivrante, et dont les Indiens font habituellement usage dans leurs fêtes.

Pour produire le vin de coco, de grands bois de cocotiers sont destinés à ne plus donner de fruits, mais seulement leur séve.

Les arbres se communiquent tous à leur sommet par de longs bambous; ces bambous servent de passerelles aux Indiens, qui, tous les matins, munis de grands vases, vont faire une récolte.

C'est un métier pénible et dangereux, véritable promenade dans les airs, à soixante et quatre-vingts pieds du sol.

C'est du bouton qui doit produire la fleur que l'on retire l'eau ou la liqueur destinée à la fabrication de l'eau-de-vie.

Aussitôt qu'un bouton est prêt à s'épanouir, l'Indien chargé du soin de la récolte le lie fortement, à quelques centimètres de son extrémité; puis il coupe toute cette extrémité, en dehors de la ligature. C'est de cette coupure, ou des pores qu'elle laisse à découvert, que s'écoule continuellement une liqueur sucrée, douce et agréable au goût tant qu'elle n'a pas fermenté.

Lorsqu'elle a passé à l'état de fermentation, on la porte à l'alambic pour la transformer par la distillation en liqueur alcoolique connue sous le nom de *vin de coco*.

Enfin, l'enveloppe solide de la noix étant brûlée donne une belle peinture noire dont les Indiens font usage pour teindre les chapeaux de paille.

Le *bananier* est une plante herbacée, sans partie ligneuse; le tronc de chaque pied est formé de feuilles superposées les unes aux autres.

Ce tronc s'élève ordinairement de douze à quinze pieds du sol, et va s'épanouir en longues et larges feuilles qui n'ont pas moins de cinq à six pieds chacune.

C'est du milieu de ces feuilles que sort la fleur, et ensuite ce que l'on nomme un *régime*.

Par ce mot, il faut entendre une centaine de grosses bananes attachées sur la même tige, formant une longue grappe qui vient s'incliner vers le sol.

Avant que les fruits aient acquis toute leur maturité, on coupe le *régime*, et on se sert de bananes pour aliments au fur et à mesure qu'elles mûrissent.

La partie de la plante qui est en terre est une espèce de grosse souche de laquelle sortent successivement une trentaine de jets. Chaque jet ne doit fournir qu'un seul *régime* ou grappe; ensuite il est coupé vers le sol; et comme tous les jets qui sont sortis du même tronc ont différents âges, il s'en trouve de toutes les époques de fructification; de manière que, chaque mois ou chaque quinzaine, et en toute saison, on peut recueillir un régime ou deux de la même plante.

C'est aussi d'une espèce de bananier, dont les fruits ne sont pas bons à manger, que l'on retire la soie végétale, ou *abaca*, qui sert à faire des vêtements et des cordages de toute espèce.

Ce filament se trouve dans le tronc de la plante, qui, comme je l'ai dit, est formé de feuilles superposées les unes aux autres.

On les sépare en longues lanières que l'on met quelques heures au soleil; ensuite on les place sur une lame de fer qui n'est pas aiguë, et l'on tire fortement à soi.

Le parenchyme de la plante est retenu par la lame de fer, et les filaments s'en séparent : il n'y a plus qu'à les mettre quelque temps au soleil pour les livrer ensuite au commerce.

Je m'aperçois que je me suis déjà bien éloigné de mon voyage; mais j'ai voulu faire connaître les trois plantes des tropiques qui pourraient suffire à tous les besoins de l'homme.

Ces plantes sont bien connues; mais peut-être quelques personnes ignorent-elles tous les services qu'elles rendent aux habitants des tropiques, et mes lecteurs seront naturellement amenés à réfléchir combien les naturels de cette zone sont favorisés de la nature, comparativement à ceux de notre climat glacé.

Nous étions donc au pied des montagnes à faire nos préparatifs pour passer la nuit.

Nous nous divisions toujours le travail : l'un préparait le coucher, l'autre le feu, et le troisième la cuisine.

Celui qui s'occupait du feu réunissait une grande quantité de bois mort et de broussailles. Au-dessous de ce bûcher, il mettait une douzaine de livres de gomme élémie, très-commune aux Philippines, et que l'on trouve amoncelée sur le sol, au pied des grands arbres dont elle découle naturellement.

Ensuite il prenait un morceau de bambou long d'un demi-mètre, le fendait dans sa longueur, grattait avec son poignard l'un de ces morceaux pour faire de petits copeaux bien menus; puis il les frottait en les roulant entre ses deux mains, et les plaçait ensuite dans la partie concave de l'autre morceau, l'appliquait sur le sol, et, avec la partie d'où il avait retiré des copeaux, de son côté tranchant il frottait vivement celui qui était sur le sol, comme s'il eût voulu le scier en deux.

En moins d'une minute, le bambou qui contenait les copeaux était traversé, et le feu s'en emparait; la flamme qu'on obtenait en soufflant légèrement sur ces copeaux allumait la gomme élémie, et dans un instant nous avions assez de feu pour rôtir un bœuf.

Celui qui s'occupait de la cuisine coupait deux ou trois morceaux de gros bambou, mettait dans chacun ce qu'il voulait faire cuire, ordinairement du riz ou du palmier; il y ajoutait l'eau nécessaire, bouchait l'extrémité avec des feuilles, et le plaçait au milieu du feu.

Ce bambou se charbonnait à l'extérieur; mais l'intérieur était protégé par l'humidité de l'eau qu'il contenait, et les aliments s'y cuisaient aussi bien que dans des vases en terre.

Ensuite, de grandes feuilles de palmier nous servaient d'assiettes.

Nos repas, comme on voit, étaient assez spartiates, même pendant nos jours de provisions de riz et de viande boucanée; car lorsqu'elles étaient épuisées il fallait nous contenter de palmier.

Mais lorsque la chasse fournissait, qu'un cerf ou qu'un buffle tombait sous nos coups, pendant quelques jours notre nourriture était celle de vrais épicuriens.

Nous buvions de l'eau lorsqu'une source ou un ruisseau nous y invitait; mais si nous en étions privés, nous coupions de longs morceaux de lianes dites *du voyageur*, d'où découlait une eau claire et limpide, préférable peut-être à celle que nous aurions pu nous procurer à la meilleure source.

Évidemment, je ne voyageais pas comme un nabab; plus de bagages eût été impossible : comment eût-on pu, avec de grandes provisions et un pompeux fourniment, circuler au milieu de montagnes couvertes de forêts littéralement vierges de toutes traces humaines, et obligé, pour les parcourir, de traverser à chaque instant des torrents à la nage, et n'ayant toujours pour guide que le soleil ou le souffle du vent?

Il n'y avait donc pas à choisir : voyager ainsi que je le faisais, comme un Indien, ou rester chez soi.

La première nuit que nous passâmes à la belle étoile s'écoula paisiblement; le sommeil vint réparer nos forces, et nous mettre en état de continuer.

Le lendemain, nous fûmes de bonne heure sur pied, et après un déjeuner frugal nous reprîmes notre marche.

Pendant plus de deux heures, nous gravîmes une montagne couverte de grands bois; la pente était rude et fatigante; enfin, tout essoufflés, nous arrivâmes au sommet, sur un vaste plateau que nous devions mettre plusieurs jours à traverser.

C'est là, sur ce plateau, que j'ai vu la plus majestueuse, la plus belle forêt vierge qui existe au monde.

Elle est toute plantée d'arbres gigantesques, s'élevant droits comme des joncs à des hauteurs prodigieuses.

A leur sommet seulement naissent des branches qui, s'entrelaçant les unes aux autres, forment une voûte impénétrable aux rayons du soleil.

Sous cette voûte et entre ces beaux arbres, la nature féconde donne naissance à une foule de plantes grimpantes très-remarquables.

Le rotin, par exemple, et la liane flexible s'élèvent jusqu'à leurs plus hautes branches, redescendent jusqu'au sol, y reprennent racine pour y puiser un nouvel aliment; puis remontent de nouveau, et de distance en distance se lient au tronc hospitalier de ses colonnes, avec lesquelles ils figurent parfois les plus beaux décors.

On y remarque aussi des variétés de *pandanus,* dont les feuilles en faisceau partent du sol pour prendre la forme d'une belle gerbe; on y voit d'énormes fougères, véritables arbres par leur taille, et sur lesquelles nous montions souvent pour en couper le sommet, d'une saveur agréable, et qui sert d'aliment à peu près comme le palmier.

Mais, au milieu de cette végétation extraordinaire, la nature est triste et silencieuse; aucun bruit ne se fait entendre, si ce n'est parfois le vent qui souffle au sommet des arbres, ou, de temps à autre, le murmure lointain d'un torrent qui se précipite en cascade du haut des montagnes vers leur base.

Le sol humide ne reçoit jamais les rayons du soleil; de petits lacs, et des rivières qui ne coulent que lorsqu'elles sont grossies par les orages, présentent à l'œil une eau noire et stagnante, sur laquelle jamais on ne voit le reflet d'un beau ciel bleu.

Les seuls habitants de ces sites lugubres, mais grandioses, sont les cerfs, les buffles et les sangliers, qui, cachés le jour dans leur tanière, ne sortent que la nuit pour chercher leur pâture.

Il est rare d'y apercevoir un oiseau; et les singes, si communs aux Philippines, fuient la solitude de ces immenses forêts.

Une seule espèce d'insectes, véritable désolation des voyageurs, s'y trouve en abondance : ce sont de petites sangsues qui habitent sur toutes les hautes montagnes des Philippines recouvertes de forêts.

Elles se blottissent dans l'herbe, sur les feuilles des arbres, et s'élancent comme des sauterelles sur la proie à laquelle elles veulent s'attacher.

Aussi les voyageurs sont-ils toujours munis de petits couteaux en bambou pour leur faire lâcher prise; après quoi ils frottent la petite blessure avec du tabac mâché.

Mais bientôt une autre sangsue, attirée par le sang qui coule, vient remplacer celle dont on s'est débarrassé; et il faut une attention continuelle pour ne pas être la victime de ces petits vampires, d'une voracité bien plus grande que celle de nos sangsues ordinaires.

C'était au milieu de cette singulière nature que nous cheminions: moi, tout occupé de l'examiner sous tous ses aspects, et mes Indiens, cherchant à découvrir une proie quelconque, cerf, buffle ou sanglier, pour remplacer nos provisions de riz et de viande boucanée, dont nous avions vu la fin.

Nous étions réduits alors au palmier pour toute pitance.

Or, le palmier est agréable au goût, mais pas assez nourrissant pour réparer les forces de pauvres voyageurs aux prises avec l'extrême fatigue, et qui, après une marche pénible, ne trouvent pour gîte que le sol humide, et pour tout abri que la voûte céleste.

Nous nous dirigions autant que possible vers la côte baignée par l'océan Pacifique.

Nous savions que c'était vers cette partie que les *Ajetas* commencent à habiter.

Nous voulions aussi traverser un grand village tagaloc, *Binangonan-de-Lampon,* qui se trouve isolé et perdu au pied des montagnes de l'est, au milieu des sauvages.

Nous avions déjà passé plusieurs nuits dans la forêt sans y éprouver de grandes incommodités.

Les feux que nous allumions tous les soirs nous réchauffaient, et nous préservaient des myriades de ces terribles sangsues qui, autrement, nous eussent dévorés.

Nous pensions n'avoir plus qu'un jour de marche pour arriver sur le bord de la mer, où nous espérions prendre un peu de repos, lorsque tout à coup le bruit lointain du tonnerre nous fit craindre un orage.

Nous continuâmes cependant notre route; mais, peu après, le bruit se rapprochait de manière à ne plus nous laisser de doute sur l'ouragan qui allait fondre sur nous.

Il fallait nous arrêter, allumer nos feux avant la nuit, faire cuire notre repas du soir et placer quelques feuilles de palmier sur des perches inclinées, pour nous préserver au moins de la grosse pluie.

Nous n'avions pas encore terminé ces divers préparatifs, que l'orage grondait au-dessus de nous.

Sans la clarté blafarde de nos tisons, nous eussions été déjà dans l'obscurité la plus profonde, et cependant la nuit n'était pas encore arrivée!

Tous trois, avec un morceau de tige de palmier à la main, nous nous blottîmes sous l'espèce d'abri que nous avions improvisé, et attendîmes que l'orage éclatât.

Les coups de tonnerre redoublèrent, la pluie commença à battre les arbres avec force, puis à nous assaillir, semblable à un torrent.

Nos feux furent bientôt éteints; nous nous trouvâmes alors dans d'épaisses ténèbres, interrompues seulement par la foudre, qui de temps à autre, serpentant au milieu des arbres de la forêt, répandait une clarté éblouissante, pour laisser après elle une plus grande obscurité.

Il se faisait autour de nous un fracas épouvantable : le tonnerre grondait sans interruption, les échos des montagnes répétaient de loin en loin son bruit, quelquefois sourd et d'autres fois éclatant.

Le vent qui soufflait avec force balançait la cime des arbres, d'énormes branches s'en détachaient, et tombaient avec fracas sur le sol; des troncs entiers déracinés se renversaient en brisant dans leur chute les branches des arbres voisins.

La pluie ne cessait pas de tomber...

Un torrent qui passait au pied du mamelon où nous nous étions réfugiés faisait entendre, dans les intervalles des coups de tonnerre, le sourd mugissement des eaux qui roulaient vers le bas de la montagne.

A tout ce fracas venaient se joindre des cris tristes et lugubres, semblables aux hurlements d'un gros chien qui a perdu son maître; c'étaient les plaintes des cerfs épouvantés, et cherchant çà et là un abri.

La nature entière paraissait en convulsion, et déclarer la guerre à tous les éléments.

Le faible toit sous lequel nous nous étions réfugiés avait été bien vite traversé; nous étions tout ruisselants d'eau.

Nous quittâmes ce triste abri, préférant donner un peu de mouvement à nos membres engourdis et presque perclus.

Nous étions couverts de ces redoutables petites sangsues, dont les morsures peu à peu nous faisaient perdre les forces qui nous étaient si nécessaires.

J'avoue que dans ce moment je donnais au diable une curiosité dont j'étais bien puni...

Je pouvais comparer cette affreuse nuit à celle passée dans les bambous, lorsque j'avais fait naufrage sur le lac.

En apparence, nous ne courions pas un danger aussi pressant, car nous ne pouvions pas être engloutis par les eaux; mais l'un des grands arbres sous lesquels nous étions obligés de rester pouvait être déraciné et tomber sur nous; une branche brisée par le vent eût suffi pour nous écraser, et la foudre, plus épouvantable par son bruit que par ses effets, pouvait à chaque instant nous frapper.

Une chose nous effrayait surtout: c'était le froid que nous ressentions, et la difficulté de remuer les membres, glacés et paralysés pour ainsi dire...

Nous attendions avec une grande impatience que l'orage cessât; mais ce ne fut qu'après plus de trois grandes heures d'une mortelle angoisse que peu à peu le bruit du tonnerre s'éloigna. Le vent cessa ensuite, puis la pluie; et pendant quelque temps nous n'entendîmes plus que les grosses gouttes d'eau qui tombaient des arbres, et enfin le bruit sourd des torrents.

Le calme rétabli, le ciel devint sans doute pur et étoilé; mais nous étions privés de cette vue qui rend l'espérance au voyageur, puisque toute la forêt présentait comme un dôme de verdure impénétrable à l'œil.

Le sommeil est une chose si nécessaire à l'homme, que, malgré le froid et nos vêtements traversés par cette horrible pluie, nous pûmes le reste de la nuit dormir assez tranquillement.

Le lendemain au jour, cette forêt, où quelques heures auparavant avait lieu la scène effrayante que j'ai décrite, était calme et silencieuse.

Lorsque nous sortîmes de notre tanière, nous étions affreux à voir: sur tout le corps nous avions des sangsues, et sur la figure des traces de sang qui nous rendaient hideux.

En voyant mes deux pauvres Indiens, je ne pus m'empêcher

de partir d'un éclat de rire : eux aussi me regardaient..., et le respect seul contenait leur hilarité; car je devais être tout aussi maltraité, et ma peau blanche devait conserver encore davantage les marques de ces maudites bêtes.

Nous étions harassés : à peine pouvions-nous faire un mouvement, tant nous étions faibles.

Cependant il fallait agir, et promptement; allumer à la hâte du feu pour nous réchauffer, faire cuire des tiges de palmier, traverser à la nage un torrent qui coulait avec un fracas épouvantable au-dessous de nous, et gagner dans la journée les bords de l'océan Pacifique.

Si nous tardions à nous mettre en route, il ne serait peut-être plus possible de traverser le torrent; nous en avions laissé plusieurs derrière nous; nous nous trouverions alors dans l'impossibilité d'aller en avant ou en arrière, et peut-être dans la nécessité de rester plusieurs jours à attendre l'écoulement des eaux pour continuer notre voyage.

De plus, il pouvait survenir d'autres orages, si fréquents dans cette saison; et nous aurions été plusieurs semaines dans un lieu désert, sans ressources, et que cette première nuit passée sous un si mauvais toit ne recommandait pas à notre reconnaissance.

Il n'y avait donc pas de temps à perdre; nous tirâmes d'un amas de feuilles de palmier nos havre-sacs, que nous avions pris le plus grand soin de préserver de l'humidité, et fort heureusement nos précautions n'avaient pas été inutiles : ils étaient parfaitement secs.

Nous fîmes un grand feu, grâce à la gomme élémie, qui s'enflamme facilement.

Quelle douce sensation nous ressentîmes de cette chaleur bienfaisante qui venait pénétrer dans tous nos membres, sécher nos vêtements ruisselant d'eau, ranimer notre courage et nous donner un peu de force!

Mais si pour savourer cette jouissance il fallait l'acheter ce qu'elle venait de me coûter, je doute que beaucoup d'Européens voulussent prendre leur part de la veille et du lendemain de cette nuit.

Notre mince cuisine fut bientôt préparée, encore plus vite expédiée, et nous songeâmes à déguerpir.

Mes Indiens étaient inquiets.

Ils craignaient de ne pouvoir passer le torrent que nous entendions à une grande distance; ils marchaient plus vite que moi, aussi arrivèrent-ils les premiers.

Lorsque je les eus rejoins, je les trouvai consternés.

« Oh! maître, me dit mon fidèle Alila, pas possible de « passer; il faut nous établir ici pour quelques jours. » — Je jetai les yeux sur le torrent : il roulait entre des roches escarpées une eau jaune et boueuse; il avait tout l'aspect d'une cascade, et entraînait des troncs d'arbres et des branches brisées pendant l'orage.

Mes Indiens avaient déjà pris leur parti; ils se préparaient à choisir l'endroit où nous aurions pu bivouaquer convenablement.

Mais, pour moi, je ne voulus pas jeter si vite le manche après la cognée : je me mis à examiner avec soin si nous ne pouvions pas nous tirer d'embarras.

Le torrent n'avait guère dans toute sa largeur qu'une centaine de pas qu'un bon nageur pouvait franchir en quelques minutes.

Mais il fallait, sur l'autre rive, aborder dans un endroit qui ne fût pas trop escarpé, où l'on pût mettre pied à terre et sortir du torrent; autrement, on courait le risque d'être entraîné on ne sait où.

Sur la rive où nous étions, il était facile de se jeter à l'eau; mais, sur celle opposée, à une centaine de pas en aval, il n'y avait qu'un endroit où les rochers fussent interrompus.

Après avoir bien calculé, de la vue, la distance à parcourir, je me crus assez de force pour tenter le passage. Je nageais beaucoup mieux que mes Indiens, et j'étais certain qu'une fois à l'autre bord, ils me suivraient.

Je leur déclarai donc que j'allais passer.

Mais une réflexion me fit suspendre ma détermination.

Comment préserver les havre-sacs, où se trouvait notre précieuse provision de poudre? Comment garantir mes armes? Il était impossible de penser à transporter tous ces objets sur mon dos au milieu d'un torrent si rapide, et où j'allais sans doute faire le plongeon plus d'une fois avant d'arriver à l'autre bord.

Mes Indiens, féconds en expédients, me tirèrent d'embarras à l'instant même.

Ils coupèrent plusieurs rotins et ils les réunirent, montèrent au sommet d'un arbre qui penchait sur le torrent; ils y attachèrent un des bouts, et me donnèrent l'autre pour le porter sur la rive opposée.

Toutes nos mesures bien prises, je me jetai à l'eau, et sans trop de peine j'arrivai, en entraînant mon rotin, à l'autre bord.

Je le fixai sur la berge à une hauteur suffisante pour que, de l'arbre au lieu où j'étais, il y eût une légère inclinaison, et qu'il fût cependant assez élevé au-dessus de l'eau pour préserver les objets que nous allions faire glisser sur ce pont d'un nouveau genre.

Notre manœuvre réussit à merveille, et mes Indiens eux-mêmes, à l'aide du rotin, me rejoignirent promptement.

Nous nous trouvâmes bien heureux tous les trois sur l'autre bord, d'autant plus que nous espérions arriver avant la fin du jour à l'océan Pacifique.

Nous en avions assez des bois! il nous tardait de revoir le soleil, voilé depuis plusieurs jours à nos regards. Les sangsues nous causaient toujours une vive souffrance, et nous affaiblissaient de plus en plus; notre chétive nourriture n'était pas suffisante pour réparer nos forces épuisées : du reste, nous ne doutions pas qu'arrivés à la mer nous ne fussions amplement dédommagés des privations et des fatigues que nous avions endurées.

Bref, avec l'espoir nous avions retrouvé notre grand courage et oublié la fatale nuit d'orage.

Je marchais presque aussi vite que mes Indiens, qui, comme moi, avaient hâte de sortir de l'humidité insupportable au milieu de laquelle nous vivions depuis plusieurs jours.

Il y avait deux heures que nous avions quitté le torrent, quand un bruit sourd et lointain vint frapper nos oreilles.

Nous crûmes d'abord que c'était un nouvel orage; mais bientôt nous reconnûmes que ce bruit régulier, qui paraissait venir de si loin, n'était autre que le murmure de l'océan Pacifique, et le bruit des vagues qui viennent se briser sur la côte-est de Luçon.

Cette certitude me causa une bien douce émotion.

Dans quelques heures j'allais revoir mon ciel bleu, me réchauffer aux rayons bienfaisants du soleil, n'avoir plus la vue limitée que par l'horizon; j'allais enfin me débarrasser des maudites sangsues, saluer de nouveau la nature animée par des oiseaux et des animaux, en échange des solitudes que nous venions de parcourir.

Nous étions sur le versant des montagnes; la pente était douce et notre marche facile.

Le bruit des vagues augmentait sensiblement. Vers trois heures de l'après-midi, à travers les arbres, nous aperçûmes la clarté du soleil, et un instant après nous contemplions la mer, et une magnifique plage recouverte d'un sable fin et brillant.

Notre premier mouvement à tous les trois fut de nous débarrasser de nos vêtements et de nous jeter au milieu des vagues; et, tout en prenant un bain salutaire, nous nous amusâmes à détacher des rochers une grande quantité de coquillages qui nous servirent à faire le repas le plus savoureux que nous eussions pris, hélas! depuis notre départ.

Après nous être bien restaurés, nous pensâmes au repos; nous en avions grand besoin.

Ce n'était plus sur des morceaux de bois noueux et inégaux que nous allions nous reposer, mais sur le sable moelleux que nous offrait la grève, tiède encore des derniers feux du jour.

Il était presque nuit lorsque nous nous étendîmes sur cette couche, préférable pour nous au meilleur lit de plume.

Nos sacs nous servaient d'oreillers; nous plaçâmes nos armes bien amorcées à côté de nous, et quelques minutes après nous dormions tous trois d'un profond sommeil.

Je ne sais combien de temps j'avais joui de son charme réparateur, lorsque je fus réveillé par l'impression douloureuse d'animaux qui se promenaient sur moi. Je sentais comme l'empreinte de griffes aiguës qui labouraient mon épiderme, et me causaient parfois une vive douleur.

La même sensation venait de réveiller aussi mes Indiens; nous réunîmes quelques tisons qui brûlaient encore, et nous pûmes reconnaître quel nouveau genre d'ennemis venaient nous assaillir : c'étaient des *Bernard-l'ermite* [1], et en si grande quantité que tout le sol autour de nous en était parsemé; il y en avait de toutes les grosseurs et de tous les âges.

Nous balayâmes le sable autour de notre gîte, espérant les éloigner et retrouver quelque repos; mais les importuns ou bien plutôt les affamés *Bernard-l'ermite* revinrent bientôt à la charge, et ne nous laissaient ni paix ni trêve.

Nous étions occupés à repousser cette agression, lorsque tout à coup nous aperçûmes sur la lisière de la forêt une clarté qui s'avançait vers nous; nous prîmes nos fusils, et attendîmes dans un profond silence et une complète immobilité.

Nous vîmes bientôt sortir du bois un homme et une femme qui tous deux tenaient une torche à la main; nous reconnûmes

(1) *Bernard-l'ermite*, espèce de crabe qui se loge dans un coquillage abandonné par son mollusque, et qui, la nuit, sort de la mer pour chercher sur la plage sa nourriture.

que c'étaient des *Ajetas*, qui sans doute venaient sur la plage pour chercher des poissons; ils s'approchèrent à quelques pas de nous, restèrent un instant immobiles en nous regardant fixement.

Nous étions tous trois assis et nous les observions, faisant en sorte de deviner leurs intentions. Au mouvement que fit l'un d'eux pour prendre son arc sur son épaule, j'armai mon fusil; le léger bruit du ressort de mon arme suffit pour les terrifier; ils jetèrent leurs flambeaux et, comme deux bêtes fauves effarouchées, ils disparurent dans la forêt.

Cette apparition disait assez que nous foulions déjà le sol fréquenté par des *Ajetas;* il n'était plus prudent de nous livrer au sommeil.

Les deux sauvages dont nous avions reçu la visite allaient peut-être prévenir leurs camarades, qui pourraient bien revenir en grand nombre nous décocher quelques flèches empoisonnées.

Cette crainte et les *Bernard-l'ermite* qui nous harcelaient nous firent passer le reste de la nuit auprès d'un grand feu.

Dès que le jour parut, après avoir fait un bon repas, grâce à l'abondance des coquillages que nous pouvions choisir à notre gré, nous reprîmes notre route, quelquefois côtoyant le bord de la mer, de rochers en rochers; d'autres fois nous enfonçant dans les bois.

La journée fut très-fatigante, mais sans incident digne de remarque.

Il était tout à fait nuit lorsque nous arrivâmes au village de *Binangonan-de-Lampon*.

Ce village, habité par des Tagalocs, est jeté là comme une oasis d'hommes presque civilisés au milieu des forêts et des populations sauvages, sans aucune route praticable pour se rendre à d'autres peuplades placées sous la domination espagnole.

Mon nom était connu des habitants de *Binangonan-de-*

Lampon. Nous fûmes reçus à bras ouverts, et tous les chefs du village se disputèrent l'honneur de m'avoir chez eux.

Je donnai la préférence au premier qui m'avait invité; je trouvai chez lui une hospitalité des plus affectueuses.

A peine arrivé, la maîtresse de la maison voulut elle-même me laver les pieds, et me prodiguer les petits soins qui me prouvaient le plaisir qu'ils ressentaient tous deux de la préférence que je leur avais accordée.

Pendant que je soupais et savourais de bons aliments, la case où j'étais se remplit de jeunes filles qui me regardaient avec une curiosité vraiment comique.

Lorsque j'eus terminé, la conversation avec mon hôte commençait un peu à me fatiguer; j'avais un grand désir de m'étendre dans un bon lit (c'est-à-dire sur une natte), lorsque mon Tagaloc me dit :

« Monsieur, vous êtes fatigué, il faut aller vous reposer:
« choisissez, entre ces jeunes filles, la plus belle pour vous
« tenir compagnie. »

J'étais, hélas! trop rempli de souvenirs récents et douloureux, pour accepter l'offre singulière de mon amphitryon.

Je me contentai de noter sur mon journal la manière excentrique, à *Binangonan-de-Lampon*, de fêter ses visiteurs.

Je demandai à l'Indien si cet usage était général; il me répondit :

« Oui, mais nous le pratiquons seulement à l'égard des
« étrangers remarquables par leur rang et leur couleur. »

Je passai trois jours chez les bons Tagalocs de *Binangonan*, qui m'avaient reçu et fêté comme un véritable prince.

Le quatrième, je leur fis mes adieux, et nous nous dirigeâmes vers le nord, au milieu de montagnes toujours couvertes d'épaisses forêts, et qui, semblables à celles que nous quittions, n'offrent au voyageur aucune route tracée, si ce n'est quelques petits sentiers fréquentés par les animaux sauvages.

Nous marchions avec précaution, car nous nous trouvions dans les lieux habités par les *Ajetas*.

La nuit, nous cachions nos feux, et toujours un de nous faisait sentinelle, car ce que nous craignions le plus c'était une surprise.

CHAPITRE XX.

Arrivée chez les Ajetas ou Négritos. — Départ. — Navigation sur l'océan Pacifique. — Arrivée à Jala-Jala et à Manille.

Un matin, cheminant en silence, nous entendîmes devant nous un chœur de voix glapissantes qui avaient plutôt l'air de cris d'oiseaux que de voix humaines.

Nous nous tenions sur nos gardes, nous effaçant le plus possible à l'aide des arbres et des broussailles.

Tout à coup nous aperçûmes à peu de distance une quarantaine de sauvages, de tout sexe et de tout âge, qui avaient absolument l'air d'animaux.

Ils étaient sur le bord d'un ruisseau, autour d'un grand feu.

Nous fîmes quelques pas en avant, leur présentant le bout de nos fusils.

Dès qu'ils nous aperçurent, ils poussèrent des cris aigus et se préparaient à prendre la fuite; mais je leur fis signe, en leur montrant des paquets de cigares, que nous voulions les leur offrir.

J'avais heureusement pris à *Binangonan* tous les renseignements nécessaires pour savoir comment les aborder.

Dès qu'ils nous eurent compris, ils se rangèrent tous sur une ligne, comme des hommes que l'on va passer en revue; c'était le signal que nous pouvions approcher d'eux.

Nous les abordâmes nos cigares à la main, et par une extrémité de la ligne je commençai à distribuer mon offrande.

Il était très-important de nous faire des amis et, selon leur coutume, de donner à chacun une part égale.

Les femmes enceintes comptaient pour deux, et se frappaient sur le ventre pour me faire signe qu'elles devaient avoir double part.

Ma distribution faite, notre alliance fut cimentée, la paix était conclue; les sauvages et nous, nous n'avions plus rien à craindre les uns des autres.

Ils se mirent tous à fumer.

Un cerf était suspendu à un arbre, le chef alla en couper trois gros morceaux avec un couteau de bambou; il les jeta au milieu du brasier, et un instant après les retira pour en présenter un à chacun de nous.

La partie extérieure de cette grillade était un peu brûlée et saupoudrée de cendres, mais l'intérieur était parfaitement cru et tout sanglant. Il ne fallait cependant pas manifester la répugnance que j'éprouvais à faire un repas presque de cannibale; mes hôtes en auraient été scandalisés, et je voulais vivre en bonne intelligence pendant quelques jours avec eux.

Je mangeai donc mon morceau de cerf, qui, à tout prendre, n'était pas trop mauvais; mes Indiens firent comme moi, après quoi nos bons rapports étaient établis. Dans ces parages une trahison n'était plus possible.

Je me trouvais enfin au milieu des hommes à la recherche desquels j'étais depuis mon départ de *Jala-Jala;* j'allais les examiner et les étudier à mon aise le temps que je voudrais.

Nous installâmes notre bivouac à quelques pas du leur, comme si nous eussions fait partie de la famille de nos nouveaux amis.

Je ne pouvais leur parler que par gestes, et j'avais une difficulté inouïe à me faire comprendre; mais, le lendemain de mon arrivée, j'eus un interprète.

Une femme, qui vint m'apporter son enfant pour lui donner un nom, avait été élevée par des Tagalocs, elle avait parlé leur langue, elle s'en souvenait un peu, et pouvait me donner, quoique avec peine, tous les renseignements qui m'intéressaient.

Ajetas recevant des cigares.

Les hommes avec lesquels je venais de me lier pour quelques jours, tels que je les voyais, me paraissaient plutôt une grande famille de *singes* que des créatures humaines.

Leur voix même imitait assez bien les petits cris de ces animaux, et dans leurs gestes ils leur ressemblaient entièrement.

La seule différence que je trouvais, c'est qu'ils savaient se servir d'un arc et d'une lance, et faire du feu; mais, pour bien les dépeindre, je vais commencer par décrire leurs formes et leurs physionomies.

L'*Ajetas* ou *Négrito* est d'un noir d'ébène comme les nègres d'Afrique.

Sa plus haute stature est de quatre pieds et demi; sa chevelure est laineuse, et comme il n'a pas soin de s'en débarrasser, et qu'il ne saurait comment s'y prendre, elle forme autour de sa tête une couronne qui lui donne un aspect tout à fait bizarre, et de loin la fait paraître comme entourée d'une sorte d'auréole.

Il a l'œil un peu jaune, mais d'une vivacité et d'un brillant comparable à celui de l'aigle.

La nécessité de vivre de chasse et de poursuivre sans cesse sa proie, exerce cet organe de manière à lui donner cette vivacité si remarquable. Les traits des *Ajetas* tiennent un peu du noir d'Afrique; ils ont cependant les lèvres moins saillantes.

Quand ils sont jeunes, ils ont de jolies formes; mais la vie qu'ils mènent dans les bois, couchant toujours en plein air, sans abri, mangeant beaucoup un jour et souvent pas du tout, des jeûnes prolongés suivis de repas pris avec la même gloutonnerie que les bêtes fauves, leur donnent un gros ventre, et rendent leurs extrémités chétives et grêles.

Ils ne portent jamais aucun vêtement, si ce n'est une petite ceinture d'écorces d'arbres, large de huit à dix pouces, qui entoure le milieu du corps.

Leurs armes consistent dans une lance en bambou, un arc de palmier, et des flèches empoisonnées.

Ils se nourrissent de racines, de fruits, et du produit de leur chasse.

Ils mangent la viande à peu près crue, et vivent par tribus composées de cinquante à soixante individus.

Durant le jour, les vieillards, les infirmes et les enfants se tiennent autour d'un grand feu, pendant que les autres courent les bois pour chasser. Quand ils ont une proie qui peut suffire à les nourrir pendant quelques jours, ils restent tous autour de leur feu; le soir, ils se couchent pêle-mêle au milieu des cendres.

Il est extrêmement curieux de voir ainsi une cinquantaine de ces brutes de tout âge, et plus ou moins difformes.

Les vieilles femmes surtout sont hideuses : leurs membres décrépits, leur gros ventre, et leur chevelure si extraordinaire, leur donnent l'aspect de Furies ou de vieilles sorcières.

A peine étais-je arrivé, les mères qui avaient des enfants en bas âge me les présentaient.

Afin de leur complaire, je faisais quelques caresses à leurs nourrissons; mais ce n'était pas ce qu'elles voulaient, et, malgré leurs gestes et leurs paroles, il m'était impossible de les comprendre.

Le lendemain, celle dont j'ai déjà parlé, et qui avait vécu parmi les Tagalocs, arriva d'une tribu des environs.

Elle était accompagnée d'une dizaine d'autres femmes, qui toutes portaient dans leurs bras leurs petits enfants.

Elle m'expliqua ce que je n'avais pu comprendre la veille.

« Nous avons, me dit-elle, très-peu de mots pour causer
« entre nous; tous nos enfants, à leur naissance, prennent le
« nom de l'endroit où ils sont nés : c'est alors une grande
« confusion, et nous venons vous les apporter pour que vous
« leur donniez des noms. »

Dès que j'eus cette explication, je voulus faire cette cérémonie avec toute la pompe que la circonstance et le lieu permettaient.

Je m'approchai d'un petit ruisseau. Je connaissais la formule pour donner l'eau du baptême à un nouveau-né.

Je pris mes deux Indiens pour parrains, et pendant quelques jours je baptisai environ cinquante de ces pauvres enfants.

Chaque mère qui apportait son nourrisson était toujours accompagnée de deux personnes de sa famille. Je prononçais les paroles sacramentelles, je versais l'eau sur la tête de l'enfant, puis j'articulais à haute voix le nom qu'il me plaisait de lui donner.

Or, comme ils n'ont aucun moyen de transmettre leurs souvenirs, dès que j'avais, par exemple, prononcé le nom de *François*, la mère et les deux témoins qui l'accompagnaient le répétaient jusqu'à ce qu'ils pussent bien le prononcer et en conserver la mémoire; puis ils s'en allaient en continuant, pendant leur route, de répéter le nom qu'ils avaient à retenir.

Le premier jour, ce fut une cérémonie assez longue; mais le jour suivant le nombre diminua, et je pus me livrer entièrement à l'étude de mes hôtes.

J'avais gardé près de moi la femme qui parlait tagaloc, et, dans les longues conversations que j'eus avec elle, elle m'initia complétement à toutes leurs coutumes et à leurs usages.

Les *Ajetas* n'ont aucune religion, ils n'adorent aucun astre. Il paraît cependant qu'ils ont transmis aux *Tinguianès*, ou qu'ils tiennent de ceux-ci, l'usage d'adorer pendant une journée le rocher ou le tronc d'arbre auquel ils trouvent une ressemblance avec un animal quelconque; puis ils l'abandonnent ensuite pour ne plus penser à aucune idole, jusqu'à ce qu'ils rencontrent une autre forme bizarre, nouvel objet d'un culte aussi frivole.

Ils ont une grande vénération pour leurs morts. Pendant plusieurs années ils vont sur leurs tombeaux déposer un peu de tabac et de bétel; l'arc et les flèches qui ont appartenu au défunt sont suspendus, le jour où il est mis en terre, au-dessus de sa tombe, et toutes les nuits, suivant la croyance de ses camarades, il sort de sa tombe pour aller à la chasse.

Les enterrements se font sans aucune cérémonie. On étend le mort tout de son long dans une fosse, où on le recouvre de terre.

Mais lorsqu'un *Ajetas* est gravement malade, que la maladie est jugée incurable, ou qu'il a été légèrement blessé par une flèche empoisonnée, ses amis le placent assis dans un grand trou, les bras croisés sur la poitrine, et l'enterrent ainsi tout vivant.

Je voulus parler religion à mon interprète.

Je lui demandai si elle ne croyait pas à un être suprême, à une divinité toute-puissante, dont la nature entière et nous-mêmes dépendrions en toutes choses, qui aurait créé le firmament et verrait toutes nos actions.

Elle me regarda en souriant, et me dit :

« Quand j'étais jeune, parmi vos frères, je me souviens « qu'ils me parlaient souvent d'un maître qui, disaient-ils, « avait le ciel pour sa demeure. Mais tout cela était des men-« songes; car voyez » (elle se leva, prit un caillou, le jeta en l'air, et me dit d'un grand sérieux) :

« Est-ce qu'un roi, comme vous dites, peut rester dans le « ciel plutôt que ce caillou? »

Qu'avais-je à répondre à un pareil raisonnement?... Je laissai la religion de côté, pour lui faire d'autres questions.

Comme je l'ai déjà dit, les *Ajetas* n'attendent souvent pas la mort d'un malade pour le mettre en terre.

Aussitôt que les honneurs de la sépulture ont été rendus à l'un d'eux, il faut, d'après leurs usages, que sa mort soit vengée.

Les chasseurs de la tribu à laquelle il appartenait partent avec leurs lances et leurs flèches pour tuer le premier être vivant qui tombera sous leur regard : homme, cerf, sanglier, ou buffle.

Dès qu'ils se mettent en campagne à la recherche de leur victime, ils ont soin, partout où ils passent dans les forêts, de briser les jeunes pousses des arbustes qu'ils trouvent sur leur passage, en inclinant le sommet dans la direction de la route qu'ils suivent.

Cette précaution est pour avertir les voyageurs et leurs voisins de s'éloigner des passages où ils cherchent l'animal ou l'homme qu'ils doivent sacrifier; car si l'un des leurs tombait sous leurs mains, c'est lui-même qu'ils prendraient pour victime expiatoire.

Ils sont fidèles dans le mariage, et n'ont qu'une femme.

Quand un jeune homme a fait son choix, ses amis ou ses parents font la demande de la jeune fille.

Dans aucun cas ils n'éprouvent de refus. On choisit un jour.

Le matin de ce jour, avant que le soleil soit levé, la jeune fille est envoyée dans la forêt; là elle s'y cache ou ne s'y cache pas, selon le désir qu'elle a de s'unir à celui qui l'a demandée.

Une heure après, le jeune homme est envoyé à la recherche de sa fiancée : s'il a le bonheur de la trouver et de la ramener vers ses parents avant le coucher du soleil, le mariage est consommé, et elle est pour toujours sa femme; si au contraire il rentre au camp sans elle, il ne peut plus y prétendre.

La vieillesse est très-respectée chez les *Ajetas*, et c'est toujours un des plus anciens qui gouverne la réunion dont il fait partie.

Tous les sauvages de cette race vivent, comme je l'ai déjà dit, en grandes familles de soixante à quatre-vingts.

Ils errent dans les forêts sans avoir de résidence fixe, et changent de lieu selon la plus ou moins grande abondance de gibier que leur fournit la place où ils se trouvent.

Lorsqu'une femme ressent les douleurs de l'enfantement elle s'éloigne de ses compagnes, se rend sur le bord d'un ruisseau, lie transversalement un morceau de bois à deux arbres, repose et incline son corps sur cet appui, la tête penchée vers le sol, et reste dans cette position jusqu'à ce qu'elle soit délivrée.

Alors elle prend son nouveau-né, se baigne avec lui dans le ruisseau, et retourne ensuite à sa tribu.

Vivant à l'état de nature tout à fait primitive, ces sauvages ne possèdent aucun instrument de musique; et leur langue imitant, comme je l'ai dit, le gazouillement des oiseaux, emploie très-peu de mots, d'une difficulté incroyable pour l'étranger qui voudrait l'étudier.

Ils sont tous bons chasseurs, et se servent de l'arc avec une adresse merveilleuse.

Les petits négrillons des deux sexes, pendant que leurs parents courent les bois, s'exercent sur le bord des rivières, armés d'un petit arc. Lorsque dans l'eau transparente ils aperçoivent un poisson, ils lui tirent une flèche, et il est très-rare que le coup ne porte pas.

Toutes les armes des *Ajetas* sont empoisonnées. Une simple flèche ne ferait point une blessure assez grave pour arrêter dans sa course un animal aussi fort que le cerf; mais si le dard a été recouvert de la préparation vénéneuse connue d'eux, la moindre piqûre produit à l'animal atteint une soif inextinguible, et la mort immédiate lorsqu'il la satisfait.

Les chasseurs, alors, enlèvent les chairs autour de la blessure, et peuvent ensuite impunément se servir du reste pour leur nourriture; tandis que s'ils négligeaient cette précaution, la chair entière aurait acquis une saveur si amère, que des *Ajetas* mêmes ne pourraient la dévorer.

N'ayant jamais cru au fameux *boab de Java*, j'avais fait à Sumatra des recherches sur l'espèce de poison dont se servent les Malais. J'avais découvert que c'était tout simplement une forte dissolution d'arsenic dans du jus de citron, dont ils donnaient plusieurs couches à leurs armes.

Je voulus savoir ce qu'employaient les *Ajetas*. Ils me conduisirent au pied d'un grand arbre, en arrachèrent un peu d'écorce, et me dirent que c'était cette écorce qui leur servait de poison.

J'en mâchai devant eux : elle était d'une amertume insupportable, inoffensive d'ailleurs dans son état naturel; mais les *Ajetas* lui font subir une préparation, dont ils ne voulurent pas me donner le secret.

Quand leur poison forme une espèce de pâte, ils en mettent

une simple couche sur leurs armes, de l'épaisseur d'un quart de centimètre.

L'*Ajetas* est d'une agilité et d'une adresse incroyables dans tous ses mouvements; il monte comme les singes sur les arbres les plus élevés, en saisissant le tronc des deux mains et y appliquant la plante des pieds.

Il court comme un cerf à la poursuite des bêtes fauves, son occupation favorite.

Il est extrêmement curieux de voir ces sauvages partir pour la chasse : hommes, femmes et enfants marchent tous ensemble, à peu près comme une troupe d'*orang-outangs* qui vont à la picorée.

Ils ont toujours avec eux un ou deux petits chiens, d'une race toute particulière, qui leur servent à poursuivre leur proie quand elle a été blessée.

J'avais joui tout à mon aise de l'hospitalité que m'avaient donnée ces hommes primitifs; j'avais vu par moi-même et au milieu d'eux tout ce que je voulais savoir.

La vie pénible que je menais depuis mon départ n'ayant d'autre abri que les arbres, et ne mangeant que ce que me donnaient les sauvages, commençait à me fatiguer; je résolus de retourner à *Jala-Jala.*

Cependant, avant mon départ, il me vint une idée, ce fut d'emporter le squelette d'un sauvage : c'était, selon moi, une pièce assez curieuse pour en doter le Jardin des Plantes ou le Musée d'anatomie.

L'entreprise devenait fort dangereuse, à cause de la vénération des *Ajetas* pour leurs morts.

Ils pouvaient nous surprendre à violer leurs sépultures, et dans ce cas ils ne nous eussent pas fait de quartier; mais j'étais si habitué à vaincre ce qui pouvait s'opposer à ma volonté, que le danger ne me fit pas changer de résolution.

J'en fis part à mes Indiens; ils ne s'opposèrent point à mon projet.

Quelques jours auparavant, à un quart de lieue de notre bivouac, j'avais remarqué plusieurs sépultures.

Un après-midi, nous prîmes tout notre bagage, je fis mes adieux à mes hôtes, et nous nous dirigeâmes vers cet endroit.

Dans les premières tombes que nous ouvrîmes, le temps avait détruit une partie des os, et je ne pus me procurer que deux crânes, peu dignes vraiment du danger qu'ils nous faisaient courir.

Exhumation d'un Ajetas.

Cependant nous continuâmes notre travail, et vers la fin du jour nous avions découvert une femme que nous reconnûmes, par la position qu'elle occupait dans sa fosse, avoir été enterrée avant sa mort.

Ses ossements étaient encore recouverts de sa peau, mais

elle était desséchée, et presque à l'état de momie; c'était un sujet convenable.

Nous l'avions retirée de la fosse et nous commencions à la mettre dans un sac fragments par fragments, lorsqu'à peu de distance nous entendîmes de petits cris aigus.

C'étaient les *Ajetas* qui arrivaient.

Il n'y avait pas de temps à perdre. Nous nous hâtâmes d'emporter notre butin, et de nous sauver à toutes jambes.

Nous n'avions pas fait une centaine de pas, que nous entendîmes des flèches siffler à nos oreilles.

Les *Ajetas*, perchés au sommet des arbres, nous attendaient et nous attaquaient, sans que nous eussions même le moyen de nous défendre.

Heureusement la nuit venait à notre secours; leurs flèches ordinairement si sûres étaient mal dirigées, et ne nous atteignaient pas.

Tout en fuyant, nous déchargeâmes au hasard un de nos fusils pour les effrayer, et bientôt nous pûmes les distancer sans autre mal que la peur, et un avertissement préalable sur le danger de troubler le repos des morts.

Cependant, au sortir du bois, quelques gouttes de sang me firent remarquer une légère égratignure à l'index de la main droite, égratignure que j'attribuai à ma course précipitée. Sans m'en inquiéter davantage, selon mon habitude, je continuai ma marche jusqu'au bord de la mer.

Nous n'avions point abandonné notre squelette : nous le déposâmes sur la grève, ainsi que nos havre-sacs et nos fusils, et nous nous assîmes pour nous remettre des fatigues de la journée.

Alors commencèrent de la part de mes compagnons les réflexions motivées par notre position; le premier, mon lieutenant, inspiré par son affection pour moi et l'appréciation des dangers communs, m'apostropha ainsi :

« Ah! maître, qu'avons-nous fait, et qu'allons-nous de-
« venir?

« Demain, les enragés *Ajetas* vont être sur pied pour venger « l'exécrable butin que nous leur enlevons peut-être au prix « de notre vie.

« Si du moins ils nous attaquaient en rase campagne, avec « nos fusils nous pourrions nous défendre; mais que voulez-« vous faire contre ces animaux perchés çà et là, comme des « singes, au haut des arbres de leurs forêts?

« Ce sont pour eux autant de forteresses d'où pleuvront « demain sur nous ces dards qui, hélas! ne partent jamais en « vain.

« Heureusement il était nuit lorsqu'ils nous ont attaqués, « sans cela nous aurions tous à l'heure qu'il est une bonne « flèche au travers du corps; ensuite ils auraient coupé nos « têtes pour servir de trophée à une superbe fête. La vôtre « d'abord, maître, ils l'auraient placée sur le sol et ils auraient « dansé autour comme des brutes, et, en qualité de chef, vous « eussiez été la cible d'honneur proposée à leur adresse.

« Enfin, maître, tout ce qui nous serait arrivé si la nuit « n'avait pas favorisé notre fuite n'est, hélas! que différé.

« Nous ne saurions séjourner indéfiniment sur cette plage, « seul endroit favorable pour nous défendre de ces maudits « négrillons : il faudra bien retourner chez nous, ce que nous « ne pouvons faire sans traverser toutes les forêts habitées par « cette race abominable, qui nous a fait manger de la viande « toute crue et assaisonnée de cendres.

« Tenez, maître, avant d'entreprendre ce maudit voyage, « vous auriez bien dû vous souvenir de tout ce qui nous est « arrivé chez les *Tinguianès* et les *Igorotès.* »

J'avais écouté cette touchante jérémiade de mon lieutenant, qui au fond n'avait pas tout à fait tort; mais quand il eut fini je voulus relever son courage, et je lui dis :

« Eh! comment, toi aussi, brave Alila, tu as donc peur?... « Je croyais que le *Tic-balan*, les esprits malins et les âmes « des revenants avaient seuls prise sur ta bravoure!

« Tu vas donc me laisser croire que des hommes comme

« toi, sans autres armes que de mauvaises flèches, te causent « de la frayeur?

« Allons, rassure-toi : demain il fera jour, et nous verrons « ce que nous avons à faire. En attendant, tâchons de trouver « quelques coquillages; car j'ai grand'faim, malgré la peur « que tu voudrais me faire! »

Ce petit sermon réconforta mon Alila, qui se mit à faire du feu; puis, à l'aide de bambous enflammés, lui et son camarade se dirigèrent vers les rochers à la recherche des coquillages.

Alila, cependant, n'avait que trop raison, et moi-même je ne me dissimulais pas qu'un hasard seul pouvait nous tirer de la position critique dans laquelle nous nous trouvions par ma faute, pour avoir pensé à mon pays, et vouloir orner le musée de Paris d'un squelette d'*Ajetas* [1].

Par tempérament et habitude, je n'étais pas homme à m'effrayer d'un danger qui n'était pas immédiat; toutefois, je l'avoue, les dernières paroles que j'avais dites à Alila, « Il sera jour demain, et nous verrons, » me revenaient à la pensée et me préoccupaient.

Mes Indiens m'avaient déjà apporté une assez grande quantité de coquillages pour suffire à notre souper, lorsque Alila revint tout essouflé :

« Maître, dit-il, je viens de faire une découverte : sur la « plage, à cent pas d'ici, se trouve une pirogue que la mer a « jetée sur le sable; elle est assez grande pour nous porter « tous les trois; nous pouvons nous en servir pour nous ren- « dre à *Binangonan*, et là nous serons à l'abri des flèches em- « poisonnées de ces chiens d'*Ajetas!* »

Cette découverte était, ou la Providence qui venait à notre secours, ou une complication de dangers plus grands encore que ceux réservés, sur terre, à notre réveil du lendemain.

Je me rendis tout de suite au lieu où Alila venait de faire son importante découverte.

(1) Ce squelette est maintenant au Musée d'anatomie.

Après avoir dégagé la pirogue des sables qui en recouvraient une partie, je m'assurai qu'avec des bambous, et en bouchant quelques crevasses, elle pouvait nous porter tous les trois, et nous servir à naviguer sur l'océan Pacifique pour nous éloigner des *Ajetas*.

« Eh bien! dis-je à Alila, tu le vois : n'avais-je pas raison, « et ne reconnais-tu pas ici la Providence? Ne semble-t-il pas « que cette belle embarcation, fabriquée peut-être à quelques « mille lieues d'ici, nous arrive tout exprès des îles de la Po- « lynésie pour nous tirer des griffes des sauvages?

« — C'est vrai, maître, c'était notre sort!... Demain, ils « seront bien attrapés de ne plus nous retrouver. Mais met- « tons-nous aussitôt à l'ouvrage, car nous avons bien à faire « pour que cette *belle* embarcation, comme vous l'appelez, « soit à peu près en état de naviguer. »

Nous fîmes à l'instant un grand feu sur le bord de la mer, et nous allâmes couper dans le bois quelques bambous et des rotins; puis, nous nous mîmes à boucher toutes les ouvertures qui se multipliaient sous nos efforts dans cette pirogue abandonnée.

Les personnes qui n'ont point voyagé chez les sauvages ne comprendront pas comment, sans instruments et sans clous, on peut boucher les fissures d'une embarcation, et la mettre en état de prendre la mer; ce moyen cependant est des plus simples : nos poignards, des bambous et quelques rotins suppléaient à tout.

En grattant un bambou, on en retire une espèce d'étoupe que l'on met dans les fentes, pour que l'eau ne s'y introduise pas.

S'il faut boucher une ouverture de quelques pouces de diamètre, on retire encore, du bambou, une petite planchette un peu plus grande que l'ouverture que l'on veut boucher; puis, avec la pointe du poignard, on la perce tout autour de petits trous correspondant à des trous pareils que l'on a pratiqués à l'embarcation même. Ensuite, avec une longueur suffisante de rotin, qui a été divisée et effilée en petites cordes, on coud la planchette sur l'ouverture, comme on pourrait coudre un morceau de drap sur un habit; on recouvre la couture avec de la gomme élémie, et l'on est sûr que l'eau ne s'y introduira pas.

Le rotin remplace ainsi le chanvre, et répond à tous les besoins qui peuvent, je crois, se présenter.

Nous travaillâmes avec ardeur à notre véritable planche de salut.

Une fois radoubée, nous y plaçâmes deux forts balanciers composés de deux gros bambous, car, sans ces balanciers, nous n'eussions pas navigué dix minutes sans chavirer.

Un autre bambou nous servit à faire un mât; notre grand sac en natte, où était notre squelette, fut transformé en voile; enfin, la nuit n'était pas très-avancée quand tous nos préparatifs furent terminés.

Le vent était favorable; nous avions hâte d'essayer notre embarcation et de lutter contre de nouvelles difficultés. Nous mîmes dans notre pirogue nos armes et le squelette, cause de nos tribulations nouvelles; puis nous la poussâmes sur le sable pour la mettre à flot.

Pendant plus d'une grande demi-heure nous eûmes à lutter contre les brisants. A chaque instant, nous étions sur le point d'être engloutis par de grosses lames qui venaient se briser sur les rochers qui bordent la côte.

Enfin, après des difficultés et des dangers inouïs, nous pûmes atteindre la pleine mer, où la lame plus régulière, véritable montagne mobile, élève sans secousse une frêle embarcation presque à la hauteur des nuages, et avec la même mansuétude la précipite dans un abîme, d'où elle se relève pour reparaître de nouveau au sommet d'une montagne liquide.

Ces grandes lames, qui se succèdent d'intervalles en intervalles ordinairement très-réguliers, font courir peu de dangers au bon pilote qui a la précaution de leur présenter toujours la proue : mais malheur à lui s'il s'oublie, et si en faisant une fausse manœuvre il présente le côté! il est alors certain de chavirer et de faire naufrage.

J'étais si habitué à gouverner des pirogues, que, plus confiant en ma vigilance qu'en celle de mes Indiens, j'avais pris le gouvernail.

Le vent était de travers, nous avions déployé notre petite voile, nous faisions bonne route, quoique à chaque instant je fusse obligé de mettre la proue au large pour faire face à la lame.

Nous étions déjà à une assez grande distance de la côte pour ne pas craindre, si le vent venait à changer, que la lame nous rejetât dans les brisants; tout nous faisait espérer une navigation heureuse, quand j'entendis mes pauvres Indiens faire des efforts. Ils n'avaient jamais navigué que sur le lac, sur l'eau douce : ils venaient d'être pris du mal de mer.

C'était fâcheux pour moi, car je savais par expérience que la personne atteinte de ce mal, surtout pour la première fois, est tout à fait incapable de rendre aucun service, et même de se défendre contre le plus petit danger qui la menacerait.

Il ne fallait donc plus compter que sur moi seul pour gouverner la barque; aussi je dis à celui qui tenait l'écoute de me la passer. Je la tournai autour de mon pied, car je n'avais pas trop de mes deux mains pour la pagaye qui me servait de gouvernail. Mes pauvres Indiens, comme deux corps inanimés, se couchèrent dans le fond de la pirogue.

Quand je songe à la position dans laquelle je me trouvais, au milieu de l'océan soi-disant Pacifique, dans une frêle pirogue, ayant pour auxiliaires deux individus sans mouvement, deux crânes et un squelette d'*Ajetas*, je ne puis m'empêcher de supposer à mon lecteur la tentation assez naturelle de croire que je forge une histoire pour mon bon plaisir. Cependant je ne raconte que l'exacte vérité, et, du reste, me croira qui voudra.

J'étais donc seul dans ma frêle embarcation à lutter continuellement contre ces grosses lames qui m'obligeaient à chaque instant à dévier de la route.

Le jour pour moi tardait bien à revenir... car avec lui j'espérais reconnaître la plage de *Binangonan-de-Lampon*, refuge assuré où je devais retrouver l'hospitalité la plus franche et les secours précieux de mes anciens amis.

Enfin, ce soleil tant désiré parut à l'horizon; je reconnus alors que nous étions environ à trois lieues de la côte; j'avais beaucoup trop pris le large, et dépassé *Binangonan* d'une grande distance; il était impossible de revenir en arrière, le vent ne le permettait pas. Je me décidai donc à poursuivre la même route, et à faire tout mon possible pour arriver avant la nuit à *Maoban*, grand village tagaloc, situé sur la côte est de Luçon, et qu'une petite chaîne de montagnes sépare du lac de Bay.

Les premiers rayons du soleil et un peu de calme remirent mes Indiens en état de me rendre quelques services.

Nous passâmes toute la journée sans boire ni manger, et nous eûmes le chagrin de voir revenir l'obscurité sans avoir atteint notre but.

Cette position était des plus inquiétantes. Il pouvait survenir un orage, le vent pouvait souffler avec force, et la seule ressource que nous aurions eue alors était d'aller nous jeter au milieu des brisants pour faire côte : mais heureusement il n'en fut rien, et vers le milieu de la nuit nous reconnûmes, par une petite île, que nous étions en face du village de *Maoban*.

Je laissai aussitôt arriver, et, peu de temps après, nous nous trouvâmes dans une baie calme et paisible, près d'une plage sablonneuse.

La fatigue et le manque d'aliments avaient complétement épuisé mes forces; je mis pied à terre, je m'étendis sur le sable et m'endormis d'un profond sommeil, qui dura jusqu'au jour.

Lorsque je me réveillai, les rayons du soleil dardaient en plein sur moi; il était à peu près sept heures.

En toute autre occasion, j'aurais rougi de ma paresse; mais le moyen de m'en vouloir après trente-six heures de jeûnes et d'efforts désespérés!

Pendant mon sommeil, un de mes Indiens était allé au village chercher des provisions; je trouvai près de moi d'excellent riz et du poisson salé. Nous fîmes un repas délicieux et splendide.

Mes Indiens m'engagèrent, de la part des habitants, à me rendre au village pour y passer la journée; mais j'avais trop hâte d'arriver à mon habitation.

Je savais qu'en marchant bien nous pouvions traverser les montagnes et arriver à la nuit sur le bord du lac de *Bay*, à quelques heures de chez moi; je me décidai donc à partir sans délai.

Nous eûmes bientôt retiré nos effets de notre embarcation; la petite voile reprit sa forme primitive pour contenir les crânes et le squelette, cause de tous les dangers que nous venions d'affronter; et tous trois enfin, bien restaurés, munis de provisions pour la journée, nous commençâmes à gravir les hautes montagnes qui séparent le golfe de *Maoban* du lac de *Bay*.

La journée fut fatigante et pénible.

A sept heures du soir, nous nous embarquâmes sur le lac, et vers le milieu de la nuit nous arrivâmes à *Jala-Jala*, où j'oubliai bien vite toutes les fatigues de ce long et périlleux voyage, en pressant sur mon cœur mon cher fils et le couvrant de mes baisers paternels.

Mon bon ami Vidie, à qui j'avais vendu mon habitation, me remit des lettres qu'il avait reçues de Manille. On m'y attendait depuis plusieurs jours pour des affaires importantes. Je me décidai à partir dès le lendemain.

Je venais de terminer le dernier voyage que je devais faire dans l'intérieur des Philippines; je ne voulais plus m'éloigner de mon fils, seul être qui me restait de tous ceux que j'avais si tendrement aimés; je l'emmenai à Manille avec moi; je ne fis pas tout à fait mes adieux à *Jala-Jala*. Cependant j'avais presque l'intention de ne plus y revenir.

Le voyage fut pour moi aussi agréable que le permettaient mes tristes souvenirs.

J'éprouvais un si grand bonheur à tenir dans mes bras mon enfant et à recevoir ses naïves caresses, que j'oubliais par instant tous mes malheurs....

J'arrivai à Manille et fus prendre ma demeure chez Baptiste Vidie, frère de l'ami que j'avais laissé à l'habitation.

Après avoir échappé à l'attaque des *Ajetas*, je m'étais aperçu que j'avais une petite blessure à l'index de la main droite, et j'attribuai ce léger accident à une branche ou une épine qui m'avait froissé lorsque, avec tant de précipitation, nous nous sauvions des flèches que nous décochaient les sauvages.

La première nuit que je passai à Manille, je ressentis à l'endroit de cette légère blessure des douleurs si aiguës, que je tombai deux fois sans connaissance.

La souffrance augmentait à chaque instant, et devint si violente, que je ne doutai plus qu'elle ne fût causée par le poison d'une flèche d'*Ajetas;* je fis venir un de mes confrères.

Après un scrupuleux examen, il me fit au doigt une large incision qui ne me procura aucun soulagement; la main, au contraire, s'envenimait. Peu à peu l'inflammation gagna tout le bras, et je fus bientôt dans un état alarmant...

Bref, après un mois de souffrances et d'inquiétudes les plus cruelles, il sembla que le poison fût passé à la poitrine. Je n'avais pas un moment de sommeil, et malgré moi des cris sourds et douloureux sortaient de ma poitrine en feu; mes yeux se voilaient, une sueur ardente inondait mon visage, mon sang brûlant ne circulait plus dans mes veines, ma vie semblait s'éteindre.

Les médecins déclarèrent que je ne passerais pas la nuit.

D'après les usages du pays, on me prévint qu'il fallait songer à mettre ordre à mes affaires.

Je demandai qu'on fît venir près de moi le consul général de France, mon bon ami, Adolphe Barrot.

Je savais Adolphe homme de cœur et de dévouement : je lui recommandai mon fils. Il me promit d'en avoir soin comme s'il eût été son propre enfant, de le conduire en France et de le remettre à ma famille.

Ensuite vint un bon moine dominicain : nous nous entretînmes longuement, et, après m'avoir prodigué les consolations de son ministère, il m'administra l'extrême-onction. Tout enfin s'était passé avec les formes voulues; il ne manquait plus que moi pour achever la cérémonie funèbre.

Toutefois, au milieu de tous ces préparatifs, moi seul n'étais pas aussi pressé, et malgré mes douleurs je conservais ma présence d'esprit, et ne voulais pas mourir.

Était-ce du courage? Était-ce cette grande confiance de ma force et de ma robuste santé qui me faisait croire à ma guérison? Était-ce un pressentiment, une voix intérieure qui me disait : Les médecins se trompent; et quelle surprise ils auront demain de me trouver mieux!... Bref, je ne voulais pas mourir; selon moi, ma volonté devait arrêter l'ordre de la nature, et me faire survivre à toutes les douleurs imaginables.

Le lendemain, j'étais mieux; les médecins me trouvèrent le pouls régulier et sans intermittence. Quelques jours après, le poison passa de la poitrine à la peau; tout mon corps se couvrit d'une éruption miliaire... Dès lors j'étais sauvé.

Ma convalescence fut longue, et plus d'une année après je ressentais encore de vives douleurs dans la poitrine.

Pendant le cours de ma maladie, j'avais reçu bien des marques d'affection de mes compatriotes, et en général de tous les Espagnols habitants de Manille; je dois dire ici, à la louange de ces derniers, que, pendant vingt années passées aux Philippines, j'ai toujours trouvé, dans tous ceux avec lesquels j'ai eu des relations, une grande noblesse d'âme et un dévouement sans égoïsme.

Aussi jamais je n'oublierai tous les services que j'ai reçus de cette noble race, pour qui je conserve de vifs sentiments de reconnaissance.

Pour moi, tout Espagnol est un frère à qui je serais heureux de prouver que ses compatriotes n'ont point obligé un ingrat.

J'espère que mon lecteur me pardonnera de m'éloigner ainsi de mon sujet pour remplir un devoir de reconnaissance. Ne sont-ce pas mes souvenirs que j'écris (1)?

(1) La reconnaissance me fait un devoir de nommer ici quelques personnes qui m'ont donné bien des marques d'affection et de bienveillance. Il serait ingrat de ma part de les oublier, et je les prie d'agréer avec bonté cette marque de mon souvenir.

Les gouverneurs des Philippines auxquels je dois ce souvenir sont :

Les généraux Martinès,

Ricafort,

Torrès,

Enrile,

Camba,

Salazar.

Dans les diverses administrations de la colonie, les *oïdores* don Inigo Asaola,

Otin-i Doazo,

Don Matias Mier,

Don Jacobo Varela, administrateur général des boissons,

Don José Fuente, commissaire dans le corps du génie, qui m'a rendu de grands et nombreux services,

Le colonel don Thomas de Murieta, corrégidor de Tondoc,

Le colonel du génie don Mariano Goïcochea,

Le colonel et commandant Santa Romana,

Le gouverneur de province don José Atienza,

Les frères Ramos, fils de l'oïdor,

Toute la famille Caldéron,

Celle de Señeris,

Don Baltazar Mier,

Don José Ascaraga,

Enfin mon ami don Domingo Roxas, dont le fils don Mariano Roxas, après avoir reçu à Manille une instruction brillante et solide, est venu voyager en Europe, où il a acquis des connaissances si étendues dans les sciences et les arts, que lorsqu'il retournera aux îles Philippines, il y remplacera dignement son respectable père, qu'une mort prématurée a enlevé à l'industrie, à l'agriculture, et aux progrès de son pays.

Le désir d'entreprendre prochainement avec mon fils le voyage qui devait me rendre à ma patrie, la pensée de revoir ma bonne mère, mes sœurs et tant d'amis que j'y avais laissés, me réconciliait avec l'existence, et me faisait entrevoir encore un peu de bonheur.

J'attendais avec impatience l'époque de m'embarquer; mais, hélas! ma mission n'était point encore terminée aux Philippines, et une nouvelle catastrophe allait rouvrir toutes mes douleurs.

Serpent boa étouffant un sanglier. Page 342.

CHAPITRE XXI.

Mort de mon fils. — Départ de Jala-Jala et des Philippines. — Retour en France.

A peine fus-je rétabli, que mon cher fils, mon seul bonheur, le dernier être bien-aimé qui me restât sur cette terre féconde et dévorante tout à la fois, mon pauvre Henri tomba subitement malade; son mal fit des progrès rapides.

Mes amis pressentirent aussitôt qu'un malheur suprême me menaçait. Moi seul je ne connaissais pas l'état dans lequel se trouvait mon enfant. Je l'aimais d'une si grande passion, que je croyais impossible que la Providence voulût me séparer de lui.

Mon médecin, ou plutôt mon ami Genu, me conseilla de le conduire à *Jala-Jala*, où l'air natal et la campagne, me disait-il, favoriseraient sans doute sa guérison.

Je goûtai ce conseil ; tant de personnes avaient recouvré la santé à *Jala-Jala*, que je devais espérer le même succès pour mon fils.

Je partis donc avec lui et sa gouvernante; le voyage fut bien triste, car je voyais mon pauvre enfant souffrir sans pouvoir le soulager.

A notre arrivée, Vidie vint me recevoir, et un instant après j'occupais, avec mon Henri, la même chambre qui me rappelait déjà deux pertes bien douloureuses, la mort de ma petite fille et celle de ma chère Anna; de plus, c'était dans cette même chambre que mon Henri était né, rapprochement cruel des moments les plus heureux de mon existence avec celui où j'allais pleurer mon fils si tendrement aimé.

Néanmoins, ne désespérant pas encore des ressources de mon art et de mon expérience, je m'assis au chevet de mon fils et ne le quittai plus. Je dormais près de lui, et passais toutes mes journées à lui donner des soins qui n'apportaient, hélas! aucun soulagement à ses souffrances. Je perdis tout espoir, et, le neuvième jour après notre arrivée, ce cher enfant expira dans mes bras.

Il est impossible de rendre compte de ce que je ressentis à cette dernière épreuve. J'avais le cœur brisé, la tête en feu. Je devenais fou, et jamais désespoir plus grand ne s'était emparé de moi. Je n'écoutais plus que ma douleur, et il fallut employer la force pour arracher de mes bras les restes mortels de mon enfant.

Le lendemain il fut déposé près de sa mère, et une tombe de plus s'éleva dans l'église de *Jala-Jala.*

En vain mon ami Vidie chercha-t-il à me soulager et à me distraire; plusieurs fois il voulut m'éloigner de la chambre fatale où je ne comptais plus que des malheurs, il ne put y parvenir. J'avais l'espoir et je croyais avoir le droit de mourir aussi... là où ma femme et mon fils avaient rendu le dernier soupir. Mes larmes ne coulaient plus, la parole elle-même manquait à l'épanchement de ma douleur. Une fièvre ardente qui me dévorait était trop lente encore au gré de mon désir.

Dans un moment d'égarement, je fus sur le point de commettre la plus grande lâcheté dont puisse se rendre coupable le malheureux envers son Créateur : je fermai ma porte à double tour, je saisis le poignard qui si souvent avait défendu ma vie, et le retournai contre moi...

Déjà je choisissais l'endroit où il fallait frapper pour terminer d'un seul coup ma triste existence : mon bras, roidi par le délire, allait s'abattre sur ma poitrine... lorsqu'une pensée subite vint m'empêcher de consommer le crime sans pardon, le crime du désespoir. Ma mère, ma pauvre mère que j'avais tant aimée, ma bonne mère se présenta à mon esprit; elle me disait :

« Tu veux donc m'abandonner? Je ne te verrai donc « plus ? »

Je me rappelai aussi les dernières paroles de ma chère Anna : « Va revoir ta vieille mère. »

Cette pensée opéra en moi une révolution complète : je rejetai avec horreur mon poignard, je tombai anéanti sur mon lit; mes yeux, secs et brûlants depuis bien des jours, retrouvèrent des larmes qui soulagèrent mon cœur ulcéré.

Cette force d'âme dont j'avais tant besoin se réveilla en moi; je ne pensai plus à mourir, mais à accomplir ma rigoureuse destinée. Plus calme déjà, et soulagé par les larmes abondantes que j'avais versées, je me livrai complétement à l'idée d'embrasser ma mère et mes sœurs; puis je voulus ajouter la page suivante à mon journal.

Je n'avais pas encore la tête bien à moi; je traduirai ce que j'écrivais alors en espagnol, ma langue adoptive et familière, de préférence même au français, que je ne parlais presque plus depuis près de vingt années.

« Comment ai-je la force de prendre cette plume? Mon pau- « vre fils, mon Henri bien aimé n'existe plus; son âme s'est « envolée vers le Créateur! Mon Dieu, pardonnez cette plainte « à ma douleur... Mais qu'ai-je donc fait pour être éprouvé « aussi cruellement? Mon fils, mon cher fils, ma seule espé- « rance, mon dernier bonheur, je ne te reverrai plus! Autre- « fois j'étais encore heureux; j'avais ma bonne Anna et notre « cher enfant. Bientôt le sort cruel vint m'enlever ma compa- « gne. Mon chagrin fut bien grand et mon affliction bien pro- « fonde; mais tu me restais, ô mon fils! et toutes mes affec-

« tions se reportèrent sur toi; tu séchais mes larmes avec tes « caresses, tu souriais comme ta mère, et les beaux traits de « ton visage me faisaient la retrouver. Aujourd'hui, hélas! je « vous ai perdus tous deux!... Quel vide, mon Dieu! et quelle « solitude! Oh! je devrais mourir dans cette chambre, déposi- « taire de tous mes malheurs. Ici j'ai pleuré mon pauvre frère; « ici j'ai fermé les yeux à ma fille; ici encore, baignée de lar- « mes, Anna mourante m'a fait ses derniers adieux... et ici « enfin, toi, mon fils, on t'a arraché de mes bras pour te dé- « poser près des cendres de ta mère.

« Que d'afflictions, que de chagrins pour un seul homme! « Dieu de bonté et de miséricorde, ne me rendrez-vous pas « mon pauvre enfant? Hélas! je sens à peine que je m'abuse; « mais il plaindra mon égarement celui qui a été aimé, et qui « s'est vu enlever un à un tous les éléments de son bonheur. « Quant à moi, être isolé et inutile désormais sur cette terre, « peu importe où je succomberai à ma douleur. Si ce n'était « l'espoir de voir ma mère et mes sœurs, ici, à *Jala-Jala,* je « terminerais ma pénible existence: mon sépulcre serait le « vôtre, ô vous que j'ai tant aimés! Je reposerais près de vous, « et pendant le reste de ma triste vie j'irais chaque jour sur « votre tombe! Mais non, un devoir sacré m'obligera bientôt à « me séparer de vous, et à vous dire un éternel adieu!... Cruel, « bien cruel sera le moment où je m'éloignerai de vous!... Et « toi, ô chère et bonne épouse, Anna si bien aimée, tes « dernières paroles s'accompliront: je partirai, mais le regret « et la douleur m'accompagneront dans ce voyage, mon cœur « et mes souvenirs resteront à *Jala-Jala.*

« Terre arrosée de mes sueurs, de mon sang et de mes lar- « mes, lorsque le sort m'amena sur ta rive, tu étais alors cou- « verte de sombres forêts qui aujourd'hui ont fait place à de « riches moissons; parmi tes habitants, l'ordre, l'abondance « et le bien-être ont remplacé la débauche et la misère; tout « avait couronné mes efforts, tout prospérait autour de moi: « hélas! j'étais trop heureux!

« Mais, en m'accablant, le malheur n'aura frappé que moi, « mon œuvre me survivra. Vous serez heureux, ô mes amis! et « si je l'ai été moi-même d'y avoir contribué, qu'un souvenir « vienne quelquefois vous rappeler celui à qui vous avez si « souvent donné le nom de *père!* Si vous conservez pour lui « un peu de reconnaissance, oh! gardez religieusement les « tombeaux trois fois chéris qu'il vous confie! »

Mes lecteurs me pardonneront cette triste et longue plainte; ils la comprendront, s'ils se pénètrent bien de ma position. Éloigné de cinq mille cinq cents lieues de ma patrie, le coup le plus sensible, le plus inattendu, venait de me frapper; je n'avais plus de parents aux Philippines; en France seulement je pouvais retrouver des affections vivantes, et, au moment d'abandonner pour toujours *Jala-Jala*, l'idée de quitter aussi mes Indiens si affectueux, si dévoués pour moi, était un surcroît ajouté à mes chagrins; aussi je ne pouvais me décider à les prévenir de cette séparation.

Je restais renfermé dans ma chambre, sans en sortir, même pour les repas.

Mon ami Vidie faisait tout au monde pour me préparer à ces adieux et pour me consoler; il m'engageait surtout à me rendre à Manille pour y faire mes préparatifs de départ; mais une force irrésistible me retenait à *Jala-Jala*. J'étais si faible, j'avais le cœur tellement brisé par le chagrin, que je n'avais plus le courage de prendre aucune résolution. Je remettais de jour en jour, et de jour en jour j'étais plus indécis; il fallait une occasion imprévue pour vaincre mon apathie; il fallait surtout triompher de moi par les doux sentiments de la reconnaissance, sentiments auxquels je n'ai jamais pu résister.

Cette occasion, ce motif déterminant à mon départ, la Providence daigna me le fournir.

J'avais à Manille une amie, une femme angélique de bonté, de douceur et de dévouement.

Dès mon arrivée aux Philippines, lié intimement avec toute sa famille, je l'avais connue enfant, ensuite mariée à un homme honorable qu'elle avait perdu; je lui avais alors prodigué les consolations que peut offrir l'amitié la plus sincère. Elle avait été témoin du bonheur dont j'avais joui avec ma chère Anna, et, apprenant que j'étais malheureux, elle ne craignit pas de faire seule un long voyage pour venir à son tour prendre sa part de mes chagrins.

La bonne Dolorès Señeris arriva un matin à *Jala-Jala;* elle se jeta dans mes bras, et, pendant quelques instants, nos larmes seules furent l'interprète de nos pensées.

Quand nous fûmes remis de notre première émotion, elle me dit qu'elle venait me chercher, et fit elle-même les préparatifs de mon départ. J'étais trop reconnaissant de cette preuve d'amitié de la bonne Dolorès pour ne pas acquiescer à ses désirs, et il fut décidé que le lendemain je quitterais pour toujours *Jala-Jala.*

Le bruit s'en répandit parmi mes Indiens.

Ils vinrent tous me faire leurs adieux. Tous paraissaient profondément affligés; ils pleuraient, et me disaient : « O « maître, ne nous ôtez pas l'espoir de vous revoir! Allez vous « consoler près de votre mère, et revenez ensuite au milieu « de vos enfants. »

Ce jour fut un jour de pénibles émotions.

Le lendemain, 29 février 1838, était un dimanche. J'allai faire mes derniers adieux aux restes bien chers que je laissais dans la tombe; j'entendis pour la dernière fois l'office divin dans cette modeste église que j'avais fait élever, et où pendant longtemps, entouré de toutes mes affections, j'étais heureux de réunir à pareil jour la petite population de *Jala-Jala.*

Après l'office, je me rendis au rivage, où m'attendait l'embarcation qui devait me conduire à Manille.

Là, entouré de tous mes Indiens, du bon curé le père Miguel, de mon ami Vidie, je leur fis à tous mon dernier adieu.

Dolorès et moi nous entrâmes dans l'embarcation.

A peine s'éloigna-t-elle de la rive, que tous les bras furent tendus vers moi, et toutes les bouches répétèrent :

« Bon voyage, maître; oh! revenez promptement! »

Un des plus anciens, d'un signe imposa silence, et dit à haute voix ces prophétiques paroles :

« Frères, pleurons et prions..., car le soleil s'est obscurci « pour nous...; l'astre qui s'éloigne a éclairé nos meilleurs « jours, et désormais, privés de la lumière, nous ne saurons « combien durera la nuit où nous plonge le malheur de son « départ. »

Cette exhortation du vieil Indien furent les dernières paroles qui arrivèrent jusqu'à moi; l'embarcation s'éloignait, et j'avais les yeux toujours fixés sur cette terre chérie que je ne devais jamais revoir.

Nous arrivâmes à Manille par une de ces ravissantes nuits telles que je les ai décrites aux beaux jours de mes voyages.

Dolorès ne voulut pas que je logeasse ailleurs que chez elle.

Avant son départ, les soins et l'amitié avaient pourvu à tout. Je fus entouré de ces petites attentions dont une femme seule a le secret, et qu'elle sait faire accepter avec tant de grâce par celui qui en est l'objet.

Mes fenêtres donnaient sur la jolie rivière de *Pasig;* j'y passais des journées entières à voir glisser sur l'eau les jolies pirogues indiennes, et à recevoir les visites de mes amis, qui à l'envi les uns des autres venaient essayer de me distraire.

Lorsque j'étais seul, pour tromper ma mélancolie je pensais à mon voyage, au bonheur que je goûterais encore à revoir ma pauvre mère, mes sœurs, un beau-frère que je ne connaissais pas, et enfin des nièces qui étaient nées pendant mon absence.

L'obligation où je me vis de rendre les visites que j'avais reçues, et le rétablissement de ma santé, me permirent enfin de m'occuper des affaires qui devaient hâter mon départ.

Mon ami Adolphe Barrot, consul général de France à Manille, devait de jour en jour recevoir des nouvelles de son gouvernement pour retourner en France; il me proposa de l'attendre et de faire le voyage avec lui. J'acceptai avec plaisir, et nous décidâmes entre nous que pour notre retour nous prendrions la route des Grandes Indes, la mer Rouge et l'Égypte.

Je ne voulus pas rester oisif pendant le temps que j'avais à passer à Manille.

Les Espagnols se rappelaient qu'à une autre époque j'avais exercé la médecine avec assez de succès : bientôt il m'arriva des malades de tous côtés, et gratuitement, il est vrai, je repris mon premier état.

Mais quelle différence entre ce temps et celui de mon début! Alors j'étais jeune, plein de force et d'espérance; je me berçais des illusions ordinaires à la jeunesse, un long avenir de bonheur se présentait à mon imagination.

Maintenant, accablé sous le poids du chagrin et des pénibles travaux que j'avais exécutés, il ne me restait plus qu'un seul désir, celui de revoir la France; et cependant mes souvenirs se reportaient sans cesse vers *Jala-Jala*.

Pauvre petit coin du globe que j'avais civilisé, où mes plus belles années s'étaient passées dans une vie de travaux, d'émotions, de bonheur et d'amertume!

Pauvres Indiens qui m'aimiez tant, je ne devais plus vous revoir! L'immensité des mers allait nous séparer pour toujours!....

Que de réflexions et de souvenirs remplissaient alors ma pensée! Mais, hélas! on lutterait en vain contre sa destinée; et la Providence, dans ses vues impénétrables, me réservait encore de rudes épreuves et de nouveaux malheurs.

Redevenu le médecin de Manille, où j'avais eu tant de peine à débuter, je visitais les malades du matin au soir; je recevais de Dolorès et de sa sœur Trinidad les soins les plus touchants et les mieux choisis pour la blessure toujours saignante que je portais au fond de mon cœur.

Je voyais aussi souvent les deux sœurs de ma pauvre femme, Joaquina et Mariquita, ainsi que ma jeune nièce, fille de cette excellente Joséphine pour qui j'avais eu tant d'amitié, et qui avait suivi de si près ma chère Anna dans la tombe.

Peu à peu je formais de nouvelles affections, que bientôt il me faudrait rompre pour ne plus les retrouver.

Je n'oubliais point *Jala-Jala*, et mes souvenirs ne quittaient pas ce lieu, où étaient déposés les restes de ce que j'avais le plus aimé au monde! Je formais des vœux pour que mon œuvre de colonisation se continuât, et que mon ami Vidie trouvât une compensation à la rude tâche qu'il venait d'entreprendre.

A cette époque, lorsque j'étais encore à Manille, un grand malheur fut sur le point de ramener *Jala-Jala* à son premier état de barbarie.

Les bandits, qui avaient toujours respecté mon habitation pendant que je la possédais, vinrent une nuit l'attaquer, et se rendirent maîtres de la maison où s'était renfermé et défendu Vidie.

Il fut obligé de s'échapper par une fenêtre et d'aller se cacher dans les bois, en abandonnant sa fille en très-bas âge aux soins d'une Indienne, sa nourrice.

Les bandits pillèrent et brisèrent tout dans la maison, blessèrent sa fille d'un coup de sabre dont elle porte encore les marques [1]; après quoi ils se retirèrent avec le butin qu'ils avaient fait.

Mais *Jala-Jala* était devenu un point trop important; le gouvernement espagnol y envoya des troupes pour protéger Vidie et y maintenir l'ordre.

Enfin Adolphe Barrot reçut les instructions du gouvernement français qui le rappelaient dans sa patrie; mes préparatifs étaient faits pour le départ.

Le 29 octobre 1838, je passai la journée dans de pénibles et douloureux adieux...

1 Mademoiselle Vidie est actuellement à Nantes, où elle vient de terminer son éducation.

J'avais reçu tant de marques de bienveillance et d'affection des habitants de Manille, j'y laissais des amis si bons, si dévoués, que la pensée de ne plus les revoir me brisait le cœur... Ma douleur était si grande, qu'il me fallut une force surhumaine pour ne pas renoncer à m'éloigner de ma seconde patrie et de ces amis qui me disaient : « Restez au milieu de « nous. »

La pensée de ma mère me soutenait. Cependant cette douce pensée était mêlée de mille réflexions qui jetaient encore plus de trouble dans mon âme.

Depuis longtemps je n'avais pas reçu de nouvelles de cette bonne mère; elle était bien âgée, sa vie entière s'était passée dans une longue suite de malheurs et dans une abnégation complète d'elle-même. Les nombreuses peines morales qu'elle avait éprouvées devaient avoir agi sur sa santé; et puis j'étais si malheureux, le sort m'avait si rudement frappé dans toutes mes affections, que je ne pouvais me soustraire à la cruelle pensée que je ne reverrais plus celle pour qui j'abandonnais un pays qui m'était si cher...

Cependant, dans un moment de calme, j'avais pris une résolution; le trouble de mon âme ne pouvait m'empêcher de l'accomplir. Je m'arrachai des bras de mes amis. Ils m'avaient accompagné au port; une légère embarcation me conduisit à bord du trois-mâts américain *le Laïton*.

A dix heures du soir, il leva l'ancre et cingla vers la sortie de la baie.

J'étais en proie à une si grande agitation, que je restai sur le pont, espérant que la fraîcheur de la nuit calmerait l'ardeur qui me dévorait. Je m'assis sur un banc de quart, et je vis peu à peu disparaître les feux de Manille, puis l'île de *Marivélès* et les montagnes de *Marigondon*. Je fis alors mentalement mes derniers et plus cruels adieux aux Philippines, et, de plus en plus agité, j'éprouvai bientôt une fièvre ardente qui produisit sans doute un véritable délire.

Dans ce délire, je voyais *Jala-Jala* dans sa prospérité,

comme à l'époque de mon bonheur. Ma chère compagne était dans ses plus beaux jours; elle me souriait. Mon frère et mon fis étaient à côté d'elle. Tous trois me tendaient les bras. En vain je voulais m'y précipiter : une force invincible me retenait. Je faisais des efforts pour leur parler, il m'était impossible d'articuler un seul mot. J'entendais Anna me dire : « Attends, ta destinée n'est pas accomplie. » Puis, ces trois êtres chéris devenaient pâles, livides; ils se couvraient d'un suaire. Anna montrait à mon frère deux tombeaux, et lui disait : « Marche, nous te suivons. » Ils se dirigeaient alors vers les tombes, accompagnés du père Miguel et de mes Indiens en pleurs. Les tombes s'ouvraient, et, à pas lents, ils en descendaient les degrés.

Sans doute mon délire devint alors tout à fait complet. Ce ne fut que le lendemain, au jour, que j'eus le sentiment de moi-même. J'avais le visage inondé de larmes et le corps brisé. Je me traînai dans ma cabine, et me mis au lit. Mes larmes continuèrent à couler, jusqu'à ce qu'un profond sommeil vint mettre un terme aux souffrances morales exaltées par le délire.

Le soleil était à plus de moitié de sa course lorsque je me réveillai. Les larmes et le repos m'avaient rendu à mon calme habituel. Je me levai, et je fus jeter un dernier coup d'œil vers Luçon; mais, hélas! nous en étions bien loin!... Je ne devais plus revoir cette terre où je laissais tant de souvenirs...

Ici devrait se terminer la relation que je me suis proposée; mais je ne puis m'empêcher de consacrer encore quelques lignes à mon retour dans ma patrie.

Je parcourus sur divers navires les côtes des Grandes Indes, le golfe Persique et la mer Rouge; puis, après plusieurs relâches, j'abordai en Égypte.

Après avoir si souvent admiré les grandes œuvres de la nature, j'avais un vif désir de voir les travaux gigantesques exécutés par la main des hommes.

J'allai à Thèbes, et y visitai en détail ses palais, ses tombeaux et ses nombreux monolithes.

Je descendis ensuite le Nil, en m'arrêtant partout où se présentaient des monuments dignes de curiosité. Je montai au sommet de l'une des pyramides; je passai quelques jours au Caire, et me rendis enfin à Alexandrie, où je m'embarquai de nouveau pour franchir le petit espace de mer qui me séparait de l'Europe.

J'avais voulu comparer de grands travaux humains aux œuvres du Créateur : cette comparaison n'avait pas été à l'avantage des premiers, car tous ces inutiles monuments ne s'étaient présentés à moi que comme des preuves durables de l'orgueil et du fanatisme de quelques hommes auxquels obéissaient des peuples esclaves.

J'avais vu aussi ce qui restait des traces de destruction des deux plus grands conquérants du monde : le premier n'était-il pas un orgueilleux despote, faisant agir à sa volonté des cohortes d'esclaves, et portant parmi des peuples paisibles le fer et la destruction, pour profaner des tombeaux, poursuivre d'inutiles conquêtes? L'histoire nous le montre mourant à la suite d'une orgie, et l'autre, hélas! après tant de gloire, enchaîné sur un rocher!!

Du sommet de l'une des pyramides, accompagné de mon ami Barrot, dans un religieux recueillement j'avais admiré le Nil majestueux, qui serpente au milieu d'une vaste plaine bordée par le désert et d'arides montagnes.

Regardant ensuite au-dessous de moi, j'avais eu de la peine à apercevoir mes camarades de voyage qui contemplaient le grand sphinx, et paraissaient de petites taches noires sur le sable.

Je me disais alors : Ce ne sont point ces inutiles monuments que nous devons admirer, mais bien plutôt ce grand fleuve qui, obéissant toujours aux lois d'une sagesse toute-puissante, franchit chaque année, à une époque fixe, ses limites, et s'étend comme une vaste mer pour arroser, vivifier d'immenses plaines qui se couvrent toujours de riches moissons.

Sans cet ordre immuable et bienfaisant de la nature, toutes ces belles campagnes ne seraient plus qu'une partie du désert où aucun être ne pourrait exister.

Ces réflexions provenaient sans doute d'une vie presque entièrement écoulée au milieu de cette grande nature, où l'homme puise constamment des sentiments qui l'élèvent vers l'Être suprême. J'avais trop étudié cette nature dans tous ses détails, ses bienfaits et sa magnificence, pour que tout ce qui était de création humaine fît sur moi l'impression à laquelle j'avais cru lorsque j'avais désiré voir les monuments de l'Égypte; et tout en voguant pour l'Europe, je pressentais déjà qu'un court séjour au milieu de la civilisation me ferait regretter mon ancienne liberté, mes montagnes, et mes solitudes des Philippines.

J'arrivai à Malte, où, pendant dix-huit jours, je fus renfermé dans le fort Manuel pour y purger ma quarantaine.

Je reçus alors des nouvelles de ma famille. Ma mère, mes sœurs m'écrivaient qu'elles jouissaient d'une parfaite santé, et qu'elles attendaient mon arrivée avec une bien vive impatience.

Ma quarantaine terminée, je restai près d'une semaine dans la ville, attendant le départ d'un bateau à vapeur pour la France.

Je profitai de ce retard pour voir tout ce que Malte offre de curieux aux voyageurs; puis je repris ma route vers ma patrie, et, la semaine suivante, je reconnus les rochers arides de la Provence, enfin cette France que j'avais quittée depuis vingt ans!...

Peu de jours après j'étais à Nantes, où, pendant quelque temps je jouis dans toute sa plénitude du bonheur que l'on éprouve au milieu de personnes dont on a été éloigné pendant de longues années, et qui sont les dernières affections vivantes encore chez un malheureux trop éprouvé par une bizarre destinée.

Mais l'oisiveté dans laquelle je vivais me devint bientôt insupportable; j'avais toujours mené une vie trop active pour qu'une transition aussi subite ne produisît pas en moi un effet nuisible à ma santé, et la seule idée de soumettre le reste de mon existence à une vie stérile et monotone m'était devenue insupportable.

Ne sachant toutefois que faire pour m'occuper, je me décidai à voyager en Europe et à étudier le monde civilisé, auquel je me trouvais alors si étranger.

Je parcourus la France, l'Angleterre, la Belgique, l'Espagne et l'Italie.

Je retournai ensuite dans ma famille, sans avoir rien trouvé dans l'étude que je venais de faire qui pût me faire oublier mes Indiens, *Jala-Jala*, mes voyages solitaires dans mes forêts vierges; et la société des hommes élevés dans une extrême civilisation ne pouvait effacer de ma mémoire ma modeste existence passée.

Malgré mes efforts, je conservais toujours un fond de tristesse qu'il m'était impossible de dissimuler : ma bonne mère, qui voyait avec peine ma répugnance à me fixer dans aucun lieu de mon pays, et qui avait des craintes, peut-être bien fondées, que je ne voulusse retourner aux Philippines, mit tout en œuvre pour l'empêcher.

Elle me parla mariage, me répétant dans toutes ses lettres qu'elle ne serait heureuse qu'autant que je me déciderais à contracter de nouveaux liens; elle me disait qu'après moi mon nom s'éteignait, et enfin me demandait, comme dernière consolation pour elle, celle de choisir une compagne.

Le désir de la satisfaire, et le souvenir d'ailleurs des dernières paroles de mon Anna :

« Retourne dans ta patrie, marie-toi avec une de tes com-
« patriotes, » me décidèrent.

J'eus bientôt fait choix de celle qui pouvait combler les vœux de l'homme qui n'aurait pas eu trop présent le souvenir d'une union antérieure.

Cependant je fus aussi heureux que je pouvais l'être. Ma nouvelle femme possédait toutes les qualités nécessaires à mon bonheur; elle me rendit père de deux enfants, et je commençais déjà à bénir la détermination que ma mère avait tant contribué à me faire prendre; mais, hélas! le bonheur ne devait jamais être de longue durée pour moi : la coupe de l'amertume n'était pas épuisée, et j'avais encore bien des larmes à verser.

Dans le cimetière de Vertoux, pour toi, pauvre mère, un modeste tombeau s'éleva entre celui d'un époux et d'un fils, et bientôt un autre s'ouvrit encore dans celui de Neuilly.

Dans ma douleur profonde, je fis graver ces deux vers sur le dernier :

> Veille, du haut des cieux, sur ta triste famille;
> Conserve-moi ton fils, et revis dans ta fille!

APERÇU

Sur la géologie et la nature du sol des îles Philippines; sur ses habitants; sur le règne minéral, le règne végétal et le règne animal; sur l'agriculture, l'industrie et le commerce de cet archipel.

---

§ I. NATURE DU SOL.

L'île de Luçon, la principale de l'archipel des Philippines, est située entre les 123° 22′ et les 127° 53′ 30″ de longitude, et par les 12° 10′ et 15° 43′ de latitude du méridien de Madrid.

C'est la plus grande de l'archipel.

A l'est, ses côtes sont baignées par l'océan Pacifique, et à l'ouest par la mer de Chine.

Dans toute sa longueur du nord au sud, elle est divisée par une haute chaîne de montagnes, dont de grandes ramifications s'étendent à l'est et à l'ouest.

Son sol est essentiellement volcanique. On y remarque encore quelques volcans en combustion, de nombreux cratères éteints, et de grands bouleversements produits par des feux souterrains. Ses montagnes doivent leur origine à de grands soulèvements du sol.

Le volcan de *Taal*, au milieu du lac de *Bombon*, dans la province de *Batangas*, est toujours à l'état d'ignition; et, bien que depuis 1754 il n'ait pas fait de grandes éruptions, d'énormes colonnes de fumée s'échappent continuellement de son vaste cratère, qui n'a pas moins de quatre kilomètres de circonférence. L'éruption de 1754 fut si terrible, qu'à une distance de trente à quarante lieues la clarté du jour était obscurcie par l'immense quantité de cendres qu'il avait projetée dans l'air. A Manille, éloignée de vingt lieues, on entendit plusieurs détonations semblables à celles de la grosse artillerie. Les bourgs de *Sala*, *Lipa*, *Tanaban* et *Taal*, situés sur les bords du lac de *Bombon*, furent entièrement détruits.

Il est probable que ce volcan a des communications souterraines avec la haute montagne de *Mainit*, située au nord-est, à une distance de quatre à cinq lieues du lac de *Bombon*. Peut-être à une époque prochaine cette haute montagne se transformera-t-elle en un énorme volcan : elle menace continuellement de faire éruption ; à son sommet, plusieurs crevasses laissent parfois échapper une épaisse fumée et souvent des flammes. A sa base, dans la partie baignée par les eaux du lac de *Bay*, surgissent de nombreuses sources thermales, à la température de l'eau bouillante. Toutes ces sources vont se jeter dans les eaux froides de *Bay*, et dégagent une si grande quantité de vapeur, qu'à une petite distance cette partie du lac paraît dans une ébullition continuelle. C'est dans ces sources que quelques auteurs ont prétendu que des poissons vivaient et que des plantes croissaient. Je puis assurer que c'est là une erreur.

L'île de *Socolme*, dont j'ai parlé, éloignée de quatre à cinq kilomètres des sources thermales, est un ancien cratère.

Dans les provinces de la *Lagune* et de *Tayabas*, plus à l'est de *Mainit*, la montagne de *Majayjay*, une des plus élevées de l'île de *Luçon*, a probablement été formée par un volcan dont le cratère, qui occupait le sommet, est maintenant un lac circulaire ; sa profondeur n'a jamais pu être mesurée. A l'époque où ce volcan était en ignition, la lave qui coulait du sommet vers la base, dans la direction du bourg de *Nacarlang*, a probablement recouvert d'immenses cavités dans une grande étendue. Souvent, à la suite d'inondations ou de tremblements de terre, la couche volcanique qui recouvre ces cavités vient à se rompre, et laisse à découvert d'énormes profondeurs que les Indiens nomment *bouches de l'enfer*.

Entre *Mainit* et *Majayjay*, sur tout le territoire du bourg de *San-Pablo*, on trouve de distance en distance des petits lacs circulaires qui étaient autant de volcans. Les amas de pierre ponce et de laves de diverses natures qu'on remarque aux alentours de ces lacs ne laissent aucun doute sur leur première nature.

Le volcan de *Mayon*, qui, le 23 octobre 1766, fit une si terrible éruption, est situé tout à l'extrémité de *Luçon*, dans la province d'*Albay*. En 1814, une nouvelle éruption détruisit complétement le bourg de ce nom.

Tout le territoire de cette province est volcanique. On y trouve un grand nombre de cratères éteints, d'où l'on retire une grande quantité de soufre pour le commerce.

Tout à fait au nord de Luçon, les îles *Babuyanes* sont entièrement volcaniques. Dans ce groupe, celles nommées *Camiguin*, *Dalapury* et *Fuya* fournissent une grande quantité de soufre.

Comme on vient de le voir, au centre de l'île de Luçon, et à ses deux extrémités, le sol est essentiellement volcanique. Il serait superflu de donner dans ce court aperçu plus de détails sur les autres parties, qui sont absolument de la même nature, et qui prouvent évidemment que les Philippines ont été bouleversées par des feux souterrains et de fréquents tremblements de terre.

Ceux de ces tremblements de terre qui font époque ont eu lieu en 1627, 1645, 1675, le 24 septembre 1716, le 20 juin 1767, 1796, 1824, 1828 et 1852.

Celui de 1627 engloutit une des plus hautes montagnes de la province de *Cagayan*.

Celui de 1675 sépara, dans l'île de Mindanao, une haute montagne. Les eaux de la mer se précipitèrent par cette ouverture, et inondèrent une immense étendue de terres cultivées.

Le dernier qu'a éprouvé Luçon commença le 16 septembre 1852, à six heures trente minutes du soir. Les premières oscillations, accompagnées d'un fort bruit souterrain, firent varier le pendule de 43 degrés; elles se répétèrent, moins fortes, d'intervalles en intervalles plus ou moins éloignés, jusqu'au 12 octobre.

Il causa la ruine de tous les grands édifices; la montagne d'*Uba-Uba*, située dans la baie de *Subic*, province de *Zembalès*, fut complétement engloutie.

Dans plusieurs parties de Luçon, la terre s'entr'ouvrit pour rejeter des masses d'eau, de vase et de sable. Non-seulement ce cataclysme fit sentir ses terribles effets dans toute l'île de Luçon, mais aussi dans les îles voisines. A *Mindanao*, les édifices et les ponts s'écroulèrent, et la terre, comme à *Luçon*, s'ouvrit dans plusieurs endroits pour vomir des masses d'eau, de vase et de sable.

§ II. — CLIMAT.

La position topographique de l'île de *Luçon* et la haute chaîne de montagnes qui la divise du nord au sud, nommée *Caravallo*, procurent à ces belles contrées un printemps perpétuel. Cependant deux saisons bien distinctes y règnent en même temps : celle des pluies ou l'hivernage, celle des sécheresses ou l'été.

Pendant six mois, depuis juin jusqu'à la fin de novembre, le vent souffle du sud-ouest, et, pendant les autres six mois, du nord-est. — On distingue ces deux époques par mousson de sud-ouest et mousson de nord-est.

Pendant la durée de la mousson de sud-ouest, toute la partie de l'île située à l'ouest est dans la saison de l'hivernage, tandis que la partie opposée, à l'est, est dans la saison d'été, et *vice versa*, lorsque c'est le vent de nord-est qui règne. Celui qui voudrait éviter l'hivernage pourrait employer le même moyen que les *Négritos* ou *Ajetas*, lesquels, ainsi que je l'ai dit, changent de localité avec la mousson.

Le vent, dans une mousson ou dans l'autre, vient toujours de la mer. Il est arrêté par la haute chaîne de montagnes. Les nuages qu'il apporte, retenus par cette barrière, grossissent et s'accumulent jusqu'à ce qu'un orage vienne à se former. Alors le tonnerre gronde, la foudre sillonne l'air, la pluie tombe comme si le ciel avait ouvert ses cataractes; les rivières et les torrents grossis se précipitent dans la plaine, qu'ils fertilisent de tous les détritus et des terres limoneuses qu'ils ont arrachés au flanc des montagnes couvertes de hautes forêts. Mais bientôt le calme se rétablit, les nuages se dissipent, et le soleil luit de tout son éclat. Alors l'air est rafraîchi non-seulement pour les habitants de la région de l'hivernage, mais aussi pour ceux qui, de l'autre côté des montagnes, se trouvent dans la saison des sécheresses, car la brise qu'ils reçoivent a lamé cette fraîcheur dans la région humide qu'elle a parcourue.

Les orages, qui se répètent continuellement pendant la saison de l'hivernage, ne se passent pas toujours comme je viens de l'indiquer : souvent le tonnerre se fait à peine entendre, et la pluie tombe à torrents pendant cinq à six jours sans interruption; ou bien le vent ne suit pas son cours naturel. Dans moins de vingt-quatre heures, il parcourt tous les points de la boussole; il se déclare alors des ouragans ou *tay-foungs*, tels que je les ai décrits au commencement de ce livre.

Généralement, ces grands bouleversements de l'atmosphère arrivent au changement de mousson, pendant la lutte qui se livre entre le vent de nord-est et celui de sud-ouest. A cette époque aussi il survient des calmes de plusieurs jours, pendant lesquels les plus fortes et les plus accablantes chaleurs de l'année se font sentir.

---

§ III. — REGNE MINÉRAL.

Le règne minéral est très-riche dans les Philippines.

L'or s'y trouve en paillettes et en grains dans presque toutes les rivières et les torrents.

Dans l'île de *Luçon*, les provinces de *Tondoc, Nueva-Ecija, Camarines-Nord*, en fournissent abondamment.

M. Oudan de Virly, Parisien d'origine, a longtemps exploité une mine en filon dans les montagnes nommées *Caragas*, dans l'île de *Mindanao*.

On trouve aussi à Luçon plusieurs mines de fer *hydraté* et d'*aimant* qui pourraient fournir à des exploitations gigantesques.

Dans la province de *Boulacan*, les montagnes d'*Angat* sont presque entièrement formées de ce minéral.

Dans la province de la *Laguna*, sur le territoire de *Moron*, il existe une grande étendue couverte de blocs séparés de minerai de fer, dont le rendement à la fonte n'est pas moindre de 80 p. 100. Ces blocs, disséminés sur le sol, paraissent avoir été rejetés du sein de la terre par une éruption volcanique.

On trouve aussi des mines de cuivre dans les provinces de *Batangas* et de *Panpanga ;* leurs échantillons indiquent qu'elles sont d'une grande richesse.

Les *Igorrotès* et les *Tinguianès* connaissent, sans aucun doute, sur leur territoire, des mines vraisemblablement très-riches de ce métal ; car ils fabriquent pour leurs usages des ustensiles grossiers qui paraissent avoir été faits avec un seul bloc de cuivre, tiré de la mine à l'état natif.

Le soufre, le charbon de terre y sont aussi très-abondants.

Enfin les roches basaltiques, le porphyre, le cristal de roche et les agates se trouvent en abondance, ainsi que des marbres de diverses couleurs.

Le granit y est peu connu; celui dont on se sert à Manille pour les trottoirs est apporté de la Chine.

La pierre la plus utile, celle que l'on emploie pour la construction des édifices, est une espèce de tuf volcanique très-solide, et aussi facile à tailler que le tuf ordinaire.

La province de la *Laguna* renferme une quantité considérable de sources *thermales* et *minérales.*

On trouve les premières à des températures différentes : elles ont de 80 à 90 degrés aux environs du bourg de *Mainit*, et de 28 à 30 degrés à *Pagsanjan* et à *Jala-Jala.*

Cette dernière localité renferme une grande variété de sources minérales, ferrugineuses, acides et sulfureuses.

Dans un des ravins de *Jala-Jala* on trouve du sulfate de fer en grande quantité. C'est sans doute la dissolution de ce sulfate de fer qui donne à quelques sources le goût acide.

Dans diverses autres parties de Luçon, aux environs de Manille entre autres, il y a aussi plusieurs sources d'eaux minérales ferrugineuses.

---

§ IV. — RÈGNE VÉGÉTAL.

C'est dans le règne végétal que la nature a déployé aux Philippines toute sa magnificence.

Les hautes montagnes s'étendant du nord au sud dans tout l'archipel, qui, à une époque reculée, ont éprouvé de si grands bouleversements où les feux souterrains ont joué un si grand rôle, sont actuellement le plus grand, le plus puissant auxiliaire qui puisse aider cette luxuriante végétation.

Ainsi que je l'ai fait remarquer lorsque j'ai parlé du climat, ces montagnes divisent l'année *en saison des pluies* et *en saison des sécheresses.*

Leurs versants *est* et *ouest,* chacun à son tour, pendant six mois, reçoivent abondamment les eaux du ciel.

Les vallées qui se trouvent entre les montagnes, les inégalités du sol, les crevasses, les cratères éteints, sont autant de réservoirs où, pendant ces six mois, se réunissent les eaux pluviales pour s'échapper, pendant la saison des sécheresses, en sources et en ruisseaux limpides qui vont serpenter dans les plaines et y porter la fertilité et l'abondance.

Presque sans exception, toutes les montagnes sont recouvertes d'une forte couche de terre végétale, et revêtues de la plus splendide végétation qu'il y ait au monde.

Sur leurs versants se déroulent d'immenses forêts d'arbres gigantesques de diverses essences, où se mêlent des *palmiers,* des *fougères hautes comme des arbres*, des *bambous*, des *rotins*, des *pandanus* et des *lianes* de mille espèces, qui semblent avoir été créées pour former, d'un arbre à l'autre, des décors de guirlandes de verdure, de fleurs et de fruits.

La nature a pourvu à tout aux Philippines.

Ces hautes montagnes couvertes de bois précieux ont généralement un de leurs versants (celui qui se trouve le plus exposé aux pluies) garni de magnifiques et gras pâturages, où croissent diverses graminées, particulièrement le *talaje*, espèce de canne à sucre sauvage, le *cogon*, long et flexible, d'un usage précieux pour la couverture des cases indiennes.

Dans ces beaux pâturages s'engraissent, sans aucun soin, d'innombrables troupeaux de *buffles*, de *bœufs*, de *chevaux* et de *timides cerfs*, qui, la nuit, sortent en troupes des sombres forêts pour y venir prendre leur pâture.

A l'époque des sécheresses, toutes ces graminées ont atteint une hauteur de six à huit pieds. — Les Indiens prévoyants, pour renouveler l'herbe trop sèche et trop dure, y mettent le feu. D'immenses incendies se déclarent; la flamme, emportée par le vent, détruit tout sur son passage jusqu'à la lisière des bois, où elle s'arrête toujours [1]. Le sol, mis à nu, paraît brûlé et calciné; mais, trois jours après, la nature a déjà repris ses droits. Il ne reste plus trace de l'incendie, un

(1) Le voyageur, surpris par ces grands incendies qui embrasent souvent plusieurs lieues à la fois, est obligé, pour se soustraire au danger du feu, alors qu'il est encore assez éloigné des flammes qui menacent de l'entourer, de mettre lui-même le feu aux grandes herbes qui sont sur la route. Il se retire ensuite à quelques pas, dans la direction opposée à celle que suivent les flammes poussées par le vent; lorsqu'elles ont détruit toutes les matières combustibles sur leur passage, le voyageur rentre dans l'espace mis à nu, et attend, sans aucun risque, que l'incendie qui le menaçait ait accompli son œuvre de destruction.

tapis d'herbe tendre et verdoyante a remplacé les désastres de l'incinération, et offre aux animaux une nourriture abondante et succulente.

Les bois les plus remarquables par leur emploi dans l'industrie sont les suivants :

Le *molauin* ou *molave*, *vitex* (didynamie de Linné). Son bois, de la couleur du buis, est incorruptible et inattaquable par les insectes; il est employé dans toutes les constructions exposées aux intempéries, et particulièrement pour la membrure des vaisseaux.

Le *banaba*, mouchausia speciosa (polyadelphie de Linné). Le bois, de couleur rose, sert pour toutes espèces de construction, et il donne de belles fleurs couleur violette.

Le *palomaria*, calophyllum, inophyllum (polyadelphie de Linné), fournit une gomme résine employée dans la médecine indienne; son bois, léger et flexible, est d'une grande solidité, et il est employé particulièrement pour la mâture.

Le *mangachapoi*, mocanera (polyandrie de Linné), et le *guio*, de la même espèce, parviennent tous deux à une hauteur prodigieuse. Il n'est pas rare d'en trouver de 30 à 40 mètres sur un équarrissage de 70 à 90 centimètres sur toute leur longueur. Leur bois, compact, serré, et d'une grande solidité, est employé pour les grandes pièces de charpente, et notamment pour la mâture des jongues chinoises.

Le *dongon*, helicteres apelata (décandrie de Linné), est aussi un arbre gigantesque, dont le bois solide est propre aux constructions.

L'*anobin*, arctocarpus maxima (monoécie de Linné), acquiert des dimensions colossales; son bois, jaune, léger, et inaltérable dans l'eau, est employé aux constructions navales, et particulièrement pour faire des pirogues. Cet arbre est de la même famille que celui connu sous le nom d'arbre à pain : en faisant des incisions à l'écorce, il en découle une gomme dont les Indiens se servent pour prendre des oiseaux, comme avec la glu.

La *narra*, ou *asana*, pterocarpus palidus (diadelphie de Linné) Le bois est semblable à l'acajou pour la couleur. Cet arbre acquiert des dimensions énormes; un seul tronc est souvent employé à faire une embarcation qui peut charger plusieurs tonneaux; il est généralement employé à faire des meubles, et particulièrement des tables d'une seule pièce, qui peuvent contenir vingt et trente couverts.

Le *calantas*, cedrela odorata (pentandrie de Linné), est une espèce de cèdre dont le bois a la couleur, l'odeur et toutes les propriétés du cèdre du Liban; il est généralement employé pour les constructions navales.

Le *baleté,* ficus indius (monoécie de Linné), est un arbre dont le bois blanc et spongieux est peu employé; il parvient à une élévation prodigieuse, et son tronc acquiert des dimensions colossales: c'est avec son écorce que les sauvages font leurs vêtements et les cordes de leurs arcs. J'ai déjà parlé de cet arbre dans le cours de mon livre.

Dans les espèces propres à l'ébénisterie, on trouve une grande variété:

L'ébène ordinaire; puis le *camagon*, ou *mabolo*, diospyros koki (octandrie de Linné), qui donne un fruit savoureux, de la grosseur et de la couleur de la pêche, et dont le bois est veiné de noir et de blanc.

Le *malatapai*, diospyros pilosanthera (octandrie de Linné), donne une ébène veinée de noir et de rouge.

Le *lanotan,* uvaria lanotan (polyandrie de Linné), dont le bois blanc et compacte ressemble beaucoup à l'ivoire.

On trouve aussi aux Philippines des citronniers d'une dimension prodigieuse, ayant plusieurs mètres de circonférence; et enfin pour le commerce une grande variété de bois de teinture.

Il serait trop long de donner ici la nomenclature de tous les arbres qui croissent dans les forêts des Philippines. La province d'*Ilocos Nord* en produit à elle seule cent seize espèces différentes, toutes utiles et propres à l'industrie.

Auprès de ces arbres gigantesques et dont le bois est précieux, il s'en trouve une multitude qui fournissent aux habitants des fruits savoureux et d'excellents aliments.

Le *manguier*, manga mangifera india (pentandrie de Linné). Dans aucun pays du monde cet arbre, qui atteint la taille de nos plus grands chênes, ne fournit des fruits aussi savoureux et aussi variés qu'aux Philippines.

Le *lanzones*, ekebergia de Jus. (ennéandrie de Linné), est un arbre propre aux Philippines; il fournit un excellent fruit, qui a beaucoup de rapport avec le *lechi*.

Le *chicos*, achras sapota (hexandrie de Linné), est un arbre dont cinq ou six espèces donnent des fruits délicieux.

Le *macupa*, eugenia iambos (icosandrie de Linné), produit des fruits d'une belle couleur rose et très-savoureux, ayant l'odeur de la rose.

Le *lumboi,* calyptrantes jambolana (icosandrie de Linné), se trouve dans toutes les forêts ; son fruit, de couleur violette, est rafraîchissant et d'un goût agréable.

Le *santol,* sandoricum ternatum (décandrie de Linné), est un grand arbre qui donne une prodigieuse abondance de fruits de la grosseur d'une pomme.

Le *camias,* averrhoa bilimbi (décandrie de Linné), est un arbuste qui produit un gros fruit, remarquable par sa propriété rafraîchissante.

Le *tamarinier*, le *papayer*, le *goyavier*, les diverses espèces d'*orangers* et *citronniers*, les *pamplemousses*, fournissent tous des fruits aussi savoureux que variés, ainsi que les bananiers de tant d'espèces dont j'ai déjà parlé.

Il y a aussi dans les forêts des Philippines une grande variété de *palmiers*, parmi lesquels on en trouve qui servent d'aliment, tel que celui qui donne le sagou; d'autres, d'où découle une liqueur douce et agréable à boire ; et enfin une grande quantité de rotins, dont quelques-uns produisent un fruit agréable au goût et très-rafraîchissant.

Le *rima,* arctocarpus maxima (monoécie de Linné), connu vulgairement sous le nom d'arbre à pain, est aussi très-abondant aux Philippines.

Les plantes et les arbustes cultivés dans l'île de Luçon, et qui font la richesse du pays, sont :

Le *caféier*,

Le *cacaotier,*

L'*indigo,*

Le *poivre*,

Le *tabac*,

Le *riz*, de diverses espèces ;

Le *froment*,

Le *maïs ;*

Une grande variété de plantes *légumineuses ;*

La *canne à sucre,*

L'*abaca*, espèce de bananier qui croît presque naturellement dans la province d'*Albay ;*

Diverses espèces de *cotonniers*.

J'aurai à entretenir le lecteur de ces diverses plantes lorsque je parlerai de l'agriculture.

On cultive aussi des patates de diverses espèces.

Dans les forêts on trouve plusieurs genres de tubercules très-abondants, et excellents comme nourriture.

Parmi les *palmiers* de diverses espèces, on trouve celui (dont j'ai déjà parlé) qui produit le *sagou*, et celui dont la séve, d'une saveur agréable, donne, lorsqu'elle est réduite au feu, une espèce de sucre très-recherchée comme assaisonnement pour le riz.

Un pays aussi riche dans le règne végétal fournit également, à l'état sauvage, les plus belles, les plus brillantes fleurs que l'on puisse voir.

---

§ V. — DES HABITANTS DES PHILIPPINES.

Avant de m'occuper du règne animal, sur lequel je suis obligé de m'étendre plus que je ne me l'étais proposé, je vais passer rapidement en revue les diverses races d'hommes qui habitent les Philippines, et chercher à établir, par des calculs et des rapprochements approximatifs, l'origine probable de celles de ces races qui ne sont pas connues.

DES ESPAGNOLS.

Les Espagnols et leurs créoles sont au nombre de 4,050 [1]. Ce sont généralement, à part les créoles, des habitants de passage, qui viennent aux Philippines comme employés du gouvernement ou négociants, y séjournent le temps nécessaire pour y faire fortune, et retournent dans leur patrie.

Il est remarquable que quelques milliers d'hommes puissent gouverner et maintenir en paix une population de plus de trois millions

(1)

Moines et religieux de divers ordres	500
Commerçants	70
Rentiers	200
Employés, cour royale, intendance de la marine, chefs militaires, officiers et sous-officiers de tous grades	3,280
Ensemble	4,050

24

d'habitants, composée d'êtres si divers, braves et belliqueux, souvent cruels envers leurs ennemis. Ce n'est ni par l'oppression ni par la force brutale qu'ils les dominent, mais par une justice bien entendue, scrupuleusement administrée, par un gouvernement tout paternel, et par la plus juste indépendance dont puisse jouir l'homme en société. Si, dans cette vaste administration, il se commet quelques abus, ce sont des faits isolés, provenant d'employés subalternes, contre la volonté du pouvoir.

Dans aucun pays du monde le peuple ne jouit d'une plus grande somme de liberté et de plus larges prérogatives qu'aux Philippines. L'Indien, à quelque classe qu'il appartienne, est un mineur qui a pour tuteur la loi et ceux qui la font exécuter [1].

Il y aurait une grande étude à faire, une belle page à écrire sur la conquête des Philippines, et sur cette maxime sublime du conquérant disant à des peuples presque à l'état sauvage : « Vous êtes mes en-« fants ; mon Dieu m'envoie vers vous : fiez-vous à moi. Je vous offre « l'appui et l'indulgence qu'un père doit à la faible créature que la « Providence lui a confiée. »

Cette indulgence, cette justice que l'homme éclairé doit à son semblable à l'état primitif, n'a point enrichi l'Espagne, mais elle lui a donné plus que la richesse, la satisfaction d'avoir répandu l'abondance, la paix et le bonheur parmi des peuples divisés et décimés par des guerres de province à province ; elle les a réunis en une grande famille, leur a apporté ses lumières, ses relations, les animaux domestiques qui leur manquaient, les préservatifs à la terrible épidémie qui moissonnait leurs enfants [2], des lois indulgentes qui protégent toutes les classes, l'ordre et la paix ; et enfin le culte d'un Dieu plein de bonté et de clémence, qui a remplacé l'idolâtrie et le mensonge.

Tous ces bienfaits, si justement appréciés par les peuples auxquels ils étaient offerts, et qui ont eu de si grands résultats pour leur bonheur, ne valent-ils pas l'or et les richesses conquis par le fer et la destruction ? L'Espagne, en exécutant scrupuleusement le programme

(1) L'Indien est toujours considéré comme un mineur, même dans les transactions commerciales. Ainsi, celui qui aurait contracté une dette de plus de 25 *francs* ne pourrait pas être contraint de la payer, d'après la loi, pas plus qu'un mineur parmi nous.

(2) La petite vérole.

qu'elle avait offert, en remplissant religieusement sa noble mission, ne doit-elle pas s'enorgueillir de sa belle conquête?

Je serais heureux que cette page, écrite avec toute l'impartialité d'un observateur consciencieux, pût inspirer à mon lecteur une partie de l'admiration dont je suis pénétré pour cette noble nation, et détruire les préventions qu'ont pu donner quelques fragments écrits par des voyageurs de passage, qui saisissent avec avidité une faute exceptionnelle, un abus inévitable dans une grande administration, sans se rendre compte de l'organisation toute paternelle qui gouverne un peuple encore dans l'enfance.

Il est un fait positif : c'est que l'Espagne a fait le bonheur de la population indienne. Il serait trop long d'entrer ici dans tous les détails de son administration; quelques lignes suffiront à démontrer sa sollicitude pour cette classe d'hommes.

Le capitaine général des Philippines a le pouvoir et les attributions de l'autorité royale en Espagne.

Il a pour adjoint un assesseur, espèce de ministre responsable, qui prépare les décrets et les ordonnances soumis à sa signature.

Il est à la fois le chef civil et militaire, et il préside la cour royale, la seconde autorité de la colonie.

Cette cour se compose d'un régent, de cinq conseillers (*oïdores*) et de deux *fiscaux*, l'un pour le civil, l'autre pour le criminel. Ces deux fiscaux sont spécialement chargés de protéger les Indiens.

L'un des membres de la cour royale est nommé juge contre l'esclavage. Il n'y a pas d'esclaves aux Philippines. Cependant, comme cet abus pourrait se présenter, le magistrat dont il s'agit est spécialement chargé de le surveiller et de le réprimer au besoin.

L'archipel est divisé en provinces. Chaque province est gouvernée par un *alcade*. Comme souvent il est, dans sa province, le seul et unique Espagnol, il a droit à une garde de vingt à trente indigènes.

Chaque province est divisée par bourgs, et chaque bourg est administré par un *gobernadorcillo* et son conseil municipal, indigènes élus d'après le mode que j'ai indiqué.

Le capitaine général gouverne, promulgue des lois, rend des décrets.

La cour royale fait exécuter les lois, rend la justice, et protége la classe indienne contre les abus.

L'alcade, dans la province, remplit les fonctions du gouverneur, fait exécuter les décrets, et reçoit des percepteurs les fonds provenant de l'impôt.

Le *gobernadorcillo*, dans son bourg et avec le conseil municipal, administre la commune et exécute les ordres de l'alcade.

DES INDIENS CONVERTIS AU CHRISTIANISME.

La population indienne soumise au christianisme s'élève à 3,304,742 âmes. A l'époque de la conquête, elle était fort inférieure à ce chiffre. Elle était divisée en grandes peuplades qui se gouvernaient elles-mêmes, et qui parlaient chacune un idiome différent. Ces idiomes paraissent dériver du *tagaloc*, lequel a lui-même une certaine analogie avec la langue malaise.

Les noms de ces diverses peuplades et leurs idiomes se sont conservés; ils ont servi aux Espagnols dans la division de l'archipel en provinces.

En commençant par le nord de Luçon, on trouve les provinces de *Cagayan*, habitées par les *Cagayanès*, qui ont une langue particulière;

En descendant vers le sud, les provinces d'*Ilocos*, qui ont aussi un idiome particulier, l'*ilocano;*

Celles de *Pangasinan* et de *Panpanga*, où l'on parle le *panpango;*

Les provinces de *Zembales*, *Nueva-Exija*, *Bulacan*, *Tondoc*, *la Laguna*, *Tayabas* et *Batangas*, habitées par les *Tagalocs*, qui parlent la langue *tagale;*

En allant toujours vers le sud, les provinces de *Camarinès*, *Albay*, et tout le groupe des îles que l'on nomme *Bisayas*, où l'on parle le *bisayo*.

Les habitants de ces diverses provinces, dont la langue varie, présentent aussi une différence marquée dans leur type et leur physionomie. Doit-on attribuer cette différence à la variété des races? ou n'est-ce pas des hommes de même origine qui, sous l'influence du climat et des habitudes, auraient subi un changement dans leurs formes et leurs couleurs primitives?

Quoi qu'il en soit, il est un fait certain, c'est que de toute cette diversité d'hommes, *Cagayanès*, *Ilocanos*, *Panpangos*, *Tagalocs* et *Bisayos*, aucune n'est originaire des Philippines.

Il est probable qu'elles sont un mélange d'hommes de différentes nations, que des circonstances fortuites ont amenés dans une partie de l'archipel.

Que l'on jette un coup d'œil sur la carte, et l'on verra les Philippines entourées, d'un côté, par le *Japon*, la *Chine*, la *Cochinchine, Siam*, *Sumatra*, *Bornéo*, *Java*, les *Célèbes*, et, de l'autre côté, par toutes les îles dont est semé l'océan Pacifique.

On peut supposer, de ce voisinage, que les premiers conquérants, établis dans cet archipel contre la volonté des *Ajetas*, véritables aborigènes dont je parlerai bientôt, auront eu des relations, soit par le commerce, soit par des naufrages, avec les divers peuples qui les environnaient, et avec les *Ajetas* eux-mêmes. De ces relations il est sans doute résulté un si grand mélange de races, que les types primitifs se sont presque entièrement effacés.

A l'appui de cette opinion, je puis citer un fait dont j'ai déjà parlé: mon curé de *Jala-Jala*, le père *Miguel*, naturel de la province de *Tayabas*, connaissait exactement l'origine de sa famille; il descendait du mariage d'un *Japonais* avec une femme *tagaloc*, et on remarquait chez lui tous les traits *japonais*.

Cependant le *type malais* est le plus généralement répandu, et celui qui est demeuré le plus apparent.

Il est probable que les *Malais* furent les premiers qui occupèrent les côtes de l'archipel des Philippines, et qu'à ceux-ci se mêlèrent successivement quelques *Ajetas*, des *Japonais*, des *Chinois*, et des habitants si variés de la *Polynésie*.

Les Indiens soumis aux Espagnols diffèrent fort peu, dans leurs coutumes et leur caractère, des *Tagalocs* que j'ai décrits et fait connaître.

DE LA LANGUE TAGALE.

On a recherché l'origine des divers idiomes en usage aux Philippines. Quelques personnes les font provenir du chinois et du japonais; d'autres, de l'hébreu ou du malais. Cette dernière opinion paraît la plus vraisemblable, si l'on considère la langue *malaya* comme primitive.

Dans le *bisayo* et le *tagaloc*, d'où dérivent tous les idiomes parlés aux Philippines, on trouve un grand nombre de mots *malayos*, et qui ont la même signification dans les deux langues. On en trouve aussi d'exactement semblables, mais qui ont une signification différente.

Ainsi, *Olo*, tête;
Puti, blanc;
Languit, ciel;
Mata, yeux;
Susu, saint;
Battu, pierre, sont les mêmes en *togaloc : bisayo* et *malayo.*

Beaucoup d'autres mots varient fort peu. Ainsi, en *malayo, lina* veut dire *langue; babi, porc;* en *tagaloc*, *dila* signifie *langue; babui*, *porc.*

Il faut considérer que les idiomes des Philippines ont été singulièrement altérés par les divers dialectes qui s'y sont mêlés. La langue espagnole a fourni les caractères qui lui sont propres aux idiomes des races placées sous la domination de cette nation.

On ne retrouve plus de documents écrits avec les premiers caractères de la langue tagale. Les anciens *Tagalocs* écrivaient sur les feuilles d'un arbre nommé *banava;* ils traçaient leurs caractères sur ces feuilles au moyen de la pointe d'un *bambou.*

La langue tagale est claire, riche, élégante, métaphorique et poétique. Elle prête beaucoup à l'improvisation, pour laquelle le *Tagaloc* a un goût prononcé.

L'écriture, avant l'adoption des caractères espagnols, allait de droite à gauche, à la manière orientale.

L'alphabet *tagaloc* ne possédait que dix-sept lettres, dont trois voyelles ayant la même valeur que les voyelles de notre langue.

A et E ont le même son que I, et un autre son qui équivaut à O et U. De là vient une grande diversité dans la prononciation. Ainsi le mot *tubi* (qui signifie permettez-moi) se prononce *tobe; olo* se prononce *ulu.*

Les consonnes sont au nombre de quatorze; elles se prononcent toujours avec la finale A. Ainsi les lettres C, M se prononcent *CA*, *MA.* Mais en plaçant un point au-dessus, cette prononciation se change en E ou en I. Le même point mis au bas, la finale se change en *O* ou en *U.* Les lettres *C* et *S* ont la même valeur. Le D se prononce souvent comme R : ainsi *madali* se prononce *marali.* F se change en P. Souvent le C se change en M, le G en Y.

Dans la poésie, les syllabes Ge-Ji se prononcent quelquefois comme *guy.*

H se prononce d'une manière gutturale, comme la *J* espagnole; Q comme K, et U comme *ou.*

La langue tagale a ses noms, qui se déclinent en six genres; elle a aussi ses conjonctions : de telle sorte que l'on peut écrire le *tagaloc* et le *bisayo* comme nos langues européennes.

On a publié à Manille, en langue tagale, divers ouvrages en vers et en prose, par exemple, une traduction de l'Écriture sainte, diverses tragédies, des odes, etc.

MÉTIS ESPAGNOLS-INDIENS, CHINOIS-INDIENS, ET MÉTIS CHINOIS-ESPAGNOLS.

Les métis *espagnols-indiens* sont au nombre de 8,584. Les métis *chinois-indiens* et les métis *chinois-espagnols* sont les plus nombreux : on en compte 180,000. Ils sont répandus dans tout l'archipel, et gouvernés par les mêmes lois que celles qui régissent les Indiens, sans différence de priviléges.

DES CHINOIS AUX PHILIPPINES.

A l'époque du dernier recensement, en 1845, on comptait dans toutes les Philippines 9,901 Chinois.

Depuis, la cour de Madrid ayant accordé de nouveaux priviléges aux naturels du Céleste Empire afin d'encourager l'immigration, leur nombre a dû augmenter considérablement.

Ce sont, en général, des hommes laborieux, s'occupant, avec une remarquable aptitude, d'agriculture, d'industrie, et particulièrement de commerce. Aussi économes qu'habiles, ils sont peut-être les premiers commerçants du monde. Lorsqu'ils ont amassé une fortune assez considérable pour que le tiers puisse satisfaire la cupidité de leur mandarin, le second tiers celle de leur famille, et leur dernier tiers leur suffire à eux-mêmes, ils retournent volontiers dans leur patrie.

Comme c'est uniquement l'intérêt matériel qui les amène aux Philippines, ils s'y marient et y changent facilement de religion; mais s'ils y trouvent leur compte, lorsqu'ils rentrent en Chine ils reprennent leur ancienne religion, et souvent même la femme qu'ils y avaient laissée.

Les Chinois ont à Manille une juridiction à part, mais à peu près semblable à celle des *Tagalocs*, c'est-à-dire qu'ils nomment entre eux leur *gobernadorcillo*, ainsi que les collecteurs de l'impôt qu'ils sont tenus de payer au gouvernement espagnol.

Ainsi qu'on vient de le voir, la population de l'archipel des Philippines, gouvernée par les lois espagnoles, se compose :

1° De la population blanche.............	4,050	habitants.
2° Métis *espagnols-indiens*...............	8,584	»
3° Métis *chinois-espagnols* et *chinois-indiens*.	180,000	»
4° Indiens..........................	3,304,742	»
5° Chinois..........................	9,901	»
Ensemble.............	3,507,277	habitants.

DES INFIDÈLES.

Au centre de l'île de Luçon se trouve une étendue de terres de quatre cent cinquante lieues carrées, que les Espagnols nomment *le pays des infidèles*.

Cette partie de l'île est habitée par des peuples insoumis, vivant plus ou moins à l'état sauvage, mais en grandes réunions, se garantissant des intempéries des saisons sous un toit dans le genre des cases indiennes, vivant de chasse, d'un peu d'agriculture, et empruntant aux arbres de la forêt l'écorce qui leur sert de vêtement.

Les *Ajetas* sont les seuls qui, dans l'état de primitive nature, habitent indistinctement presque toutes les montagnes de l'île de Luçon. Ces peuples, dont l'origine se perd en vaines conjectures, changent de nom selon les localités qu'ils habitent, ou portent celui qu'ils se sont donné eux-mêmes. En 1838, le gouvernement espagnol voulut tenter de les soumettre, et fit pénétrer chez eux une petite armée. Cette expédition fut obligée de se retirer sans avoir rempli le but qu'on s'était proposé [1]. On ne connaîtra leurs mœurs que lorsqu'on aura pu les aller étudier chez eux-mêmes.

Les *Tinguianès* et les *Igorrotès* sont ceux chez lesquels j'ai le plus voyagé. J'ai donné dans ce livre d'assez longs détails sur leurs coutumes et leurs mœurs ; je crois inutile de me répéter.

Il serait difficile d'indiquer d'une manière exacte l'origine des *Tinguianès*, de même que celle des peuplades qui les avoisinent. Il paraît cependant certain qu'ils ne sont point aborigènes des Philippines.

Les *Tinguianès*, par leur couleur, leurs belles formes, leurs che-

(1) Depuis 1838, le gouvernement a continué ses tentatives pour soumettre ces diverses populations. Déjà il est parvenu à amener sous sa domination quelques bourgades *tinguianès* et *igorrotès*.

veux longs, leurs yeux bridés, le prix qu'ils attachent aux vases en porcelaine, leur musique, par l'ensemble de leurs habitudes enfin, pourraient bien descendre des Japonais. Peut-être, à une époque sans doute bien reculée, des jonques japonaises, poussées par la tempête, auront-elles fait naufrage sur la côte nord-est de *Luçon*. Les équipages, dans l'impossibilité de retourner dans leur pays, pour se soustraire aux *Ajetas* ou aux habitants des côtes, se seront réfugiés dans l'intérieur des montagnes, dans des lieux où la difficulté de pénétrer aura pu les mettre à l'abri des poursuites de leurs ennemis.

Les marins japonais, dont la navigation est généralement limitée au simple cabotage sur leurs côtes, embarquent ordinairement leurs femmes avec eux. J'ai eu l'occasion de m'en assurer à bord de deux jonques de cette nation qui avaient été poussées par une tempête, et s'étaient abritées sur la côte est de Luçon. Elles y séjournèrent quatre mois, pour attendre avec la mousson du nord-ouest qu'un vent favorable leur permît de retourner dans leur pays. Si elles n'avaient pas trouvé un gouvernement protecteur, leurs équipages auraient été obligés, comme je suppose qu'ont dû le faire les premiers *Tinguianès*, de se réfugier dans les montagnes. Ces derniers ayant quelques femmes, s'en seront procuré d'autres, soit des *Ajetas* ou des populations environnantes. De ce mélange, de l'influence du climat, il sera résulté des types différant du primitif, et, sous ce beau ciel, dans ce magnifique pays, leur nombre se sera rapidement accru.

Ne seraient-ils pas encore descendants des *Dajacks*, que l'on croit être les habitants primitifs de Bornéo?

Comme les *Tinguianès*, les *Dajacks* ont la coutume de couper la tête de leurs ennemis, et de les emporter comme trophée de victoire. De même qu'eux également, ils attachent un grand prix aux vases, qui sont une marque de noblesse et de richesse pour celui qui les possède. Dans leurs fêtes, d'après M. Temminck, ils font des libations de *docok-katan*, boisson enivrante préparée avec du riz fermenté qui lui donne la couleur laiteuse que prend le *bassi* des *Tinguianès*, lorsqu'ils y ont dissous les cervelles de leurs ennemis. Enfin, comme ces derniers, les *Dajacks* portent une espèce de turban et une ceinture faits avec la seconde écorce d'une espèce de figuier.

Aujourd'hui la race des *Tinguianès* habite seize villages (1).

(1) Ces seize villages se nomment : *Palan*, *Jalamy*, *Mabuantoc*, *Dalayap*, *Lan-*

Les *Igorrotès*, que j'ai eu bien moins l'occasion d'étudier, paraissent être, et on le croit généralement, les descendants de la grande armée navale du Chinois *Lima-on*, qui, après avoir attaqué Manille le 30 novembre 1574, s'était réfugié avec son armée dans le golfe de *Lingayan*, province de *Pangasinan*. Là il fut de nouveau attaqué et battu. Sa flotte, complétement détruite, une grande partie des équipages prit la fuite, et se sauva dans les montagnes, où les Espagnols ne purent les poursuivre.

Les *Igorrotès* sont de petite stature; ils ont les cheveux longs, les yeux à la chinoise, le nez un peu gros, les lèvres épaisses, les pommettes prononcées, de larges épaules, les membres gros et nerveux, et la couleur fortement cuivrée. Ils ressemblent beaucoup aux Chinois des provinces avoisinant la Cochinchine.

Je n'émets ici qu'une opinion basée sur des probabilités. On ne connaîtra sûrement jamais d'une manière exacte l'origine des *Tinguianès* et des *Igorrotès*, pas plus que celle des *Guinanès*, des *Buriks*, *Busaos*, *Ibrèis*, *Apayoos*, *Gadanos*, *Caluas*, *Ifugos et Ibilaos*.

Toutes ces populations, si différentes entre elles, habitent *la terre des infidèles*. On ne peut que supposer qu'ils descendent des Chinois, des Japonais, des Malais et des naturels de la Polynésie.

DES AJETAS OU NÉGRITOS.

Si on se perd en conjectures sur l'origine des habitants de la *terre des infidèles*, il n'en est pas de même des *Ajetas*. Toutes les traditions indiennes s'accordent à dire qu'ils sont les véritables aborigènes et les anciens possesseurs des Philippines.

A certaine époque ils étaient si nombreux, si puissants, que beaucoup de villages *tagalocs* les reconnaissaient pour maîtres et seigneurs du sol, et leur payaient un tribut annuel en riz, en patates, ou en maïs.

Ainsi que j'ai déjà eu occasion de le dire, tous les ans, à une époque déterminée, ils descendaient de leurs montagnes, sortaient de leurs forêts, et obligeaient les *Tagals* à payer le tribut. Si ces derniers refusaient, ils leur déclaraient la guerre, et ne retournaient dans leurs forêts qu'après avoir coupé quelques têtes à leurs vassaux. Ils emportaient ces têtes comme trophées et comme preuves de leur domination.

guiden, Baac, Padanguitan y Pangal, Campusan y Danglas, Lagayan, Ganayan, Malaylay, Bucay, Gaddani, Langanguilan y Madalag, Manabo, Palog y Amay.

Après la conquête des Philippines, les Espagnols prirent la défense des *Tagalocs;* et les *Ajetas*, éprouvant pour la première fois l'effet des armes à feu, furent saisis d'effroi, obligés de demeurer dans leurs forêts et de renoncer à l'exercice de leurs droits de suzeraineté.

J'ai déjà eu l'occasion, lorsque j'ai raconté mon voyage chez les *Ajetas*, de parler longuement de cette race d'hommes, la seule qui vit, aux Philippines, à l'état de nature primitive. C'est la plus nombreuse, la plus répandue. — Elle n'est susceptible d'aucune civilisation, et a donné, dans plus d'une occasion, la preuve irrécusable qu'elle préfère sa vie nomade, l'ombre des bois pour abri, l'écorce des arbres pour vêtements, la terre nue pour reposer ses membres, la poursuite de sa proie pour assouvir sa faim, aux douceurs et au confortable de la vie civilisée. Elle peut être comparée à certains animaux sauvages qu'on n'a jamais pu réduire à l'état de domesticité.

Un archevêque de Manille avait pu se procurer un *Ajetas* tout à fait en bas âge. Il le fit élever avec une sollicitude toute paternelle. Après lui avoir fait donner une instruction solide, il le destina à l'état ecclésiastique; mais lorsqu'il fut devenu vicaire, et par conséquent entièrement libre, pouvant mener une existence paisible et heureuse, il se rappela son enfance, sa vie nomade d'autrefois, ses montagnes et ses forêts. Tout à coup il se dépouille de sa soutane, reprend le vêtement primitif de ses parents, s'enfuit, et va les rejoindre. Toutes les tentatives qu'on a pu faire pour le ramener à la vie civilisée furent inutiles.

On pourrait citer bien des exemples de ce genre.

Il serait impossible de déterminer, même approximativement, la population des *Ajetas*. Elle a dû considérablement diminuer depuis la conquête des Philippines; elle finira par disparaître entièrement.

---

§ VI. — RÈGNE ANIMAL.

MAMMIFÈRES.

Les animaux domestiques que possédaient les habitants des Philippines avant l'époque de la conquête, et ceux qui peuplaient leurs forêts, ont conservé leurs noms *tagals;* ainsi :

Cambin, chèvre;

Babui, porc;
Asso, chien;
Poussa, chat;
Oussa, cerf;
Carabajo, buffle;

Les animaux domestiques apportés par les Espagnols ont conservé, ou à peu près, les mêmes noms qu'en Espagne :

Caballo, cheval;
Vaca, vache;
Carnero, mouton, etc., etc.

DES QUADRUMANES, EN LANGUE TAGALOC, MATCHIN.

Les singes sont peu variés aux Philippines. A *Mindanao* on en remarque qui sont albinos, tout à fait blancs, ayant les yeux rouges et la peau d'un joli rose. Cette variété est recherchée par les Chinois, qui les élèvent à l'état de domesticité comme animaux curieux.

Les deux espèces que l'on trouve dans l'île de Luçon, connus sous le nom de *bonnets-chinois*, macacus niger, que les *Tagalocs* nomment *matschin*, vivent par petites familles dans les grands bois, et de préférence aux environs des champs cultivés. L'étude de leurs mœurs serait assez curieuse; mais je crains d'abuser de la patience de mon lecteur, et je me bornerai à faire connaître qu'ils ont l'instinct le plus intelligent pour satisfaire leur appétit vorace et se défendre de leurs ennemis.

J'ai souvent vu autour d'une cage, espèce de piége pour les prendre, toute une petite famille. Celui qui paraissait le plus âgé se donnait tous les soins qu'aurait pu prendre un grand'père pour ses petits-enfants; il semblait les empêcher de s'approcher de la cage; lorsqu'il les avait placés à une certaine distance, il s'en approchait seul, prenait un morceau de bois, le fourrait à l'intérieur de la cage, à travers les barreaux, et en retirait adroitement et sans danger les épis de riz qui y avaient été mis comme appât. Lorsque les Indiens voyaient tant de précautions, ils disaient : « Nous n'en prendrons point « de cette famille, car les écoliers ont un vieux maître avec eux. »

DES QUADRUPÈDES.

Il y a peu de variétés dans les quadrupèdes. La nature, qui a prodigué tous ses bienfaits aux Philippines, n'y a point fait naître d'animaux féroces, et dans le genre carnassier on ne compte qu'une petite espèce, peu nuisible, comme on le verra.

Les chevaux, les bœufs et les moutons, comme je l'ai déjà fait savoir, ont été apportés par les conquérants. Dans ce beau pays, dans ces gras pâturages, où ils vivent presque en liberté, ils ont prospéré d'une manière si extraordinaire, qu'un bœuf gras rendu à Manille ne se vend pas plus de 60 à 70 francs; un beau cheval, depuis 50 jusqu'à 100 francs. Les moutons n'ont pas de valeur; les Indiens ne se donnent pas la peine d'en conduire au marché.

Le porc paraît de la même race que celui de Chine. Il est très-abondant; sa chair est l'aliment préféré des Indiens, qui ne manquent jamais d'en pourvoir abondamment leur table dans les grands festins.

Le chien et le chat sont des animaux qui se trouvaient aux Philippines lors de la conquête. Une espèce de chien paraît particulière à Luçon : c'est un dogue d'une taille monstrueuse et d'une férocité remarquable; il a le poil court, d'une couleur jaunâtre, un peu plus foncé que celui du lion. Cette belle race tend à disparaître; lors de mon séjour aux Philippines, il était fort difficile de s'en procurer.

1. LE BUFFLE SAUVAGE (*carabajo-bondoc*).

Le buffle sauvage est de la taille de nos plus grands bœufs. Sa couleur est noire, et sa peau, semblable à celle de l'éléphant, peu couverte de poil. Il est armé de deux magnifiques cornes qui, à leur base, se réunissent presque sur le front, et dont les extrémités sont très-aiguës. Il s'en sert avec une remarquable adresse. Il ressemble beaucoup au buffle domestique pour les formes. Cependant il est à observer que jamais il n'a été possible de le réduire à l'état de domesticité, pas même à l'âge le plus jeune; ce qui ferait supposer que cette espèce est différente de celle du buffle domestique, qui sans doute est originaire de la Chine ou des îles de la Sonde.

Cet animal est aussi féroce que sauvage. Le jour, il habite l'intérieur des forêts les plus sombres, particulièrement les lieux marécageux; la nuit, il sort dans la plaine pour y chercher sa pâture. Son instinct le conduit à faire une guerre acharnée à l'homme, son seul ennemi. Lorsqu'il peut le surprendre, il se plaît à mettre son corps en lambeaux avec ses cornes aiguës. Aussi, dès qu'un Indien aperçoit un buffle, il se hâte de grimper sur un arbre, où cependant il n'est pas encore à l'abri du danger. L'animal demeure souvent des journées entières au pied de l'arbre pour y attendre sa proie à la descente. Dans ce cas de persistance, le seul moyen de s'en débarrasser est de lui jeter les vêtements que l'on a sur soi. Il les met en morceaux, et lorsqu'il croit avoir fait beaucoup de mal à celui qu'il attendait, il se retire dans la forêt la plus voisine.

Sa chasse, comme on l'a vu, est remplie de dangers, pleine d'émotions. Aussi est-ce celle que préfèrent les grands chasseurs indiens; elle est pour eux une véritable fête.

Sa chair, composée de fibres beaucoup plus fortes que celle des bœufs, est très-bonne à manger. Sa peau, d'une ténacité et d'une force incroyables, coupée en petites lanières, sert à faire des lacets et des courroies qui résistent à un attelage de trente à quarante buffles. De ses longues cornes, les Indiens font de jolies cannes, des boîtes, des peignes et des tabatières.

2. LE BUFFLE DOMESTIQUE (*carabajo*).

Le buffle domestique est presque entièrement noir; seulement il a les genoux blancs, et une raie de la même couleur sous le poitrail.

On en voit cependant quelquefois qui sont entièrement blancs, dont la peau est rose et les yeux rouges : ce n'est point une variété, mais bien un accident de la nature.

De tous les animaux domestiques, c'est celui qui rend le plus de services à l'homme. Il est plus doux, plus fort, et a plus d'instinct que le bœuf.

Jusqu'à l'âge de quatre à cinq ans, il vit en liberté dans les montagnes et les forêts. C'est à cet âge que les Indiens le prennent pour le dompter. Il est alors comme un animal sauvage, qu'il faut poursuivre avec de bons chevaux et de forts lacets. On ne se rend maître de lui qu'après l'avoir assujetti, au moyen de fortes cordes, au tronc d'un arbre, et lié de tous côtés. Il faut encore prendre des précautions pour l'approcher. Il n'est entièrement vaincu que lorsqu'on lui a percé la cloison qui sépare les deux naseaux, et qu'on y a passé un anneau en fer ou en rotin. A cet anneau on attache la longe pour le conduire, comme la bride sert à diriger le cheval.

Après cette dernière opération, il devient tout à fait inoffensif. Il a reconnu son impuissance, et il se laisse facilement conduire. Cependant, s'il est méchant ou rétif, on lui donne pour gardien un enfant : son instinct lui fait comprendre qu'il n'a pas de mauvais traitement à craindre de la part d'une faible créature; aussi jamais ne lui fait-il aucun mal.

Sa nourriture est des plus faciles. Il mange toute espèce d'herbes, celles délaissées par les animaux les moins dégoûtés. Il va chercher sa pâture dans les plaines, dans les ravins, dans les sombres forêts, sur les montagnes les plus escarpées, et au fond des eaux, où il broute pendant les heures de chaleur avec la même facilité que dans les lieux secs.

C'est le seul animal que les caïmans n'osent pas attaquer. Lorsque plusieurs femelles, pendant la chaleur, sont plongées avec leurs petits dans le lac où se trouvent des caïmans, elles ont soin de former un cercle au milieu duquel elles les placent, pour les préserver de la surprise du caïman. Celui-ci n'ose pas attaquer les grands, mais il pourrait fort bien enlever un des petits.

L'Indien associe le buffle à tous ses travaux. C'est avec lui qu'il laboure ses champs, son jardin, les terrains secs et ceux couverts d'eau jusqu'à mi-jambe, destinés aux plantations de riz. C'est aussi avec lui qu'il fait ses charrois, ses transports à dos dans les montagnes, par des routes presque impraticables. Il lui sert également de monture, comme le cheval, pour faire de longs trajets. Sa force permet au buffle de porter à la fois trois ou quatre hommes.

L'Indien se sert aussi de cet utile animal pour traverser de larges et profondes rivières et des étendues d'eaux considérables. La bride à la main pour le diriger et l'empêcher de plonger, il se place debout sur son large dos, et le patient animal nage en suivant la direction que son maître lui indique ; souvent il traîne en même temps sa charrette, qui flotte derrière lui.

De tous les herbivores, c'est assurément le plus patient, celui dont l'instinct est le plus développé. Il sait quand il commet un dommage quelconque. Lorsqu'il est dans un champ cultivé, s'il y est surpris, il se cache; et s'il s'aperçoit qu'il a été découvert, il se sauve comme un voleur pris en flagrant délit.

J'ai souvent vu des bûcherons, travaillant dans la forêt à une grande distance de leur demeure, atteler leurs buffles à une pièce de bois, et leur dire : *Va à la maison*. Les patients animaux partaient, sans guide, marchaient, suivaient leur route en évitant avec précaution les mauvais pas et ce qui aurait pu entraver leur marche, et arrivaient à l'habitation de leur maître.

Son attelage est des plus simples et des plus commodes : il consiste en un morceau de bois courbé naturellement, de la forme du garot (*voyez* fig. B). Ce collier prend le col, et descend jusqu'au milieu des épaules; il est attaché au-dessous du col avec une corde ou une liane, et les traits sont fixés aux deux extrémités.

La femelle, peu employée aux travaux, produit beaucoup de lait, et aussi bon que la meilleure crème. On en fait du beurre d'un goût agréable et d'excellents fromages.

La chair du buffle est presque aussi bonne que celle du bœuf; mais on en fait peu d'usage aux Philippines.

C'est un animal tellement utile à l'agriculture, que, malgré la modicité de son prix (40 à 60 fr. pour un beau buffle de travail, et 20 à 25 fr. pour un jeune buffle venant d'être dompté), les Espagnols ont fait une loi pour protéger sa vie. Ainsi, un Indien n'a le droit d'abattre son buffle que lorsqu'un jury spécial l'a autorisé, et a déclaré qu'il n'est plus en état de servir à l'agriculture.

Je considère que cet animal serait de la plus grande utilité pour nos colonies d'Afrique, et aussi pour la Corse. Il détruirait les herbes qui poussent dans les marais et sur leurs berges, les nombreux insectes qui y prennent naissance, et contribuerait ainsi à faire disparaître les émanations qui produisent le mauvais air.

3. LE CERF (*oussa*). — CERVUS PHILIPPINENSIS.

De tous les mammifères, le cerf des Philippines est le plus nombreux. Il habite les montagnes, les forêts, et se cache dans les hautes herbes.

Le mâle a un bois beaucoup plus petit que nos cerfs d'Europe. Jamais il ne porte plus de trois andouillers.

Sa chasse est un des plus grands amusements des Indiens, qui le poursuivent souvent avec de bons chiens jusqu'à le mettre aux abois; ou bien, armés d'une longue lance et montés sur de bons chevaux, ils le suivent de toute la vitesse de leur monture, jusqu'au moment où ils peuvent l'atteindre. Ils le prennent aussi avec des filets ingénieusement fabriqués; mais cette dernière chasse, exigeant beaucoup moins d'adresse et d'exercice, est à la fois trop facile et trop abondante pour leur procurer le même plaisir que les deux premières.

Sa chair est d'un goût savoureux, bien meilleure que celle de nos cerfs d'Europe, préférable même à nos meilleures viandes de boucherie.

Les Chinois attribuent une grande vertu médicinale au jeune bois lorsqu'il est encore recouvert de sa peau. Ils payent jusqu'à 30 et 40 fr. une paire de jeunes bois. Ils les font sécher pour les conserver et les administrer en poudre dans certaines maladies.

Ils attribuent aussi une grande vertu aphrodisiaque aux tendons, et tous les ans ils en exportent pour la Chine une quantité considérable.

4. LE SANGLIER (*babui-damon*).

Le sanglier que les Indiens nomment *babui-damon* (cochon d'herbes) est presque semblable au porc domestique des Philippines. Le mâle seulement en diffère par deux énormes glandes garnies de soies longues et dures, placées des deux côtés du cou, près des os maxillaires.

Il habite les lieux les plus sombres et les plus fourrés des forêts, où il trouve abondamment, pour sa nourriture, des fruits et des racines, ainsi que de gros bulimes, espèce de limaçon dont il est très-friand.

On le chasse avec des chiens, des filets, et avec la lance. On lui fait, avec cette arme, une chasse particulière aux Philippines, et assez singulière pour mériter une description.

A l'époque des pluies, les sangliers qui habitent les grands bois situés sur le sommet des montagnes souffrent du froid. Pour s'en garantir, ils coupent avec leurs dents une énorme quantité d'herbes et de jeunes plantes. Ils en font un immense tas, et se blottissent dessous quelquefois au nombre de douze. Les chasseurs sont armés de lances préparées pour cette chasse, dont le fer tient faiblement par sa douille à la hampe, et qui cependant y est attaché par un bout de corde; de façon que le fer se détachant de la hampe y reste fixé, et forme une espèce de crochet qui s'embarrasse dans les broussailles et arrête l'animal dans sa fuite.

Ces dispositions faites, les chasseurs parcourent la forêt, et lorsqu'ils aperçoivent un de ces grands tas d'herbes, ils s'en approchent avec précaution. S'ils voient se dégager au-dessus de ce monticule une vapeur comme celle que produit notre haleine par un temps froid, c'est pour eux l'indication certaine que des sangliers y sont couchés. Alors, à un signal convenu, ils envoient tous leurs lances comme des javelots, dans la direction où ils croient devoir atteindre leurs proies. Les sangliers s'enfuient précipitamment. Ceux qui ont été blessés emportent la lance; mais au moindre mouvement la hampe se détache du fer, s'accroche dans les broussailles, arrête l'animal, et les chasseurs achèvent de le tuer avec une autre lance.

Comme le sanglier d'Europe, le mâle est armé de deux fortes défenses. Sa chasse doit toujours se faire avec précaution; car, ainsi qu'on l'a vu, il ne ménage pas le chasseur lorsqu'il tombe en son pouvoir.

Sa chair est d'un goût exquis, délicat, préférable à celle de toute espèce d'animaux sauvages.

5. LA CIVETTE (*moussan* et *alimous*).

Deux espèces de civettes sont connues aux Philippines : l'une, d'une couleur grise, mouchetée et rayée de noir, de la grosseur d'un chat, nommée par les Indiens *moussan;* l'autre, plus petite, couleur de tabac, nommée *alimous*. Ces deux espèces ont les mêmes habitudes; elles se tiennent dans les bois, et font la chasse aux petits oiseaux, aux rats, aux reptiles et aux insectes.

C'est de la civette nommée *moussan* que les Indiens retirent le musc. Ils les enferment, les élèvent dans des cages, et les nourrissent de poisson. Tous les matins, à travers les barreaux de la cage, ils leur saisissent la queue pour les rendre furieuses, et, après les avoir tourmentées pendant un quart d'heure, ils retirent, avec une petite spatule en argent, l'humeur qui a été sécrétée entre les deux glandes qui produisent le musc.

A l'époque où les belles Liméniennes se servaient avec profusion de cette substance pour leur toilette, le musc se vendait de 80 à 100 francs l'once. Depuis qu'elles en font moins d'usage, ce prix a beaucoup diminué.

6. PLÆMIS CUMINGII (*parret*).

Le plus gros mammifère après la civette est le *plæmis Cumingii*, nommé par les Indiens *parret*. Il est de l'espèce des rongeurs, de la grosseur d'un petit chat. Sa fourrure est d'un gris blanchâtre. On le trouve particulièrement dans la province de *Nueva-Ecija*, où il vit, dans les bois, de fruits et de racines.

J'en ai remis deux sujets au musée du Jardin des Plantes.

7. LA ROUSSETTE (*paniquet*). — PTEROPUS.

Les roussettes, nommées par les Indiens *paniquet*, dont j'ai déjà eu l'occasion de parler ainsi que de leur chasse, sont des *chauves-souris* de la grosseur d'une petite poule. Elles vivent en grandes familles. Le jour, elles se tiennent accrochées dans les arbres qu'elles ont adoptés pour demeure, et dont elles ont détruit toutes les feuilles. Elles y sont en si grand nombre, que les arbres paraissent recouverts de grandes feuilles noires, et qu'il n'est pas rare d'en abattre douze ou quinze d'un seul coup de fusil.

La nuit, elles prennent leur vol, et vont à plusieurs lieues chercher leur pâture.

Elles se nourrissent de fruits, dont elles sucent le jus sans avaler la pulpe. Elles sont aussi carnivores, et sucent le sang des petits animaux qu'elles peuvent prendre, ce qui leur a fait donner le nom de *vampires*.

La femelle n'a jamais qu'un petit à la fois. Elle l'allaite, le tient accroché à sa poitrine, et le transporte partout où elle va, jusqu'à ce qu'il ait la force de voler.

L'instinct des roussettes leur fait distinguer la différence des moussons. Elles font exactement comme les *Ajetas :* lorsqu'elles sont à l'ouest des montagnes et que cette mousson remplace celle de l'est, elles quittent leur refuge, partent toutes ensemble, et vont chercher à l'est le même lieu qu'elles avaient abandonné six mois avant pour la même cause.

La chair de la roussette est très-bonne à manger. Les Indiens en font un ragoût particulier qui n'est point à dédaigner.

8. LE GALÉOPITHÈQUE (*guiga*).

Le galéopithèque, nommé *guiga* par les Indiens, est un joli petit animal de la grosseur d'un lapin de garenne. Sa fourrure, fine et soyeuse, varie beaucoup dans sa couleur. Ainsi, il y en a de tout à fait noirs, de gris de diverses nuances, de jaune nankin, de noirs tachetés de blanc, de gris tachetés de blanc, etc. Il est extraordinaire qu'un animal à l'état sauvage présente une aussi grande variété dans la couleur de sa robe.

Le *guiga* porte des membranes comme les écureuils volants ; il s'en sert pour sauter d'un arbre à l'autre. Il ne se trouve que dans les *Bisayas*.

Le jour, il demeure caché dans les arbres sur lesquels il peut trouver un trou pour se blottir. Il en sort la nuit pour se nourrir de fruits et d'insectes.

Les Indiens ont une habileté particulière pour préparer leurs peaux, qu'ils vendent généralement aux Américains du Nord.

Comme on vient de le voir, le nombre des mammifères aux îles Philippines est réduit à quelques individus. Ses grandes forêts n'abritent point d'animaux féroces comme Java, Bornéo et Sumatra, leurs voisines.

---

§ VII. — OISEAUX.

Les oiseaux sont si nombreux aux Philippines, que plusieurs volumes suffiraient à peine pour dépeindre toutes leurs variétés de forme et de plumage, leurs habitudes, et l'instinct que la prévoyante nature a donné à plusieurs espèces pour se reproduire, se garantir de leurs ennemis, et pourvoir à leur subsistance.

Ne pouvant pas faire un cours d'ornithologie, je vais me borner à décrire quelques individus dans les familles les plus remarquables, et donner le catalogue de tous ceux qui sont connus.

Dans les rapaces, où se trouve le monarque des habitants de l'air, on remarque l'*haliateus blagrus*, l'*aigle-pêcheur*, que les Indiens nomment *laouyn*. Il habite les bois situés près des bords de la mer, des lacs ou des grandes rivières. Son plumage est varié de noir et de blanc ; il est armé d'un bec crochu et tranchant ; il a des pattes nerveuses couvertes d'écailles, des serres aiguës, l'œil étincelant ; il frappe l'air de ses puissantes ailes, plane dans les nuages, d'où il se précipite sur sa proie avec la rapidité d'une flèche ; il la saisit dans ses serres, s'élève de nouveau, puis, suspendant son vol rapide, plane majestueusement pendant qu'il déchire sa victime. Lorsqu'elle est sans vie, il reprend son vol, et va se percher sur un arbre élevé qu'il a choisi pour le lieu de ses festins.

A l'époque de la reproduction, le mâle aide sa femelle à construire son aire. Celle-ci y dépose deux ou trois œufs, et, pendant tout le temps qu'elle passe à les couver, le mâle, sur une branche voisine, veille sur elle, et ne s'en éloigne que pour chercher sa pâture. Lorsque les aiglons sont éclos, il partage avec sa compagne le soin de les nourrir.

Le plus petit individu connu de cette famille, l'*irax siriceus,* auquel quelques naturalistes ont donné le nom de *gironieri*, est un joli faucon de la grosseur du moineau. Son ventre et sa gorge sont blanc argenté, et le reste de son corps d'un beau noir bronzé.

On pourrait le prendre pour le symbole de la fidélité : le mâle ne quitte jamais sa femelle ; il est toujours perché près d'elle, sur une branche morte, d'où il plane de son œil perçant sur le sommet des arbres voisins ; lorsqu'il aperçoit voler un insecte, il s'élance à tire-d'aile, le saisit, et revient partager sa proie avec sa compagne.

Dans les perroquets, famille si variée par la diversité du plumage, on remarque plusieurs espèces de jolies perruches, dont la couleur dispute aux feuilles leur verdure, à l'écarlate, au jaune et au bleu leur éclat. Ces jolis oiseaux, qui flattent si agréablement la vue, n'ont qu'un cri discordant et désagréable. Ils vivent ordinairement par couples, font leur nid dans des trous d'arbres, et se nourrissent de fruits.

Dans cette même famille se trouvent les *cacatois* au blanc plumage, à la huppe couleur de soufre. A certaines époques de l'année, ils sont réunis en grandes bandes, font retentir la lisière des bois de leurs cris aigus et discordants, et ne s'interrompent qu'après avoir placé des sentinelles de distance en distance, pour avertir de l'approche de l'ennemi, pendant que la bande entière s'est abattue sur un champ de riz ou de maïs, qu'elle dévaste.

Plusieurs espèces de gallinacés méritent l'attention du naturaliste. L'une est le *labouyo* des Indiens, le *bankiva* des naturalistes, ou le *coq sauvage*, le coq primitif qui a fourni son espèce à toutes nos basses-cours.

Dans les champs, en liberté, loin de l'esclavage, le *bankiva* a conservé son beau plumage noir bronzé et rouge doré, et sa femelle celui de noir, mêlé d'un peu de gris et de jaune.

Dans l'état de nature, il est étranger aux vices contractés dans la civilisation par les esclaves de son espèce ; il a conservé intactes les lois qu'il a reçues de la nature ; ainsi il ne remplit jamais le rôle de nos sultans de basses-cours, auxquels il faut tout un harem de jeunes poules. Pendant la saison des amours, il choisit une seule compagne, qu'il aide assidûment dans tous ses soins maternels.

Le coq sauvage a plus de fierté et de bravoure que le coq domestique. Les Indiens profitent de son courage pour le faire succomber dans un combat inégal, et se régaler ensuite de sa chair délicate.

Le matin, lorsque la sentinelle vigilante des hôtes des bosquets annonce l'aube du jour, l'Indien aux aguets lui envoie un de ses semblables qu'il a apprivoisé et armé de deux éperons en acier tranchant. Dès que les deux champions se rencontrent, il s'engage entre eux un combat acharné. L'habitant des bois, avec ses armes naturelles, ne fait que de légères blessures à son ennemi, tandis que celui-ci, fort de celles que lui a données son maître, le blesse mortellement, fait couler son sang jusqu'à ce que, trahi par ses forces et son intrépidité, le loyal habitant des bois succombe aux pieds de son déloyal vainqueur.

La seconde espèce du même genre présente, dans sa reproduction, des particularités qui font admirer l'art et l'intelligence que le Créateur a donnés à tous les êtres qui peuplent notre globe.

Le *mangapodius rubripes* des naturalistes, nommé par les Indiens *tabon* [1], est de la grosseur d'une poule ordinaire. Le mâle et la femelle sont de la même couleur, *noir fauve*. Ils se servent peu de leurs ailes pour voler, ont des pattes plus fortes et plus longues que la poule, des ongles très-forts dont ils se servent pour gratter la terre.

Ces oiseaux vivent ordinairement en troupe dans les grands bois. A la saison de la ponte, ils se séparent par couples. Le mâle et sa femelle cherchent aux environs des lacs ou des rivières de grands amas de sable. La femelle s'y introduit à une profondeur de huit à dix pieds ; elle y dépose un œuf et le recouvre soigneusement. Le lendemain, elle revient à la même place, fait la même opération, et dépose un second œuf à côté du premier. Elle continue ainsi tous les jours, jusqu'à ce que sa ponte, qui se compose de huit à dix œufs, soit terminée.

Ces œufs, entièrement blancs ou de couleur rosée, sont d'une grosseur plus que double de celle des œufs de nos poules.

L'œuvre de l'incubation est abandonnée à la chaleur du sable. Pendant tout le temps qu'elle s'opère, le mâle et la femelle se tiennent

(1) *Tabon* signifie, en langue tagale, couvrir de terre ou de sable.

éloignés de leur précieux dépôt, de crainte que leur présence ne le fasse découvrir à leurs ennemis.

A une époque fixe, que la nature sans doute leur indique, ils reviennent. La femelle s'introduit de nouveau dans le sable, casse le premier œuf qu'elle a pondu, et il en sort un petit qui a toute la force nécessaire pour suivre sa mère. Elle recouvre le reste de la couvée, revient le lendemain, et ainsi de suite tous les jours, jusqu'à ce qu'elle ait cassé un par un tous les œufs dans le même ordre qu'elle les avait pondus. Toute la famille retourne alors habiter les bois et vit en commun jusqu'au retour de la saison de l'accouplement.

L'éperonnier (*polyplectron bicalcaratum*), qui se trouve aux îles *Bisayas*, est aussi de la famille des *gallinacés*. C'est un bel oiseau, de la taille d'un petit faisan, et dont le plumage est à peu près semblable à celui du paon.

On compte aux Philippines trois espèces de *calaos*. Le grand, le plus remarquable (*buceros hydrocorax*), est brun et blanc, et porte, sur son énorme bec rouge, une monstrueuse protubérance osseuse, de la même couleur que le bec; elle est entièrement vide, et sa cavité communique par des ouvertures à l'intérieur du bec. C'est un vrai diapason, qui donne au cri de cet oiseau une telle sonorité, que ce cri s'entend à des distances considérables; il imite parfaitement le nom de l'oiseau : *calao*.

La nature a refusé au *calao* la faculté de se poser à terre. Les arbres lui servent de demeure, les fruits qu'ils produisent de nourriture; et les feuilles qui conservent la rosée du ciel lui fournissent l'eau nécessaire pour étancher sa soif.

L'une des deux autres espèces, *noire et blanche*, porte sur le bec une moins grosse protubérance, d'une couleur blanchâtre.

La troisième espèce, beaucoup plus petite, que les Indiens nomment *talictic*, a le dos verdâtre, le ventre blanc, et une très-petite protubérance noirâtre, bariolée de jaune.

Tous ces oiseaux se nourrissent de fruits, et particulièrement de celui que produit le *balète-ficus*.

Aucun pays n'offre plus de variétés de colombes que les Philippines. Pour orner leur beau plumage, la nature semble avoir mis à contribution toutes les combinaisons possibles.

C'est dans les *Bisayas* que se trouve ce beau pigeon (*calœnas nicobarina*) d'un vert d'émeraude resplendissant, et qui porte à la naissance du cou de légères plumes d'un brillant métallique, longues et flottantes, et qui forment au-dessus des ailes et sur sa poitrine la plus jolie collerette qu'il soit possible d'inventer.

C'est aussi à la même espèce qu'appartient la jolie colombe *coup de poignard* (*calœnas luzonica*). Elle a le dos couleur d'ardoise, le ventre et le cou d'un blanc parfait, et à la poitrine une tache de sang si naturelle, que celui qui la voit pour la première fois a peine à ne pas la prendre pour une blessure.

Cette espèce se trouve dans l'île de Luçon, habite sous les grands bois, et fait son nid sur la terre.

Parmi les hirondelles, on trouve deux espèces de *salangans :* l'une, l'*esculenta*, et l'autre, le *nidifica*. Les habitudes de ces oiseaux, au vol léger, sont bien différentes de celles des oiseaux de la même famille habitant nos pays.

L'*esculenta* et le *nidifica* vivent presque toujours sur les eaux de la mer. Ils s'éloignent des plages à plusieurs centaines de lieues, planent continuellement entre les vagues, et pendant les plus terribles tempêtes ils caressent l'onde du bout de leurs ailes sans paraître y toucher; et cependant, dans leur vol rapide, ils recueillent, sur la surface de l'eau, une gomme blanche et diaphane. Ils l'apportent dans des cavernes, sur les rochers les plus arides, les plus escarpés, pour y construire artistement leur nid. Ces nids sont recherchés avec avidité par les Indiens; ils les vendent au poids de l'or aux opulents Chinois, qui, après leur avoir fait subir une préparation culinaire, les considèrent comme l'aliment le plus riche et le plus recherché qu'ils puissent servir dans leurs splendides festins.

La famille des *palmipèdes* est aussi très-abondante et très-variée. Sur les eaux des lacs et des grandes rivières on voit continuellement se jouer des millions de canards, de sarcelles, de plongeons, de poules d'eau, de cormorans et de monstrueux *pélicans blancs*, auxquels la nature a donné, sous leur long bec, une énorme poche membraneuse où ils conservent tout vivants, comme dans un vivier, les poissons qu'ils ont pris pendant le calme, et dont ils se nourrissent à loisir lorsque l'onde trop agitée ne leur permet pas de pourvoir à leur subsistance.

Sur les plages des lacs et des rivières, on voit se promener majestueusement des troupeaux d'*échassiers*, parmi lesquels on distingue la belle *aigrette* aux plumes blanches comme neige, qui donne une partie de sa parure pour orner la tête de nos dames et la coiffure de nos officiers.

Enfin, la famille la plus nombreuse, la plus variée, celle qui offre dans le plumage tant de couleurs différentes, est celle des *passereaux*. Bien que l'on dise généralement qu'entre les tropiques les oiseaux ne chantent pas, aux Philippines ils sont les véritables orphéonistes du ciel. Le matin surtout, lorsque de leurs chants harmonieux ils célèbrent la naissance d'un beau jour, chaque bosquet semble une académie de musique, où une troupe de jeunes artistes fait assaut d'harmonie. Mais ces doux ramages sont interrompus par intervalle par les pics, les coucous et les martins, plus brillants par leur plumage que par leur chant, et qui font retentir les bois de leurs cris aigus et discords.

Je dois à MM. Édouard et Jules Verreaux la nomenclature scientifique des oiseaux des Philippines.

A une époque où les trois frères Jules, Alexis et Édouard Verreaux avaient un grand établissement d'histoire naturelle au cap de Bonne-Espérance, Édouard, le plus jeune, interrompit ses périlleuses excursions dans l'intérieur de l'Afrique, pour visiter les contrées asiatiques. Sa vie aventureuse l'amena à *Jala-Jala*. Pendant les quelques mois de son séjour chez moi, il se livra particulièrement à l'étude de l'ornithologie, et il recueillit une belle collection qui figure maintenant dans le grand établissement que son frère Jules et lui ont créé à Paris, place Royale, 9.

Les curieux et les savants qui désireraient consulter MM. Verreaux sur les particularités que j'ai pu omettre dans mon aperçu sur l'histoire naturelle, peuvent le faire en toute confiance. Ils trouveront en eux, avec l'obligeance la plus bienveillante, une profonde et solide instruction sur toutes les branches de l'histoire naturelle.

C'est avec plaisir que j'insère ici cette note, qui n'est qu'un faible témoignage de ma reconnaissance pour le concours qu'ils m'ont donné dans mon travail sur l'ornithologie.

ORNITHOLOGIE DES PHILIPPINES.

NUMÉROS.	NOMS SCIENTIFIQUES.	NOMS TAGALOCS.
1	Psittacula loxia (Less.)	*Boubouctouc.*
2	Loriculus Coulaci (Bonap.)	*Coulacissi.*
3	Tanygnatus marginatus (Wagl.)	
4	Prioniturus platurus (Bonap.)	
5	Cacatua Philippinarum (Bourj.)	*Cacatoua.*
6	Haliætus blagrus (Smith.)	*Laouin.*
7	Haliastur ponticerianus (Selby.)	*Id.*
8	Aviceda magnirostris (Bonap.)	*Id.*
9	Ierax sericeus (Gray), ou falco Gironieri (Eydoux)	*Laouin-monti.*
10	Spizaetus lanceolatus (Tem.)	*Laouin.*
11	Astur trivirgatus (Cuv.)	*Id.*
12	Accipiter virgatur (Gray.)	*Id.*
13	Jeraglaux philippensis (Bonap.)	
14	Otus philippensis (Gray.)	
15	Syrnium philippense (Gray.)	
16	Caprimulgus macrotis (Dig.)	
17	Acanthylis giganteus (Bonap.)	
18	Cypselus sinensis (Cuv.)	
19	Dendrochelidon comatus (Boie.)	
20	Buceros hydrocorax (Lin.)	*Calao.*
21	Buceros antracinus (Tem.)	*Id.*
22	Tockus sulcatus (Bonap.)	*Talictik.*
23	Tockus sulsirostris (Bonap.)	*Id.*
24	Dasylophus supersiliosus (Swains.)	*Sabucot-pula.*
25	Dasylophus Cumingi (Fraser.)	*Id.*
26	Eudynamis australis (Swains.)	*Saboucot.*
27	Centropus viridis (Pueher.)	*Id.*
28	Centropus Molkenboeri (Bonap.)	*Id.*
29	Cacomantis flavus (Bonap.)	*Id.*
30	Chrysocolaptes hæmatribon (Bonap.)	*Manounuctouc.*
31	Id. palalaca (Bonap.)	*Id.*
32	Id. menstruus (Bonap.)	*Id.*
33	Picus moluccensis (Lin.)	*Id.*
34	Megalaima philippensis (Gray.)	*Aso.*
35	Harpactes ardens (Gould.)	
36	Halcyon fusca (Gray.)	*Salacsac.*
37	Id. collaris (Gray.)	*Id.*
38	Id. Lindsayi (Gray.)	*Id.*
39	Ceyx melanura (Kaup.)	*Id.*
40	Alcyone cyanipectus (Bonap.)	*Id.*
41	Merops badius (Gm.)	*Pirit.*
42	D° javanicus (Horsf.)	*Id.*

NUMÉROS	NOMS SCIENTIFIQUES.	NOMS TAGALOCS.
43	Kitta speciola (Bonap.)	
44	Eurystomus orientalis (Bonap.)	*Ouackuackean.*
45	Parus quadrivittatus (Lafres.)	
46	Motacilla luzoniensis (Scopol.)	
47	Brachyurus atricapillus (Bonap.)	
48	Id. erythogastra (Bonap.)	
49	Hypsypetes philippensis (Strickl.)	
50	Microscelis philippensis (Gray)	
51	Ixos chrysorrhaeus (Tem.)	
52	Id. sinensis (Bonap.)	
53	Copsychus luzoniensis (Kittl.)	*Dominico.*
54	Megalurus palustris (Horf.)	
55	Calliope camtschatkensis (Bonap.)	
56	Petrocincla eremita (Gray)	
57	Petrocossypha manillensis (Bonap.)	
58	Pratincola caprata (Bonap.)	*Tainbabouii.*
59	Cyornis elegans (Bonap.)	
60	Myiagra manadensis (Bonap.)	
61	Rhipidura nigritoryques (Bonap.)	*Maria-Cafra.*
62	Muscipeta rufa (Bonap.)	
63	Collocalia nidifica (Bonap.)	*Salangan.*
64	Id. esculenta (Bonap.)	*Id.*
65	Artamus leucorhynchus (Vieill.)	*Palacpat.*
66	Oriolus acrorhynchus (Vig.)	*Couliaouan.*
67	Irena cyanogastra (Vig.)	
68	Dicrourus balicassicus (Vieill.)	*Balicassiao.*
69	Ceblepyris cærulescens (Blyth.)	
70	Graucalus lagunensis (Bonap.)	
71	Lalage orientalis (Boie.)	*Balac-angin.*
72	Enneoctonus superciliosus (Bonap.)	
73	Lanius sach. (Lin)	
74	Crypsirhina varians (Vieill.)	
75	Corvus inca (Horsf.)	*Couac.*
76	Meliphaga mystacalis (Tem.)	*Coulanga.*
77	Jora scapularis (Horsf.)	
78	Zosterops meyeni (Bonap.)	
79	Dicæum trigonostigma (Gray)	
80	Cinnyris pectoralis (Vieill.)	*Pipi.*
81	Id. ruber (Vieill.)	*Id.*
82	Lamprotornis insidiator (Caban.)	*Tordo.*
83	Id. columbianus (Bonap.)	*Id.*
84	Heterornis ruficollis (Bonap.)	*Id.*
85	Acridotheres philippensis (Bonap.)	*Id.*
86	Gymnops calvus (Cuv.)	*Coulin.*
87	Ploceus philippensis (Bonap.)	

NUMÉROS.	NOMS SCIENTIFIQUES.	NOMS TAGALOCS.
88	Munia oryzivora (Bonap.)...............	*Maya.*
89	Id. minuta (Bonap.).................	*Id.*
90	Estrelda amandava (Gray).............	*Id.*
91	Passer jugiferus (Tem.)................	*Maya-pakin.*
92	Ptilinopus roseicollis (Gray).............	*Batu-batu punay.*
93	Ramphiculus occipitalis (Bonap.)........	*Batu-batu.*
94	Treron psittacea (Gray).................	*Id.*
95	Id. vernans (Steph.)................	*Id.*
96	Phapitreron leucotis (Bonap.)...........	
97	Carpophaga chalybura (Bonap.)..........	
98	Ptilocolpa griseipectus (Bonap.).........	
99	Id. carola (Bonap.)..............	
100	Macropygia phasianella (Bonap.).........	*Batu-batu tabacuan.*
101	Turtur chinensis (Scopol.)..............	
102	Streptopelia humilis (Bonap.)...........	*Batu-batu monti.*
103	Phlegænas cruenta (Bonap.).............	
104	Chalcophaps indica (Gould.).............	*Lipagin.*
105	Calœnas nicobarica (Gray).............	*Batu-batu dougou.*
106	Megapodius rubripes (Tem.)............	*Tavon.*
107	Id. Forstenii (Müll.)...........	
108	Polyplectron Napoleonis (Less.)..........	
109	Gallus bankiva (Tem.).................	*Labouio.*
110	Coturnix chinensis (Gould.)............	*Pogo.*
111	Turnix pugnax (Steph.)................	*Id.*
112	Id. ocellata (Gray)................	*Pogo-malaquit.*
113	Melanopelargus leucocephalus (Bonap.)....	
114	Typhon robusta (Müll.)................	
115	Ardea purpurea (Lin.)..................	
116	Herodias sacra (Bonap.)...............	
117	Buphus malaccensis (Bonap.)...........	
118	Butorides javanica (Bonap.)............	
119	Ardeola cinnamomea (Bonap.)...........	
120	Nycticorax manillensis (Vig.)...........	
121	Id. caledonicus (Steph.).........	
122	Id. Goisagi (Gray)..............	
123	Platalea luzoniensis (Scopol.)..........	
124	Plegadis bengaleusis (Bonap.)...........	
125	Totanus glareolus (Gray)...............	
126	Id. ochropus (Tem.).............	
127	Id. hypoleucus (Gray)............	
128	Rallus torquatus (Lin.)................	*Ticline.*
129	Id. philippensis (Lin.).............	*Id.*
130	Ortygometra ocularis (Gray)............	*Id.*
131	Porphyrio pulverulentus (Tem.)..........	*Abab.*
132	Gallinula cristata (Lath.)...............	*Id.*

NUMÉROS.	NOMS SCIENTIFIQUES.	NOMS TAGALOCS.
133	Gallinula olivacea (Meyer.)	*Abab.*
134	Dendrocygna vagans (Eyton.)	*Itic.*
135	Id. arcuata (Swains.)	*Id.*
136	Id. viduata (Swains.)	*Id.*
137	Anas luzonica (Fraser.)	*Id.*
138	Id. gibbifrons (Müll.)	*Id.*
139	Id. superciliosa (Gm.)	*Id.*
140	Spatula rhynchotis (Gould.)	*Id.*
141	Querquedula crecca (Steph.)	*Id.*
142	Id. circia (Steph.)	*Id.*
143	Podiceps gularis (Gould.)	*Coulisi.*
144	Id. australis (Gould.)	*Id.*
145	Plotus Novæ-Hollandiœ (Gould.)	*Cassili.*
146	Phalacrocorax sinensis (Gray.)	*Id.*
147	Carbo javanicus (Horsf.)	*Id.*
148	Pelecanus philippensis (Gm.)	*Pagala.*
149	Fregata ariel (Gould.)	
150	Larus pacificus (Lath.)	
151	Xema Jamesonii (Gould.)	
152	Sylochelidon strenuus (Gould.)	
153	Thalasseus poliocercus (Gould.)	
154	Sterna melanauchen (Tem.)	
155	Onychoprion fuliginosa (Swains.)	
156	Anous melanops (Gould.)	
157	Diomedea exulans (Lin.)	
158	Id. chlororhynchos (Lath.)	
159	Id. culminata (Gould.)	
160	Id. fuliginosa (Lath.)	
161	Procellaria gigantea (Lath.)	
162	Id. atlantica (Gould.)	
163	Id. hasitata (Kuhl.)	
164	Procellaria glacialoides (Smith.)	
165	Puffinus æquinoctialis (Less.)	
166	Prion turtur (Forst.)	
167	Id. ariel (Gould.)	
168	Thalassidroma marina (Less.)	
169	Id. leucogastra (Gould.)	
170	Id. nereis (Gould.)	
171	Id. Wilsonii (Bonap)	
172	Spheniscus minor. (Tem.)	

§ VIII. — POISSONS.

Les lacs et les rivières abondent en excellents poissons. J'ai déjà fait connaître les espèces qui habitent le lac de *Bay*. J'ai cependant omis de parler de l'espèce la plus abondante, celle qui se distingue par les particularités qui lui méritent une place spéciale : je veux parler du *machoirin*, nommé par les Indiens *candolé*.

Le *candolé* est un poisson sans écailles, dont la longueur ne dépasse jamais deux pieds à deux pieds et demi; il est bleu sur le dos, et blanc argenté sous le ventre. Il a une grosse tête en proportion de son corps. Il porte trois fortes défenses, l'une sur le dos à la naissance de la nageoire, et les deux autres de chaque côté du thorax. Ces défenses sont longues d'un pouce à un pouce et demi, selon la grosseur du poisson, très-aiguës, et sont dentelées en scie le long des bords. Lorsque ce poisson est menacé par un ennemi, il dresse ses trois défenses, et aucune force, à moins de les rompre, ne peut leur faire reprendre leur position naturelle.

La piqûre de cette arme est très-dangereuse, et produit une douleur atroce. Un individu qui serait blessé en même temps par plusieurs de ces poissons en mourrait. Lorsque les Indiens en sont piqués, ils se guérissent en faisant tomber dans la blessure quelques gouttes d'huile enflammée. Pour cette petite opération, ils se servent d'une mèche de coton fortement imbibée d'huile, allument l'une de ses extrémités, et, en l'inclinant au-dessus de la blessure, quelques gouttes s'en détachent et tombent dans la plaie. Cette manière de cautérisation fait immédiatement cesser la douleur.

Il est de la famille des vivipares. A l'époque de la reproduction, on trouve dans l'intérieur des femelles un long chapelet d'œufs globuleux, de la grosseur d'un gros pois. Ces œufs renferment un germe à un état plus ou moins parfait de création. Quelques-uns ne présentent à l'intérieur qu'une substance laiteuse, tandis que d'autres contiennent un fœtus tout formé, et si plein de vie, qu'il suffit de rompre l'enveloppe et de le mettre dans l'eau pour le voir nager aussi bien que s'il était né naturellement.

La chair du *candolé* se mange surtout fumée ou séchée au soleil.

Avec son estomac on fait de la colle de poisson.

On trouve aussi, et particulièrement dans le lac de *Bay* et la baie de Manille, une espèce de serpent d'eau, dont les plus forts ne dépassent pas une longueur de trois à quatre pieds. Il est gris, bariolé de noir et de jaune. Il est plus répugnant que dangereux ; il est même inoffensif. Dans les grandes crues les Indiens pêchent ce serpent pour en faire de l'huile à brûler. Les aigles-pêcheurs lui font une chasse acharnée.

La mer fournit aux habitants des plages une quantité considérable de bons et excellents poissons. Ceux que nous avons en Europe, et qui se trouvent dans les mers de Luçon, sont les *sardines*, les *mulets*, les *maquereaux*, les *soles*, les *thons*, les *dorades* et les *anguilles*.

On prend dans la baie de Manille, avec des lignes de fond, une espèce de serpent de mer, d'une longueur de dix à douze pieds, d'une couleur verdâtre mêlée de jaune. Les pêcheurs prétendent que sa morsure est mortelle ; aussitôt qu'ils en prennent un, ils lui coupent la tête.

C'est un animal dégoûtant et hideux. Cependant les Indiens le font figurer dans leurs repas.

Les Indiens pêchent une grande quantité de trépangs ; des requins, dont ils prennent les ailerons pour les vendre aux Chinois ; des tortues, qui fournissent un bon aliment et de l'écaille, et des huîtres perlières.

Parmi ces huîtres il en est une espèce très-abondante dans la baie de Manille, dont les écailles sont très-plates, minces et transparentes. On taille ces écailles en petits carrés, pour servir aux vitraux des maisons de Manille. Ces vitraux ont sur le verre l'avantage de ne donner aux appartements qu'un clair-obscur, et de ne pas laisser pénétrer les rayons du soleil.

La mer produit encore une grande quantité et une variété infinie de crustacés, des mollusques, des coquillages de toute espèce, et notamment d'excellentes huîtres.

---

§ IX. — REPTILES.

Il ne manque pas de reptiles aux Philippines ; mais, n'ayant pas l'intention de faire un cours d'histoire naturelle qui serait au-dessus de mes forces, je vais seulement, ainsi que je l'ai fait pour les poissons, m'occuper des espèces qui ont fixé mon attention par leur particularité.

Dans le genre des sauriens j'ai déjà décrit l'*aligator*, le plus monstrueux de tous les reptiles.

On trouve dans la même famille plusieurs espèces d'*iguanas*. La plus grande a souvent sept à huit pieds de longueur. C'est un énorme lézard couleur gris verdâtre, mêlé de points jaunes. Il vit sur le bord des lacs, des rivières, dans des lieux humides, et souvent dans les maisons. Il est presque amphibie, se nourrit de poissons, de rats, de volatiles, et il est tout à fait inoffensif pour les hommes. Sa chair blanche ressemble beaucoup à celle du poulet; elle est très-bonne à manger. Les Indiens n'en font pas usage; ils sont seulement très-friands de leurs œufs, de la dimension de grosses noix, et, comme ceux de la tortue, sans enveloppe solide.

Une petite espèce d'*iguana*, d'une couleur fauve, dont la longueur ne dépasse pas un pied et demi à deux pieds, porte une crête ou carenne qui se prolonge de la tête jusqu'au milieu de l'épine dorsale. Elle habite toujours le bord des rivières et des lacs; elle se tient ordinairement au soleil, sur les arbres qui avoisinent les bords de l'eau.

Dans toutes les maisons de Manille, il y a toujours une grande quantité de petits lézards qui ne se montrent que lorsque les lumières sont allumées. Ils sont de couleur grise. Ils ont sous les pattes une membrane qui les fait adhérer au sol, et leur facilite la faculté de se promener au plafond, sur les murs, et même sur les glaces. Ils se nourrissent de mouches et de moustiques.

Les *tacons* ou *tchacons*, espèce bien plus grande que la dernière, habitent aussi les maisons. Ils ont la longueur d'un pied; ils sont de couleur grise mêlée de jaune, de bleu et de rouge. Leur tête est énorme, et leur gueule d'une grandeur disproportionnée à tout le corps. Ils ont aussi, comme les petits lézards dont je viens de parler, une membrane sous les pattes. Ils adhèrent avec tant de force où ils se posent, que lorsque c'est sur une partie du corps d'une personne, on ne peut leur faire lâcher prise qu'en leur présentant un miroir; la vue de leur semblable les fait se jeter sur lui pour le combattre.

Ce sont, du reste, des animaux inoffensifs. Ils se nourrissent de cancrelats, espèce de scarabée. La nuit, ils font entendre par intervalle un cri qui se répète sans interruption sept à huit fois : *tcha-con*, ce qui leur a fait donner ce nom.

Les Indiens considèrent les maisons où ils habitent comme favorisées du sort. Cette croyance les empêche de les détruire.

Dans les bois on voit voler d'un arbre à l'autre des petits *dragons*. Ce sont aussi des lézards d'une longueur de sept à huit pouces. Ils ont le corps mince et la queue très-déliée. La nature leur a donné, comme aux chauves-souris, des ailes membraneuses, et de plus, sous la mâchoire inférieure, une longue poche qui se termine en pointe. Ils remplissent cette poche d'air pour se rendre plus légers, et prolonger leur vol lorsqu'ils ont une longue distance à parcourir.

Ils sont inoffensifs, et se nourrissent d'insectes.

On trouve plusieurs espèces de serpents. Les plus connus, que j'ai déjà décrits, sont le monstrueux *boa;* et dans ceux dont la morsure est mortelle, l'*alin-morani;* puis une espèce de vipère nommée *dajou-palay* (feuille de riz).

Beaucoup d'autres sont aussi très-dangereux, mais leurs noms ne me sont pas connus.

---

§ X. — DES INSECTES.

Plusieurs espèces d'insectes sont un tourment et même, on peut le dire, une véritable calamité pour les habitants des Philippines.

Telles sont les innombrables sauterelles, qui, ainsi qu'un gros nuage et un foudroyant orage, s'abattent sur les récoltes et les moissonnent en quelques heures; et sur les montagnes, les petites sangsues, qui ne laissent pas un instant de repos au voyageur.

Une troisième famille dont je n'ai pas parlé, celle des fourmis, vient aussi apporter son contingent d'incommodité et de destruction : ouvrières diligentes, nuit et jour en mouvement, elles s'introduisent partout, dévorent les provisions, montent dans les lits lorsqu'on n'a pas la précaution de placer les pieds dans des vases remplis d'eau, détruisent les récoltes avant de naître, font crouler les édifices sans qu'on s'y attende; et enfin, lorsqu'on les trouble sans précaution dans leurs travaux, elles vous enfoncent leur aiguillon dans les chairs, et vous causent une vive douleur.

Cette famille mérite, pour chacune de ses espèces, une description particulière.

1. FOURMI ROUGE (*langam*).

La fourmi rouge, de la couleur que son nom indique, et que les Indiens nomment *langam*, est la plus nombreuse, la plus répandue. Elle se trouve partout, dans les champs et les habitations; elle dévore toutes les provisions qu'on laisse à sa portée, attaque les animaux vivants qui sont sans défense. J'ai vu souvent des oiseaux en cage, que l'on n'avait pas eu soin de mettre hors de leur portée, dévorés dans une nuit. Elles montent dans les lits, si on n'a pas pris la précaution de s'en garantir, et leur morsure produit une douleur et une démangeaison insupportables. Elles détruisent dans les champs les graines qui sont ensemencées, ce qui oblige le cultivateur à semer le double des semences dont elles sont le plus friandes (1). Elles sont, en un mot, une véritable calamité contre laquelle il faut constamment être en lutte. Elles ont cependant un avantage : celui de faire disparaître, en peu de temps, tous les débris d'animaux dont les émanations putrides pourraient être nuisibles.

2. FOURMI DES BOIS (*lanteck*).

La fourmi des bois, que les Indiens nomment *lanteck*, est d'un beau noir, de la grosseur et plus longue qu'une mouche ordinaire. Elle n'habite que les bois, où elle construit des fourmilières, et elle y renferme ses provisions. Elle n'est nuisible que si on l'attaque; alors elle saisit son ennemi avec deux fortes pinces qu'elle porte près des antennes, se replie sur elle-même et lui enfonce dans les chairs l'aiguillon dont elle est armée à l'extrémité du corps. La douleur que produit sa piqûre est si vive, qu'elle se fait sentir comme une étincelle électrique. J'ai vu des étrangers piqués par un seul de ces insectes, et qui ont cru avoir été mordus par un serpent. La douleur vive se passe très-vite, mais l'enflure et la démangeaison durent plusieurs heures.

[1] Les Indiens, pour préserver les semences de melon, que les fourmis attaquent de préférence à toute autre, emploient un moyen de leur invention : ils enlèvent à la graine sa première enveloppe, la mettent dans un linge qu'ils renferment dans un vase; ils la font chauffer à un degré qu'ils connaissent. Ensuite ils sèment le soir; le lendemain, la graine est germée, et par conséquent à l'abri des fourmis.

3. PETITE FOURMI NOIRE (*couitis*).

Cette petite fourmi, nommée *couitis* par les Indiens, habite les bois, n'établit pas de fourmilières, et se tient généralement sur le tronc des arbres. Elle est presque imperceptible; cependant, lorsqu'on la touche, elle pique, et occasionne une douleur plus vive que toutes les autres, mais qui se passe instantanément, sans laisser de traces.

4. DES TERMITES OU FOURMIS BLANCHES (*anay*).

Les termites ou fourmis blanches, nommées par les Indiens *anay*, sont divisées en trois classes : les travailleuses, celles qui les dirigent ou les commandent, et les reines.

Les travailleuses ont généralement le corps blanc, plus gros et plus court que les fourmis ordinaires, les pattes très-courtes, le corselet et la tête un peu jaunes. Elles sont armées de deux mandibules, capables d'entamer et de broyer les bois les plus durs.

Les secondes, celles qui commandent, diffèrent des premières par une petite corne placée à l'extrémité de la tête, comme celle du rhinocéros.

Les reines ont la tête et le corselet absolument semblables à ceux des travailleuses; mais, à partir du corselet, le corps est d'une grosseur démesurée; il est ordinairement long de 1 à 2 pouces, et il a 8 à 10 lignes de circonférence.

La demeure habituelle des termites est dans les champs qui ne sont pas exposés à de fortes inondations. Dans les campagnes on aperçoit, de distance en distance, de petits monticules de terre de forme conique, qui s'élèvent de 5 à 6 pieds au-dessus du sol, et se terminent en pointe. La base de ces monticules, appuyée au sol, a de 12 à 15 pieds de circonférence.

C'est dans l'intérieur de ces meules ou monticules que réside tout un gouvernement, composé d'individus de divers grades, et une seule et unique reine, dont la mission est de reproduire les générations qui s'éteignent. C'est là aussi que se fait un travail continu, digne de l'étude de l'observateur qui cherche à pénétrer les admirables secrets de la nature.

Chaque demeure ou monticule a plusieurs ouvertures extérieures pour pénétrer dans l'intérieur, et pour la sortie de celles qui vont parcourir les champs environnants, où elles dévorent et rongent toutes les plantes, tous les bois morts qu'elles rencontrent.

Les termites ne font pas, comme nos fourmis d'Europe, des amas de provisions pour l'hiver. Sous le beau climat des Philippines, rien ne les oblige à se confiner dans leur demeure une partie de l'année. Elles recueillent seulement une espèce de gomme dont elles tapissent les nombreux compartiments qui composent leur habitation souterraine. Cet enduit, autant que j'ai pu m'en rendre compte, sert à alimenter la reine et les jeunes termites, depuis le premier âge jusqu'à l'époque où elles ont la force de pourvoir elles-mêmes à leur subsistance. Il est probable que cette gomme est appropriée aux divers âges, et qu'elle est plus parfaite là où se trouvent la reine et ses derniers nés, que vers l'extérieur, où se tiennent celles qui ont déjà toute leur force.

Comme je viens de le dire, l'intérieur des petits monticules est divisé en une foule de compartiments, de chambres et de galeries artistement construits avec de la terre tellement dure, qu'elle semble avoir été pétrie pour en faire de la poterie.

Lorsqu'on pénètre avec la pioche dans cet asile, on trouve les compartiments tapissés de petites fourmis qui n'ont pas la force de sortir ; et plus on pénètre à la partie la plus profonde, qui se trouve généralement à 3 ou 4 pieds au-dessous du sol, ou à 9 ou 10 du sommet du cône, on remarque qu'elles sont plus petites. Près la demeure de la reine, celles qui viennent de naître sont presque imperceptibles à l'œil nu.

La reine occupe la chambre la plus profonde. Là elle est renfermée, sans pouvoir sortir par les petites ouvertures qui communiquent de sa demeure aux autres compartiments. Sa mission est de travailler continuellement à la reproduction de ses sujets.

Lorsqu'on veut détruire un de ces essaims, il faut pénétrer à l'intérieur jusqu'à ce qu'on puisse s'emparer de la reine. Si on néglige cette précaution, si on se contente d'aplanir le monticule et de remettre le terrain au niveau du sol, les fourmis recommencent leur travail, et le rétablissent en peu de mois dans son état primitif.

Elles font souvent, pour se garantir de la pluie ou pour monter au sommet d'un arbre, de longues galeries couvertes qui les conduisent de leur demeure au lieu de leur travail. Ces galeries sont ordinairement à deux voies, l'une pour aller, l'autre pour revenir.

Lorsqu'on veut bien examiner leurs habitudes et leurs travaux, il faut démolir une partie de ces galeries. On voit aussitôt arriver les commandeurs; ils semblent examiner le dommage fait à leurs travaux, partent tous pour revenir, un instant après, avec un bon nombre d'ouvrières qui se mettent immédiatement à l'œuvre; chacune va chercher un globule de terre, et le place artistement pour rétablir la galerie.

Les chefs ou commandeurs qui accompagnent les ouvrières poussent, avec leur petite corne, celles qui marchent trop lentement, et paraissent animer toute la bande laborieuse.

Les termites ne se bornent pas à habiter la campagne, elles s'introduisent souvent dans les maisons; et comme elles le font toujours par des ouvertures souterraines et cachées, elles produisent des dégâts considérables. Par exemple, si la maison n'est pas construite avec des bois qu'elles n'attaquent pas, elles s'introduisent par les extrémités des charpentes, laissent parfaitement intact l'extérieur du bois, et dévorent tout l'intérieur. Si, par malheur, on ne s'en aperçoit pas, la maison s'écroule sans qu'on s'y attende.

Elles attaquent aussi les meubles et les vêtements en réserve, et il leur faut peu de jours pour occasionner des dégâts considérables; mais elles n'attaquent jamais les matières animales.

On connaît encore, dans le genre termite, une variété beaucoup plus grosse et entièrement noire; mais est-ce une variété, ou le même insecte à une époque différente de son existence? C'est ce que je ne saurais déterminer.

Cette variété, nommée par les Indiens *anay-maitim*, n'habite point sous terre; elle court dans les forêts et se nourrit des bois en décomposition; elle ne cause pas les mêmes ravages que les blanches.

A une certaine époque, sans doute la dernière de leur existence, il leur pousse quatre grandes ailes, et elles prennent leur vol.

Lorsque, la nuit, on s'aperçoit que ces insectes, attirés par les lumières, s'introduisent dans les maisons, il est indispensable de fermer immédiatement toutes les fenêtres, si on ne veut pas rester dans les ténèbres. Sans cette précaution, ils arrivent en si grand nombre qu'ils ont bientôt éteint les lumières, et le lendemain le sol est jonché de leurs cadavres.

Ainsi que je l'ai dit, elles ont l'avantage sur les blanches de ne causer aucun dégât.

5. LE CANCRELAT (*blatte*).

Un autre insecte habite aussi l'intérieur des maisons : c'est une espèce de scarabée nommé *cancrelat*, animal dégoûtant, qui répand une odeur désagréable, attaque toutes les provisions, vole pendant la nuit, surtout dans les temps d'orage, se repose partout, souvent sur les personnes, et leur enfonce ses ongles aigus dans l'épiderme.

Si tous ces insectes sont un véritable fléau pour les habitants des Philippines, il en est aussi une innombrable quantité que je ne peux pas décrire, et qui embellissent les campagnes : une variété infinie de beaux, de magnifiques papillons aux couleurs resplendissantes, qui, dans les beaux jours, sillonnent l'air et caressent toutes les fleurs ; les mouches phosphorescentes, qui, la nuit, se jouent dans les feuilles des arbres, et les font paraître émaillés de pierres précieuses ; enfin les *buprestes*, aux ailes de couleur métallique, qui, encadrés dans l'or et l'argent, servent à faire de charmants bijoux : leur brillant est plus éclatant que les émaux les plus beaux.

§ XI. DE L'AGRICULTURE AUX PHILIPPINES.

Aucune terre n'est plus féconde, plus riche que celle des Philippines, et ne rémunère plus largement les travaux et les soins du cultivateur ; ce qui fait dire aux habitants de Manille : « Gratter la terre, « faire de la boue, y jeter de la semence, suffit pour remplir son « grenier. »

La végétation est d'une si grande vigueur dans ce beau pays, que des champs abandonnés quelques années sans culture se couvrent de végétaux et deviennent des bois impénétrables. Certaines espèces de plantes s'élèvent si spontanément, que quelques jours suffisent pour une croissance de plusieurs mètres.

Cette grande fertilité est due à plusieurs causes, dont le concours réuni contribue puissamment à la fécondité et au développement de la végétation.

La première de ces causes, et sans doute la plus puissante, doit être attribuée à la formation volcanique de toutes les îles de ce vaste archipel.

La seconde est due aux hautes montagnes généralement recouvertes d'une forte couche de terre végétale, d'où s'élève une gigantesque végétation qui restitue continuellement au sol les parties nutritives qu'elle lui emprunte. A l'époque de l'hivernage, les pluies torrentielles enlèvent du versant de ces montagnes les terres limoneuses et les détritus des végétaux qui s'y sont amassés pendant la saison des sécheresses, et les précipite vers les plaines, engrais naturel qui les vient fertiliser.

La troisième est due à ce que, pendant la même saison des pluies, les sources, les réservoirs se remplissent et sont abondamment pourvus pour fournir, pendant la saison des sécheresses, l'eau nécessaire aux irrigations, et pour entretenir le sol inférieur dans un état d'humidité constante.

La quatrième cause doit être attribuée à ces longues nuits des tropiques, rafraîchies par la brise qui souffle constamment de la partie où règne l'hivernage. Ces brises apportent d'abondantes rosées qui conservent cette fraîcheur et cette souplesse aux feuilles, si nécessaire pour absorber l'air et faciliter la végétation.

La cinquième cause enfin, l'électricité, n'est-elle pas aussi un puissant moyen qu'emploie la nature pour la splendeur du règne végétal? De nombreuses observations m'amènent à constater ici un fait qui semble venir à l'appui de cette opinion.

A une époque de l'année, au moment du changement de mousson, pendant un mois ou plus, il se forme journellement des orages; le tonnerre gronde sourdement; l'air se charge d'électricité; de gros nuages parcourent l'atmosphère, et sont bientôt dissipés sans pluie; le soleil brille de tout son éclat, ses rayons brûlants dardent sur une terre qui, privée d'eau pendant six mois, paraît calcinée. Cependant c'est alors que les grands végétaux semblent prendre une vie nouvelle, et se couvrent de bourgeons qui se développent presque instantanément, et donnent de belles et larges feuilles qui ont toute la fraîcheur de celles qui naissent pendant la saison humide.

On doit comprendre qu'avec tous ces éléments de fécondité, le sol des Philippines est largement privilégié de la nature, et qu'une culture qui ne serait pas dans l'enfance donnerait à l'agronome des résultats presque incalculables.

Je vais donner maintenant quelques détails sur la propriété, sur la culture en général, et décrire ensuite celle de chacun des produits qui font la richesse des cultivateurs.

Les Espagnols sont les maîtres suzerains de tout le territoire des Philippines; mais les lois qu'ils ont établies sur la propriété protégent autant qu'il est possible le cultivateur laborieux, et lui assurent à perpétuité la possession du champ qu'il a défriché. Il peut le vendre ou le transmettre à ses héritiers; seulement il perd ses droits, et le gouvernement reprend les siens, lorsque, par paresse ou négligence, il a laissé, pendant plusieurs années, ses terres sans aucune espèce de culture. Dans ce cas encore, les autorités espagnoles n'agissent jamais qu'avec la plus indulgente réserve.

Presque tous les bourgs avoisinent des terres incultes et des forêts. Jusqu'à une certaine distance du bourg, les habitants possèdent en communauté ces terres incultes et ces forêts, et chacun d'eux peut devenir le propriétaire exclusif de la portion qu'il lui convient de défricher.

Les terres et les forêts en dehors des limites du bourg, et que les Espagnols nomment *realengas* (terres incultes), appartiennent à l'État. Il les vend aux personnes qui veulent acquérir de grands domaines. Le prix est de une à cinq piastres (5 à 25 fr.) le *quiñon,* mesure qui représente une superficie de 810,000 *pieds espagnols.*

Voici la mesure des terres aux Philippines :

Le *quiñon* est un carré de 100 *brasses* sur toutes ses faces;

La *balita* représente 10 *brasses* en largeur sur 100 *brasses* de longueur;

Le *lucan* représente une *brasse* en largeur sur 100 *brasses* de longueur;

La *brasse* espagnole est de *trois varas castillanes,* et la *vara castillane,* de *trois pieds espagnols.*

Le *pied espagnol* équivaut à 11 *pouces français.*

Ainsi, le *quiñon* est un carré de 900 pieds espagnols sur toutes ses faces, ou une superficie de 810,000 *pieds espagnols,* soit environ neuf hectares de notre mesure agraire.

Les Indiens ne payent aucun impôt territorial. Ce que l'on appelle *dîme* se réduit à un *réâl d'argent* par année, soit *soixante-dix centimes* par individu au-dessus de dix-huit ans.

La plus grande partie des terres cultivées sont la propriété des Indiens, et sont fort divisées. Il y a cependant de vastes domaines qui appartiennent généralement aux ordres religieux, et quelques-uns à des particuliers. Ces grands domaines sont donnés à ferme aux Indiens par petites portions. Depuis peu d'années, quelques propriétaires font valoir par eux-mêmes ceux qui leur appartiennent.

Presque toutes les terres, et même les montagnes, sont susceptibles d'être fructueusement cultivées; mais les terres préférées sont celles qui peuvent être abondamment arrosées pendant la saison des sécheresses. Elles sont généralement destinées à la culture du riz; jamais elles ne reçoivent d'autre engrais que celui que leur fournit la nature et l'écoulement des eaux, et cependant elles donnent chaque année et sans repos d'abondantes récoltes.

Les terres aménagées pour les plantations du riz sont nommées par les Indiens *tubiganès* (terres irriguées). Elles ont alors une véritable valeur qui varie, selon les localités, de 200 à 300 piastres le *quiñon*, (1,000 à 1,580 fr.), qui est de trois cents *varas* castillanes carrées.

On calcule qu'il faut trois ouvriers pour mettre en culture un *quiñon* de terres *tubiganès*, et cinq *cabanès*, mesure qui équivaut à 133 livres espagnoles, pour ensemencer un *quiñon*, qui produit, année commune, de 60 *à* 80 *pour un*. Presque toutes les terres *tubiganès* peuvent être ensemencées deux fois dans l'année. La seconde récolte est moins abondante que la première.

Les terres non irriguées, celles situées sur le penchant des montagnes, sont d'une valeur inférieure et qui varie selon les situations. Dans beaucoup de localités, on peut acquérir des terres déjà cultivées, et qui ne laissent rien à désirer sous le rapport de la bonne qualité, à raison de 20 à 50 piastres (100 à 250 fr.) le *quiñon*.

Ces terres non irrigables s'ensemencent en riz de montagne, en indigo, canne à sucre, tabac, et toutes espèces de plantes qui n'ont pas essentiellement besoin d'eau.

Il serait difficile d'établir, même approximativement, la production des terres de ce genre. Cette production varie selon la culture. Le riz y produit moins que dans les terres irriguées; mais généralement les autres récoltes donnent, dans les bonnes années, au cultivateur un bénéfice plus que double de celui des terres exclusivement destinées à la culture du riz.

Le prix de la journée des ouvriers indiens varie selon les localités. On peut cependant l'évaluer, en moyenne, sur le pied de 0,60 à

0,70 centimes pour les hommes, à 0,33 centimes pour les femmes et les enfants, à 0,33 centimes pour le buffle, et à 0,33 centimes pour une charrue. L'ouvrier qui fournit son buffle et sa charrue reçoit à peu près 1 fr. 30 cent.

En temps ordinaire, la journée commence à six heures du matin pour finir à six heures du soir. On accorde une heure et demie de repos pour les repas.

Aux époques des récoltes, et particulièrement pendant celle du sucre, la journée commence, pour les ouvriers employés au moulin et à l'usine, à trois heures du matin, et se termine à huit heures du soir.

Les instruments qui servent aux Indiens pour la culture sont de la plus grande simplicité, comme on peut le voir par les dessins et l'explication des planches.

Les produits qui font la base de la grande culture sont :

Le riz,

L'indigo,

L'abaca (soie végétale),

Le tabac,

Le café,

Le cacao,

Le coton,

Le poivre,

Le froment,

Et la canne à sucre.

---

§ XII. — CULTURE DU RIZ.

Plus de trente espèces de riz sont cultivées aux Philippines, toutes bien distinctes par le goût, la forme, la couleur, et la pesanteur des grains.

Ces trente espèces sont divisées en deux classes :

1° *Les riz des montagnes*;

2° *Les riz aquatiques.*

Elles se cultivent différemment; cependant les riz des montagnes peuvent recevoir la même culture que les riz aquatiques.

1° CULTURE DU RIZ DES MONTAGNES.

Les riz des montagnes, dont je donne tous les noms en note [1], se cultivent sur les terres élevées, et qui sont à l'abri des inondations pendant la saison des pluies.

Dans la partie ouest de l'île de Luçon, aussitôt que commencent les premières pluies, vers la fin de mai ou les premiers jours de juin, le cultivateur prépare les terres en leur donnant deux labours et deux hersages. La charrue (fig. A.) est employée à cet effet. La herse est triangulaire, comme celle dont nous nous servons en France, et dont je n'ai pas cru nécessaire de donner le modèle.

Les terres étant bien préparées et bien meubles, le riz est semé à la volée, et environ un mois après on fait un bon sarclage, qui suffit ordinairement pour débarrasser le champ des mauvaises plantes qui y ont poussé.

Si c'est l'espèce nommée *pinursegui* qu'on a cultivée, espèce la plus précoce, on peut faire la récolte trois mois ou trois mois et demi après l'ensemencement.

Si c'est une des autres espèces, il faut calculer, pour atteindre une maturité complète, au moins cinq mois.

Après cette maturité, le riz est coupé avec la faucille (voir fig. E.), mis en petites gerbes, dont on forme de grandes meules pour attendre plusieurs jours de beau temps, afin de séparer le grain de la paille. Cette opération se fait avec des buffles qui tournent dans une grande aire où est étendu le riz, ou bien sur un treillage en bambous élevé à une dizaine de pieds du sol. Là, un Indien écrase avec les pieds les gerbes de riz qu'on lui passe, et il fait tomber les grains par les intervalles du treillage.

Les riz des montagnes se sèment aussi quelquefois sans aucun labour.

[1] *Pinursegui*, *Laulan-Sanglay*, *Quinarayon*, *Pinurutung*, *Quinamalig*, *Pinulut*, *Mangasavag-Puti*, *Binuriri*, *Pinagocpoc*, *Quinandan-Pula*, *Quinan-Panputi*, *Mangusa*, *Bolibot*, *Dinumero*, *Quinabiba*, *Binoliti*, *Quiriquiri*, *Binulut-Cabayo*, *Dinulang*, *Macapilay-Pusa*, *Tinuma*, *Mangolès*.

CULTURE DU RIZ POUR LES DÉFRICHEMENTS.

Après avoir coupé les arbres et les broussailles qui recouvrent le terrain, on y met le feu, et ensuite on sème le riz en faisant, avec un bâton ou plantoir, un trou dans lequel on met trois à quatre grains de riz ; ou bien on se contente de semer à la volée, et de renfermer dans le champ, pendant une nuit, un troupeau de buffles qui, par leurs piétinements, enfoncent les grains dans la terre. Dans cette sorte de culture l'herbe pousse vigoureusement, et oblige à plusieurs sarclages ; mais la peine du cultivateur est amplement payée par une abondante récolte, qui généralement produit de 100 à 120 pour un.

Dans les petites cultures, on coupe les épis *un à un*, pour les faire ensuite sécher au soleil. Cette manière de récolter, longue et ennuyeuse, offre, sur celle qui se fait en grand, l'avantage de préserver une partie des grains de la voracité des oiseaux.

Toutes les autres espèces de *riz des montagnes* se sèment de la même manière que celui appelé *pinursegui*. Ce dernier a l'avantage sur les autres de se récolter trois mois ou trois mois et demi après la semence, tandis qu'il faut au moins cinq mois pour les autres.

2° CULTURE DES RIZ AQUATIQUES.

Les diverses espèces de riz aquatiques sont au nombre de neuf[1]. Ils se cultivent de la même manière. Les deux derniers, *malaquit-puti* et *malaquit-pula*, ne servent pas pour les aliments habituels ; l'un a le grain d'un blanc mat, tandis que l'autre l'a d'une belle couleur violette, même à l'intérieur. Tous les deux s'emploient généralement pour des friandises, et pour faire une colle qui remplace l'amidon.

Les cultures de ces divers riz se font par semis, qui se transplantent dans des terres préparées *ad hoc*.

Pour un terrain d'une superficie de 10,000 mètres, soit un hectare, il faut à peu près de 90 à 100 kilog. de semences.

[1] *Macabunut-Dila*, *Macan*, *Macan-Soulucan*, *Macan-Sulug*, *Macan-Muriti*, *Macan-Suson*, *Macan-Bucavé*, *Malaquit-Puti*, et *Malaquit-Pula*.

SEMIS.

Aussitôt les premières pluies, dans le mois de juin, on prépare la terre pour recevoir la semence; on la couvre d'abord de 15 à 20 centimètres d'eau, ensuite on lui donne un bon labour à la charrue, et on y passe le peigne (fig. E.) jusqu'à ce qu'elle soit réduite en vase liquide; on laisse ensuite écouler les eaux, et on y jette la semence, qui préalablement, pour faciliter la germination, a été mise pendant vingt-quatre heures à tremper dans l'eau. Lorsque le champ est entièrement recouvert de semence, on passe sur toute la superficie une planche longue d'un mètre et demi à deux mètres. Cette opération a pour but d'enfoncer les grains dans la vase, et de les en recouvrir.

Pendant les cinq ou six premiers jours, il n'est pas utile d'irriguer; mais si, lorsque les plantes sont déjà élevées à quelques centimètres de terre, les sécheresses étaient trop fortes, il faudrait faire une irrigation en ayant soin de ne pas couvrir totalement les jeunes feuilles d'eau, car sous l'eau elles périraient.

PLANTATION.

Quarante à quarante-cinq jours après que la semence a été mise en terre, le riz est en état d'être transplanté. La terre qui doit recevoir les jeunes plantes est divisée en grands carrés, entourés de petites chaussées qui servent à retenir les eaux. Après qu'elle en a été complétement couverte, on lui donne un labour à la charrue, et ensuite, comme pour les semailles, au moyen d'un peigne on la réduit en vase liquide. Le lendemain, on écoule les eaux et on prépare les plants qui doivent y être placés.

Ordinairement ce sont des hommes qui sont chargés d'arracher le plant, et des femmes de le mettre en terre.

Deux hommes suffisent pour cette opération : l'un arrache le plant, et l'autre le conduit au lieu de la plantation, qui n'est jamais bien éloigné, et le distribue aux planteuses.

Celui qui est chargé de l'arracher a devant lui une petite table, fixée en terre par un pieu, et une grande quantité de petits liens en bambou, qu'il porte à la ceinture, comme nos jardiniers portent le jonc quand ils taillent les arbres. Il arrache le plant sans aucune précaution, coupe sur sa petite table les feuilles et les longues racines, en forme de petites bottes de la grosseur d'un bras, et les place dans une espèce de traîneau auquel est attelé un buffle.

L'autre Indien les conduit au lieu de la plantation, et jette les bottes dans toutes les directions sur le terrain qui doit être planté, les séparant assez les unes des autres pour que les planteuses puissent les prendre en allongeant le bras, sans avoir à se déranger de la direction qu'elles suivent pour faire la plantation.

Les planteuses, dans la vase jusqu'à mi-jambe, sont placées sur une même ligne; elles marchent à reculons, prennent les petites bottes de plants qui ont été jetées sur le champ, en défont le lien, séparent un à un les plants, les enfoncent avec le pouce dans la vase, en observant de les placer à une distance de dix à douze centimètres les uns des autres.

Elles ont une si grande habitude de cette plantation, elles la font avec une rapidité et une régularité si parfaites, qu'on serait tenté de croire qu'elles se sont servies d'une mesure pour conserver la distance qui existe d'une plante à l'autre.

Aussitôt la plantation terminée, et malgré un soleil ardent, on laisse le champ sans eau pendant huit à dix jours; mais dès que les plants commencent à pousser leurs feuilles vertes, s'il n'y a pas de pluies, on irrigue et on recouvre la terre de cinq à six centimètres d'eau; au fur et à mesure que la plante s'élève, on augmente la quantité d'eau.

Il est rare qu'il soit nécessaire de faire un sarclage; mais les bons cultivateurs ont soin de débarrasser les champs des grandes plantes aquatiques qui nuiraient au riz.

Lorsque le riz a acquis sa plus grande hauteur, un mètre dix à un mètre vingt centimètres, il n'est plus nécessaire d'irriguer; il serait même nuisible de le faire à l'époque de la floraison.

Quelquefois le terrain est si fertile, que la plante acquiert une hauteur presque égale à celle de nos blés; alors elle croît tout en herbe, et, pour l'obliger à produire, un Indien armé d'une longue perche, sur le milieu de laquelle il marche pour lui donner plus de poids, couche toutes les plantes, qui semblent alors avoir été versées par un fort coup de vent.

Quatre mois après la plantation, c'est-à-dire cinq mois et demi après les semailles, le riz est à sa maturité et bon à récolter. On le coupe à la faucille. Des hommes et des femmes sont chargés de ce travail. Au fur et à mesure, on en fait de grosses gerbes, qui sont placées en meules sur un terrain élevé pour attendre le moment du triage.

Dans quelques parties de l'île de Luçon, cette première récolte est remplacée par une seconde plantation d'une espèce de riz plus précoce (par celle de montagne, nommée *pinursegui*); mais alors le semis s'est fait à l'avance, et d'une manière toute différente de celle dont je viens de donner la description.

Trois semaines ou un mois avant la première récolte, les Indiens placent sur les étangs, sur les rivières, de *petits radeaux en bambous* qu'ils recouvrent d'une forte couche de paille, et sur cette paille ils font leur semis; les grains poussent, les racines s'entrelacent à la paille, et vont à la surface de l'eau puiser leur nourriture. Lorsque la première récolte a été faite, lorsque le champ a reçu un labour et qu'il a été préparé à recevoir la seconde plantation, on enlève le semis du radeau, en roulant tout simplement la paille comme on roulerait une natte; on la transporte au lieu de la plantation, et là on arrache une à une les jeunes plantes, on les débarrasse des feuilles et des longues racines, et on les met en terre. Moins de trois mois après, on obtient une seconde récolte, bien moins abondante, il est vrai, que la première, mais qui cependant indemnise largement le cultivateur.

L'Indien des Philippines a étudié tous les moyens possibles de se procurer son aliment naturel, et il a profité de tous les avantages que lui fournit la nature féconde de son pays. Aussi emploie-t-il encore une autre méthode pour obtenir presque sans travail d'abondantes récoltes.

Une espèce de riz essentiellement aquatique (*macon sulug*) donne d'abondants produits, quoique baignée continuellement par les eaux.

Dans quelques parties de l'île où se trouvent des marais, des lacs de petite profondeur, les Indiens préparent des semis de cette espèce de riz, qui a la propriété de donner de très-longues feuilles.

Ces semis se font comme pour l'espèce aquatique.

Six semaines après, on arrache le plant, on coupe les racines, mais on a bien soin de conserver les feuilles dans toute leur longueur.

On les place dans de légères embarcations, et un Indien parcourt toute la partie du lac où son bras peut atteindre le fond; il enfonce le plant dans la vase, et laisse surnager la feuille.

Bientôt ces feuilles prennent de la force, et s'élèvent au-dessus de l'eau, à peu près à la même hauteur que si la surface de l'eau était la terre.

Survient-il un accident qui fasse monter les eaux? la tige du riz s'élève encore, si elle peut surnager. La plante ne périt que lorsqu'elle est entièrement submergée.

Enfin, quatre mois après la plantation, on fait la récolte avec de petites embarcations, au moyen desquelles on parcourt toute la partie du lac qui a été plantée.

Toutes les espèces de riz produisent d'abondantes récoltes; on peut toujours compter pour les plus exiguës sur 25 pour un, et dans les bonnes, 60 et 80.

Un seul fléau, qui arrive à peu près tous les sept ou huit ans, prive le cultivateur de ses peines et de ses fatigues : je veux parler des sauterelles, qui tout à coup, comme de gros nuages, viennent s'abattre sur un champ couvert d'une luxuriante végétation, et la détruisent dans un instant jusqu'à la racine.

Quelquefois de grandes sécheresses détruisent également les rizières des montagnes. Aussi l'Indien dit-il : *De l'eau, du soleil, point de sauterelles, et nos récoltes sont assurées.*

---

§ XIII. — CULTURE DE L'INDIGO. — SA RÉCOLTE.

Dans diverses parties des Philippines, particulièrement à Luçon, on cultive l'indigo avec succès.

Cependant cette culture est celle qui présente le plus d'éventualités. Quelques jours de mauvais temps et de vent détruisent souvent toute la récolte. Quelquefois aussi des myriades de chenilles dévorent dans quelques heures toutes les feuilles; ce qu'elles laissent ne suffit pas pour payer les frais de manipulation.

Mais si la saison a été favorable, s'il n'arrive pas d'accidents, si la fabrication se fait avec intelligence, le prix élevé de l'indigo indemnise largement le cultivateur.

Pour la culture, aussitôt après l'hivernage, avant la saison des grandes chaleurs et lorsque l'on n'a pas à craindre de fortes pluies, on prépare les terres par deux ou trois bons labours à la charrue et plusieurs hersages, jusqu'à ce qu'elles soient parfaitement ameublies, et on sème à la volée.

La plante sort de terre le troisième ou le quatrième jour. Elle pousse tant qu'elle trouve un peu d'humidité; mais les sécheresses la font demeurer stationnaire pendant tout le temps de leur durée. Aussitôt que les premières pluies arrivent au commencement de la mousson d'ouest, elle s'élève avec vigueur, ainsi que toutes les mauvaises herbes; c'est alors qu'il faut faire successivement un, deux, et parfois trois sarclages.

Deux mois et demi après les premières pluies, les plantes ont acquis toute leur hauteur, et l'on reconnaît qu'elles sont bonnes à récolter lorsque la feuille est épaisse, recouverte d'un velouté blanchâtre, et qu'elle est cassante à la moindre pression.

La maturité arrive ordinairement vers la fin du mois de juillet, au milieu de la saison des pluies.

A cette époque, on a déjà préparé tout ce qui est nécessaire pour la fabrication, afin de ne pas être pris au dépourvu et de ne pas donner aux plantes le temps de se dégarnir d'une partie de leurs feuilles, ce qui arriverait si on ajournait la récolte.

Des préparatifs plus ou moins considérables sont nécessaires, selon l'importance de la récolte. Ils consistent en plusieurs *batteries*.

Chacune d'elles est ainsi composée :

Deux grandes cuves d'un diamètre de 2 mètres 70 centimètres à 2 mètres 80 centimètres, et de 3 mètres de profondeur. L'une sert pour la fermentation, et l'autre pour le battage. Cette dernière doit être un peu plus petite que la première.

Elles sont toutes deux placées sur le bord d'un ruisseau ou d'une rivière, pour la facilité de l'eau. Celle destinée à la fermentation doit être placée sur un plan assez élevé pour qu'au moyen de robinets établis longitudinalement, toute l'eau qu'elle contient puisse être transvasée dans la cuve du battage.

Un ou deux seaux sont placés à l'extrémité de balanciers, avec des poids à l'autre extrémité. Ces balanciers, fixés sur des fourches, s'élèvent à quelques mètres au-dessus de la cuve de fermentation.

Cet appareil à puiser est en tout semblable à celui que l'on voit sur les bords du Nil, en Espagne, et dans quelques-unes de nos contrées méridionales :

Deux longs bambous, armés à l'extrémité d'une petite planchette de 12 à 15 centimètres de longueur sur 5 à 6 centimètres de largeur, que l'on nomme *battoirs ;*

Enfin sous un hangar, à une petite distance des *batteries*, une petite cuve, des hamacs ou couloirs en grosse toile de coton, une petite presse et de grandes claies pour la dessiccation.

Tout étant ainsi disposé, on commence la récolte.

Dans la première journée, on coupe assez de plantes pour avoir toujours un jour d'avance.

La plante est coupée à ras du sol avec l'espèce de coutelas que l'Indien a toujours au côté, et qu'il nomme *bolo*.

Si la saison se comporte favorablement, la plante repousse, et donne quelquefois successivement deux ou trois récoltes dans la même année.

Chaque *batterie* est conduite par deux Indiens, l'un pour remplir la cuve de plantes, l'autre pour la remplir d'eau, et tous deux pour exécuter le battage.

De grand matin, la cuve de fermentation est chargée de toute la quantité de plantes qu'elle peut contenir.

On les maintient au niveau des bords de la cuve avec des madriers qui viennent se fixer à de petits tasseaux ménagés dans les douilles. Sans cette précaution, elles surnageraient.

Lorsque cette cuve est pleine d'eau et de plantes, on l'abandonne à la fermentation, qui s'opère ordinairement en vingt ou vingt-quatre heures, selon la température.

Quand la fermentation est arrivée à son plus haut degré, ce qui a lieu le lendemain matin, on enlève les plantes de la cuve, en ayant soin de bien les secouer pour qu'il n'y reste pas d'eau.

Lorsqu'il n'y reste plus que le *liquide, qui est alors d'un vert émeraude*, on divise dans un seau d'eau une certaine quantité de chaux vive, que l'on verse avec soin dans la cuve de fermentation, sans remuer le liquide qu'elle contient.

L'Indien alors prend un des battoirs, le plonge au fond de la cuve, et fait quelques mouvements pour que la chaux se répande partout.

Il juge alors s'il en a mis assez par la couleur, qui change subitement de nuance. De *vert émeraude*, le liquide devient *vert foncé*, et paraît contenir une grande quantité de petits grumeaux, qui ne sont autre chose que l'indigo encore en dissolution.

La quantité de chaux nécessaire ne peut être appréciée que par un homme expérimenté.

De cette quantité dépend exclusivement la qualité que l'on veut obtenir, ainsi que les diverses nuances.

Après que la chaux a été mise dans le liquide, on laisse reposer pendant quelques minutes, pendant lesquelles se précipitent au fond de la cuve toutes les parties étrangères à l'indigo, qui, encore à l'état de solubilité dans l'eau, y reste en suspens.

Après quelques minutes écoulées, on ouvre, les uns après les autres, les robinets superposés sur toute la hauteur de la cuve, et le liquide s'écoule dans la cuve du battage.

On travaille ensuite à remplir la cuve de nouvelles plantes, après toutefois l'avoir débarrassée du dépôt de chaux et de terre qui est resté au fond.

Dans l'après-midi on procède au *battage*.

Les deux Indiens, armés de leurs *battoirs*, agitent avec force le liquide en le ramenant du fond à la surface, pour le mettre en contact avec l'air, qui le rend insoluble dans l'eau.

Lorsqu'il a pris une belle *couleur bleue*, l'opération est terminée.

Trois ou quatre heures après, tout l'indigo contenu dans le liquide s'est déposé au fond de la cuve; alors on ouvre les robinets superposés, pour laisser écouler l'eau au dehors.

Cette eau ne contient plus aucune partie colorante.

Chacune de ces opérations produit en moyenne 3 kilog. d'indigo.

Tous les six jours, lorsque 18 ou 20 kilog. sont récoltés, on les retire de la cuve pour les transporter dans une autre cuve beaucoup plus petite placée près des couloirs.

Dans cette dernière on laisse encore déposer, et on décante le plus possible avec un siphon.

Enfin, lorsqu'on ne peut plus en retirer de l'eau, et lorsque l'indigo est déjà comme une espèce de boue, on le place dans des couloirs, où il finit de s'égoutter.

Ensuite on le met sous la presse, d'où on le retire comme un gros gâteau que l'on divise au moyen d'un fil d'archal en petits carrés, que l'on place sur les séchoirs. Cette dessiccation, pour être complète, se fait souvent attendre plus d'un mois, selon l'état de la température.

Lorsque l'indigo est parfaitement sec, on le met dans des caisses pour le livrer au commerce.

Cette manière de faire la récolte est celle qui est usitée partout aux Philippines.

Cependant quelques grands cultivateurs y apportent une modification dont j'ai été le premier auteur, et qui réduit de beaucoup les frais de manipulation.

Cette modification consiste à remplacer les cuves pour la fermentation par un grand bassin en maçonnerie, disposé de manière à recevoir naturellement l'eau nécessaire pour le remplir dans l'espace d'une heure. A une distance de 50 à 60 mètres sur un plan au-dessous du niveau de ce bassin, on place le nombre de cuves nécessaires pour recevoir tout son contenu.

Ce bassin, dont les bords sont au niveau du sol, facilite beaucoup le travail, et apporte une grande économie de main-d'œuvre.

D'abord il se remplit sans qu'il soit nécessaire de puiser de l'eau à force de bras, et on évite de monter les plantes à une hauteur de 4 à 5 mètres.

L'Indien qui transporte la récolte à la fabrique arrive avec une petite charrette sans roues sur le bord du réservoir, et là, sans difficulté, il la décharge dans le réservoir même.

Les cuves pour le battage sont placées à une distance de 50 à 60 mètres sur une même ligne.

La première communique au réservoir par des bambous divisés en deux et formant une espèce de dalle; ensuite chaque cuve communique l'une avec l'autre par le même moyen. Le liquide se rend à la première cuve en recevant, dans toute la longueur du trajet qu'il parcourt, le contact de l'air.

Lorsque la première cuve est pleine, elle déverse par un robinet son trop-plein, qui va remplir la seconde cuve; et ainsi de suite jusqu'à la dernière.

Tout ce mouvement que reçoit le liquide est un véritable battage qui se complète avec peu de travail, et les deux tiers de moins d'ouvriers que dans le système des cuves de fermentation.

Les diverses autres cultures aux Philippines présentent si peu de différence avec celles des mêmes produits pratiquées dans d'autres pays, que je crois inutile de les décrire ici.

---

§ XIV. — CULTURE DU TABAC.

Après le riz, le tabac est le produit qui donne, pécuniairement parlant, les plus grands résultats, bien qu'il soit mis en régie et ne puisse être vendu qu'au gouvernement.

C'est dans les provinces de *Nueva-Ecija* et de *Cagayan* que l'on cultive la plus grande quantité de tabac.

Cette culture diffère sans doute bien peu de celle mise en pratique dans tous les pays du monde : elle consiste à faire de grands semis qui sont ensuite transplantés dans des terres bien ameublies par plusieurs labours à la charrue et à la herse. On repique les jeunes plantes par lignes distantes de 1 mètre 50 centimètres les unes des autres, et sur la longueur on laisse 1 mètre d'intervalle entre chaque plant.

Pendant les deux mois qui s'écoulent après la plantation, il est indispensable de donner quatre labours avec la charrue entre chaque rang, et après chaque labour, tous les quinze jours, détruire à la main, ou mieux avec la pioche, les herbes qui n'ont pu être atteintes avec la charrue.

Les quatre labours doivent être pratiqués de manière à former alternativement un sillon au milieu de chaque ligne et sur les côtés; et par conséquent, au dernier labour, la terre recouvre les plantes jusqu'aux premières feuilles, et il reste une rigole au milieu pour l'écoulement des eaux.

Aussitôt que chaque plant a acquis une hauteur suffisante, on l'étête pour obliger la séve à se porter vers les feuilles; et quelques semaines après on fait la récolte.

RÉCOLTE.

Cette récolte consiste à arracher du tronc les feuilles, et à les diviser en trois classes selon leur grandeur, et ensuite à les réunir par 50 ou 100, en les traversant vers le pied avec une petite baguette de bambou, de manière à en former des espèces de brochettes que l'on suspend dans de vastes hangars où le soleil ne doit pas pénétrer, mais où l'air circule librement. On les laisse dans ce hangar jusqu'à ce que la dessiccation soit parfaite; elle se fait plus ou moins attendre, selon la température. Lorsqu'elle est terminée, chaque qualité est réunie par ballots de 25 livres, et ensuite livrée dans cet état à la régie.

La culture du tabac est l'une des plus importantes de la colonie.

Le gouvernement espagnol a mis ce produit en régie, et il emploie dans ses deux manufactures de *Binondoc* et de *Cavite* 15 à 20,000 ouvriers, hommes et femmes, occupés à la fabrication des cigares et des cigarettes. Cette grande quantité d'ouvriers ne suffit pas à fournir aux besoins de l'exportation et à ceux de la population.

Les seuls produits de la régie des tabacs suffisent et au delà pour couvrir toutes les dépenses du gouvernement colonial.

---

§ XV. — CULTURE DE L'ABACA OU BANANIER (SOIE VÉGÉTALE).

L'*abaca* se cultive exclusivement sur les versants des montagnes. Il pousse vigoureusement dans les terres volcaniques, et s'y reproduit indéfiniment.

La graine, que chaque plante donne abondamment, n'est point employée pour sa reproduction; si l'on s'en servait, il faudrait attendre trop longtemps pour obtenir une première récolte : c'est le pied même d'un vieux plant, préalablement divisé en autant de morceaux que l'on aperçoit d'indices d'où doivent sortir de nouvelles pousses, qui sert à former une nouvelle plantation.

Pendant la saison des sécheresses on prépare le terrain, on coupe toutes les broussailles et les jeunes arbres; on conserve seulement les plus élevés, pour donner de l'ombre. Les deux premières années, lorsque le sol est bien nettoyé, on trace des lignes transversales à la montagne, espacées de 3 mètres 1/2 les unes des autres. On ouvre, avec une pioche, des trous de 10 à 15 centimètres de profondeur, et d'un diamètre à peu près égal. Aux premières pluies on place un morceau dans chaque trou, et on le recouvre de terre.

Les deux premières années, il faut pratiquer de fréquents sarclages, détruire les broussailles qui gêneraient les jeunes plantes, et à plusieurs reprises, pendant la saison des pluies, remuer la terre avec la pioche.

La seconde année, les longues et larges feuilles, élevées de 4 à 5 mètres du sol, suffisent pour empêcher les herbes et les broussailles de pousser.

RÉCOLTE.

Après trois ans de plantation, chaque plante a produit de 12 à 15 jets, dont une partie a donné des fruits, indice qu'elles doivent être coupées. Pour en tirer les filaments, on sépare les feuilles des troncs, et ces derniers sont transportés hors du champ au lieu de la manipulation, où des femmes les divisent en longues lanières de 8 à 10 centimètres de largeur, séparant les premières couches des couches intérieures. Les premières couches fournissent l'*abaca* qui sert aux cordages, et les autres, dont les filaments sont plus fins, servent aux tissus.

Les lanières sont exposées au soleil pendant quelques heures, pour les rendre plus flexibles. Ensuite un Indien, placé devant un petit banc sur lequel vient s'abaisser par la pression du pied une lame en fer, place une des lanières sur le banc, pèse sur son marchepied, fait descendre la lame sur la lanière, la tire avec force vers lui, et, au moyen de ce mouvement et de la pression, les filaments se séparent du parenchyme et sortent d'un beau blanc. Après cela il suffit de les exposer quelques heures au soleil pour qu'ils soient en état d'être livrés au commerce.

Tous les ans, à l'époque des sécheresses, on a une nouvelle récolte, et une plantation faite dans un terrain convenable dure indéfiniment.

---

§ XVI. — CULTURE DU CAFÉ.

La culture de cet arbuste se pratique de la même façon que dans toutes nos colonies. Elle consiste à faire de grands semis dans des lieux garantis du soleil, soit naturellement par des arbres, ou artificiellement par de petits toits en paille.

Lorsque les caféiers ont acquis une élévation de 15 à 20 centimètres, on les transplante dans le terrain préparé à cet effet. C'est ordinairement dans les grands bois, à l'exposition du soleil levant, et sur une pente où préalablement on a détruit toutes les broussailles, les petits arbres, et conservé seulement ceux dont l'ombre est nécessaire. Ensuite, sur des rangs séparés les uns des autres de 3 mètres, on ouvre des trous de 2 mètres en 2 mètres, et l'on y place les jeunes plants, dont on recouvre les racines avec de la terre meuble.

Les premières années, on est obligé, à trois fois différentes, de détruire avec la pioche les mauvaises herbes. Lorsque les caféiers ont acquis l'âge de trois ans, époque où ils commencent à produire, il suffit de faire chaque année, après la récolte, un bon sarclage. La quatrième et la cinquième année, on les étête à la hauteur de 10 pieds du sol : une trop grande élévation nuirait au développement des branches horizontales, qui sont celles qui produisent le plus, et serait une difficulté pour la récolte.

RÉCOLTE.

La récolte se fait par cueillette, au fur et à mesure que les fruits passent du vert à un beau rouge cerise.

Dans nos colonies, aussitôt les fruits cueillis, on les met au soleil pour les sécher avec toute la pulpe; ensuite on les pile dans des mortiers pour séparer la pulpe séchée et le parchemin, ou seconde enveloppe du grain.

Les Indiens, aux Philippines, après chaque cueillette écrasent avec la main la pulpe, et la séparent des grains en la lavant à grande eau. Après cette manipulation, les grains, qui conservent seulement leur seconde enveloppe ou parchemin, sont séchés pendant quelques heures au soleil et ramassés dans des sacs.

Par la première méthode, il faut plusieurs semaines pour opérer la dessiccation. S'il survient des pluies et qu'on n'ait pas la précaution de remuer trois ou quatre fois par jour les grands amas qui sont à sécher, il s'y établit une fermentation qui doit nécessairement nuire à la qualité du café. Par la méthode indienne, il suffit d'un beau jour de soleil pour opérer une parfaite dessiccation, et pour que la récolte puisse être mise en magasin.

---

§ XVII. — CULTURE DU CACAO.

Le cacao croît facilement dans toutes les localités de l'île de Luçon; mais c'est l'île de Cebu qui fournit la meilleure qualité, et où cette culture se fait le plus en grand.

Les terres d'alluvion qui ont un grand fond et qui sont un peu ombragées par de grands arbres sont les plus convenables pour cette culture, qui exige la première année bien plus de frais et de main-d'œuvre que celle du café. Après avoir, comme pour cet arbuste, détruit toutes les broussailles, les mauvaises herbes et tous les arbres qui donneraient trop d'ombrage, on ouvre en quinconce des fosses de 4 à 5 pieds de profondeur sur un carré à peu près égal; on passe la terre à la claie, on y mêle les détritus des plantes que l'on a détruites, et on rejette la terre dans la fosse; ensuite on place au milieu les jeunes plants, qu'on a eu soin de faire pousser trois semaines auparavant dans une petite portion de terre contenue dans des feuilles de bananier.

Pendant deux ou trois ans on bêche les jeunes arbustes, et l'on détruit toutes les mauvaises plantes qui pourraient leur nuire.

RÉCOLTE.

Cette récolte consiste à cueillir les fruits à leur maturité, à les ouvrir, à séparer les féves du parenchyme, et à les faire sécher.

---

§ XVIII. — CULTURE DU COTON.

Cette culture se fait en grand, particulièrement dans les provinces d'*Iloco;* elle est de tous les produits des Philippines celui qui demande le moins de frais. Ordinairement il remplace une récolte de riz de montagne. Aussitôt que cette récolte est faite, on donne un petit labour à la charrue, et, sur des lignes tracées avec le même instrument de mètre en mètre, on met quelques grains de coton que l'on recouvre de terre. A peu près deux mois après, les cotonniers commencent à entrer en fleurs et à produire des fruits que l'on récolte tous les jours, pendant que le soleil est le plus ardent.

Cette récolte continue jusqu'aux premières pluies, qui détruisent les arbustes ou tachent le coton qu'ils produisent alors.

---

§ XIX. — CULTURE DU POIVRE.

Autrefois l'île de Luçon, et particulièrement les provinces de la *Laguna* et de *Batangas*, livraient une grande quantité de poivre au commerce. La compagnie des Philippines, qui avait alors le monopole, arrêta avec les cultivateurs le prix d'une mesure nommée *ganta ;* mais lorsque ces derniers vinrent à Manille livrer leurs récoltes, les agents de la compagnie avaient changé la mesure, et lui avaient donné une capacité double de celle qui avait servi de base au marché. Les Indiens, furieux d'avoir été trompés, retournèrent dans leur province, et en quelques jours détruisirent toutes leurs plantations ; de sorte que maintenant l'île de Luçon ne fournit que le poivre nécessaire à la consommation du pays.

Le poivre se cultive généralement près des montagnes, dans les parties où les fortes rosées entretiennent un peu d'humidité. Cette plante parasite exige peu de culture ; elle croît de bouture. Il suffit d'en couper un morceau long de 15 à 20 centimètres, de le courber en deux, de recouvrir le milieu de terre, et de lier les deux extrémités contre un support de 5 à 6 pieds d'élévation, autant que possible de bois mort recouvert encore de son écorce et susceptible d'absorber beaucoup d'humidité. La jeune plante s'y attache, pousse jusqu'au sommet ; et il suffit, pour la faire produire, de quelques sarclages, et de bêcher une fois par an la terre autour de chaque pied.

RÉCOLTE.

La récolte se fait par cueillette, au fur et à mesure que les grains passent du vert au noir. Ces grains sont mis sur des nattes, et exposés pendant quelques jours au soleil.

---

§ XX. — CULTURE DU FROMENT.

Le froment, à l'île de Luçon, qui produit de soixante à quatre-vingts pour un, se cultive sur les montagnes, dans diverses provinces, particulièrement dans celles de *Batangas* et *Ylocos-Nord*. Pour cette culture, les Indiens préparent la terre absolument comme pour celle du riz des montagnes. Vers la fin du mois de décembre ou au commencement de janvier, ils font les semailles ; trois semaines ou un mois après, un bon sarclage, exécuté ordinairement par des femmes; et trois mois et demi ou quatre mois après les semailles, l'on fait la récolte, qui ne diffère en rien de celle du riz des montagnes.

---

§ XXI. — CULTURE DE LA CANNE A SUCRE.

La culture de la canne à sucre se pratique par deux méthodes différentes : l'une pour les terres nouvellement mises en culture, et l'autre pour celles qui peuvent être travaillées à la charrue.

Première méthode :

Cette première méthode est un des plus puissants moyens pour opérer à peu de frais de grands défrichements. Elle consiste, vers le mois d'octobre, à couper tous les arbres et broussailles qui recouvrent la terre destinée à la plantation. Cette opération doit se faire avec soin, et on ne doit pas négliger, aussitôt qu'un arbre est abattu, de le dégarnir complétement de ses branches; si on attendait quelques jours, le bois se séchant rendrait cette main-d'œuvre plus difficile et plus coûteuse. Quinze jours après que tout le bois a été abattu, on choisit une belle journée, sans vent, et avec un soleil ardent, pour y mettre le feu.

Le lendemain, quand tout est brûlé, moins les arbres d'une certaine dimension, on s'occupe de suite à former un entourage pour garantir la plantation des animaux. Pour construire cet entourage, on se sert des arbres qui n'ont pas été brûlés, et qui recouvrent une partie du sol : les plus gros, qui offriraient beaucoup de difficultés pour être enlevés, restent sur le champ pour être brûlés l'année suivante.

Après que la clôture est terminée, ou pendant le temps qu'on y travaille, on met des ouvriers à préparer le sol pour recevoir le plan des cannes. Chaque ouvrier est muni d'une corde pour tracer des lignes de quatre à cinq pieds de distance les unes des autres, et sur chacune de ces lignes, à trois pieds de distance, il ouvre à la pioche une petite fosse d'un pied et demi de long sur cinq à six pouces de large et au moins six pouces de profondeur. C'est dans ces fosses que l'on place les plants. Avant de faire les trous pour recevoir les plants, il est indispensable de diviser son champ en grands carrés de quatre-vingts à cent mètres sur chaque fosse, et séparés entre eux par des allées d'au moins trois mètres.

Toutes ces opérations terminées, on prépare le plant. C'est l'extrémité des cannes que l'on récolte qui sert de plant. On coupe ces extrémités de dix à douze pouces de long, on les lie en gros paquets comme des asperges, et on les met pendant au moins trois jours à tremper dans une eau, autant que possible, non corrompue.

Après trois jours on les retire de l'eau, on défait les paquets sur les lieux de la plantation, et on les livre aux planteurs. Ceux-ci les dépouillent en partie de leurs feuilles et en placent deux dans chaque fosse, de manière que tout le plant repose parfaitement dans toute sa longueur sur la terre. Si le fond de la fosse n'est pas de niveau, on ajoute un peu de terre, pour que tout le plant porte sur la terre.

Chaque plant doit avoir son extrémité opposée à celui placé dans la même fosse; ensuite on recouvre légèrement avec un peu de terre très-divisée.

Si la plantation était faite dans un temps de grande chaleur, et que la terre fût très-sèche, il serait indispensable, avant de placer le plant dans la fosse, d'y jeter un litre et demi ou deux litres d'eau.

Lorsque la plantation est finie, l'on n'y touche plus jusqu'à ce que la mauvaise herbe commence à se montrer. Il faut alors avoir grand soin de la détruire au fur et à mesure qu'elle pousse, car sans cela elle étoufferait les jeunes cannes. Mais lorsque celles-ci se sont élevées de terre et qu'elles recouvrent tout le sol de leurs longues feuilles, il n'est plus nécessaire de faire de sarclage, ni aucun travail, jusqu'à la récolte.

C'est ordinairement dans le mois de mars, jusqu'à la fin de mai, et même au commencement de juin, que l'on fait les plantations selon la méthode que je viens de décrire.

Dix à douze mois après, la canne est bonne à récolter.

Aussitôt que l'on a coupé toutes celles qui recouvrent un des grands carrés qui forme une des divisions de la plantation, on nettoie avec grand soin toutes les allées qui l'entourent des herbes sèches et des feuilles de cannes qui s'y trouvent; et au moment de la journée où il y a le moins de vent on entoure le carré d'ouvriers avec des branches à la main, et l'on met le feu à l'amas de feuilles qui généralement recouvre le champ d'une épaisseur d'un pied et demi à deux pieds, et dans quelques minutes le feu a tout réduit en cendres.

La précaution que l'on prend de nettoyer les allées et de mettre des ouvriers avec des branches, est nécessaire pour éviter que le feu ne se communique aux autres parties du champ qui n'ont pas encore été récoltées.

Quelques jours jours après avoir brûlé les feuilles, on passe quelques traits de charrue près des souches, de manière à les dégarnir et rejeter la terre au milieu des rangs.

Cette première fois, le travail de la charrue offre des difficultés et doit se faire avec précaution; car une grande partie des racines des arbres qui ont été coupés pour être remplacés par la canne ne sont pas encore détruites, et le labour, par conséquent, ne se fait que très-difficilement. Si la difficulté était trop grande, il faudrait remplacer la charrue par la pioche, et dégarnir chaque pied en rejetant la terre au milieu des rangs.

Aussitôt que les premières pluies commencent, et que les mauvaises herbes poussent avec les cannes, il faut les détruire, partie avec la charrue, si c'est possible, et partie avec la pioche, si on ne peut pas se servir de la charrue. Cette opération de sarclage se fait ordinairement trois fois dans l'année; à la seconde, on bine légèrement les pieds des cannes, et à la troisième fois, on ajoute encore un peu de terre au pied. Mais cette opération de binage doit varier selon la fertilité du terrain et l'âge de la canne; plus la canne est jeune et le terrain fertile, moins il faut mettre de terre au pied. Je vais expliquer pourquoi:

La canne, à l'inverse des autres plantes, tend toujours à s'élever au-dessus de la terre; c'est-à-dire que si la première année vous l'avez plantée à six pouces au-dessous du sol, à la seconde année elle ne se trouve qu'à trois pouces, à la troisième à la superficie, et à la quatrième tout à fait au-dessus de la terre qui a servi de binage. Ainsi, plus on met de terre, et plus vite elle monte; et l'on perd alors quelques années de récolte.

Dans une terre fertile, il suffit de recouvrir légèrement le pied de la canne pour qu'elle pousse avec vigueur et produise bien; et alors on augmente le binage peu à peu, pour avoir de la même plantation le plus grand nombre de récoltes possible.

A la troisième année, généralement tous les troncs d'arbres et les racines sont détruits, et presque tout le travail peut se faire à la charrue. Seulement on se sert de la pioche pour le binage, qui alors doit être assez fort pour bien recouvrir le pied de la canne à une hauteur de dix à douze pouces.

Voilà à peu près tout ce qu'il est important d'observer pour une plantation par défrichement.

Cependant je dois ajouter une recommandation des plus importantes : c'est de ne jamais planter plus que l'on ne peut entretenir, et si l'on avait commis cette faute, abandonner plutôt une partie de la plantation pour soigner convenablement l'autre, que de mal entretenir le tout.

CULTURE À LA CHARRUE.

La culture de la canne à sucre à la charrue coûte moins que par défrichement; mais aussi elle produit un moins grand nombre d'années : deux récoltes, quelquefois trois, dans de très-bonnes terres.

Une des premières conditions est, vers les mois de novembre, décembre et janvier, de bien préparer la terre que l'on veut planter, de la rendre bien meuble en y passant au moins trois fois la charrue et deux fois la herse. Lorsque la terre est bien ameublie et bien labourée à la plus grande profondeur possible, on divise le champ par grands carrés de 80 à 100 mètres sur chaque face, entre lesquelles on laisse des allées de 3 et 4 mètres de large. Cette division est nécessaire pour faciliter l'incinération des feuilles à la récolte, comme il est dit pour les plantations par défrichement.

Lorsque le champ est divisé, on donne une troisième et dernière façon à la charrue. Cette dernière main-d'œuvre est pour tracer les lignes où doit être placée la canne. Ces lignes sont distantes les unes des autres de quatre pieds à quatre pieds et demi ; et comme ce dernier labour se donne en forme de sillon, c'est la division de chaque sillon qui forme les lignes où doivent se faire les trous pour recevoir les plants.

Lorsqu'on a terminé le labour, on entoure la plantation de palissades pour les préserver des animaux qui pourraient détruire les cannes, et on prépare le plant comme pour une plantation par défrichement. Ensuite, des ouvriers, avec des pioches, ouvrent sur les lignes des fosses comme pour une plantation par défrichement, et d'autres ouvriers qui les suivent par derrière y placent le plant, et le recouvrent légèrement de terre.

Si la plantation s'est faite dans un temps convenable, il n'est pas nécessaire d'arroser; mais si c'était au moment des sécheresses, il serait indispensable, avant de placer le plant dans la fosse, d'y jeter un à deux litres d'eau. Ordinairement, c'est pendant la récolte que l'on fait les plantations, parce qu'alors on se sert pour plant des extrémités des cannes qui ont été récoltées ; mais cette époque est celle des plus grandes sécheresses, l'eau est alors indispensable. C'est généralement une main-d'œuvre longue et coûteuse de transporter aux champs des milliers de litres d'eau : pour l'éviter, et pour éviter également trop de main-d'œuvre de sarclage, il faut avoir un champ de cannes destiné à la plantation, et qui doit exclusivement servir de pépinière pour le plant.

On fait la plantation au mois de décembre ou de janvier, avant de commencer la récolte, à l'époque où il n'y a plus de grandes pluies, mais où la terre est encore très-humide. Alors le plant pousse vigoureusement, et la canne est déjà grande lorsque les premières pluies commencent à tomber. Un sarclage ou deux suffisent pour détruire les plantes parasites, qui ne commencent à pousser qu'aux premières pluies.

Soit enfin que la plantation ait été faite pendant la sécheresse, ou à l'époque où la terre conserve encore de l'humidité, la culture pendant sa croissance est la même. Aussitôt les premières pluies, dès que la mauvaise herbe commence à pousser, il faut passer entre chaque rang la charrue, en ayant soin de conserver le sillon au milieu du rang, et de garnir toujours un peu les pieds des cannes. Après une façon de charrue, il est presque indispensable de sarcler avec la main et la pioche autour de chaque pied, pour détruire les mauvaises herbes que la charrue ne peut pas atteindre.

Ordinairement, pendant le temps que la canne met à pousser et à acquérir une hauteur assez grande pour que l'herbe ne pousse plus, il faut passer trois fois la charrue et sarcler trois fois.

La récolte se fait comme pour les plantations par défrichement.

Dès que les cannes d'un carré ont été coupées, il faut brûler les feuilles, et autant que possible passer immédiatement la charrue entre chaque rang, en rejetant la terre au milieu. Je dis le plus tôt possible passer la charrue, parce qu'au moment où on vient de brûler les feuilles la terre est très-humide, et le labourage se fait facilement. Si l'on attend quelques jours, le soleil, ardent à l'époque de la récolte, sèche la terre, et rend le labour moins facile et moins avantageux pour la repousse.

La canne plantée de cette manière produit, dans de bonnes terres, deux et trois récoltes.

RÉCOLTE.

La récolte de la canne se fait, aux Philippines, depuis janvier jusqu'à la fin de mai, époque des grandes chaleurs. Si cette récolte peut se terminer en deux mois, il serait préférable de la commencer dans le mois de mars, pour la terminer vers la mi-mai. C'est pendant ces deux mois que la canne produit un jus plus riche et plus chargé de sucre; c'est aussi l'époque où les pluies ne sont pas à craindre. Mais lorsque l'on a une grande plantation, et pas de moyens en bras et en machines pour la terminer en deux mois, c'est en janvier qu'il faut commencer, pour la terminer à la fin de mai, époque où commencent les grandes pluies.

Les ouvriers sont divisés en quatre escouades : deux pour le champ; une de coupeurs, l'autre de charretiers ou conducteurs de la canne à l'usine.

Pour l'usine, deux escouades : celle qui s'occupe de moudre la canne, et celle qui cuit le sucre.

Récolter avec économie dépend d'un bon moulin et de la distribution que l'on fait des ouvriers. Le moulin est l'âme du travail, c'est de sa bonne direction que dépend le bon emploi des ouvriers et l'utile concours de leur temps.

Si le moulin marche bien, avec de bons ouvriers bien choisis, ceux qui cuisent n'ont pas un instant à perdre, car ils sont obligés de cuire tout le jus que le moulin leur envoie. Si le moulin moud beaucoup de cannes, les coupeurs sont obligés d'accélérer leur travail, et ceux qui les transportent, de les conduire rapidement. C'est donc une précaution essentielle que d'avoir un bon moulin, et de bons ouvriers pour le conduire.

Deux jours avant de commencer à moudre, on fait couper autant de cannes que possible, que l'on fait transporter au moulin. Cette précaution est pour avoir à l'avance une provision, et être à l'abri de l'inconvénient de voir le moulin manquer d'aliment; car dans ce cas tout le travail est arrêté, et une partie des ouvriers reste inoccupée.

On doit recommander aux coupeurs de couper la canne aussi bas que possible, c'est-à-dire au ras de la terre; car toute la partie que l'on laisserait au-dessus de la terre serait autant de perdu, et un embarras pour la culture.

Je n'entrerai dans aucun détail sur la cuisson du sucre. Depuis quelques années on a apporté de si grandes améliorations dans les appareils pour la cuisson, qu'il serait impossible, dans une simple relation, de décrire ces nouveaux appareils et la manière de s'en servir.

Aux Philippines, la dernière amélioration qui a été faite a été de copier ce que l'on faisait, et peut-être ce que l'on fait encore, à Bourbon.

C'est une batterie composée ordinairement de cinq ou six chaudières qui vont en diminuant de dimension, depuis la première où se fait la défécation, jusqu'à celle de cuisson. Chaque opération ne dure que quarante-cinq minutes; c'est-à-dire que, dès l'instant que la batterie est bien en train, chaque quarante-cinq minutes on retire ce qui a été déféqué, à peu près 135 à 150 livres de sucre. Ce qui est seul difficile, c'est la défécation et le point de cuisson; la pratique seule peut apprendre lorsqu'on a mis une assez grande quantité de chaux pour que le jus soit bien déféqué, et la pratique seule aussi peut apprendre lorsque le sucre est cuit à point.

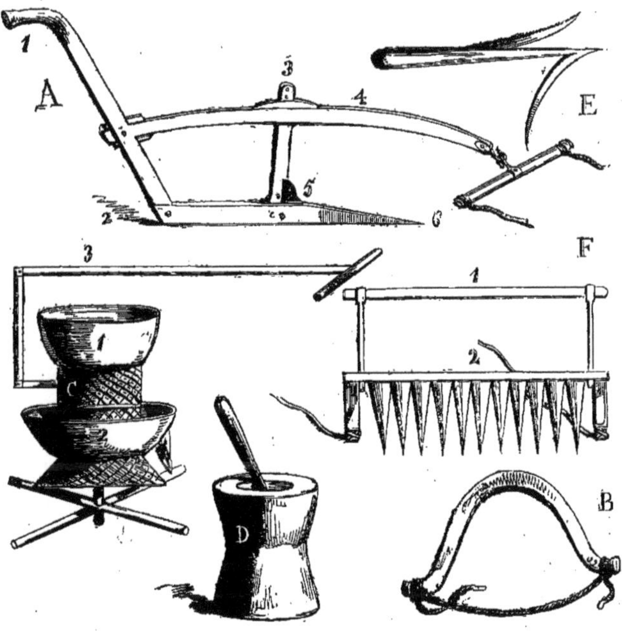

EXPLICATION DES FIGURES.

Fig. A. *Charrue indienne.*

Elle est extrêmement simple; elle se compose de quatre morceaux de bois (1, 2, 3, 4) que le laboureur le plus maladroit peut confectionner lui-même; d'une oreille, et d'un soc en fonte (5 et 6) qui, aux Philippines, se vend 2 fr. 50 c.

La légèreté et la simplicité de cette charrue en facilite l'emploi pour toute espèce de culture; et dans les plantations divisées par lignes, comme celles des tabacs, maïs, cannes à sucre, etc., on s'en sert avec avantage, non-seulement pour le sarclage, mais aussi pour donner, entre chaque rang, un labour qui profite à la plantation, et qui est moins coûteux et moins long qu'un simple sarclage à la pioche.

Fig. B. *Joug pour l'attelage du buffle.*

Fig. C. *Guiligan*, espèce de moulin à bras pour séparer le riz de son enveloppe.

1 et 2 représentent deux cônes tronqués, faits avec des bambous tressés en forme de panier. Chaque cône est séparé, vers le milieu, par une cloison aussi en bambou; et le vide du côté du sommet est rempli d'argile bien battue. Dans cette argile sont enfoncées de petites planchettes en bois de palmier, de la largeur du doigt, d'une épaisseur d'un centimètre et d'une longueur de dix; elles sont placées de manière à se toucher presque, et par rayons représentant une meule qui vient d'être nouvellement piquée. Ces deux cônes ainsi préparés sont superposés par leur sommet : le supérieur, au moyen d'une manivelle, tourne sur l'inférieur, et le riz, qui passe entre les deux meules, est légèrement broyé, et n'a plus besoin que de quelques coups de pilon pour être parfaitement décortiqué et d'un beau blanc.

Fig. D. *Luçon*, mortier en bois, dont l'île de Luçon tire son nom, parce qu'il se trouve dans toutes les cases indiennes pour piler journellement le riz.

Fig. E. *Lilit*, ou faucille indienne.

Avec le croc on saisit le riz qui, réuni dans l'angle, facilite d'en prendre une bonne poignée de la main gauche; on pousse alors le croc en avant, en faisant faire un petit mouvement à la main, qui le dégage, et, par le même mouvement, la lame d'acier se trouve appliquée contre la paille; on tire vers soi, et toute la poignée que l'on tenait de la main gauche est coupée d'un seul coup.

Fig. F. *Peigne*, instrument qui sert, après un premier labour à la charrue, à réduire la terre en boue et à niveler le terrain :

1 représente un morceau de bois rond que tient des deux mains le laboureur.

2. Long morceau de fer armé de fortes et longues dents.

Les traits où le buffle est attelé sont figurés aux deux extrémités de ce fer.

---

§ XXII. INDUSTRIE.

L'industrie, à Manille, commence à sortir de ses langes; elle est généralement exercée par les Indiens et par les Chinois. On trouve parmi eux tous les corps de métiers nécessaires à la vie habituelle, tels que tailleurs, cordonniers, ébénistes, charpentiers, forgerons, maçons, etc., etc.

Depuis quelques années, on commence à introduire quelques machines à vapeur; une de ces machines fait marcher une scierie mécanique située dans les faubourgs. Il en est d'autres, dans les provinces, employées aux grandes sucreries, comme à l'habitation de *Calatagan*. Cette belle propriété appartient à don Mariano Roxas, homme éclairé, plein d'instruction, qui, depuis plusieurs années, voyage utilement en Europe pour étudier et envoyer aux Philippines, sa patrie, tout ce qui peut y faire avancer l'industrie. Le progrès ne tarderait pas à prendre un développement considérable, si l'Espagne possédait dans cette belle colonie quelques hommes de la capacité et de la persévérance de celui que je viens de nommer.

Plusieurs bateaux à vapeur naviguent sur les lacs et les rivières, et dans la mer des *Bisayas*, où ils rendent d'immenses services au commerce contre la piraterie des Malais. Ces redoutables pirates ne peuvent plus lutter de vitesse contre la vapeur, avec leurs *pancos* armés de deux ou trois rangs de rames, comme les anciennes galères, tandis qu'ils échappaient facilement aux poursuites des bâtiments à voiles.

L'industrie la plus considérable à Manille, celle qui occupe le plus de bras, est sans contredit la fabrication des cigares et des cigarettes. Le gouvernement a pris possession de la régie des tabacs, et il emploie continuellement de 15 à 20,000 ouvriers des deux sexes. Le commerce de Manille exporte des cigares pour des sommes considérables dans l'Inde, l'Australie et l'Europe.

Après la fabrication des cigares viennent les grandes usines où sont terrés les sucres exportés à l'étranger. Don Mariano Roxas possède un des plus beaux établissements de ce genre; il y a ajouté une distillerie où les appareils de Derosne et Cail produisent journellement des quantités considérables d'excellent rhum. Par suite d'un accord avec le gouvernement, le même M. Roxas a établi, il y a peu de temps, vingt-cinq appareils sur divers points de l'archipel, pour fournir à la régie des boissons les vins de *Nipa*, qui lui sont nécessaires[1].

De jolies calèches, des voitures de luxe se fabriquent également à Manille.

Il y a dans les environs plusieurs grandes briqueteries et fabriques de poterie, ainsi que des corderies où se confectionnent, en *abaca*, tous les cordages nécessaires à la navigation.

Presque tous les cuirs employés aux Philippines sont tannés et préparés à Manille. Les Indiens ont un art particulier pour préparer les peaux de tous les animaux quelconques : dans vingt-quatre heures ils tannent une peau de bœuf ou de buffle, et la mettent en état d'être employée dans l'industrie.

L'orfévrerie et la bijouterie sont des branches d'industrie qui laissent peu à désirer aux Philippines : des femmes fabriquent des chaînes en or qui sont de véritables chefs-d'œuvre de ciselure.

Manille et les provinces fournissent une grande quantité d'étoffes en soie, en coton et en *abaca*, remarquables pour leur solidité, leur finesse et la modicité de leur prix.

Les batistes, fabriquées avec les filaments que l'on retire des feuilles de l'*anana*, sont d'une régularité et d'une finesse auxquelles ne peuvent être comparés aucun de nos tissus d'Europe. Cette fabrication est un travail de patience et qui exige beaucoup de temps : la feuille de l'*anana* n'a pas plus de deux pieds de longueur; l'ouvrier en retire les fils, les choisit ensuite un par un, tous de la même grosseur, les unit au moyen d'un nœud artistement fait, puis les place sur le métier situé sous une tente dans une chambre soigneusement

1. *Nipa*, espèce de palmier-nain qui pousse très-rapidement et en abondance dans les savanes baignées par les eaux de la mer, aux époques des grandes marées. Cet arbuste produit, comme le cocotier, un spath qui, coupé à l'extrémité, fournit pendant plusieurs jours une liqueur douce et sucrée. Cette liqueur, après avoir fermenté, est distillée, et donne un alcool qui est la boisson enivrante dont les Indiens font usage dans leurs fêtes.

fermée, précaution nécessaire afin que l'air ne puisse pas casser les fils. Lorsque la toile est tissée, les milliers de nœuds qui réunissaient les fils ont disparu, et l'étoffe, légère, diaphane, est d'une régularité parfaite.

Il se fabrique aussi une grande quantité de chapeaux de paille et de jolis étuis à cigares, qui sont généralement faits dans les provinces. On ne s'imagine pas la patience et l'adresse dont il faut que les Indiens soient doués, pour la confection de ces deux objets, surtout pour les porte-cigares, qui sont souvent d'une si grande finesse, qu'on en expédie en Europe dans une lettre. Les chapeaux, comme les boîtes à cigares, sont faits avec de gros rotins dont la première couche est enlevée, divisée et taillée en petits filaments de la finesse qu'exige l'objet que l'on veut fabriquer.

Dans presque tous les villages on fait, avec les feuilles du *pandanus*, de charmantes nattes sur lesquelles s'harmonisent mille brillantes couleurs, que les Indiens obtiennent au moyen des plantes colorantes recueillies dans les champs.

Ils fabriquent aussi, avec les feuilles du latanier, de grands sacs. Ils servent à contenir et à expédier en Europe toutes les denrées coloniales, et il s'en fait un important commerce.

On construit à Cavite et à Manille des embarcations de toutes les dimensions : des chaloupes, des trois-mâts, des jonques chinoises et des frégates de guerre; et, dans les provinces, de jolies pirogues et de grosses embarcations de transport pour naviguer dans la baie, sur les rivières et les lacs.

Enfin, dans quelques villages, les habitants s'occupent presque exclusivement de l'éducation des canards pour faire le commerce des œufs. Ils ont un moyen de leur invention pour pratiquer l'œuvre de l'incubation. Cette industrie singulière, que j'ai étudiée avec soin, me semble mériter une petite description :

Les habitants du bourg de *Payteros*, situé à l'entrée du lac, sur un des bras du *Pasig*, se livrent particulièrement à l'éducation des canards. Chaque propriétaire a un troupeau de 800 à 1,000 canes, qui lui produisent chaque jour 800 à 1,000 œufs, un par cane. Cette grande fécondité est due à la nourriture qu'on leur donne.

Un seul Indien est chargé de pourvoir à la subsistance de tout le troupeau. Il pêche tous les jours, dans le lac, une grande quantité de petits coquillages; il les concasse et les jette dans la rivière, dans un lieu circonscrit par des bambous flottants qui servent de limite à son troupeau, et empêchent ses canards de se mêler à ceux des voisins. Les canes vont au fond de l'eau chercher leur pâture; et le soir, au premier son de cloche de l'*Angelus*, on les voit sortir elles-mêmes de l'eau et se retirer dans une petite cabane, pour y pondre les œufs et y passer la nuit.

Après trois ans, la stérilité succède à cette grande fécondité, et il faut alors renouveler complétement le troupeau. Ce n'est pas l'opération la moins curieuse de cette industrie, qui rappelle les fours des Égyptiens pour l'éclosion des œufs. Cependant la méthode des Indiens est toute différente; elle est de leur invention, comme on va pouvoir en juger.

Quelques Indiens ont pour unique profession de faire éclore des œufs; c'est un métier qu'ils apprennent, comme ils apprendraient celui de menuisier ou de charpentier; on pourrait les nommer des *couveurs*.

Près de la maison de celui qui a réclamé les soins d'un couveur, dans un lieu choisi, bien abrité du vent et exposé toute la journée au soleil, le couveur fait construire une petite cabane en paille, de la forme d'une ruche; il n'y laisse qu'une petite ouverture, celle absolument nécessaire pour s'introduire dans la ruche.

On lui confie mille œufs, maximum qu'il puisse faire éclore en une seule couvée, de mauvais chiffons et de la balle de riz séchée au four. Il sépare ses œufs de dix en dix, les renferme par dix dans un chiffon avec une certaine quantité de balles. Après cette première opération, il place une forte couche de balle au fond d'une caisse en bois de cinq à six pieds de longueur sur trois de largeur, ensuite une couche d'œufs; et il continue en alternant, jusqu'à ce qu'il ait logé les cent petits paquets. Il termine par une épaisse couche de balle et une couverture.

Cette caisse doit lui servir de lit et la cabane de prison, pendant tout le temps nécessaire à l'incubation.

On introduit tous les jours par l'ouverture, que l'on referme ensuite avec soin, les aliments qui lui sont nécessaires.

Chaque trois ou quatre jours, il change ses œufs de place; il met en dessus ceux qui étaient en dessous.

Le dix-huitième ou le dix-neuvième jour, lorsqu'il croit que l'incubation est à son dernier période, il pratique une petite ouverture à sa cabane pour y laisser pénétrer un rayon de lumière; il y présente quelques œufs, les examine, et juge, au plus ou moins de transparence, et à des signes que ceux qui exercent cette industrie connaissent seuls, si l'incubation est complète.

Lorsqu'il en est ainsi, son travail est presque terminé; il n'a plus de précautions à prendre. Il sort de la cabane, il retire ses œufs de la caisse, et il les casse un par un. Les petits canards, aussi forts que s'ils étaient éclos sous leur mère, accourent immédiatement à la rivière.

Le lendemain, l'Indien sépare soigneusement les mâles des femelles. Ces dernières seulement sont conservées ; les mâles sont rejetés.

Les huit premiers jours, on nourrit les jeunes canes avec de petits papillons de nuit, qui voltigent le soir en si grande quantité, en suivant le cours de la rivière, qu'il est facile de s'en procurer autant qu'il est nécessaire. On leur donne ensuite des coquillages, et, aussitôt qu'elles commencent à pondre, elles ne s'arrêtent plus pendant trois ans.

On comprendra facilement que dans un climat brûlant comme celui des Philippines, dans une cabane soigneusement fermée, exposée à un soleil ardent, avec la présence continuelle d'un homme, il se produise et se conserve une chaleur tout à fait convenable pour l'incubation des œufs. Aussi, ce qui est étrange dans cette méthode n'est pas le résultat de l'incubation, mais que les Indiens aient pu apprécier et trouver les moyens que la nature mettait à leur portée.

§ XXIII. COMMERCE.

Le commerce des Philippines n'est point en rapport avec la population, l'étendue et la richesse du sol. Il pourrait être bien plus considérable si les Espagnols voulaient gouverner cette colonie comme les Hollandais gouvernent Java, c'est-à-dire s'ils voulaient placer la population indienne sous un joug oppresseur. Dans ce cas, au lieu de n'avoir qu'une minime partie du sol en état de culture, ils pourraient en avoir une étendue assez vaste pour approvisionner la plus grande partie de l'Europe en denrées coloniales [1].

1. On évalue à 24 millions d'hectares les terres improductives susceptibles d'être mises facilement et fructueusement en culture ! !... A peine 400,000 hectares sont-ils cultivés.

Mais, en fait de progrès, l'Espagne marche lentement ; et aux Philippines elle préfère le rôle de souverain indulgent, de maître paternel et bienfaiteur, à celui de tyran et d'oppresseur.

L'Indien, qui n'a point d'ambition et pas de besoins, pour lequel la richesse n'est pas le bonheur, se borne à labourer le morceau de terre qui lui est strictement nécessaire pour suffire à sa frugale existence, et se procurer des vêtements dont il se couvre plutôt par luxe que par nécessité.

Lorsque l'on a habité parmi eux, on s'explique facilement le penchant qu'ils doivent avoir à la paresse, ou plutôt à ne s'occuper que de travaux à leur convenance.

Que l'on compare l'habitant des Philippines à la classe pauvre, aux laboureurs de nos contrées civilisées; on ne pourra s'empêcher de convenir que les premiers sont les privilégiés de la Providence, tandis que les derniers en sont les déshérités.

Nos laboureurs acquièrent difficilement un morceau de terre. Lorsqu'ils peuvent y parvenir, ils sont obligés de le fumer et le travailler avec acharnement pour lui faire produire *au maximum* dix-huit pour un. Il leur faut en outre payer un impôt exorbitant, et toujours, année de bonne ou de mauvaise récolte, il est impérieusement exigé.

Pour se nourrir d'aliments grossiers, notre laboureur est assujetti à un travail pénible, continu, qui détruit avant l'âge sa santé et ses forces; il souffre de l'intempérie des saisons, se couvre de vêtements insuffisants qu'il ne peut pas renouveler selon les exigences d'une bonne hygiène; enfin il habite des chaumières humides, froides, fétides, où la clarté du jour ne pénètre souvent que par la porte entrebâillée.

Aux Philippines, au contraire, le laboureur jouit d'un climat tempéré, d'un printemps perpétuel. Il n'a pas besoin de vêtements pour se couvrir. Il laboure son champ une ou deux fois, pour lui faire produire quatre-vingts et cent pour un. Il habite des maisons commodes, aérées, qu'il peut construire lui-même sans beaucoup de peine. Il se procure facilement des aliments aussi bons, aussi sains que ceux du riche. S'il veut changer ses pénates, il peut s'établir où bon lui semble, prendre en terres l'étendue à sa convenance, sans qu'aucun propriétaire puisse exiger de lui une redevance quelconque, et sans que le fisc impitoyable, plus exigeant encore, vienne lui arracher la meilleure part de son labeur.

S'il n'a pas ensemencé son champ, il peut emprunter à la forêt les racines, les fruits et le gibier pour remplacer sa récolte; il peut prendre à profusion, sans presque aucun travail, dans les lacs, les rivières et sur les plages, d'excellents poissons.

Enfin, il jouit de toutes les aisances de la vie, d'une liberté entière. Pourquoi travaillerait-il en vue d'acquérir d'inutiles richesses, qui assurément, sous un ciel privilégié, ne donnent pas le bonheur?

Le commerce maritime de Manille peut se diviser en trois classes : le petitcabotage, le grand cabotage, le long cours.

Le petit cabotage est exclusivement fait par de petits navires et des embarcations du pays, qui transportent sur tous les points de l'archipel les marchandises apportées à Manille par les navires au long cours, et y rapportent les produits agricoles et industriels des provinces.

Le grand cabotage se fait généralement aussi par des navires du pays. Ces navires, appartenant aujourd'hui à une compagnie, font le commerce avec l'archipel de Jolo, les Moluques, Ternate, Manado, Amboyne, Banda, les îles Pelew, Tongatabou, Batavia, Singapoor, la Chine, et la Nouvelle-Hollande.

Le commerce des îles de Jolo, dont les habitants sont connus par leur mauvaise foi, est généralement fait par les Chinois ou par leur entremise. Malgré le danger de traiter avec des hommes qui ne présentent aucune garantie de moralité, ce commerce est si lucratif, que les négociants de Manille ne reculent pas à y envoyer des navires richement chargés, mais avec la précaution d'embarquer comme subrécargue un Chinois de Manille, ayant l'habitude des hommes et du commerce de cet archipel. Généralement les Chinois font ces expéditions pour leur compte et au risque des armateurs.

Voici les conditions ordinaires que les armateurs font avec les Chinois qui veulent entreprendre ces voyages :

Pour l'affrétement d'un navire de 200 à 250 tonneaux, les Chinois payent mensuellement à l'armateur de 6 à 700 piastres (3,000 à 3,500 francs.) En outre, l'armateur fait à l'affréteur chinois un prêt à la grosse de 10 à 20,000 piastres (50 à 100,000 fr.) Au retour du navire, il reçoit en marchandises la somme qu'il a avancée, plus l'intérêt de 20 à 25 p. 100. Mais il perd tout si le navire périt.

Les objets d'importation à Jolo consistent en indiennes de qualités inférieures, à fonds rouges, à grands ramages de couleurs vives et éclatantes, en mousselines lisses et ouvrées, en percales, en étoffes imitant les madras, nommées *cambayas*, à fonds rouges.

En produits des Philippines, on y importe du riz de première et de seconde qualité, du tabac en feuille, des *bisayas*, de l'huile de coco, et une infinité de petits articles de peu de valeur.

En produits du Bengale, on y importe les toiles que l'on nomme *cachas* et *chitas*, des toiles en coton teintes en rouge, des toiles fines en coton mêlé de fils d'or, des madras où le rouge domine, de l'opium de Patna.

Les articles de Chine sont les nankins, des pièces de monnaie en cuivre nommées *chapuas*, de la porcelaine commune, quelques étoffes de soie, et des ustensiles de cuisine.

Les articles qui offrent le plus d'avantages sont le riz et les pièces de nankin. Ces dernières sont reçues comme monnaie courante, à raison d'une piastre (5 fr. 40 c.) la pièce, et elles ne coûtent ordinairement à Manille que 33 piastres le cent.

Les monnaies courantes à Jolo sont les *chapuas*, pièces en cuivre percées au milieu; les piastres espagnoles, et les roupies de l'Inde.

Les mois de juin et de juillet sont ceux de l'année où il se fait le plus grand commerce à Jolo.

Il est utile d'apporter une grande circonspection dans les transactions que l'on fait avec les naturels. Il faut cependant agir de manière à ce qu'ils ne s'aperçoivent d'aucune méfiance; ils sont, bien que de fort mauvaise foi, d'une grande susceptibilité.

Les retours se font en nids de *salanganes*, en écaille de la plus belle qualité nommée *testudo imbricata* : le prix ordinaire de cette écaille est de 1,000 à 1,100 piastres le *pécul;* en *balate*, *holoturies*, nommées à Jolo *tripang* et en Chine *bogshum*, espèce de *zoophyte informe*, dont trente-six espèces différentes sont connues; en ailerons de requin, dont la valeur en Chine est de 20 à 45 piastres le *pécul ;* il faut à peu près cinq cents ailerons pour faire un pécul. On exporte aussi de la nacre, dont le prix en Chine est de 12 à 15 piastres le pécul. Généralement, les chargements se complètent avec de l'or en poudre, des perles fines, et de la cire.

On emploie ordinairement de sept à huit mois pour un voyage complet à Jolo et retour.

Les navires qui vont aux Moluques partent de Manille vers le mois de décembre. Ils emportent les mêmes cargaisons que pour les îles de

Jolo, et en plus quelques articles de luxe pour les femmes et les autorités supérieures.

Les retours se font en cacao, oiseaux de paradis, clous de girofle et noix muscades.

Les Hollandais, qui possèdent ces îles, ont imposé des droits de douanes considérables; mais, en revanche, on peut y négocier avec toute sécurité.

Les navires de Manille font aussi le commerce avec l'archipel des îles Pelew. Ils y apportent de grosses toiles, des perles en verroterie de toutes couleurs, des couteaux un peu plus grands que les couteaux de table, et toute espèce de vieux fers.

En retour, ils chargent du *balate-trépang*, de l'écaille, de la nacre.

Il se fait aussi quelques expéditions pour les îles *Tongatabou*, lieu du naufrage du capitaine Lafond de Lurcy, qui avait entrepris une spéculation du même genre.

Batavia et Singapoor sont les deux points dans l'Inde où le commerce de Manille a pris le plus de développement.

On exporte de Manille à Java des cigares, des *guinaras*, étoffes fabriquées avec l'*abaca*, du *sibucao* ou *sapan*, des cordages en *abaca*, et du rhum.

On exporte de Manille à Singapoor du sucre, de l'indigo, du bois de sapan, de l'abaca, des cordages en *abaca*, des chapeaux de paille, des boîtes à cigares, de l'huile de coco, du rhum, des os, et une grande quantité de cigares.

Les navires espagnols qui arrivent d'en deçà ou d'en delà du cap de Bonne-Espérance jouissent d'un privilége de 7 p. °/₀ sur les navires étrangers, pour les droits de douane dus à l'entrée de Manille. Il en résulte que la plus grande partie des marchandises d'Europe, d'Asie et d'Afrique sont déposées à Singapoor, et chargées, dans ce port, sur des navires espagnols immatriculés au port de Manille. Les principales marchandises qu'ils embarquent sont des fers anglais et de Suède, des aciers, du cuivre laminé, des toiles à voiles, des cordages de chanvre, des ancres, des chaînes pour navires, de la peinture, de l'huile de lin, de la cire, du poivre, des clous de girofle, et toute espèce de tissus en lin, en coton, en laine, en soie, de tous les pays de l'Europe.

Le commerce de Singapoor avec Manille était, en 1842, d'une

importance de 36,000 tonnes. Tout l'avantage est pour Singapoor, qui encombre Manille de marchandises d'Europe.

Bombay trafique également avec le port de Manille, et y envoie, en lest, ses grands navires nommés *enchimanés*, pour y charger du sucre.

Manille fait aussi un assez grand commerce avec l'Australie; elle fournit à Sydney une grande quantité de sucres de qualité inférieure, du tabac, des cigares, des chapeaux de paille, des bois de sapan, des cordages d'abaca, des nattes.

Une des branches les plus importantes du commerce de Manille, est celui qu'elle fait avec la Chine. Les objets d'exportation des Philippines pour les ports du Céleste Empire sont : les riz pilés et non pilés, le bois de sapan, le sucre brut, l'huile de coco, l'indigo liquide nommé à Manille *tintarron*, les trépangs, les *taclovos*, mollusques desséchés du *tridas;* des nids d'oiseaux, des ailerons de requin, de l'ébène, des nerfs et des peaux de cerf; des cuirs verts de bœufs, de buffles et de chevaux; du coton, de l'or en poudre, de l'écaille, de la nacre, des perles fines, des piastres à colonnes d'Espagne, de la viande boucanée de buffle et de cerf, des poissons salés ou séchés ou sous forme d'anchois, et mille autres objets de peu d'importance.

Des ports de la Chine, les navires apportent à Manille : des caisses de cannelle, de thé, des nankins, du vermillon, des étoffes en soie de divers genres, des crêpes de Chine, du papier pour écrire et pour cigarettes, de la porcelaine, des percales, des parasols, des chaudières et des ustensiles de cuisine en fonte, du cuivre ouvré sous diverses formes, des fruits secs, de l'or en feuilles.

Le mouvement maritime entre Manille et la Chine a été, en 1842, de plus du tiers de toute la navigation du port.

J'emprunte au dictionnaire historique et géographique publié à Manille en 1851, un simple aperçu qui démontre que le commerce de Manille, avec l'Europe, est bien au-dessous de celui de bien d'autres pays moins riches, moins peuplés, et dont la position géographique est moins favorable.

Les marchandises que les navires espagnols exportent de la Péninsule aux Philippines consistent en : vins rouges de Catalogne, vins doux de Malaga, de Xerès et de San-Lucar; quelques vins généreux et des liqueurs en bouteilles; eaux-de-vie anisées, dont il se fait une grande consommation; papiers, cartes à jouer; comestibles, tels que jambons, fromages, saucissons de Galice, etc.; huile d'olive, *garbansos* (pois chiches), et olives.

Les marchandises importées par les navires étrangers, et dont le débit est facile, sont : les fers, les aciers, l'huile d'olive, la parfumerie, les toiles de coton, percales, madapolams, *cambayas*, les indiennes, les mousselines, les articles de nouveautés, les soieries de luxe, les toiles de lin, les batistes, les goudrons, les vins de diverses qualités, particulièrement ceux de Bordeaux et de Champagne, les eaux-de-vie et les liqueurs, les charbons de terre, la carrosserie, le cuivre laminé, le zinc, les comestibles, les conserves, les cristaux, la faïence, les pianos, les savons, les cordages en chanvre, les toiles à voile, le savon de toilette, l'orfévrerie, l'horlogerie, les livres, les étoffes en laine, les médicaments, les meubles, l'opium, l'or et l'argent monnayés, les parapluies, les ombrelles, la chapellerie, les dentelles, les tulles, la peinture, le plomb, la quincaillerie, les effets confectionnés, et la bière en bouteilles.

Les marchandises exportées annuellement des Philippines, par les navires de diverses nations européennes, sont : l'*abaca* (soie végétale), l'huile de coco, les cotons, l'indigo, le riz, les sucres terrés et bruts, les rotins, la gomme élémi, le café, les *guinaras*, étoffes d'*abaca*, les *mendrinaquès*, étoffes également en *abaca*, *les petites crevettes desséchées*, les cuirs de buffles, de bœufs et de cerfs, les bois de construction, les *mongos* (*espèce de lentilles*), l'or en poudre, les nattes, le sel marin, les bois de teinture, les chapeaux de paille, les boîtes à cigares, les tabacs en feuilles et fabriqués en cigares, les nerfs de cerfs, l'écaille, la nacre, les perles, les viandes boucanées de buffle et de cerf, les poissons salés et séchés.

Le tableau suivant indique le mouvement commercial de Manille, en 1841, avec les diverses nations.

NATIONS.	VALEUR DES MARCHANDISES		TOTAL.
	Importées à Manille.	Exportées de Manille.	
	Réaux de veillon.	Réaux de veillon.	Réaux de veillon.
ANGLETERRE	33,949,200	20,643,500	54,592,700
ÉTATS-UNIS	15,815,600	22,678,400	38,494,000
ESPAGNE	3,800,000	18,008,200	21,808,200
CHINE	8,360,000	12,522,900	20,882,900
INDES ORIENTALES	1,637,800	6,532,200	8,170,000
AUSTRALIE (Sydney)	307,800	4,164,800	4,472,600
FRANCE	729,600	2,850,000	3,579,600
Total	64,600,000	87,400,000	152,000,000

Ainsi, le commerce d'importation des Philippines s'élève à la somme de 64,600,000 réaux de veillon, soit à peu près... 16,150,000 fr.
et celui d'importation à 87,400,000 — 21,850,000
Total en import. et export., 152,000,000 réaux, ou... 38,000,000 fr.

Depuis l'année 1841, le commerce des Philippines a pris une importance plus grande; et maintenant, en 1855, on peut calculer sur un bon tiers au-dessus des chiffres qui précèdent.

Pour compléter les renseignements que je donne sur le commerce de Manille, il me reste à parler des poids et mesures dont on fait usage dans le pays, des droits de douanes, et de la police des ports de Manille et Cavite.

Le *pico* ou *pécul* des Philippines pèse 137 livres espagnoles, soit.. 65 kil. 25 c.

Il se divise en 10 *chinantas* et 100 *caltis* de 16 *taëls ;* d'où il résulte que le *taël* pèse 579 gr. 84 cent. On ne se sert de ce poids que pour l'or en poudre et les perles.

Le *pico* ou *pécul* de Chine ne pèse que.............. 60 kil. »
Le *quintal* d'Espagne.............................. 46 »
L'*aroba*.. 11 50
Le *caban* de cacao.................................. 38 »
Celui du riz... 60 »
Le *fardo* équivaut à 3 *arobas* 1/2................. 40 25
Le *quintal de cire* pèse 110 livres espagnoles......... 50 61

La *vara* de Castille, mesure de longueur adoptée, équivaut à 0,914 millimètres.

Pour les liquides, on se sert de la *ganta* et du *gallon anglais*, particulièrement pour le rhum.

DROITS DE TONNAGE.

Les droits de tonnage, dans le port de Manille ou dans celui de Cavite, sont fixés, pour tous les navires chinois ou européens, à *deux réaux (cinquante centimes) par tonne,* lorsque les navires chargent ou déchargent dans le port.

Ces droits sont réduits à *un réal (vingt-cinq centimes) par tonne* pour les navires qui entrent ou sortent en lest, ou comme relâche, pour faire des vivres ou réparer des avaries.

On ne considère pas, pour l'application du droit *maximum,* comme partie du chargement, les articles de première nécessité et les approvisionnements de vivres pour l'équipage.

DROITS DE DOUANES.

Entrepôt.

Tout capitaine arrivant à Manille a un délai de quarante jours pour déclarer à l'entrepôt une partie ou la totalité de sa cargaison.

Les droits de magasinage s'élèvent à 1 p. 100 sur la valeur totale des marchandises entreposées, pourvu que le dépôt ne dépasse pas une année.

Lorsque le temps du dépôt dépasse l'année, le droit est augmenté proportionnellement au temps écoulé.

Au delà de deux ans, il faut obtenir une autorisation spéciale de l'intendant.

Dans aucun cas le dépôt ne peut se prolonger au delà de trois ans.

DROITS D'IMPORTATION.

Toutes les productions étrangères, sauf quelques exceptions, introduites sous pavillon étranger, payent à l'entrée un droit de 14 p. 100 de leur valeur.

Les mêmes produits étrangers, sous pavillon espagnol, payent.. 7 p. 100

Les produits espagnols, sous pavillon espagnol....... 3 p. 100

Et dans quelques cas.................................. 8 p. 100

Tous les produits étrangers des pays situés au delà du cap de Bonne-Espérance et du cap Horn, lorsque leur importation a lieu par navires espagnols, par Singapoor, Batavia et autres ports voisins, payent un droit de.............................. 8 p. 100

Par la Chine.. 9 p. 100

Ce droit de 8 et de 9 p. 100 n'est pas perçu pour les marchandises taxées par avance à un droit supérieur.

Quelques articles, tels que les olives, l'huile d'olive, les amandes, les pois chiches, sont frappés d'un droit d'entrée de 50 p. 100 par navires étrangers, et de 40 p. 100 par navires espagnols.

Les eaux-de-vie de production étrangère, par navires étrangers.. 60 p. 100

Les mêmes, par navires espagnols................. 30 p. 100

Les eaux-de-vie d'Espagne, par navires étrangers.... 25 p. 100

Les mêmes, par navires espagnols................. 10 p. 100

Les objets avariés par une cause quelconque sont évalués par experts, et ne payent que d'après leur valeur.

Sont exemptes de droits d'entrée :

Les matières propres à la teinture, telles que cochenille, racines, fruits, etc., ainsi que les plantes et les graines de toute espèce de fleurs et de légumes.

Sont prohibés :

Les produits agricoles et industriels des possessions étrangères asiatiques, tels que boissons spiritueuses ou fermentées, rhum, arack, etc.; les cafés, cotons, laines, huiles de coco, indigo, opium, poudres, sucres et tabacs.

Tous ces divers articles sont seulement reçus en transit dans les magasins de l'entrepôt.

Les poudres de guerre doivent être déposées dans un magasin du gouvernement.

Les armes à feu, fusils de calibre ou de chasse, et pistolets d'arçon, ne peuvent entrer qu'avec une permission spéciale du gouvernement.

DROITS D'EXPORTATION.

Tout produit des Philippines exporté par navires espagnols pour l'Espagne paye à sa sortie................ 1 p. 100 de sa val^{r}.
Par les mêmes navires, pour un port étranger. 1 1/2 p. 100 —
Par navires étrangers, pour un port d'Espagne. 2 p. 100 —
Par les mêmes navires, pour un port étranger. 3 p. 100 —

L'exportation du tabac en feuilles ou manufacturé, pris dans les magasins du gouvernement, est libre de droits de sortie, sans distinction de pavillon.

L'or et l'argent monnayés ou non monnayés, destinés pour l'Espagne, sont libres de droits d'exportation, soit par navires nationaux ou étrangers.

Mais si la destination est pour l'étranger, ils payent sans distinction de pavillon :

L'argent monnayé........................... 8 p. 100.
— en lingots........................... 6 p. 100.
L'or monnayé.............................. 3 p. 100.
— en lingots ou en poudre.................. 1/2 p. 100.
L'*abaca* ou soie végétale paye, par navire espagnol. 1/2 p. 100.
— par étranger........................... 2 p. 100.
Le *riz* ne paye aucun droit par navire espagnol.... » »
— par navire étranger.................. 4 p. 100.

POLICE DU PORT.

Règlement pour la police du port de Manille et ses dépendances.

1. Tout navire arborera son pavillon à son entrée dans la baie dès son arrivée *à l'île du Corrégidor*, et se laissera reconnaître par les embarcations du gouvernement.

Le capitaine qui, sans y être obligé par force majeure, éluderait cette reconnaissance, et auquel on serait obligé de tirer un coup de canon comme avertissement, payera une amende équivalant au double de la valeur de la poudre brûlée.

Le capitaine conservera son pavillon hissé jusqu'à la vue de Manille ou de Cavite.

2. Aucun navire ne pourra communiquer avec qui que ce soit

avant la visite de la santé et avant son admission à la libre pratique. Jusqu'alors il conservera, au mât de misaine, le pavillon de quarantaine.

Après la visite de la santé, le capitaine est responsable de toutes les infractions à la loi. Pour chaque contravention, il sera passible d'une amende de 250 piastres (1,250 fr.).

3. Au moment de la visite de la santé, le capitaine présentera le certificat de l'état sanitaire du port du départ; s'il n'en avait pas, il sera tenu de signer un procès-verbal constatant l'état sanitaire de ce port, des individus qu'il y aurait embarqués et de tous les incidents de la navigation. Pendant la visite, l'équipage et les passagers se tiendront sur le pont, prêts à répondre aux interpellations qui leur seraient adressées.

Le capitaine présentera en même temps le rôle de l'équipage et celui des passagers. Il exhibera les passe-ports de ces derniers, et il indiquera leurs qualités ou professions. Pour chaque inexactitude, il sera tenu de payer une amende de 250 piastres.

Si, à la première visite, tous les papiers ne sont pas trouvés en règle, l'entrée lui sera refusée jusqu'à une seconde visite.

Le capitaine remettra les dépêches à l'employé des postes qui accompagne les officiers de la santé, et en recevra immédiatement le port selon les tarifs établis.

4. Tout navire en quarantaine sera tenu d'observer les instructions qui lui seront données, et conservera le pavillon jaune au mât de misaine.

5. Aussitôt que le capitaine descendra à terre, il devra se présenter devant le capitaine du port avec ses passagers, afin que cet officier puisse les remettre à l'autorité.

6. Il n'est pas permis de tirer des pièces d'artillerie ou de les conserver chargées au mouillage, sans une autorisation spéciale.

7. Les capitaines de navire doivent indiquer un consignataire, et fournir une caution de 500 piastres pour garantie de l'observation du présent règlement.

8. Pour charger ou décharger du lest, le capitaine sera tenu de demander une autorisation au capitaine du port.

9. Les personnes qui communiqueraient avec un navire en quarantaine payeront une amende de 25 piastres, et leur capitaine celle de 50 piastres, sans préjudice des autres peines qu'ils pourraient encourir.

10. Après dix heures du soir, les navires comme les petites embarcations ne pourront effectuer aucune opération de commerce sans une autorisation.

Les navires au mouillage pourront retenir, après dix heures, toute pirogue qui les approcherait et qui paraîtrait suspecte.

Les matelots qui resteront à terre à des heures indues seront retenus et punis selon les désordres qu'ils auront commis.

11. Tout navire qui entrera en rivière sera tenu de renfermer ses poudres dans des sacs marqués et bien fermés. Les capitaines qui ne se conformeront pas à cette prescription seront passibles d'une amende d'*une piastre par livre de poudre*.

12. Après huit heures du soir, les feux seront éteints à bord, et les lumières placées dans des fanaux.

Il est interdit de cuire à bord du brai, du suif, ou toute autre matière inflammable.

13. Il est aussi défendu de débarquer, sous aucun prétexte, les armes du bord.

14. Personne n'a le droit de châtier les indigènes pour les fautes qu'ils pourront commettre dans les travaux qu'on leur fera faire à bord. Le capitaine du port a seul le droit de leur infliger une amende applicable au dommage commis par ceux qui seraient reconnus coupables.

15. Aucun indigène ne peut être embarqué à bord d'un navire contre sa volonté. Sera considéré comme nul de droit tout contrat passé par des capitaines, et qui aurait pour objet de protéger ou de faciliter la désertion.

16. Il est défendu d'embarquer un passager qui ne serait pas muni d'un passe-port.

Il est également défendu de débarquer furtivement aucun passager, ou de permettre son débarquement, sans l'autorisation du capitaine du port.

Est également défendu le transbordement des individus de l'équipage et de leurs effets, sans l'autorisation du capitaine du port.

Les consignataires et les cautions répondront, pendant le séjour du navire et jusqu'à sa sortie du port, des individus de l'équipage qui resteront à terre pour maladie ou pour toute autre cause.

Les capitaines payeront une amende de 10 piastres si, immédiatement après la désertion d'individus faisant partie de leurs équipages, ils ne prévenaient pas le capitaine du port, pour qu'il puisse prendre les mesures nécessaires à leur arrestation. Si la désertion avait lieu au moment du départ, les consignataires seraient responsables des frais qu'elle entraînerait.

17. Dans le cas de mort d'un individu à bord d'un navire, le capitaine sera tenu de prévenir par écrit le capitaine du port de faire un rapport sur la maladie, et de demander l'autorisation de l'inhumer.

18. Pour obtenir l'autorisation de départ, le capitaine devra se présenter devant l'autorité deux jours à l'avance, muni de son rôle d'équipage visé par le capitaine du port. Ce dernier ne lui permettra pas de mettre à la voile sans s'être fait représenter le permis de l'autorité supérieure, ceux de la douane et de l'administration des postes.

Les navires, pour sortir du port, arboreront un pavillon à leur grand mât.

19. Dans le cas de circonstances extraordinaires, les capitaines de navire se soumettront à la visite des officiers de la santé et des autres autorités.

20. Les capitaines ne permettront pas la descente à terre des individus de leurs équipages dont ils ne voudraient pas garantir les dettes qu'ils contracteraient ou pourraient contracter à terre.

Les capitaines veilleront, en mouillant, à ne pas jeter leurs ancres sur les amarres des autres navires. Toutes les fois que leur position causera quelque dommage, ils seront tenus d'en changer.

Lorsque le navire aura mouillé, il ne pourra plus changer de place sans une permission.

Au mouillage du *Canacao*, dans l'intérieur des caps, les navires doivent mouiller avec deux ancres N. O. S. O. Plus loin des caps, ils ne peuvent pas se placer entre le télégraphe de Cavite et celui de Manille.

Les navires au mouillage peuvent faire des signaux à leurs consignataires ou propriétaires. Si ces derniers ne pouvaient pas y répondre, l'autorité facilitera les secours demandés toutes les fois que les circonstances le permettront.

En cas de détresse ou de danger, des coups de canon pourront se répéter par intervalles, avec le pavillon hissé.

Ce pavillon sera toujours le pavillon national, et si c'est nécessaire, il en sera hissé un de signal; s'il n'y en avait pas à bord, on le remplacerait par un prélart.

SECOURS DEMANDÉS.	PAVILLONS.	Coups de canon.
Pour une amarre	1 au beaupré	1
— une ancre.........	1 dans les haubans de misaine..	1
— amarre et ancre....	1 au beaupré .... 1 dans les haubans de misaine..	1
— une chaloupe......	2 au mât de misaine...........	1
— révolte à bord......	1 dans les haubans du grand mât.	1
— incendie	2 à la pomme du grand mât....	2

FIN.

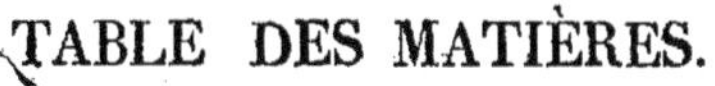

TABLE DES MATIÈRES.

FIN DE LA TABLE DES MATIÈRES.

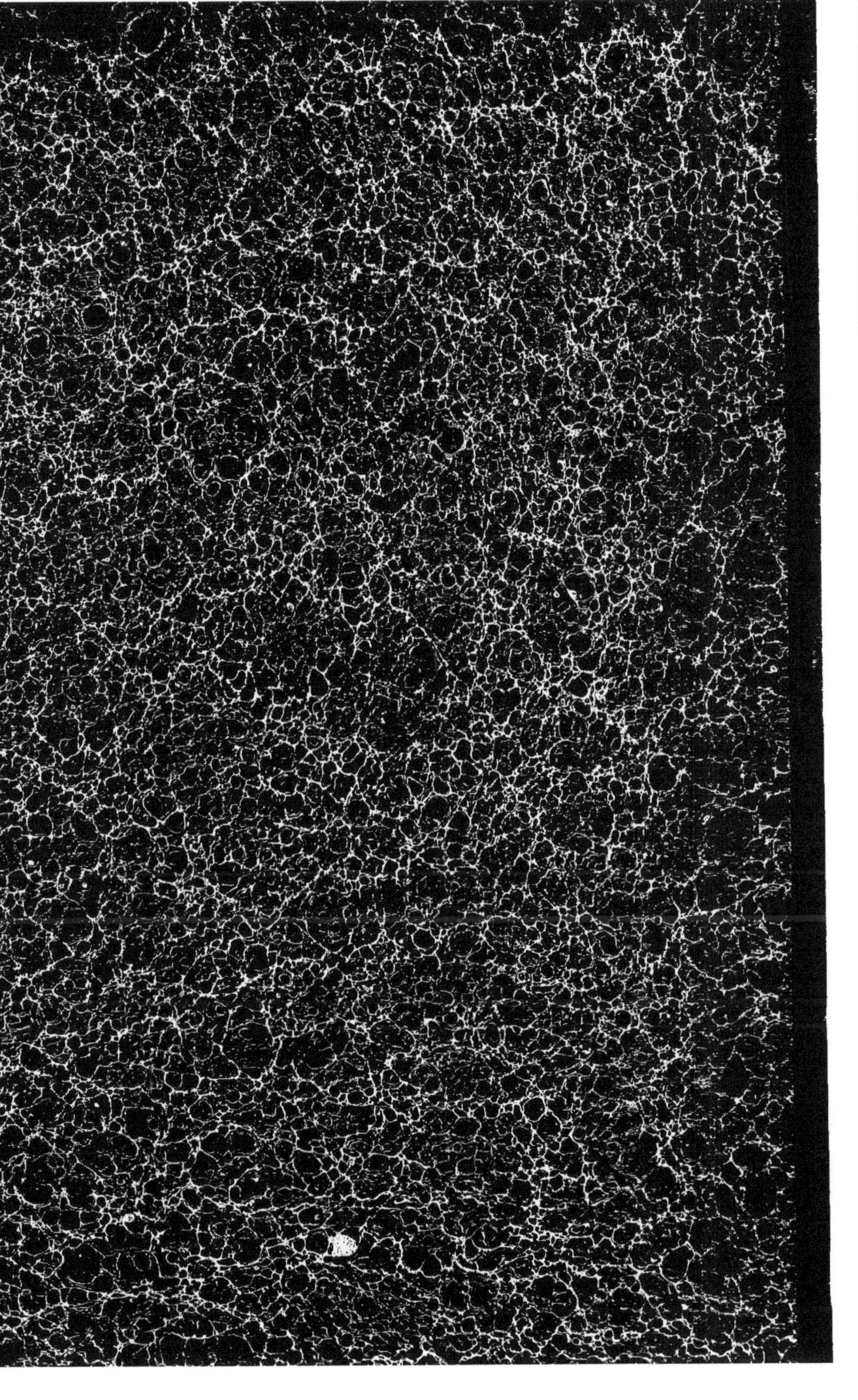

www.ingramcontent.com/pod-product-compliance
Ingram Content Group UK Ltd.
Pitfield, Milton Keynes, MK11 3LW, UK
UKHW021840190726
13855UKWH00001B/77

9 782012 879164